国家自然科学基金面上项目(41972169)资助
开滦(集团)有限责任公司科技创新项目资助
江苏高校优势学科建设工程三期项目资助

河北省开滦矿区深部煤与瓦斯赋存规律

李　伍　朱炎铭　刘　景
杜仲华　胡常清　杨文斌　著

中国矿业大学出版社
·徐州·

内容简介

本书选取河北省开滦矿区为研究对象，重点开展深部煤与瓦斯赋存规律研究，结合研究区实际情况，从地层与构造特征、煤层赋存特征、瓦斯赋存特征、瓦斯地质规律、矿井瓦斯异常涌出规律及矿井瓦斯治理等几个方面对开滦矿区深部煤与瓦斯地质规律进行研究，对煤系地层“三史”恢复、瓦斯与冲击地压的耦合关系、不同深度的瓦斯赋存状态及微观动力学进行系统剖析。研究成果对矿区深部安全高效生产具有现实意义。

图书在版编目(CIP)数据

河北省开滦矿区深部煤与瓦斯赋存规律/李伍等著. —徐州：中国矿业大学出版社，2022.9

ISBN 978-7-5646-5376-7

Ⅰ. ①河… Ⅱ. ①李… Ⅲ. ①煤层—瓦斯赋存—研究—唐山 Ⅳ. ①TD712

中国版本图书馆 CIP 数据核字(2022)第 073488 号

书　　名　河北省开滦矿区深部煤与瓦斯赋存规律
著　　者　李　伍　朱炎铭　刘　景　杜仲华　胡常清　杨文斌
责任编辑　周　红
出版发行　中国矿业大学出版社有限责任公司
（江苏省徐州市解放南路　邮编 221008）
营销热线　(0516)83884103　83885105
出版服务　(0516)83995789　83884920
网　　址　http://www.cumtp.com　**E-mail**:cumtpvip@cumtp.com
印　　刷　苏州市古得堡数码印刷有限公司
开　　本　787 mm×1092 mm　1/16　**印张** 19　**字数** 486 千字
版次印次　2022 年 9 月第 1 版　2022 年 9 月第 1 次印刷
定　　价　78.00 元

（图书出现印装质量问题，本社负责调换）

前　言

中国工程院《中国能源中长期（2030、2050）发展战略研究》指出，至2050年，我国煤炭需求量超过1 000亿t，在未来的十年乃至几十年内，煤炭资源作为能源主体的地位仍无法改变。而作为煤矿生产头号灾害的煤与瓦斯突出，严重威胁矿井的安全生产，随着开采深度的增大，其危害程度依然很大。厘定清楚矿区深部煤与瓦斯赋存规律是预防和治理煤矿瓦斯地质灾害的重要理论和技术保障。

开滦集团作为“中国煤炭工业源头”和“北方民族工业摇篮”，虽然在瓦斯地质方面做过大量研究工作，但是随着大多数矿井进入深部开采，瓦斯赋存规律在逐渐变化，变得越来越复杂。瓦斯赋存特征主要受区域地质构造控制，同时也受到局部地质条件的影响，其与地质历史上古构造应力和现代地应力场的强弱、煤体结构、煤层对瓦斯的吸附性能以及顶底板岩性等有着密切的关系。

本书将从深部煤层的赋存规律着手，解析瓦斯地质条件。以开滦矿区深部煤层与瓦斯地质体为研究对象，结合分子模拟技术，遵循矿井瓦斯赋存构造逐级控制理论，从多角度、多尺度揭示矿井深部煤层瓦斯地质规律，为瓦斯预测及防治工程建设提供科学的指导，重点攻克煤矿深部开采过程中瓦斯异常难题。

全书共9章。第一、二章介绍本书研究的背景与意义及瓦斯地质的国内外研究现状。第三章针对研究区的地质概况，分别从地层特征、构造特征、水文地质条件及工程地质条件给出基础地质资料，为本书研究提供可靠地质背景支撑。第四章系统性分析研究区各矿井的煤层赋存规律，包括成煤环境分析、煤层空间展布规律、煤岩煤质特征及煤层稳定性，并利用模型对未采区进行了煤厚预测。第五章进一步阐释了研究区已采区瓦斯成分特征、深部与浅部瓦斯含量、瓦斯涌出量特征。第六章在前两章的基础上，深入分析了深部瓦斯地质条件，重点对比了深部和浅部的煤储层特征、地温场特征、力学特征及冲击倾向性。第七章提出了深部瓦斯聚集的地质控因模式，利用三史模拟技术反演了研究区瓦斯成藏过程。第八章更进一步从瓦斯分子动力学的角度揭示了瓦斯异常的微观机理。第九章利用前面的分析结果对瓦斯含量、瓦斯涌出量进行了预测，并对瓦斯赋存的相态转化进行了深入研究。尽管第三至九章的方法内容并不能解决开滦矿区深部瓦斯赋存的全貌，但均已涉及了其中的关键问题，可以较为系统地阐述著者对深部煤与瓦斯赋存的理解和认识。

本书的研究工作得到了国家自然科学基金面上项目(41972169)、开滦(集团)有限责任公司科技创新项目和江苏高校优势学科建设工程三期项目的资助，在此表示感谢。另外，在项目研究过程中，开滦(集团)有限责任公司冯玉副总工程师、地测部刘伯副总工程师和王国华副部长给予了悉心指导，并提出了许多宝贵的意见和建议；在资料收集过程中，得到了开滦集团下属生产矿井单位领导与地测技术人员的支持，数据分析方面得到了韩盛博、吴金水、李祥、邓承来、李锦、黄克斌、战星羽等硕士生提供的帮助，在此，向他们一并表示衷心感谢。

由于著者水平有限，书中不妥之处在所难免，恳请广大读者和同行不吝指正。

著　者

2022 年 1 月

目　录

第一章　绪　　论

煤炭是中国的主体能源，我国《能源发展“十三五”规划》提出：“十三五”期间国内煤炭供应能力为 39 亿 t/a，目前仍在继续增长，年均增速约 0.8%。虽然近些年来煤炭在一次性能源消费结构中的比重逐步降低，但在相当长的时期内，煤炭的主体能源地位不会变化。中国工程院《中国能源中长期（2030、2050）发展战略研究》指出，至 2050 年，我国煤炭需求量超过 1 000 亿 t，在未来的十年乃至几十年内，煤炭资源作为能源主体的地位仍无法改变。

煤矿瓦斯是煤矿安全生产的第一杀手，煤与瓦斯突出（简称“突出”）是煤矿开采中最为严重的动力灾害之一，累计突出次数约占世界 40%以上，严重威胁矿井的安全生产。虽然近年来我国瓦斯抽采技术大力发展，但由于我国煤层地质条件复杂，煤矿瓦斯抽采率较低、抽采效果不理想，我国仍是世界上发生煤与瓦斯突出最严重的国家。据不完全统计，在我国 13 000 余座矿井中，高瓦斯矿和煤与瓦斯突出矿占三分之一，其中煤矿开采中松软低透气性高瓦斯煤层约占 60%，属极难抽放瓦斯煤层，瓦斯灾害危及我国大部分矿区。“煤矿重大灾害智能报警方法与技术”入选中国科协 60 个重大科学问题和重大工程技术难题。《能源发展“十三五”规划》也将“深井灾害防治”作为能源科技创新重点任务进行集中攻关。因此，煤矿瓦斯突出研究与防治是我国矿井安全生产亟待解决的科学问题与重大挑战，是国家能源安全的重要战略需求。

开滦矿区现有生产矿井（东欢坨矿、吕家坨矿、范各庄矿、钱家营矿、林西矿、唐山矿）的瓦斯特征各有特点，随着生产规模的扩大，煤层开采深度不断加深，地应力增加，瓦斯压力增大，加之局部煤层厚度突变，导致瓦斯涌出量及瓦斯压力明显增大，矿井瓦斯地质规律从浅部到深部也有了较明显的变化，瓦斯分布呈区域不均一性，瓦斯涌出量明显增加，严重影响深部煤炭的安全开采，也存在明显的安全隐患。在部分深部地区，由于地质构造较为复杂，煤层遭受较为严重的破坏，煤体结构破碎，形成构造煤；煤的孔、裂隙增多，使游离态瓦斯增多；同时煤对瓦斯的吸附性增强，容易引起局部煤层瓦斯异常现象，甚至发生瓦斯动力现象。随着煤矿开采深度逐步向深部延深，许多浅部的非突出煤层逐步向突出煤层转变，开采深度的增加伴随着地应力增加、瓦斯压力增大、瓦斯含量增高、煤体渗透性降低，造成煤与瓦斯突出灾害治理难度越来越大。因此，随着矿井向深部延深，瓦斯赋存与涌出规律的研究及矿井瓦斯灾害防治已成为矿井安全高产的重要保障任务。

掌握矿井瓦斯赋存特征与涌出规律是煤矿瓦斯灾害防治的基础，是有效控制煤矿瓦斯事故、遏制重特大瓦斯灾害的关键。我国煤矿瓦斯灾害频繁发生的关键问题之一是瓦斯区域预测技术还不很完善，大多数矿井瓦斯区域的分布规律（尤其是随着矿井向深部转移，瓦斯赋存规律逐渐变化，变得越来越复杂）认识不够清楚。瓦斯赋存特征主要受区域地质构造控制，同时也受到局部地质条件的影响，其与地质历史上古构造应力与现代地应力场的强弱、煤体结构、煤层对瓦斯的吸附性能以及顶底板岩性等有着密切的关系。井田地质构造控制煤层厚度变化，地质构造、煤层厚度变化又控制或影响着煤体结构类型的分布，并进而控制煤层中瓦斯的赋存。而瓦斯自身压力、现代地应力与残余构造应力场、矿山采动应力场则往往是发生瓦斯动力现象，甚至是煤与瓦斯突出的重要动力源。因此，针对开滦矿区深部特定的瓦斯地质条件，深入研究其瓦斯赋存特征及异常涌出规律，进一步丰富和完善研究区深部瓦斯特征理论，为煤矿安全生产提供理论指导，对开展煤矿瓦斯灾害危险区预测与防治具有重要意义。本次研究以瓦斯地质理论及方法为基础，遵循矿井瓦斯赋存构造逐级控制理论，从多角度、多尺度揭示矿井深部煤层赋存特征和煤层瓦斯地质规律，为瓦斯预测及防治工程建设提供科学的指导。

第二章　瓦斯地质研究现状

第一节　瓦斯地质研究现状

国外对瓦斯地质的研究工作开始于1914年。20世纪初期，法国学者从地质构造角度来研究瓦斯聚集和突出规律；苏联于20世纪50年代开始针对瓦斯地质进行研究，苏联专家鲁基诺夫在研究顿巴斯煤田煤层的突出危险性时提出了构造复杂程度综合系数法，并有专家指出瓦斯的聚集与分布规律受地质控因的影响较大，并具有不均匀分布的特点，且与地质构造复杂程度、煤层围岩条件、煤变质程度等有关[1]；澳大利亚第一次有记录的瓦斯突出发生于1895年，澳大利亚相关学者在20世纪80年代通过对突出位置附近的地应力测试及地质构造的研究发现，在走滑断层、构造叠加处极易发生瓦斯突出，并认为地质构造直接影响着煤与瓦斯突出[2]；英国学者研究发现，瓦斯在煤层中的聚集状态及分布状况主要受地质构造的影响，并提出今后要重点研究构造演化运动和瓦斯地质之间的关系[3,4]。

中国从20世纪50年代开始开展瓦斯地质的研究，并于20世纪六七十年代逐步开始对瓦斯聚集的地质条件进行了研究，发现地质构造对瓦斯聚集与分布存在较大影响[5]。20世纪70年代，我国瓦斯地质学科体系逐步形成，彭立世教授和袁崇孚教授针对“湘、赣、豫煤与瓦斯突出带地质构造特征研究”课题，提出了“瓦斯是地质作用的产物，瓦斯的生成、聚集、富集和运移受地质条件制约”的观点，且在“瓦斯突出与地质构造关系”方面取得重大研究成果[6,7]。1978年，我国在焦作召开了第一次瓦斯地质学术讨论会，会议肯定了瓦斯与地质之间的关系，认为瓦斯分布和瓦斯突出分布是不均衡的，且这种不均衡性与地质因素有密切关系，坚定了国内开展瓦斯地质工作的决心。自80年代起，我国瓦斯地质研究进入了高速发展时期，瓦斯地质工作从主要对一般规律进行探讨发展到以瓦斯突出预测为主体的研究阶段。杨力生教授通过对掘进巷道瓦斯涌出量进行跟踪研究，发现断层附近瓦斯涌出量呈驼峰状，并划出了瓦斯集中带。同期，原北票矿务局也研究了地质构造与瓦斯突出的关系，并提出了瓦斯突出区域性预测地质指标法[8-10]。周世宁院士提出了包含地质构造、煤层露头、煤层本身的渗透性和顶底板的渗透性等8项影响煤层原始瓦斯含量的地质因素[11]。张子敏等从板块构造运动学说入手，分析地质构造演化历史对瓦斯的生储盖的影响，有效地预测了矿区、矿井的瓦斯涌出情况，并和张祖银等合作完成了《1：200万中国煤层瓦斯地质图和说明书》的编制，系统地整理了中华人民共和国成立以来的瓦斯资料，大大推动了瓦斯地质学科的发展[12-15]。曹运兴等采用X射线衍射分析、电子顺磁共振等方法揭示了构造煤的动力变质作用特征和演化规律[16]。另有学者通过分析瓦斯地质学在现代矿业中所面临的挑战，认为将瓦斯地质理论与数据处理间模糊关系、非线性关系等人工智能高新技术相结合是瓦斯地质发展的必然方向[17]。

虽然相对于国外来说，中国瓦斯地质研究起步时间较晚，但是在国内诸多学者历时半个多世纪的不懈努力下，中国在瓦斯地质研究领域所取得的成果也十分显著。

精确的瓦斯预测能够防治和减少煤矿瓦斯灾害，使井下煤矿开采更加安全高效地进行。国外对瓦斯预测方面的研究开始较早，苏联、美国、法国、英国、德国、澳大利亚、波兰等受瓦斯灾害较为严重的国家在这方面投入了大量的人力物力，并取得了一定的研究成果。1964 年，美国学者 Lindine（林丁）基于观测的瓦斯含量和残存瓦斯含量与深度之间的关系提出了第一个生产矿井瓦斯涌出量预测模型；德国研究者充分考虑开采时间因素提出了时空序列的预测模型。20 世纪 80 年代，苏联在对瓦斯涌出量预测方面形成了一套不同赋存条件、不同煤层瓦斯预测规范的研究体系。英国学者综合考虑矿井开采条件建立了动态瓦斯预测方法——艾黎法。这些方法为以后研究煤层瓦斯预测打下了坚实的理论基础。

随着瓦斯预测研究的不断深入，一些新技术、新方法和新理论不断被应用于矿井瓦斯预测。解吸法是我国在地勘过程中使用频率最高的煤层瓦斯含量测量方法[18]。而在生产过程中，建立瓦斯含量与煤层埋深的定量关系，利用直接梯度法和间接梯度法则成为预测深部瓦斯含量的主要方法，但我国地质条件复杂，煤层中某一点的瓦斯含量往往是该点多种地质因素综合影响的结果[19-21]，因此，多因素瓦斯含量线性预测模型开始逐渐被广泛应用。汤友谊等在瓦斯地质定性分析的基础上，利用矿井采掘中瓦斯含量的实测值，建立了未采区适用的瓦斯含量预测公式[22,23]。崔刚和申东日发现了更优于多元线性回归方法的预测方法，即 BP 神经网络方法[24]。随后，吴财芳和曾勇将此方法与遗传算法结合起来，利用遗传算法优化隐含神经元个数和网络中的连接权值，建立了瓦斯含量预测模型[25]。叶青和林柏泉在前人研究的基础上，建立了灰色系统 GM(1,1)模型，用残差模型对预测模型进行修正，该模型被广泛用于煤层瓦斯含量预测的实际工作中[26]。还有学者建立了瓦斯预测信息管理系统，通过获取、存储分析、处理矿井瓦斯资料，预测深部瓦斯涌出和瓦斯灾害[27,28]。

此外，煤与瓦斯突出预测的方法也被诸多学者不断提出并完善[29-31]。申建等为实现矿井尺度煤与瓦斯突出预测，采用构造煤发育及煤层变形程度等多种参数构建了构造运动强度对煤与瓦斯突出控制定量表征方法，并结合矿井实际资料建立了其与煤与瓦斯突出预测指标关系[32]。研究表明，20 世纪 80 年代以前矿井构造研究以定性评价和预测为主；20 世纪 90 年代至 21 世纪初，矿井构造预测从定性描述到定量评价取得了实质性的进展，但近年进展较为缓慢。为了有效预测矿井瓦斯聚集、分布规律及突出危险区带，有学者在汲取前人研究成果、系统分析瓦斯突出预测现状的基础上提出了以构造演化为主线的矿井瓦斯突出构造动力学评价与预测的思路及方法，并揭示了瓦斯非均质性分布的构造动力学机制，为煤矿瓦斯突出预测提供了重要的理论依据和技术支撑[33-35]。

第二节　矿区矿井深部定义

美国西部采矿业以 1874 年布莱克山金矿的发现为标志，被划分为前后 2 个时期，即浅层开采时期和深层挖掘时期，其中深部为 5 000 英尺（1 524 m）或以上[36]。南非将 1 500 m

的矿井称为深矿井。俄罗斯有学者将矿井深度划分为 3 级：300～1 000 m 为中深矿井，1 000～1 500 m 为深矿井，2 500 m 以上为超深矿井[37]。在我国煤炭系统，有学者依据凿井技术与装备的难易程度将立井井筒深度分为 5 类：浅井，小于 300 m；中深矿井，300～800 m；深矿井，800～1 200 m；超深矿井，1 200～1 600 m；特深矿井，大于 1 600 m[38]。

随着煤矿开采深度不断加大，深部开采将成为煤炭资源开发中的常态。早在 1980 年，波兰、德国、英国、日本和法国的煤矿开采深度就超过了 1 000 m，而中国目前拥有 47 个深度超过 1 000 m 的煤矿[39-41]。谢和平等提出绝对深度的概念，即以单一的深度值来界定深部，提出煤炭深部开采的界线[42]。国内学术界根据目前采煤技术发展现状提出煤矿深部的概念是 700～1 000 m，但这个深度却非绝对，从 20 世纪 80 年代我国的煤矿平均采深 288 m 到当前平均采深超过 700 m，是不断演化的。

根据未来的发展趋势并结合我国目前的客观实际，大多数专家认为中国煤矿的深部资源开采深度可界定为 800～1 500 m。胡社荣等根据对我国煤矿深部开采中遇到的高地温、冲击地压、瓦斯涌出、奥陶纪灰岩突水和采动效应的影响等问题的研究以及国外对“深部”的界定，将我国深部矿井的上限确定为 600～800 m，将 800～1 200 m 和 1 200 m 以上作为深矿井的两个亚类，且将深度大于 1 200 m 的矿井划分为超深矿井[43]。因此，需在充分了解矿井深度界定方法及范围之后，并结合矿井实际情况以及地质条件等，才能较为准确地对矿井深部与浅部进行界定。本次研究综合考虑煤层赋存、瓦斯风氧化带深部等地质要素将深度大于 600 m 的区域定义为开滦矿区深部。

第三节　瓦斯聚集的地质影响因素

瓦斯作为一种地质体，其分布在一定范围内具有一定的规律性[44]。国内外众多学者对煤层瓦斯聚集规律进行了大量的研究工作，认为煤层瓦斯的聚集主要由以下几个因素控制。

一、构造演化对煤层瓦斯聚集的影响

构造演化是控制瓦斯生成、运移和瓦斯聚集的重要因素，构造演化史控制含煤层系沉积埋深史和热演化史，从而控制了煤层气生成、赋存及成藏过程[45]。从构造演化的角度来看，煤层气藏形成的关键时刻是煤层停止生气之后上覆“有效厚度”在地史上埋藏最小的时刻，而现今煤层气藏的富集程度是聚煤盆地回返抬升和后期演化对煤层气保持和破坏的综合叠加结果。在其他控气地质因素相似的前提下，有效生气阶段和有效阶段生气率控制着煤层含气量的高低。含煤盆地的区域构造特征是决定煤层气开发前景的重要因素，有学者通过研究认为构造作用是影响煤层气成藏的最为重要和直接的因素，其不仅控制着含煤盆地及含煤地层的形成和演化，而且控制着煤层气生成、聚集、产出过程的每一环节[46-48]。屈争辉等在研究淮北构造演化对瓦斯的控制作用时指出，由于主要受徐州-宿州弧形逆冲推覆构造影响，宿县矿区的瓦斯含量远高于临涣矿区[49]。陈振宏等通过研究分析认为，构造抬升对高煤阶煤储层物性影响明显，高煤阶煤储层强烈抬升会导致地层压力降低，割理、裂缝渗透率显著增强，从而造成气体大量散失，对煤层气聚集不利；低煤阶煤储层物性受构造抬升影响较弱，由于构造抬升，地层压力降低，煤层气运移速率增大，对煤层气聚集有利[50]。安鸿涛等研究大兴井田构造演化对瓦斯聚集的影响表明，构造应力场多期演化使得所述断

层经历了多期活动，对应不同的力学性质，构造应力场的多期演化造成局部构造应力场和瓦斯聚集的区域性分布特征[51]。Chen 等对鄂尔多斯盆地东部不同类型的构造进行了分类，讨论了它们对煤层气成藏的影响，认为燕山运动形成的挤压构造有利于煤层气的富集和保存，而喜马拉雅运动形成的张性构造可能导致煤层气的消散[52]。

二、地质构造对瓦斯聚集的影响

地质构造不论是对矿井瓦斯的生成或是聚集过程都具有直接或者间接的控制作用[53]，国内外学者在对发生的煤与瓦斯突出灾害进行研究时一致认为地质构造在影响矿井瓦斯聚集及突出的诸多地质因素中是非常重要的因素，发现超过 90%以上的瓦斯突出事故都集中在强构造变形带，可见地质构造不仅影响着瓦斯的生成、聚集，甚至因煤层结构遭受改变形成的构造煤还为瓦斯富集提供场所[54-59]。王生全和王英通过分析地质构造与煤层瓦斯含量、涌出量及煤与瓦斯突出之间的关系，总结出包括断裂构造、褶皱和层滑构造引起煤层流变形成的构造煤等地质构造控气（煤层瓦斯）的四种类型[60]。张子敏等在编制全国 1∶200 万煤矿瓦斯地质图的基础上编制了 1∶250 万中国煤矿瓦斯地质图，进一步深化了中国煤矿瓦斯赋存地质构造逐级控制理论（图 2-1），提出了中国煤矿瓦斯赋存地质构造逐级控制规律的 10 种类型，并将中国煤矿瓦斯赋存分布划分为 16 个高突瓦斯区和 13 个瓦斯区[61]。王蔚等在此基础上提出了湖南省瓦斯赋存分布的构造控制理论，探讨了湖南省煤矿瓦斯赋存构造控制规律[62]。

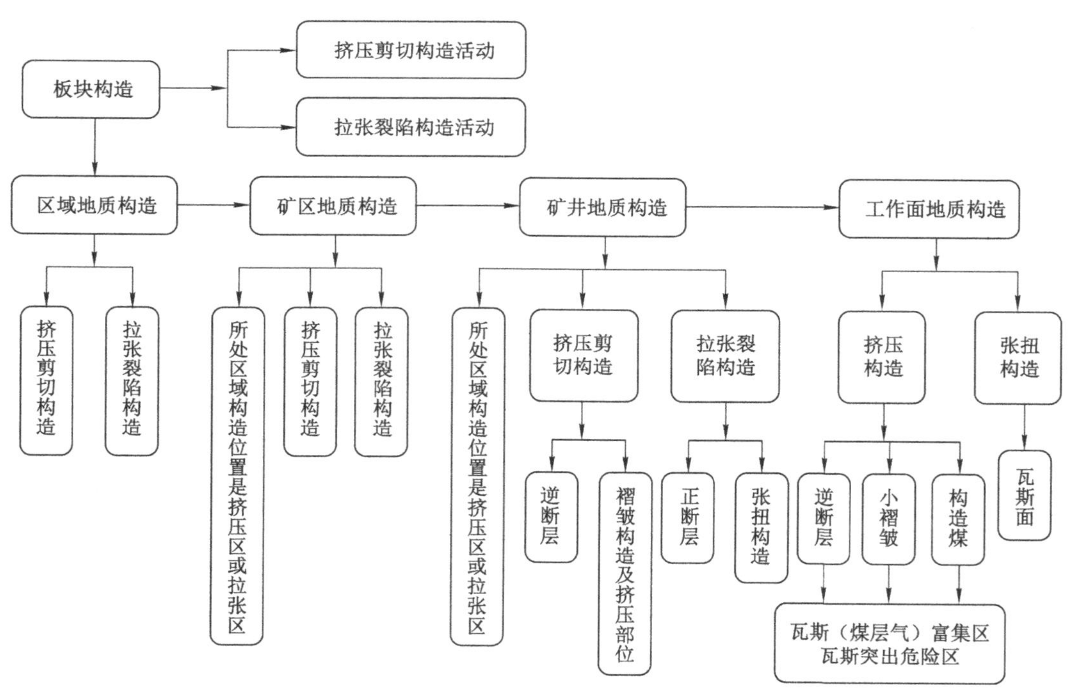

图 2-1　瓦斯赋存地质构造逐级控制规律路线图[61]

地质构造主要分为褶皱构造和断裂构造，而不同类型的地质构造对瓦斯的运移和聚集的控制作用也有着一定的差异。褶皱构造是煤矿安全生产中较常见的地质构造类型之一，煤层瓦斯的聚集与褶皱构造有着极其重要的关系。当煤层顶板为致密岩层且未揭露时，一般背斜瓦斯含量由两翼向轴部逐渐增大，而在向斜轴部瓦斯含量减小；当顶板为裂隙较多的脆性岩层时，瓦斯含量在背斜轴部减小，在向斜轴部增大，且褶皱及其伴生断裂构造是煤层的完整性和煤层气封闭的条件。褶皱类型对煤层气的封存与聚集也起着显著的控制作用，在褶皱构造中一般表现为背斜构造的中和面以上及向斜构造的中和面以下常会出现煤层甲烷的富集。基于褶皱变形与煤层瓦斯聚集的关系有学者提出了4种褶皱控制煤层瓦斯的基本类型，包括背斜上层逸散型、背斜下层封闭型、向斜上层聚集型以及向斜下层逸散型[63-67]。此外，叶建平等将与煤层气(瓦斯)有关的构造归纳为向斜构造、背斜构造、褶皱-逆冲推覆构造和伸展构造4个大类10种型式，进而结合断层的运动学特征总结出与其相应的14种构造样式[68]。部分典型构造类型见图2-2。

构造类型		构造形态图示	主要控气特征
大类	类型		
向斜构造	宽缓向斜	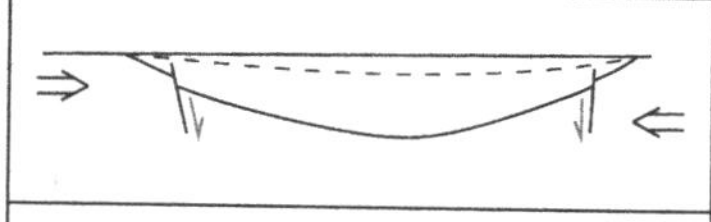	向斜两翼多发育轴向正断层，煤层气含气性往往在翘起端最好，且在轴部附近往往好于两翼
		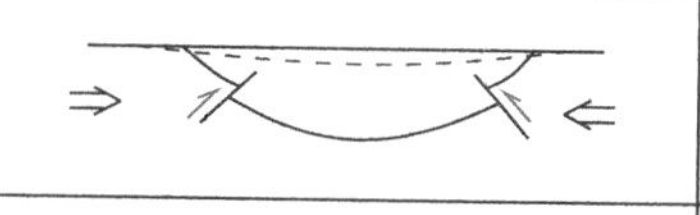	向斜两翼倾角变大，有逆断层发育，形成较好的构造封闭条件，向斜内部含气量往往较高
	不对称向斜	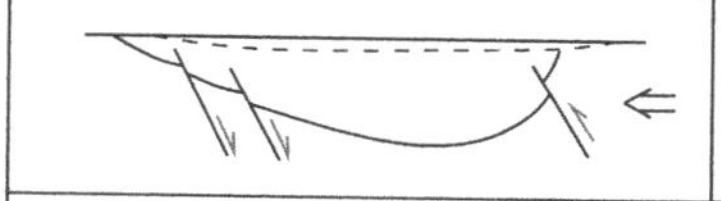	向斜陡翼发育逆断层，导致陡翼含气性相对要好于缓翼
		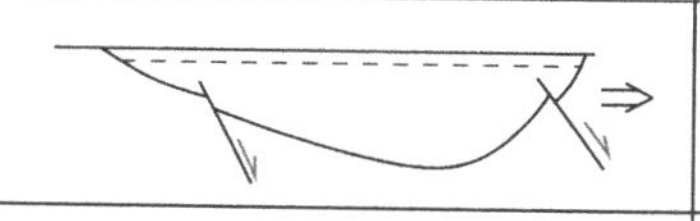	向斜两翼倾角变大，有逆断层发育，形成较好的构造封闭条件，向斜内部含气量往往较高
背斜构造	对称背斜	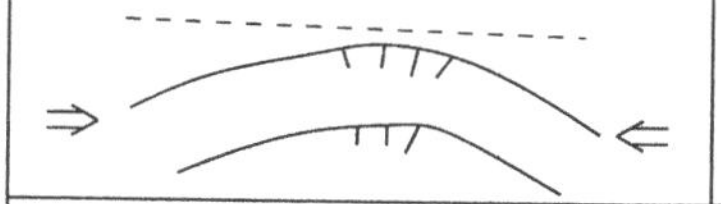	区域性背斜，轴部张性断裂发育，两翼及倾伏端含气性较好，轴部含气性往往极差
		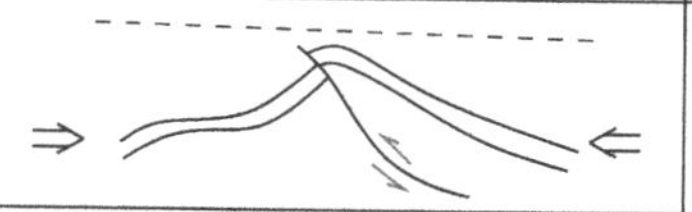	背斜轴部发育逆断层系统，对煤储层造成封闭，含气性好于上述轴部发育张性断裂的背斜
	不对称背斜		陡翼发育逆断层，导致缓翼含气性好于陡翼
	次级背斜	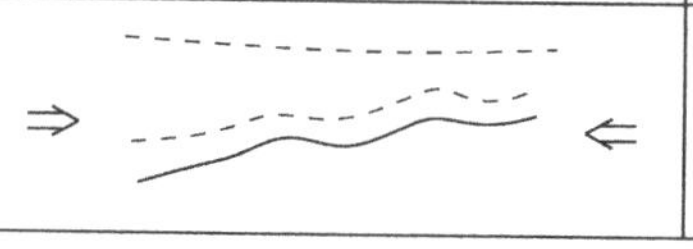	次级背斜幅度小，多为缓坡状褶皱，轴部裂隙不发育，往往是煤层气局部聚集的地段

图2-2　地质构造控气类型[68]

断裂构造是指岩石或岩体因受地壳内的动力作用，沿着一定方向产生机械破裂，失去其连续性和整体性的一种现象。断层对煤层瓦斯的影响主要表现在断层的封闭性及对岩层(与煤层接触)的透气性，开放性断层是煤层瓦斯逸散的通道，封闭性断层由于对煤层瓦斯有较好的封闭性，加剧断层附近瓦斯积聚，且封闭性断层带附近瓦斯涌出量异常增大。此外，大中型张扭性断层及压扭性逆断层对瓦斯的聚集分别起一定的释放和封闭作用，特别是逆冲推覆构造，其影响煤层的埋深、煤层厚度，对于瓦斯的保存具有特别的意义[69-71]。申建等为揭示断裂构造对煤层瓦斯的控制作用，以平顶山八矿为背景，采用曲度方法定量计算并通过相关性分析表明构造曲率与瓦斯含量、瓦斯相对涌出量、突出瓦斯量、突出煤量呈负相关关系[72]。

此外，矿井煤与瓦斯突出事故点多分布在构造叠加区及断层尖灭端等区域，研究断层对瓦斯聚集规律的影响能够为矿井的高效开采提供技术支撑[73]。

三、围岩特征对瓦斯聚集的影响

围岩的透气性对煤层瓦斯含量有着重要的影响，煤层及其围岩的透气性越大，煤层瓦斯越易流失，煤层瓦斯含量就越小；反之，瓦斯易于保存，煤层瓦斯含量就高[74]。围岩的封盖能力与其岩性、厚度、连续性以及埋深等因素有关，煤系的岩石主要有泥岩、页岩、砂岩、石灰岩、碳质泥岩、砂质泥岩、砾岩等。一般来说，直接顶板属泥岩、碳质泥岩或砂质泥岩，一般透气性较差，对煤层中瓦斯起封闭作用。一般认为围岩对瓦斯的封盖能力随碎屑含量的减少、颗粒变细和泥质含量增高而增强[75]。李玉寿等基于岩石伺服渗透试验系统测定了几种煤系岩石的渗透特性，认为煤系岩石全应力-应变过程的渗透率通常在 10^{-9} Darcy 到 10^{-4} Darcy 量级之间；泥岩和砂质页岩的渗透性较低，量级在 10^{-9} Darcy 到 10^{-7} Darcy 之间；几种砂岩的渗透性较高，量级一般在 10^{-7} Darcy 到 10^{-5} Darcy 之间；砾岩的渗透性最强，一般在 10^{-7} Darcy 到 10^{-4} Darcy 之间；而石灰岩一般在 10^{-9} Darcy 到 10^{-5} Darcy 之间[76]。煤系的透气性不仅与煤系内各个岩石的渗透性有关，还与煤系内的岩石岩性排列有关，当煤系内各个岩石的渗透性都比较好时，其煤层内的瓦斯就较容易排放出去，煤层瓦斯就容易逸散，从而使瓦斯含量减少；当煤系内总体渗透性比较低时，煤层内的瓦斯就较易保存，从而瓦斯含量较高。

围岩封盖是指煤层直接顶、基本顶和底板在内的一定厚度范围内的有效岩层，包括区域封盖层和圈闭封盖层。圈闭封盖层指煤层顶底板岩层，而区域封盖层是有效岩层范围内除煤层顶底板以外的岩层组合。封盖层对瓦斯封盖能力的强弱主要取决于排驱压力（毛细管压力）、煤层瓦斯压力、封盖层性质、构造发育程度、煤层埋深、封盖层厚度、岩层倾角等，这些因素直接导致同一煤层不同块段瓦斯纵向运移扩散能力的差异，其中排驱压力、构造发育程度与封盖层岩性直接相关。事实上，成岩过程中地质作用幅度和范围直接影响到封盖层的岩性组合和岩体结构。若封盖层岩性相同，岩体结构不同，其对瓦斯的封盖能力也会有较大差异[77]。

四、水文地质条件对瓦斯聚集的影响

水文地质也是影响瓦斯聚集的一个重要因素，水文地质条件不仅能导致煤层瓦斯的运移、散失（即水力运移、逸散作用），也可以保存煤层瓦斯（即水力封闭控气作用和水力封堵控气作用）[78-80]。其中，水力运移、逸散作用常出现于导水性强的断层构造发育区；水力封闭控气作用常出现于构造简单、断层不甚发育的宽缓向斜或单斜；水力封堵控气作用则常见于不对称向斜或单斜中[81]。此外，地下水的矿化度是反映煤层瓦斯运移、保存和富集成藏的一个重要指标，一般认为地层总矿化度高值区的形成反映了闭塞的水动力环境，水体外泄条件差，封闭条件好[82]。

针对水文地质条件对煤层气富集的影响，前人进行了大量的研究，王红岩等认为适当的水文地质条件可形成水压封闭，而交替的水动力还可以破坏煤层气的保存，不利于煤层气的富集[83]。叶建平将煤储层与顶底板含水层及其与煤层有水力联系的其他给水层有机联系起来，提出了封闭型、半封闭型和开放型等3种煤层气田气-水两相流系统类型，其中封闭型有利于煤层气富集，开放型对煤层气富集不利[84]。Qin等通过研究认为沁水盆地的水力封闭控气作用进一步体现为等势面洼地滞流、箕状缓流和扇状缓流3种类型，并在区域上具有明显的展布规律和煤层气富集效应[85]。宋岩等为研究水动力对煤层气聚集的控制作用，通过实验模拟含气量和甲烷碳同位素值的变化、水对煤层气藏的作用机理以及实例地质验证，指出煤系中流动的地下水对煤层气的含量和地球化学特征影响很大，在平面上和剖面上，水动力条件强的地区，煤层气的含量小、甲烷碳同位素轻[86]。另外，现今淡水入渗或古淡水入渗水文地质条件是次生生物气生成的前提条件，对低阶煤煤层气富集成藏意义重大[87]。

五、其他地质条件对煤层瓦斯聚集的影响

除上述论述的几个因素外，煤层埋藏深度及上覆岩层有效厚度、煤变质程度、沉积环境以及岩浆岩侵入等都会对煤层瓦斯的聚集和分布产生一定程度的影响。

① 一般情况下，煤层埋深对煤层含气量的作用主要表现如下：随着煤层埋深增加，煤储层温度、压力逐渐增大，初期储层压力正效应强于温度负效应，使游离气向吸附气转化，有利于煤层气的吸附保存，煤层含气量逐渐增加；当埋深增大到一定深度（临界深度）时，压力正效应减弱，温度负效应增强，吸附量呈现降低的趋势；此外，煤层埋藏深度增加，煤层上覆地层厚度封盖性增强，且由于压实作用使煤层孔渗性下降、封闭性变好，对煤层气的封存比较有利[88,89]。

② 在煤化作用过程中，瓦斯不断产生。一般情况下，煤化程度越高，生成的瓦斯量越多，即在其他因素恒定的条件下，煤的变质程度越高，煤层瓦斯含量越大。不同变质程度的煤，在区域中常呈带状分布，形成不同的变质带，这种变质分带在一定程度上控制着瓦斯的聚集和区域性分布。

③ 沉积环境决定煤层顶底板岩石性质、厚度、岩性组合及分布，而煤层顶底板岩性又会影响其顶底板透、隔气性能，煤层顶底板越厚、岩性越致密，煤层气封闭程度就越高，煤层气不易逸散，即煤层含气量就会越高；反之，煤层含气量相对会较低[90-92]。

④ 岩浆侵入煤层，使煤产生接触热变质作用，导致煤变质程度提高，伴随着大量瓦斯的生成，瓦斯的赋存状态也会发生变化。同时岩浆侵入影响了煤层保存瓦斯的能力，也改变了煤层围岩特征，从而影响了瓦斯的逸散和运移的条件，还会使其影响带的煤体结构遭到破坏，局部形成构造软煤分层，在岩浆岩体尖灭处及岩浆岩体与断层的组合部位是煤与瓦斯突出的有利地带[93]。

第四节　开滦矿区煤与瓦斯赋存规律研究现状

开滦矿区的11对矿井中，除林南仓矿位于蓟玉煤田中外，其他10对矿井均位于开平煤田内，马家沟矿、赵各庄矿、钱家营矿为高瓦斯突出矿井，唐山矿为高瓦斯矿井，吕家坨矿、林西矿、荆各庄矿、范各庄矿、林南仓矿、东欢坨矿为低瓦斯矿井。其中，马家沟矿、赵各庄矿、荆各庄矿、林南仓矿均已停止生产。

前人对开滦矿区研究较多，王猛等基于对开平煤田瓦斯地质特征的研究，系统研究了不同层次构造活动对开平煤田瓦斯赋存的控制作用[94]。钟和清等为了查明开平煤田钱家营矿西翼地温异常的控制因素，从区域地层、矿井构造、矿井水文地质条件以及大地热流、异常岩浆热等方面，分析了其对钱家营矿区高温场的影响[95]。罗跃等基于开平煤田构造演化背景和煤层气勘探研究结果，研究了煤层气从生成、储集、运移到聚集的演化过程[96]。李伍等通过对河北省 7 个煤与瓦斯突出矿井、12 个高瓦斯矿井、32 个低瓦斯矿井煤矿区瓦斯地质特征的研究，提出了河北省瓦斯赋存构造逐级控制理论[97]。王猛等通过对开滦矿区 10 对生产矿井瓦斯地质特征的研究，分析矿区瓦斯含量、压力和涌出量实测数据，总结开滦矿区瓦斯地质规律，提出开滦矿区瓦斯赋存的构造逐级控制模式[98]。刘刚等通过对开平煤田地质构造的研究，阐明了褶皱构造对开平煤田的控制作用，利用曲度方法定量计算了煤层底板等高线的构造曲率，分析发现研究区煤层气含气量与构造曲率呈负相关关系，即研究区 9# 煤位于褶皱中和面以上，煤层在背斜轴部遭受拉张，不利于煤层气的保存，在向斜轴部受到挤压利于煤层气的保存[99]。冯光俊等对开平向斜南东翼矿井瓦斯生成、赋存、涌出、异常等特征展开研究，并分别从地质构造、水文地质、煤层埋深、煤厚及顶底板特征方面分析了瓦斯赋存及异常的地质控制因素[100]。

除了对开滦矿区全区的研究外，前人还对开滦矿区内的一些矿井进行了研究。王猛等研究了控制唐山矿瓦斯赋存的主要地质因素，包括地质构造、煤层埋深、地下水活动及煤层顶板岩性等，认为正断层有利于瓦斯逸散，逆断层有利于瓦斯的保存，尤其是推覆构造对瓦斯的赋存有重要的影响；随埋深增大，煤层瓦斯压力增大，煤可吸附更多瓦斯；煤层瓦斯含量与顶板砂泥岩比成反比；地下水的封堵作用利于瓦斯的保存，使得开平向斜北西翼的唐山矿瓦斯含量较同深度的南东翼瓦斯含量高[101]。张旭等对唐山矿南五区进行瓦斯地质特征研究，发现唐山矿南五区瓦斯涌出的主要影响因素是开采区煤层埋深，即随着埋深的增大，各煤层的瓦斯涌出量也明显增大[102]。唐鑫等基于钻孔和矿井地质资料，以构造规律解析为基础，结合平衡剖面技术，探讨了唐山矿现今构造特征及构造演化期次，发现唐山矿主体构造形成于燕山期，受 NW-SE 向的挤压应力作用，动力来源为库拉-太平洋板块与欧亚大陆的相互挤压作用[103]。

王怀勐等探讨了构造演化和水动力条件对煤层气赋存的影响机理，并结合实例分析了河北赵各庄井田的煤层气赋存特征[104]；还研究了影响林西矿瓦斯赋存的主要地质因素，包括地质构造、岩浆岩、煤层埋深、地下水活动及煤层顶板岩性[105]。研究发现，正断层利于瓦斯逸散，逆断层利于瓦斯保存；岩浆岩附近煤层瓦斯易聚集，瓦斯涌出量可达 3.2 m^3/min；随煤层埋深增大，瓦斯含量以每百米 0.10～0.35 m^3/t 的梯度增加；煤层顶板砂泥岩比与瓦斯含量大小成反比，随着下部煤层顶板砂泥岩比的减小，瓦斯含量从 3.0 m^3/t 增加到 5.2 m^3/t；地下水流动利于瓦斯的逸散，使得林西矿平均瓦斯含量较邻区赵各庄矿同水平低 4.0 m^3/t。张建胜等针对赵各庄矿发生的瓦斯动力现象，运用瓦斯地质的方法分析了赵各庄矿区域构造组合形态、构造煤、煤层厚度、煤层倾角变化、断层等地质因素对瓦斯动力现象的控制作用[106]。付常青等运用压汞法和等温吸附法对开滦矿区东欢坨矿 8 煤储层特征进行研究，结合矿井实测瓦斯涌出量数据，分析了控制东欢坨矿 8 煤层瓦斯异常涌出的地质因素[107]。结果表明：瓦斯异常主控地质因素为地质构造及水文地质特征，东欢坨矿“水大瓦斯小，水小瓦斯大”的赋存规律明显。

前人对吕家坨矿瓦斯的研究结果表明：吕家坨矿7、8、9、12煤层的储层物性特征各有不同，12煤层表现出了更好的瓦斯吸附性；在区域构造热演化史的控制下，吕家坨矿煤层的二次生气过程是现今瓦斯聚集的物质基础；矿井地质构造与煤层埋深控制了矿井瓦斯的总体分布特征；局部区域的岩浆侵入与煤厚变化增加了矿井瓦斯聚集的复杂性，使吕家坨矿瓦斯聚集具有“总体偏低，深部偏高，局部异常”的特征，并认为煤层顶底板含泥率较高、厚度发生急剧变化等是瓦斯涌出量出现明显异常现象的直接因素[108,109]。也有文献以开滦集团马家沟矿为例，分析了该矿的地应力、瓦斯压力及构造煤的分布规律，统计了它的动力现象空间位置分布状况，提出了以空间位置坐标和地质构造程度为基本参数的动力现象区域危险性预测新指标及其临界值[110]。

小　结

(1) 系统综述了瓦斯地质研究现状，中国瓦斯地质研究起步时间较晚，但是在国内诸多学者历时半个多世纪的不懈努力下，中国在瓦斯地质研究领域所取得的成果也十分显著。

(2) 对于矿区矿井深部定义，从不同角度对中国矿井深部进行了界定。

(3) 总结了前人关于瓦斯聚集的地质影响因素，主要包括构造演化、地质构造、围岩特征、水文地质条件和其他地质条件，并归纳了研究区煤与瓦斯赋存规律的研究现状。

第三章 地质概况

第一节 地层特征

一、地层

开滦矿区地层属华北型沉积，古生代地层广泛分布，其中石炭系-二叠系为含煤岩系，各系、统间多以整合或假整合接触（表 3-1）。含煤地层大多为第四系黄土覆盖，但也有零星出露。

表 3-1 区域地层表

界	系	统	年代	组	厚度/m
新生界	第四系		Q	～～～～～～不整合～～～～～～	0～890
上古生界	二叠系	上统	P_2^2	洼里组	280
			P_2^1	古冶组	346
		下统	P_1^2	唐家庄组	180
			P_1^1	大苗庄组	79
	石炭系	上统	C_3^2	赵各庄组	74
			C_3^1	开平组	70
		中统	C_2	唐山组	65
下古生界	奥陶系	中统	O_2	——————平行不整合————— 马家沟组	345
		下统	O_1^2	亮甲山组	115
			O_1^1	冶里组	203
	寒武系	上统	$\in_3^3$	凤山组	68
			$\in_3^2$	长山组	48
			$\in_3^1$	崮山组	82
		中统	$\in_2$	张夏组	120
		下统	$\in_1^2$	馒头组	150
			$\in_1^1$	景儿峪组	263

表 3-1(续)

界	系	统	年代	组	厚度/m
元古界	震旦系	上统	Z_2^w	迷雾山组	1 200
			Z_2^Y	杨庄组	400
		下统	Z_1^K	高于庄组	600
			Z_1^{T+H}	大红峪黄崖关组	450
				～～～～～～不整合～～～～～～	
太古界	前震旦		Ar	五台群	

说明:据 2001 全国地层委员会和 2004 国际地层委员会发布的时代划分方案,石炭纪二分,二叠纪三分,为了与矿上其他资料吻合方便起见,本次仍沿用旧的时代划分方案。

二、含煤地层

开滦矿区煤层主要分布在石炭系-二叠系。各含煤地层分别为下石盒子组(唐家庄组)、山西组(大苗庄组)、太原组上段(赵各庄组)、太原组下段(开平组)、本溪组(唐山组),其中大苗庄组和赵各庄组为主要含煤地层。

含煤地层及上覆地层由老到新简述如下:

1. 本溪组(唐山组)

从奥陶系灰岩风化面的 G 层铝(铁)质泥岩至唐山石灰岩(K_3)顶之间的地层。以灰白色-深灰色细碎屑岩、泥岩为主,局部含砾石,含鳞木、芦木、苛达等植物化石,夹三层灰岩(自下而上为 K_1、K_2、K_3),以 K_3 灰岩最为稳定、全区发育,含蜓、海百合等海生动物化石,为矿区主要标志层之一。唐山组含煤线 4 层(自下而上编号依次为 21、20、19、18 煤层)。底部普遍发育有红色风化壳,常见“山西式铁矿”和“G 层铝土矿”,与下伏马家沟组平行不整合接触,本组厚 37～75 m。

2. 太原组下段(开平组)

自唐山石灰岩(K_3)顶至赵各庄灰岩(K_6)顶。以灰色细砂岩、粉砂岩为主,夹灰黑色泥岩,有时富含黄铁矿晶粒,含植物碎屑化石;有三层薄层灰岩(自下而上为 K_4、K_5、K_6),可见海百合及腕足类等海生动物化石,含两层较稳定的煤层(14、13 煤层)。本组与下伏唐山组呈整合接触,厚 60～100 m。

3. 太原组上段(赵各庄组)

由下伏的赵各庄灰岩(K_6)顶面到 11 煤层顶板泥岩或粉砂岩。由灰、灰白色砂岩、粉砂岩夹灰黑色泥岩和煤层组成,含煤 4 层,其中局部可采煤层 3 层(12_{-2}、12_{-1}、11 煤层),1 层不开采煤层($12_{1/2}$煤层)。岩石中黄铁矿含量较多,有时呈结核状,有时呈微晶状或条带状,12_{-1}煤层顶板为稳定的腐泥质黏土岩,其特征明显,是开滦矿区主要标志层之一,与下伏地层呈连续过渡接触,厚 55～75 m。

4. 山西组(大苗庄组)

由 11 煤层顶板到 5 煤层顶板。由灰、灰白色砂岩、粉砂岩夹泥岩和煤层组成,富含芦木、苛达、轮叶、楔叶、鳞木、侧羽叶等植物化石;含煤 5 层(由下而上分别为 9、8、7、6、5 煤层),其中 6 煤层局部可采,7 煤层为不可采的薄煤层,5、8、9 煤层为稳定的中厚-特厚煤层,为矿区主采煤层。与下伏地层呈连续过渡接触,厚 55～90 m。

5. 下石盒子组(唐家庄组)

由5煤层顶到A层铝土岩(桃花泥岩)之顶。主要由灰色砂岩,灰、灰绿色粉砂岩和泥岩组成,含楔叶、芦木、苛达、轮叶、羊齿等植物化石。下部为灰绿色中粗粒砂岩,细砂岩夹灰、深灰色粉砂岩,泥岩,层理类型较多,韵律较明显,有水平、微波、斜交、交错等层理类型,含不稳定、不可采煤层4层;与下伏大苗庄组呈冲刷接触,厚120～230 m。

第二节 构造特征

一、区域构造背景

开滦矿区位于燕山南麓,在大地构造上处于中朝地台(Ⅰ级构造单元)燕山沉降带(Ⅱ级构造单元)的东南侧,主要分布于华北板块东北缘,在华北板块体燕山坳褶带南缘的中段,向南与黄骅坳陷区相邻,属于燕山旋回所造成的盖层构造——唐山、蓟州区陷褶束(坳陷、Ⅲ级构造单元)中的一个复式含煤向斜内。其西与Ⅲ级构造单元京西断褶束相连;东与Ⅲ级构造单元山海关台拱为邻;其北部为近EW向展布的太古界变质岩系组成核部的马兰裕巨型复式大背斜;南部伸入了Ⅱ级构造单元华北断坳中。

(一) 华北板块构造演化

开滦矿区构造格局的形成及其演化与华北板块的构造演化密切相关。华北板块包括华北大部、东北南部、西北东部、渤海及北黄海,轮廓近似三角形,地台内部也有燕山、五台山、太行山等重要山脉,以NE-NNE走向为主。

华北板块在距今25亿年前就已存在,寒武纪时,位于现在N35°～N60°,东西面分别为西伯利亚板块和坷扎克斯坦板块;到泥盆纪,华北板块转置于西伯利亚板块东面;二叠纪末,华北板块与西伯利亚板块碰撞缝合,形成统一的古亚洲大陆的一部分,成为环西太平洋的一个构造域;中生代以来,古太平洋分解扩张,华北板块在库拉板块NNW向挤压作用下,出现水平剪切活动。由于贝尼奥夫带的作用,又产生壳下地幔上隆,华北板块水平引张,形成断陷,从而在这古老的刚性板块上出现了被分割的断块。

华北板块的演化主要是一个从稳定地块向断陷构造区发展的过程,共经历了6个阶段[111]:

1. 克拉通阶段

该阶段大约于6亿年前结束。实际资料表明,华北板块震旦系是一套受区域动力变质的碳酸盐岩,下马岭组与下伏地层呈不整合接触。前寒武纪地层与显生宙地层从岩性、沉积特征、古生物、岩浆岩活动和构造特征等方面来看,都具有明显的二分性,所以,华北板块在寒武纪前是地球发育较早的大陆块体,最早是由于太平洋板块的裂谷活动,地幔物质涌出后发生岩浆分异,较轻的硅铝质矿物往上浮而重矿物往下坠,在分化、沉积等各种地质因素作用下形成的。

2. 增生阶段

距今6亿年前至2.3亿年前,相当于加里东运动结束时期。该时期,华北板块由高纬度区域向较低纬度区漂移,与泛古陆的活动情况是一致的。华北板块的古生界具有两分性,一部分为板内大陆型沉积,另一部分为俯冲消亡型滨-浅海相披覆式沉积,主要是洋壳俯冲所致。馒头组、张夏组和马家沟组主要为一套泥岩和灰岩，华北板块上志留系和泥盆系基本缺失。

3. 初始裂解阶段

石炭纪以后华北板块开始与西伯利亚板块相向汇聚，一方面持续增生，另一方面在上地幔的拱裂作用下，华北板块发生初始裂解。石炭纪以来，亚洲与欧洲板块相撞形成乌拉尔山脉。华北板块在这一时期于乌兰浩特、赛汗塔拉一线与西伯利亚板块碰撞缝合。

4. 剪切平移阶段

这一阶段始于三叠纪。由于库拉-太平洋板块 NW—NWW 向的推挤，在华北板块东部发育了一系列左旋平移断裂，华北板块上大部缺失三叠系，而侏罗系主要为断陷式充填沉积，与下伏石炭系-二叠系呈不整合接触。该阶段晚期，华北板块由于水平剪切向垂直拱裂和水平引张转化，触发了古近纪断陷活动。

5. 断陷阶段

这个阶段始于古近纪，结束于上新世。孔店组、沙河街组、东营组、馆陶组和明化镇组均充填于华北地台的断陷中。华北板块的垂向拱裂与水平引张活动一直持续到古近纪末，并伴有大量的岩浆侵入与火山喷发活动。期后，地壳温度下降，华北东部整体进入热沉降作用阶段，披覆式沉积了新近系。

6. 均衡阶段

第四纪以来，华北板块处于一种均衡状态，局部发生断陷作用，主要沉积了一套陆源风化淋滤的黏土。

（二）燕山地区构造特征

开滦矿区位于燕山沉降带，而燕山地区是华北板块内部一个发育强烈变形和岩浆活动的特殊地区。燕山地区构造演化对开滦矿区的形成和演化起着重要的控制作用。燕山陆内造山带北侧以华北陆块北缘岩石圈断裂带与兴蒙古生代陆缘造山带为界，南侧与下辽河-华北新生代裂谷盆地相邻。燕山地区自结晶基底固结以来，经历了多期和不同方向的构造变形，形成了一副错综复杂的图像，从而不同学者对其格局有着不同的认识，但近 EW 向燕山山脉和近 NNE 向太行山脉的叠加是许多人的共识(图 3-1)。

宋鸿林将燕山地区构造格局解析为三种要素的组合：在早期阴山—燕山纬向构造带之上叠加了中生代晚期新生的 NNE 向太行山构造岩浆带，又叠加了许多以结晶基底和中酸性侵入岩为核的垂向构造，以及纬向断裂带在后期复活时形成的次级 EW 向和 NE 向的构造、从隆起向两侧盆地逆冲的重力扩展构造、在基底上滑脱的构造和深层次近水平剪切的顺层流变构造的组合，明显区别于一般板缘的线性造山带[112]。

1. 基底纬向断裂带

燕山地区造山作用前已经历了一个克拉通化过程，中元古代形成了近 EW 向燕辽裂陷槽，从北到南有四条：丰宁—隆化断裂、大庙—娘娘庙断裂、赤城—古北口断裂和尚义—赤城断裂。基底断裂在中生代构造活化时期的复活，不仅控制了中生代盆地及其相分布，而且在很大程度上控制了盖层的构造形式。燕山造山带是板内构造最发育的地区，燕山运动以前构造线方向为 EW 向，以褶皱为主，单个褶皱的规模较大。燕山期的构造线方向以 NE—NNE 向为主，构造规模悬殊较大。EW 向构造与 NE—近 SN 向构造一起共同构成燕

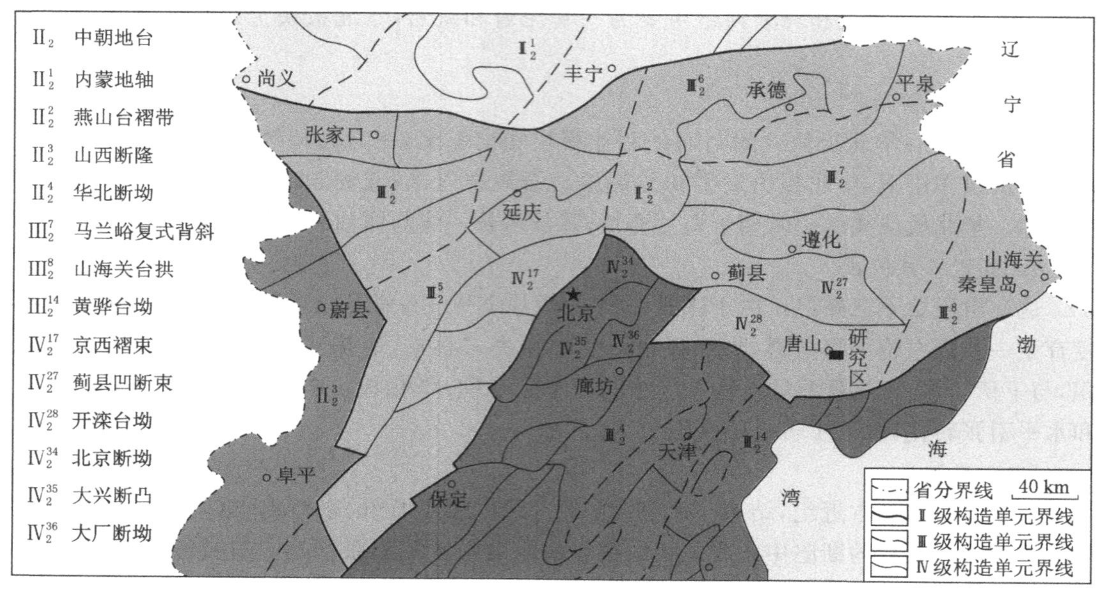

图 3-1 燕山地区的构造单元示意图[11]

山地区的主要构造，它们的规模较大，分布广，基本形成于印支期构造运动以后。

（1）EW 向构造

EW 向褶皱构造主要有迁安穹窿构造和遵化背斜；EW 向断层规模较大，主要有密云—喜峰口断裂带和柳河断裂带等，常以数条近平行的断层在一起组成断裂带，而且常被 NE—近 SN 向断层切割；在走向上常呈舒缓波状，反映了在印支期受到近 SN 向的挤压应力的作用。

（2）NE—近 SN 向构造

该断裂以南则规模较小，地层较新，褶皱常较平缓。断裂构造以 NNE 走向为主，断层的规模大小不等，断层的性质既有张性也有压性，并常兼有扭性。它们常成组出现，走向上多为舒缓波状，常切断近 EW 向断裂，自身又常被 NW 向断层切割，并与前者组成网格状构造。它们还作为岩浆侵入的通道，活动时间为燕山期，喜马拉雅期多数为继承性活动。褶皱规模大小悬殊，一般在密云—喜峰口断裂以南的褶皱规模大。遵化背斜南翼有一系列走向 NE 的隔挡式褶皱，开平矿区即在其中。

2. 逆冲推覆构造

燕山地区发育着许多著名的中生代逆冲推覆构造，其特点可以概括为以下 6 个方面[113]：

（1）空间分布的散在性。它们零散分布于造山带不同部位，具有面状散布特征，且不发育与逆冲断层伴生的大型线性褶皱。常发育于局部隆起（或背斜）的翼部，向盆地（或向斜）逆冲。或发育于大型走滑断裂的旁侧，向盆地逆冲，形成正花状构造的组成部分。

（2）发育时间和运动方向的非极性。由于断层分布的散在性，燕山地区逆掩断层的发展没有一定的极性，具有多期性和阶段性。有发育于中生代早期的，如北京西山的霞云岭断层，也有发育于燕山早期的，如鹰手营子断层；在断层运动方向上，同期断层并非都向一个方向逆冲，虽然总体方向为NNW—SSE向，但既可以由NNW向SSE逆冲，也有从SSE向NNW逆冲，无运动方向的极性。

(3) 薄皮构造与厚皮构造并存。燕山地区的逆冲断层多数为上盘的中-新元古界盖层逆冲于古生界、中生界之上的断层，伴生脆性碎裂岩，表明其发育于浅层次。其断层面可呈铲形，在基底面上滑脱，如南大寨断层；更多的是上部平缓而向下变陡，切入基底，成为基底卷入型冲断层，如鹰手营子断层，是基底块断运动在盖层的表现。

(4) 与缺少岩浆活动的前陆褶冲带相反，本区的断层与岩浆活动密切相关，也说明其与前陆薄皮构造的不同。

(5) 由于断层分布的散在性，因而没有统一的前陆磨拉石盆地。

(6) 运动方式呈多次伸缩交替或反转，也不同于前陆褶冲带的单一性。

总之，燕山造山带构造运动及演化与开滦矿区现今构造格局有着密切的关系。燕山运动以前以褶皱为主，构造线方向为EW向，开滦矿区即处于遵化背斜南翼。燕山期构造运动使燕山地区构造线方向以NE-NNE向为主，开滦矿区主体构造格架即在此期运动中形成的。印支期EW向构造与其后期NS—近SN向构造一起共同构成燕山地区的主要构造，开滦矿区构造主要是在印支期后形成的，与燕山造山带有着相似的构造特征。

（三）区域地球物理场特征

地壳浅部构造形迹是深层构造运动的地壳反映，其不同的构造样式也反映了地壳的地幔物质结构特征。因此，研究区域地球物理场与岩石结构，对认识和研究区域构造形成和演化过程有着重要的意义。

地球物理场特征是地壳岩石圈的物质组成、结构构造及其演化的综合反映。迄今为止，对于华北地区做了大量的深部地球物理探测工作，并在此基础上对华北地区深部壳幔结构做了很多研究工作，取得了不少成果[114,115]。华北地区总体特征是华北断陷区以幔隆为主，阜平—赤城、赤城—平泉为华北幔隆西界和北界的幔坎和幔阶带，也是非常明显的地壳厚度陡变带、重力梯度带和地震多发带[116]。

1. 磁场特征

根据《中国航空磁力异常 ΔT_a 图》及前人研究成果[117]，对华北板块北缘不同构造区磁场特征进行分析，不同构造区呈现的不同走向、不同形态、不同强度的磁场特征，综合反映了各种岩石，特别是岩浆岩及基底结晶岩系中该物质的赋存和展布面貌。明显的线性磁异常带和两种不同特点的连接带，则反映出区域性或区划性断裂带的存在。

(1) 燕山地区

该区磁场呈条带状，变化强烈，走向清楚，密集排序，正负相间的异常值多在－500～700 nT之间，到北部内蒙古隆起带磁场降低。在华北北部磁异常，走向多变，但总体上与构造、岩浆岩展布方向一致，其中西段在以EW向为主的北界上，穿插有NE、NNE向磁异常，东段则以NE、NNE向为主，间夹有EW、NW、SN向等磁特征。

(2) 华北—下辽河裂谷盆地

该区磁场宽，强度及梯度比燕山地区低，场态平稳，以宽大的高值正磁异常区与平静的负异常区相交替为特点，反映结晶基底与新生代沉积物的起伏状态，异常走向以NE及EW向为主，局部也有NW向的异常。

上述两个磁场区内及邻近区域，与显著的线性磁异常带或不同磁场特征分界线相关的主干断裂带有 NWW 向的张家口—蓬莱断裂带以及 NNE 向的郯庐断裂带，此外还有若干新生代裂谷盆地的边缘断裂带。

2. 重力场特征

重力异常图件反映出有关地区浅部、深部不同密度物质的分布状况，包括地壳厚度与结构变化、岩浆岩带与断裂带展布等，所以一定的构造区常显示出一定的布格重力异常特征。

根据华北北部地区 1：100 万均衡重力异常图，该区均衡重力异常在平原区与自由空气重力异常在线性异常形态、走向和相对幅度变化上相一致，空间分布上有如下特征：

(1) 华北北部地区均衡重力异常的局部起伏比较大，大兴为最高值区，异常值为 60 mGal；密云、怀柔北面的云蒙山一带和武清为低值区，分别为－25 mGal 和－15 mGal。在重力高值与低值区直接存在不同走向的重力梯度带，宝坻梯级带水平梯度最大，为 4 mGal/km，而大多数梯级带的梯度为 0.5～2.5 mGal/km。

(2) 区域上均衡重力异常的相对高值、低值和梯级带呈明显的相间排列：在沧县—塘沽—宁河 NE 向梯级带以西可看到天津—沧县重力高、武清—文安—河间重力低、大兴重力高、保定重力低、太行山重力高，均呈 NE 向右行雁列排列；北部和渤海区、宝坻重力高，怀柔—密云—兴隆重力低，唐山—滦县重力高，渤海重力低等，呈 NE 向转近 EW 向右行雁列排列；渤海南北呈近 EW 向右行雁列排列。

从华北地区地壳运动历史可知，新生代早期的强烈地壳运动，使原来的前寒武系基底断裂复活，它们的水平和垂直位移，产生了一系列 NNE、NE 和近 EW 向右行雁列排列的断陷和隆起。该区局部均衡重力异常，可能反映了新生代大地构造特征[118]，即相对重力低是由对应的断陷盆地内数千米低密度沉积物造成的；相对重力高则可能是由对应的隆起区沉积比较薄而基底密度高于正常地壳密度引起的。

开平地区重力异常区域主要是 NE 走向，梯度带并不明显，但仍可以看出是与 NE 向的沧县—天津相连续的。

3. 地温场特征

大地热流是指地球内部的热量以热传导的方式在单位时间内通过单位面积散发到地表的热量，其分布受岩石圈的热状态控制，并与地质构造及地壳活动有着密切的关系。

(1) 燕山造山带

在北京附近至承德、赤峰一带取得 8 个大地热流值的平均值为 46.94 mW/m^2，往东辽西一带 7 个热流值的平均值为 54.80 mW/m^2。燕山地区大地热流值总的变化趋势是北部山区承德、赤峰一带较低，内蒙古基底隆起带上 3 个热流值的平均值为 45.21 mW/m^2。

(2) 华北—下辽河裂谷盆地

华北盆地热流值总平均值达 68.4 mW/m^2，其中拗陷区为 61～65 mW/m^2，凸起区达到 70.0～80.0 mW/m^2，最高达到 105 mW/m^2。下辽河盆地中 37 个热流值的平均值为 63.21 mW/m^2，最高可达 83.14 mW/m^2。华北—下辽河裂谷盆地新生代裂谷作用明显，伴随着裂陷伸展作用与带桥厚度减薄，盆地之下存在着热地幔底辟作用，造成较广幔源基性火山活动，并出现地温梯度较大和大地热流值偏高的现象，说明华北—下辽河裂谷盆地目前仍是具有一定活性的“热”盆地[117]。

通过对比莫霍面深度与大地热流密度值等值线图发现，莫霍面相对隆起部位对应于大地热流密度值高异常区，而莫霍面相对凹陷部位则对应于大地热流密度值低异常区。该现象表明，新生代软流圈上涌而导致其地壳下莫霍面相对隆起，并形成大地热流密度值高异常区；中生代软流圈上涌柱上方的地壳下部莫霍面早已调整完毕而区域趋于平衡。

开滦矿区区域地壳厚度走向呈近 EW—NE 向，与大地热流值一致，反映了开滦矿区总体构造呈 NE 向展布地壳深、浅构造的一致性。

（四）岩石圈结构

根据华北地区磁场、重力场、人工地震测量等地球物理方面的勘探资料及前人研究的成果，以及所取得的有关地壳厚度、结构方面的探测数据，建立了华北北部地壳厚度及层速度简表（表 3-2），华北北缘地壳厚度与地表起伏大致呈镜像关系。

表 3-2　华北北部地壳厚度及层速度简表[117]

地壳结构	构造区带			
	燕山地区		华北盆地	
	地壳厚度/km	层速度/(km/s)	地壳厚度/km	层速度/(km/s)
上地壳	13	2.0～6.2	12～15	2.0～6.1
中地壳	13	6～6.2(低速层)	7～10	6.1～6.3(北部有低速层)
下地壳	8～12	6.6～7.5	8～11	6.5～7.0
莫霍面		——8.2——		——8.02——
地壳总厚	34～38		30～34	

燕山地区中西段中地壳，存在一最低速度为 6.0 km/s 的低速层，向南延伸至与华北盆地交界处，可能是一区域性滑脱层，是开滦矿区推覆构造最终滑脱拆离面。

华北地区基底比较坚硬，其深部的高、低速体波速差异较大，高速体波速为 7.3～7.8 km/s，低速体波速为 8.5～9.2 km/s。结合华北地区地震层析成像，华北地区深部构造的总体特征是：若干大小不等的上涌低速体和厚度不同的高速体共存，并以 65～75 km 深度为界将高速体分为上、下两套。

（五）岩浆岩

燕山板内造山带发育了大量的岩浆岩，强烈的构造岩浆活动是燕山陆内造山作用的主要表现之一，诸多学者对燕辽地区中生代岩浆活动做过多方面深入研究。

燕山造山带规模宏大的火山-侵入杂岩带在时空上的分布表现出火山喷发活动与岩浆侵入活动协调一致发育，由多次岩浆旋回形成的早期基性、晚期中酸性岩浆活动演化系列，与构造环境岩浆具有一致性[119]。

从时间演化序列来看，燕山造山带的侵入岩可分为晚三叠世、早-中侏罗世、晚侏罗世和早白垩世 4 个时期。火山岩的形成比侵入岩滞后，根据地层层位及同位素，其时间演化序列也可划分为 4 期：南大岭期（J_1n）、髫髻山期（$J_{2-3}t$）、东岭台期（J_3d）和北大沟期（K_1d）。从早期南大岭火山喷发沿 EW 向分布到中、晚期髫髻山，张家口火山喷发逐渐转为 NEE 向、NE

向分布，和区域构造格架演化保持了时间空间上的一致性。每条火山喷发带都伴生一条同一方向的侵入岩带。

二、煤田构造特征

开滦矿区以一系列褶皱构造为主体，局部被断层切割破坏，基底断裂控制了褶皱的发育，后期断裂又叠加到褶皱之上，破坏了褶皱的完整性。煤田南界是宁河—昌黎深断裂，北界是丰台—野鸡坨大断裂(韩家庄—沙河驿断裂)，二者走向均是 NEE 向；东界是滦县—乐亭大断裂，西界是蓟运河深断裂，二者走向为 NW 向。这些断裂带控制了煤田的范围，使煤田大体呈一走向为 NEE 的菱形块体(图 3-2)。

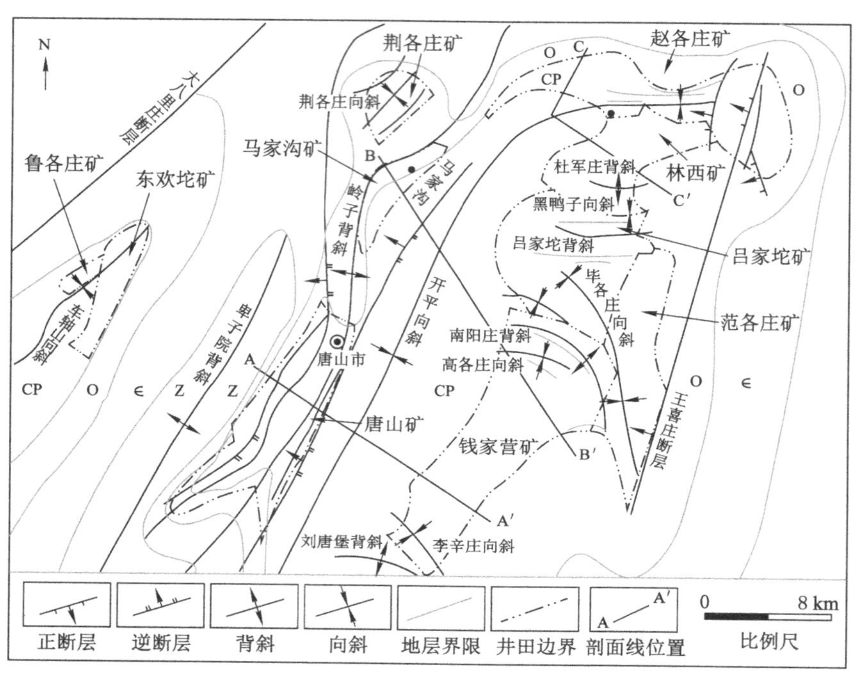

图 3-2　开滦矿区地质构造略图

开滦矿区包括开平向斜、车轴山向斜、湾道山向斜、西缸窑向斜 4 个含煤构造区，其中开平向斜为开滦矿区的主体。

(一) 褶皱

开平向斜总体轴向为 NE30°～60°，向 WS 方向倾伏，长约 50 km，宽约 20 km，总面积约 950 km^2。向斜轴线偏西，轴面向 NW 方向倾斜，两翼不对称，西北翼倾角陡立，局部直立或倒转，断层较发育，构造复杂；而东南翼地层平缓，一般倾角为 10°～15°，被一系列的轴向 NW 的次级褶曲复杂化，断层较少，构造较为简单。分布在向斜西北翼的矿井有：唐山矿、马家沟矿、赵各庄矿；分布在向斜东部转折端为唐家庄矿；分布在向斜东南翼的矿井有：林西矿、吕家坨矿、范各庄矿、钱家营矿。

1. 向斜北西翼构造特征

开平向斜构造存在较大的变化，北西翼沿地层走向发育一系列断层，其主要是逆断层，沿地层走向发育一系列规模较小的次级褶皱。从南向北，由唐山矿区发育有推覆构造，地层倾角相对较小，SN 向被走向逆断层——F5 切割，与开平向斜主体分割；往北至马家沟矿区，地层倾角逐渐增大，一般大于 45°，局部甚至直立和倒转，构造以走向断层为主，性质多样；再往北向斜轴向逐渐转为 EW 向，赵各庄矿的地层倾角由陡逐渐变缓。

2. 向斜南东翼构造特征

与北西翼相比，南东翼地层较为平缓，一般倾角为 10°～15°，次级小褶皱发育，断层较少，构造相对较简单。在林西矿附近，地层走向 NE30°，由此向北折向 NE，向南折向 SW。在吕家坨一带，出现近 EW 向平缓横向叠加的镶边褶皱，由北向南依次为杜军庄背斜、黑鸭子向斜和吕家坨背斜，再往南还发育有一系列以 NW 向为主的弧形褶皱，如毕各庄向斜、小张各庄向斜、南阳庄背斜和高各庄向斜，这一系列褶皱共同构成开平向斜南东翼“镶边”构造（图 3-3）。

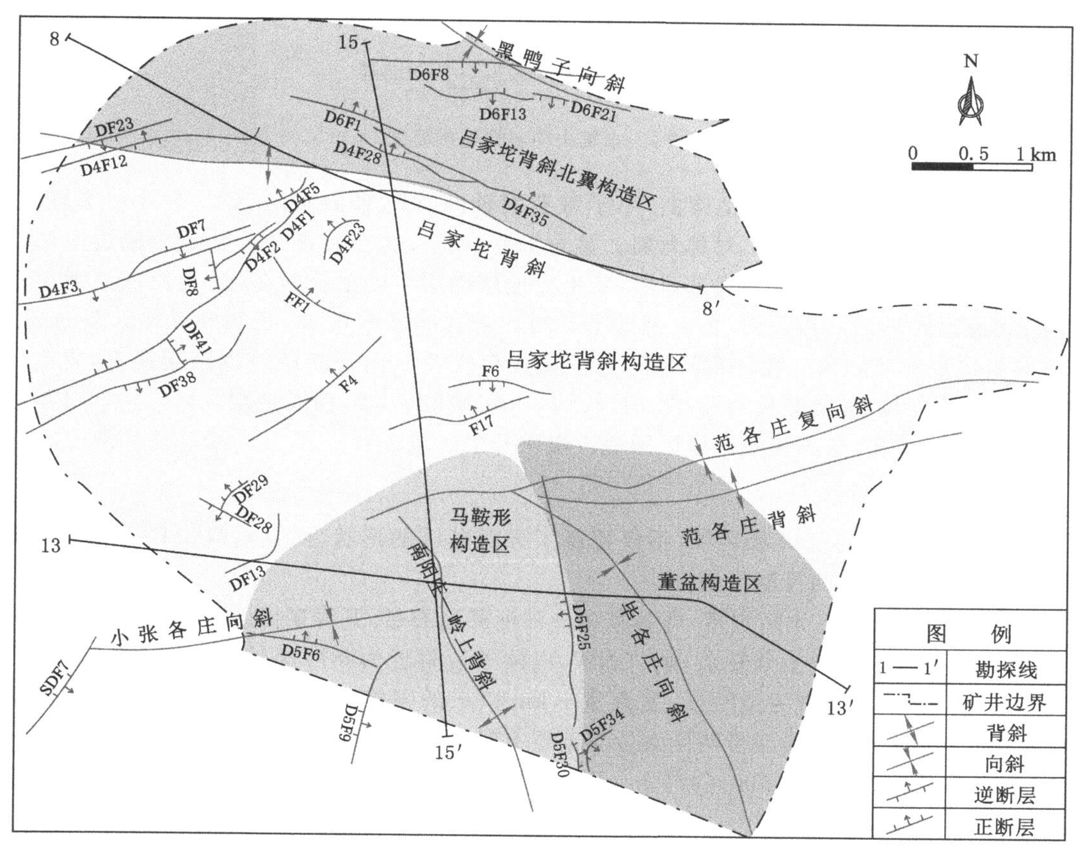

图 3-3　吕家坨矿地质构造纲要图

3. 车轴山向斜

车轴山向斜位于开滦矿区西侧，与开平向斜之间隔一卑子院背斜，为一狭长不对称向 WS 方向倾伏的大型含煤向斜（图 3-4），向斜轴向约为 60°，向斜轴面向 NW 方向倾斜。轴面与铅垂面夹角为 20°，枢纽以 N13°W 向倾伏，向斜转折端在油坊庄北部，向斜两翼地层产状变化较大，东南翼地层平缓，倾角 12°～25°，一般为 20°；西北翼地层急陡，倾角在 65°～85°之间，一般为 70°。向斜延展长约 20 km，平均宽约 5 km，总面积约 95 km²，为东欢坨井田所在地(图 3-4)。

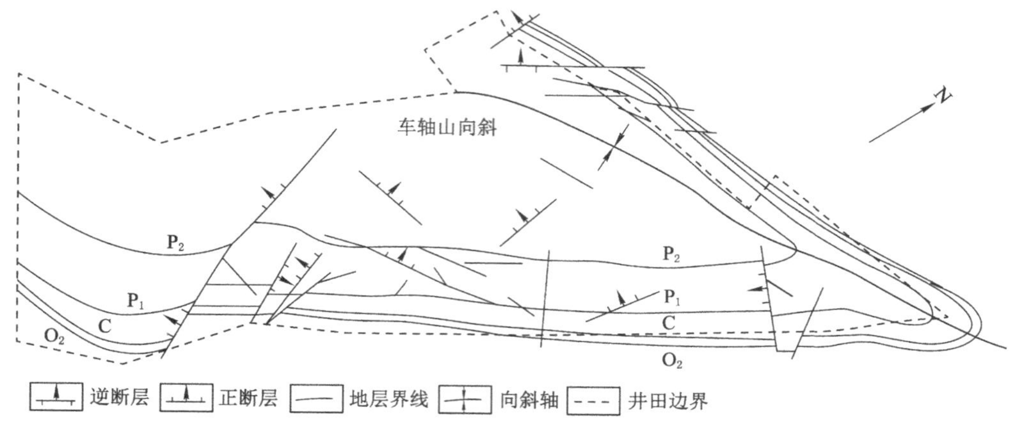

图 3-4　车轴山向斜构造纲要图

此外，区域上还有一些其他褶曲，卑子院背斜轴向 NE，轴面倾向 NW，东翼地层急陡，倾角大于 60°，西翼较缓，为不对称背斜。该背斜受东部一大型逆断层——后屯断层向南东推覆抬升作用，剥蚀出露前寒武系地层，新生界地层随后屯断层反转下沉，被第四系地层所覆盖；湾道山向斜轴向为弧形，由北部的 NE 向转至南部呈 NW 向，长约 5.3 km，宽约 3.4 km，向斜边缘地层倾角变陡，中部平坦，且呈波状起伏，NE 向正断层或逆断层发育，为荆各庄矿所在地。西缸窑向斜长轴近 SN 向，长约 2 km，宽约 1 km，西翼地层较陡，且被一近 SN 向东倾正断层破坏，东翼较缓。该区为地方煤矿开采区域。

(二) 主要断裂

前寒武纪形成的基底断裂带，不仅控制了开滦矿区的形状，而且对煤田构造格局的形成和展布也起着很大的控制作用。

(1) 丰台—野鸡坨大断裂带，即韩家庄—沙河驿断裂带，开滦矿区北部边界大八里庄断层是其一部分。该断裂十分复杂，倾向 NW，以榛子镇附近为断层面转折的枢纽部位，以西表现为正断层，以东表现为逆断层，发育宽 1 km 以上的强挤压破碎带，破碎带内发育碎裂岩、角砾岩、断层泥。该断裂带两侧太古界地层有种种差异，震旦系堆积物南、北也不一致，第四系地层厚度之差可达 300～400 m，且两侧构造格局截然不同，断裂应该是一条震旦纪前就已经存在的基底断裂。

(2) 宁河—昌黎断裂，是开滦矿区南部边界，产生于吕梁运动，为唐山块陷与乐亭块陷分界线，向西南与仓东断裂带相接。该断裂 NW 盘上升，SE 盘下降，两侧都有全新世中期海相淤泥出露，但高差大于 15 m，且两旁第四系沉积物落差在 500 m 以上。

(3) 蓟运河断裂，是开滦矿区南部与沧县块隆的分界线，向西北延伸与宝坻—香河 EW 向断裂相连，形成于前古生代，新构造运动活动强烈。

(4) 开平向斜内存在一条断裂带，主要由三条平行断裂组成。

① 唐山—古冶断裂：该断裂南端被近 EW 向丰南断裂切断，北至唐山市古冶村附近，西

南段走向 NE30°，东北段走向 NE50°，全长约 30 km。在唐山矿及以南由唐山矿 F4、F5 断层组成，平行排列间距约 500 m，断层面均倾向 NW，东部 F5 为逆断层，西部 F4 为东正西逆的扭转断层。

② 唐山—巍山—长山南坡断裂：由一些断续走向 NE 的断层系组成，多为逆断层，且沿地层层面分布，倾角很陡，断距很小，全长约 20 km，在唐山矿以南主要由 F3、F1 等一系列逆断层组成。

以 F3 为主的一系列逆冲断层带，北起唐山市西北的凤凰山，南到丰南站西南 3 km，延长 15 km，呈“S”形，为第四系地层所掩盖。主滑面走向 NE，倾向 NW，总体上呈上陡下缓趋势，倾角浅部较陡，最大可达 85°，向深部明显变缓，直至近水平状，由东向西依次切割石炭系-二叠系、奥陶系及寒武系地层。

③ 陡河断裂：东北段为 NW 倾向的正断层（后屯断层），西南段由平行的分割第四系小断层组成，全长约 50 km。

（三）岩浆岩

开滦矿区岩浆活动相对较弱，但在东南翼局部地段可见辉绿岩岩脉、岩床及岩墙。与煤层接触处煤的变质程度增高，对煤层有一定的破坏，特别在林西矿、吕家坨矿、钱家营矿，不仅引起局部煤层不可采，同时可能导致煤层瓦斯浓度增高，煤矿开采条件复杂化。

第三节 其他地质条件（水文地质、工程地质）

一、水文地质特征

（一）矿区水文地质概况

开滦矿区位于燕山沉降带中段之南缘，为一北东向的北翼陡南翼缓的不对称向斜构造。向斜盆地北依低山，南卧平原，绝大部分隐伏于第四系冲积层之下。向斜北部基岩裸露地区，地面标高 40～60 m，南部地面标高为 20 m 左右。区域内地表水系不发育，分布于煤田东部的沙河以及自西部进入煤田的陡河，均系季节性河流，平时主要起着排泄矿井水的作用。煤系砂岩含水层富水性受构造发育控制，主要是裂隙含水层。开滦矿区煤层基底为厚层的奥陶系灰岩，其岩溶裂隙极其发育，富水性好，水头高，水压大。奥灰岩溶含水层与煤系上部的第四系底部含水层是煤系的主要充水含水层，对区域内矿井具有一定的威胁。区域内含水层的补给主要为大气降水，同时导水构造的存在也造成了各含水层的越流补给。

开滦矿区水文地质条件复杂性表现如下：

① 基底为巨厚的寒武系-奥陶系灰岩，厚几百至几千米不等，出露广泛，接受大气降水后形成储量巨大的强含水层，与煤系地层中砂岩裂隙含水层有直接或间接水力联系；

② 煤系地层下部发育石灰岩、砂岩、页岩互层，含水层间水力联系复杂；

③ 煤系基底巨厚的奥陶系灰岩及其岩溶形态在空间分布上呈非均一性，形成多期层状岩溶网络；

④ 在多期构造运动作用下形成的断裂构造，使煤系地层和奥灰含水层中地下水的赋存运移系统更加复杂化，造成这些地区水文地质复杂多变。

矿区在剖面上具有多层充水含水层的特点。尽管这些多层含水层之间沉积了厚度不等、渗透能力几乎为零的隔水地层，但由于点状喀斯特陷落柱型内边界（如范各庄矿）、线状断裂带（裂隙）型内边界（如赵各庄矿）、窄条状隐状露头型内边界和面状裂隙网络型内边界（如东欢坨矿）的沟通破坏，本来水力上各自独立的含水地层失去了完整性，彼此之间沿着各种类型的内边界发生了水力联系。正是因为这些局部内边界的存在，其地下水水力联系在整个垂直地层剖面上却是连续的。

开滦矿区地下水立体流动系统包括3个子流动系统，即中奥陶统区域岩溶地下水流动系统、石炭系-二叠系砂岩裂隙及岩溶裂隙水流动系统和第四系局部孔隙水流动系统。3个子流动系统受地形、构造及采矿等因素影响与控制。

开平向斜的西南部本来是煤系地下水的排泄区，但因为煤矿开采，煤系含水层水位大幅度下降，原来的排泄区成为矿井水的补给区。地下水的循环条件发生明显的变化。

在区域上，马兰峪背斜及开平向斜发育着5套构造层系：太古代基底变质岩系、元古代盖层沉积岩系、下古生代以碳酸盐岩为主的沉积岩系、上古生代以碎屑岩为主的沉积岩系和第四纪松散沉积层系。

区域地下水补给区由元古代盖层沉积岩系及太古代基底变质岩系表层的构造风化裂隙系统构成。该裂隙系统分布于马兰峪复式背斜南翼。其南翼地势高，地形南低北高。这套裂隙系统出露面积广。由于相对抬升，长期出露地表风化剥蚀而形成的这套裂隙系统相对均一化，层厚约50 m。该含水裂隙系统主要起着聚集、输导地下水的作用：在时间上，把不连续的大气降水调整为连续的地下径流；在空间上，又把分散垂直入渗汇聚为层状径流。由于地势存在较大坡降，产生了较大的水力坡度，该裂隙系统具有较大的水力扩散系数而成为区域地下水系统补给区。

受马兰峪复式背斜控制，在元古代盖层沉积岩系及太古代基底变质岩系中形成了沟谷，这些沟谷构成了大沙河流域，受沟谷分布的控制，在其中堆积了连续条带状冲积、洪积松散层——第四纪松散层孔隙含水系统。该含水系统主要也起着聚集、输导地下水的作用：在时间上，把不连续的暂时地表径流（降水过程形成的坡面流）调整为连续的地下径流；在空间上，又把分散的暂时地表径流汇聚为带状径流，因其受沟谷坡降控制，具有较大水力梯度，其方向受沟谷展布方向控制。带状径流具有特定的方向，孔隙系统具有较好输导性能和较大渗透系数。

由上所述，区域地下水系统补给区的位置是受马兰峪复式背斜南翼控制的，变质岩裂隙含水系统和第四纪孔隙含水系统在区域地下水系统中的主要作用是变大气降水为浅层地下水，裂隙含水系统主要为大面积大气降水垂直入渗提供了良好条件。孔隙含水系统主要为大面积地表径流集中入渗提供了良好条件。这些较好补给条件促进大气降水、地表径流向地下径流积极转化，形成了较广补给源，从而获得较大的补给量。

（二）矿区水文地质特征

在开平向斜区域地下水系统中，上覆的石炭系-二叠系不整合于下伏的寒武系-奥陶系之上。但是，在不整合面上、下的这两套地层系统却是在统一的构造应力场下形成了断、褶体系。这一体系构成了开平向斜区统一而又独立的存储单元。

1. 剖面水文地质特征

开滦矿区在剖面上具有相互间水力联系密切的多层孔隙，岩溶-裂隙充水含水层组结构。一般可划分为三个主要充水含水层组。

(1) 煤系充水含水层组

煤系主要充水含水层组为中厚层状的中、细砂砂岩裂隙含水层组，这些含水层组垂直裂隙较为发育，而且在平面上分布基本均匀，水力联系密切，具有统一的水头，一般可划分为2～3个砂岩裂隙含水层组，其单层组厚度为40～60 m。

(2) 中奥陶统巨厚层碳酸盐岩充水含水层组

中奥陶统后，河北地台区域性整体隆升，接受了长达1.3亿～1.5亿年的风化剥蚀，在巨厚层碳酸盐岩地层中发育了大量的岩溶裂隙，形成厚度不等的含水层，该套地层沉积厚度一般多为600～800 m，在开滦矿区北部山区大面积裸露，该岩层中岩溶裂隙较发育，降雨入渗补给强度较大。大型群孔抽水试验均显示奥陶统巨厚层碳酸盐岩含水层富水性强，水力连通性好，水压力传递快，形成的降落漏斗平缓且扩展范围广，一般在每个水文地质单元内均可形成统一的岩溶水渗流场。中奥陶统巨厚层碳酸盐岩充水含水层具有明显的非均质和各向异性特征，呈条带状发育的岩溶强径流带和连续介质中的非连续性水流等水力现象就是有力的证据。中奥陶统巨厚层碳酸盐岩充水含水层作为含煤岩系的基底承压含水层，水头压力高，对上覆煤层的安全回采形成了威胁，这种威胁的程度除取决于所采煤层至奥灰顶界面的隔水岩段厚度、岩性和构造外，呈起伏不平的中奥陶统古风化面的铝质黏土(隔水层)沉积厚度也是一个十分重要的影响因素。

(3) 第四系松散孔隙充水含水层组

开滦矿区厚达十几至数百米的第四系松散孔隙充水含水层组不整合覆盖于煤系和奥灰含水层组之上，像一座桥梁沟通了二者之间的水力联系，形成了特殊的“桥梁式”矿床水文地质条件。因此，第四系底部是否沉积了厚层黏土隔水层是决定这类矿井水文地质条件复杂程度的关键因素之一。如开滦东欢坨矿，在基岩含水层组的隐伏露头部位，第四系底部黏土隔水层沉积很薄，局部地段甚至完全缺失，松散底卵石含水层直接沉积在煤系基岩和奥灰岩溶含水层之上，形成了“天窗”或“越流”式的补给条件。

2. 平面水文地质特征

开滦矿区各个充水含水层组在平面上具有不规则的空间分布、非均质和各向异性特征，以及复杂的边界位置和边界条件。地下水在各充水含水层组中的水力类型和径流特征均随时间、空间而改变。华北型煤田各岩溶充水含水层的储水空间主要以溶蚀裂隙为主，岩溶裂隙发育相对均匀，相互间水力联系密切。抽(注)水试验能形成完整统一的降落漏斗，岩溶水运动基本符合多孔介质渗流理论。

3. 流动系统特征

矿区在剖面上具有多层充水含水层的特点，尽管这些多层充水含水层之间沉积了厚度不等、渗透能力几乎为零的隔水地层，但由于点状喀斯特陷落柱型内边界、线状断裂带(裂隙)型内边界、窄条状隐状露头型内边界和面状裂隙网络型内边界的沟通破坏，本来水力上各自独立的含水地层失去了它们的完整性，彼此之间沿着各种类型的内边界发生了水力联系。正是因为这些局部内边界的存在，其地下水水力联系在整个垂直地层剖面上却是连续的，特别是在地下水资源大规模开发利用的含水地层。因此，开滦矿区的赋水介质具有非连续的渗透性能和连续的水力联系的特征。

按照托斯理论，造成地下水流动系统多层次性的主要因素是泄水盆地地形的起伏变化。这种地形的起伏变化，形成了不同规模、不同层次的地下水流动系统，即局部流动系统、中间流动系统和区域流动系统。

开滦矿区地下水巨型复杂立体流动系统也具有多层次性。但这种多层次性除受地形的起伏变化影响外，非均质地层的沉积也是一个主要控制因素。一般来讲，其可划分为三个层次，即中奥陶统区域喀斯特地下水流动系统，石炭系-二叠系中间喀斯特地下水流动系统和第四系局部孔隙地下水流动系统。

地下水流动系统的变化，不仅不断改变着流场特征（如承压水头压力、含水层渗透系数的变化），还引起水化学场的复杂变化。

（三）矿区含（隔）水层特征

1. 含水层

1992 年 7 月，开滦矿务局将矿区含水层统一定为 7 组（图 3-5）。编号为Ⅰ～Ⅶ的含水层从老到新、从下往上，可概括分为奥灰含水层、砂岩裂隙含水层和冲积层孔隙含水层。

2. 奥陶系石灰岩的水文地质特征

（1）奥陶系石灰岩的发育特征

奥陶系石灰岩在矿区范围内主要包括下统的冶里组及亮甲山组、中统的马家沟组，总厚度 600～800 m。

冶里组：上部以层状豹皮灰岩为主，下部以薄层竹叶状灰岩为主，底部有厚约 0.5 m 的同生砾岩，本组溶蚀裂隙发育。本层下伏寒武系上统薄层灰岩。

亮甲山组：上部为中厚层状白云岩和白云质灰岩，下部为中厚层状白云质灰岩，溶蚀孔隙和裂隙发育。

马家沟组：岩性以中厚至巨厚层状豹皮灰岩为主，其次为中厚至巨厚层状同生砾岩和巨厚层状灰岩，含大量燧石结核。溶蚀裂隙及溶洞发育。其上覆地层为厚度 10～20 m 的古风化壳，岩性为铝土岩或铝土质泥岩，具有隔水性。

（2）奥灰的富水性

通过对奥灰的水文地质勘探和长期的动态观测，证明奥灰是一个强大的含水体，但由于各层组的裂隙与岩溶在发育程度上有较大差异，因此其富水性、透水能力、储水条件也有很大不同。这主要表现在两个方面：一是垂向的差异，如在同一位置施工的钻孔，进入奥灰的深度不同，其出水能力不同；二是横向的差异，即在不同位置施工的钻孔，进入奥灰的深度基本一致，其出水能力不同。虽然奥灰在纵向和横向的富水性、透水性、储水条件有较大差异，但非均匀分布的溶洞、裂隙，又具有极广泛的水力联系，成为网络连通的似层状含水体，属同一水动力场。在疏降时形成“平盘”状的降水漏斗就说明了这一点。

3. 砂岩裂隙含水层特征

开滦矿区砂岩裂隙含水层主要指 5 煤层以上 0～100 m 段，统称为 5 煤层顶板砂岩裂隙含水层（组），是开滦矿区各矿井的主要直接充水含水层；由于其厚度大、富水性强以及不均一性等特点，在开滦矿区开采的历史上也曾多次发生突水灾害，造成了巨大的经济损失。

开滦矿区 5 煤层顶板砂岩裂隙含水层（组）的发育厚度，受地质构造的控制变化较大。在开平向斜的西北翼赵各庄、马家沟一带，没有沉积 5 煤层顶板砂岩；在开平向斜轴部，5 煤层顶板砂岩的沉积厚度可达数百米；在开平向斜的东南翼林西、范各庄、钱家营一带，5 煤层

段距/m	含水层编号	柱状	含（隔）水层名称	描述
2～17	Ⅶ$_C$		潜水含水层	本区自上而下可分为五个层段： （1）耕土、细砂层段：多为砂质黏土或粉砂，其下为细砂，局部夹黏土层； （2）黏土及砂质黏土层段：此层含腐植物较多，灰至深灰色； （3）卵石中、粗砂岩层段：卵石与中、粗砂岩混合，其上沉积有细砂和粉砂层； （4）黏土、砂质黏土层段：此层沉积稳定，局部夹有粉砂层； （5）底部卵砾石层段：卵石成分有石英、集块岩、煌斑岩等
3～20			第四系黏土及砂质黏土隔水层	
5～20	Ⅶ$_B$		中部卵石中、粗砂岩含水层	
20～28			第四系黏土及砂质黏土隔水层	
0～37	Ⅶ$_A$		底部卵砾石含水层	
122～161	Ⅵ		古冶组砂岩含水层	此层以暗紫色细砂岩为主，夹有紫色中、粗砂岩及砖红色粉砂岩、泥岩多层，显现细带状。砂岩成分主要为白色或淡褐色石英长石及白云母碎屑，泥质胶结
1～20	A层		铝土质A层隔水层	灰、灰紫色，致密细腻，具滑感，一般上部较纯，含菱铁质鲕粒，比重大
220	V_C		5煤层顶板以上100～150 m段砂岩裂隙含水层	该含水层组厚约220 m，可分为V_A、V_B、V_C三个亚层。岩性以中、细砂岩为主，具粗砂岩，泥硅质胶结，水平及缓波状层理～显波状层理，主要成分为石英、长石、岩屑等，裂隙较发育，单位涌水量0.018～0.065 L/(s·m)，渗透系数0.16～0.59 m/d，富水性弱
	V_B		5煤层顶板以上50～100 m段砂岩裂隙含水层	
	V_A		5煤层顶板以上6～50 m段砂岩裂隙含水层	
4～35			5煤层及顶板粉砂岩隔水层	5煤层为不稳定煤层，浅部及背斜轴南翼不可采，其顶板为深灰色粉砂岩，浅部为深色泥岩
20～45	Ⅳ		7煤层顶板含水层	以浅灰色中、细砂岩为主，单位涌水量0.018～0.065 L/(s·m)，渗透系数0.16～0.59 m/d，富水性弱
37～65	7煤 8煤 9煤 11煤		石炭系-二叠纪煤系地层隔水层	7、8、9煤层为稳定中厚煤层，11煤层为不稳定单一煤层，顶底板为黏土岩和粉砂岩，富含植物化石
5～10			12煤层及顶板泥岩隔水层	12煤层为较稳定复合煤层，顶板以腐泥质黏土为主，有时相变为泥岩和粉砂岩
	12煤			
20～80	Ⅲ		12～14煤层间含水层	该段为浅灰、灰色中、粗砂岩，主要成分为石英，分选中等，泥硅质胶结为主，局部含钙质，富水性弱
10～18	14煤			
			14煤层底板泥岩隔水层	浅灰色泥岩、灰色粉砂岩，含植物化石及黄铁矿结核
8～37	Ⅱ		14煤层～奥灰岩间含水层	唐山灰岩呈灰褐～深灰色，质较纯，有裂隙夹钙质泥岩薄层，含海百合等海相动物化石
22～37			唐山组泥岩隔水层	上部为浅灰色灰岩，含少量黄铁矿结核，中部有K_1、K_2两层薄层灰岩，下部为浅灰、青灰色黏土岩
420	Ⅰ		奥陶系灰岩含水层	灰、灰白色，质纯、性脆、致密块状，夹白云质石灰岩，可见腕足类等动物化石，与上覆岩层假整合接触

图 3-5　开滦矿区煤矿含（隔）水层柱状示意图

顶板砂岩的沉积厚度在150～277 m。开平向斜西北翼的湾道山向斜、车轴山向斜厚度大多在100～200 m左右。

开滦矿区5煤层顶板砂岩除在北部山区不发育外，其余均被松散冲积层所覆盖，冲积层的厚度为0～800 m左右。由于冲积层内发育有隔水性能较好的黏土层，正常情况下阻隔了大气降水和地表水对5煤层顶板砂岩的直接补给。在矿区的北部山区赵各庄、马家沟一带，基岩露头区由于冲积层较薄且岩性大多为砂岩，透水性较好，可直接接受大气降水和地表水的补给。但开滦矿区大部分地区都在5煤层顶板砂岩露头区，接受冲积层底部卵砾石孔隙含水层水的顺层补给。在天然状态下5煤层顶板砂岩含水层水由北向南流动，但随着矿井的不断开发，每个矿井都是一个独立的疏水中心，由于矿井的开采时间、开采强度及开采范围不同，各矿井形成的疏降漏斗大小、范围均有所不同，因而改变了5煤层顶板砂岩含水层的补给、径流、排泄的天然状态，在矿区范围内形成了以各矿井为中心，5煤层顶板砂岩含水层露头区接受补给(在范各庄井田内由于导水岩溶陷落柱的发育，5煤层顶板砂岩含水层在垂直方向上直接接受奥灰岩溶水的补给)、顺层径流为主，矿井开采区为疏降中心的格局。

4. 矿区冲积层特征

(1) 矿区冲积层结构特征

开滦矿区属于第四系松散含水冲积层覆盖下的隐伏煤田，冲积层厚度由开平主向斜北翼的赵各庄基岩裸露区向西南逐渐加厚，至主向斜南翼的宋家营一带已厚达800 m左右。岩性在上部一般主要为细砂，中部为砂层及砂砾层，下部为卵石或砾石等。其间夹有不同厚度的黏土或亚黏土，在砂层及亚黏土层中，常有石灰质结核，名为姜石，大者直径达数十厘米。在荆各庄及车轴山向斜中，曾发现了淡水介质化石。由于冲积层厚度在各区有很大差别，其沉积的层数也有所不同，可由10～20层增至百余层。黏土及亚黏土常呈连续或透镜状分布，各单层的厚度在不同地区均不相同，其中尤以冲积层底部卵砾石层厚度变化最大，由开平主向斜北翼的赵各庄矿基岩裸露区的无沉积变至主向斜南翼的宋家营一带达50 m左右。在开平主向斜以西的车轴山向斜内冲积层底部卵砾石层不仅厚度大而且变化大，在车轴山向斜翘起30 m左右，至油葫芦泊一带厚度大于350 m。底部卵砾石层主要由不等粒的卵石、砾石、黏土颗粒组成，粗砾石占80%，卵石占10%，黏土物质占10%。卵砾石成分主要为石英、燧石，黏土呈粒状结构，可塑性极强，呈绛紫色或棕红色。从沉积韵律上本层又可细分为卵砾石层、泥砾层和黏土层，底部卵砾石层直接覆盖于基岩之上。

在底部卵砾石层之上有一层分布稳定的中部黏土层，其主要由灰、褐灰和黄灰色可塑性黏土组成，局部夹薄层砂质黏土，偶见透镜状砂层。中部黏土层厚度为20～90 m，其分布普遍，层位稳定，隔绝了中部卵石层与底部卵砾石层间的水力联系，是冲积层的重要标志层。

(2) 矿区冲积层富水特征及对各含水层的补给关系

矿区内冲积层由于其沉积厚度及韵律不同，其富水性也各不相同。浅部砂层富水性中等，其水位高低主要受季节性气候影响，对矿井的涌水影响不大。在冲积层的中部多为卵砾石与黏土、砂层等互层，一般层数较多，对底部卵砾石孔隙含水层只有在“天窗”处直接进行补给，对矿井的涌水影响不大。

冲积层底部卵砾石层对矿井的涌水有直接影响；该层除在开平向斜的北部赵各庄、马家沟一带不发育外，其余各地均较发育，其富水性极强。

底部卵砾石孔隙含水层除赵各庄矿以外其他区域均较发育，厚度自北向南变厚，卵砾石孔隙充填部分泥砂，造成含水性差异(为一含水丰富直接补给煤系底层的含水层，井下各煤层开采也主要是防范该层透水和溃泄黄泥)。

冲积层地下水的补给来源主要是大气降水，在北部山区，冲积层水补给奥灰含水层及煤系各含水层；而在开平向斜的东南翼奥灰含水层又补给冲积层，这样二者就形成了相互补给的关系；在煤田中部，由于矿井开采，煤系各含水层的地下水位大幅度下降，冲积层含水层水沿着岩层隐伏露头补给给煤系各含水层，成为矿井涌水。

（四）区域隔水层特征

一般区域隔水层第四系底部黏土层均有沉积，在第四系与煤系、奥灰含水层之间起隔水作用，但由于沉积缺失或者薄，局部存在“天窗”或“越流”式补排关系；煤系地层下伏奥陶系灰岩含水层，其水压大、水量丰富、危害大。由于其上部稳定发育中石炭统唐山组黏土岩隔水层，岩性为G层铝土岩及多层黏土岩、粉砂岩，正常情况下该隔水层阻隔了奥灰含水层向煤系含水层的补给。

（五）矿区地下水的补给、径流和排泄

区域地下水的补给来源有两个方面：一是在露头区直接接受大气降水的补给，由于降水集中，地面排水畅通，一般补给条件较差；二是在第四系冲积层覆盖区域，接受第四系含水层的渗入补给。径流主要是层间径流。排泄主要是矿井开采疏干、工业或居民用水的排放。

（六）矿井水文类型

根据《煤矿防治水细则》规定，从以下六方面划分开滦矿区矿井水文地质类型(表3-3、表3-4)。

表3-3 矿井水文地质类型划分依据

分类依据		类别			
		简单	中等	复杂	极复杂
井田内受采掘破坏或者影响的含水层及水体	含水层(水体)性质及补给条件	为孔隙、裂隙、岩溶含水层，补给条件差，补给来源少或者极少	为孔隙、裂隙、岩溶含水层，补给条件一般，有一定的补给水源	为岩溶含水层、厚层砂砾石含水层、老空水、地表水，其补给条件好，补给水源充沛	为岩溶含水层、老空水、地表水，其补给条件很好，补给来源极其充沛，地表泄水条件差
	单位涌水量 q/[L/(s·m)]	$q \leqslant 0.1$	$0.1 < q \leqslant 1.0$	$1.0 < q \leqslant 5.0$	$q > 5.0$
井田及周边老空水分布状况		无老空积水	位置、范围、积水量清楚	位置、范围或者积水量不清楚	位置、范围、积水量不清楚
矿井涌水量/(m^3/h)	正常 Q_1	$Q_1 \leqslant 180$	$180 < Q_1 \leqslant 600$	$600 < Q_1 \leqslant 2\ 100$	$Q_1 > 2\ 100$
	最大 Q_2	$Q_2 \leqslant 300$	$300 < Q_2 \leqslant 1\ 200$	$1\ 200 < Q_2 \leqslant 3\ 000$	$Q_2 > 3\ 000$

表 3-3(续)

分类依据	类别			
	简单	中等	复杂	极复杂
矿井突水量 Q_3 /(m^3/h)	$Q_3 \leqslant 60$	$60 < Q_3 \leqslant 600$	$600 < Q_3 \leqslant 1\ 800$	$Q_3 > 1\ 800$
开采受水害影响程度	采掘工程不受水害影响	矿井偶有突水,采掘工程受水害影响,但不威胁矿井安全	矿井时有突水,采掘工程、矿井安全受水害威胁	矿井突水频繁,采掘工程、矿井安全受水害严重威胁
防治水工作难易程度	防治水工作简单	防治水工作简单或者易于进行	防治水工作难度较高,工程量较大	防治水工作难度高,工程量大

注:1. 单位涌水量以井田主要充水含水层中有代表性的为准。
2. 在单位涌水量 q,矿井涌水量 Q_1、Q_2 和矿井突水量 Q_3 中,以最大值作为分类依据。
3. 同一井田煤层较多,且水文地质条件变化较大时,应分煤层进行矿井水文地质类型划分。
4. 按分类依据就高不就低的原则,确定矿井水文地质类型。

表 3-4 各矿井水文地质类型划分

划分依据	矿井名称					
	东欢坨矿	范各庄矿	钱家营矿	唐山矿	吕家坨矿	林西矿
含水层性质及补给条件	复杂	复杂	中等	复杂	简单	中等
单位涌水量 q/[L/(s·m)]	复杂	中等	中等	中等	中等	中等
矿井及周边老空水分布状况	中等	中等	中等	中等	中等	中等
矿井涌水量/(m^3/h)	复杂	复杂	中等	复杂	中等	复杂
矿井突水量 Q_3/(m^3/h)	中等	简单	中等	中等	中等	简单
开采受水害影响程度	中等	中等	中等	中等	中等	中等
防治水工作难易程度	复杂	复杂	中等	复杂	中等	中等
综合评价	复杂	复杂	中等	复杂	中等	复杂

二、工程地质特征

(一) 岩层软硬程度及其结构特征

通过对钻孔所见煤层顶底板的岩层取芯情况看,各个主要煤层的顶底板的岩性基本稳定。其中吕家坨矿 5 煤层、7 煤层、8 煤层、9 煤层的顶底板岩性以粉砂岩、细砂岩为主,岩石比较完整,裂隙不发育;11 煤层、12 煤层的顶板为腐泥岩。由于断层的破坏,一部分煤层的顶底板岩石遭到了严重破坏,变得比较破碎,不少钻孔遇到了漏水现象。从吕补 9 孔的煤层顶底板岩石物理力学试验结果看:5 煤层、6 煤层和 9 煤层底板普氏岩石强度系数较高,变形系数较大,容易维护;7 煤层顶板、12 煤层顶板和底板普氏岩石强度系数较小,变形系数较小,而不易维护;5 煤层顶板、7 煤层底板、9 煤层顶板以及 11 煤层顶底板普氏岩石强度系数小,变形系数小,而难以维护。2002 年由煤炭科学研究总院唐山分院对 −950 m 水平东翼各煤层顶底板进行岩石力学参数测定,结果参见表 3-5 和表 3-6。

表 3-5 煤层顶底板岩性物理特征一览表

煤层编号	顶底板/m	采样深度/m	岩石名称	比重	容重/(g/cm^3)	含水量/%	孔隙率/%	吸水率/%	坚固性系数	普氏岩石强度系数
5	顶板	895.91	泥岩	2.62	1.47	1.3	6.9	1.9	6.3	2
5	底板	898.02	粉砂岩	2.70	2.70	0.4	0.4	0.7	10.0	5
6	顶板	911.05	泥岩	2.65	2.64	1.1	1.5	1.5	6.7	4
6	底板	914.45	粉砂岩	2.67	2.63	0.3	1.8	0.7	11.1	6
7-1	顶板	933.23	粉砂岩	2.68	2.65	0.7	1.8	1.0	11.1	5
7-1	底板	937.5	粉砂岩	2.74	2.71	0.5	1.6	0.7	10.0	6
7	顶板	941.93	泥岩	2.66	2.61	0.5	2.4	1.1	6.7	4
7	底板	951.2	泥岩	2.38	2.38	0.9	0.9	0.9	6.3	2
9	顶板	953.71	泥岩	2.60	2.59	1.4	1.8	11.3	6.7	2
9	底板	958.17	粉砂岩	2.68	2.66	0.9	1.6	1.3	11.1	5
11	顶板	961.51	泥岩	2.38	2.35	1.0	2.2	1.5	6.3	2
11	底板	969.73	泥岩	2.36	2.36	1.3	1.3	1.9	6.7	2
12	顶板	981.13	腐泥岩	2.50	2.28	1.2	9.9	1.7	7.7	4
12	顶板	983.36	腐泥岩	2.38	2.34	1.1	2.7	1.6	7.1	3
12	底板	987.65	腐泥岩	2.36	2.19	0.8	7.9	1.0	6.7	3
12	底板	989.37	泥岩	2.37	2.35	0.6	1.4	0.7	6.3	3

表 3-6 7 煤层及顶底板物理力学参数测试结果

煤层编号	顶底板	抗压强度/MPa				抗拉强度/MPa				抗剪		应力-应变		
		平均	变异范围			平均	变异范围			内摩擦角	凝聚力系数	切线模量	变形系数	泊松比
5	顶板	20.3	18.0	20.0	22.8	0.7	0.6	0.7	0.7	32°26′	3.5	0.07	0.06	0.21
5	底板	53.1	46.4	58.0	54.8	1.7	1.6	1.7	1.7	38°41′	8.2	0.18	0.17	0.19
6	顶板	35.9	36.0	38.8	32.8	1.5	1.4	1.5	1.6	34°27′	4.9	0.11	0.08	0.23
6	底板	61.9	58.8	62.0	64.8	4.2	4.0	4.1	4.5	37°41′	10.7	0.16	0.15	0.17
7-1	顶板	50.7	49.2	47.2	55.6	2.0	1.9	2.0	2.1	36°50′	6.3	0.25	0.28	0.19
7-1	底板	58.1	58.8	62.8	52.8	3.5	3.1	3.5	4.0	38°21′	6.8	0.25	0.34	0.24
7	顶板	42.7	44.8	40.0	43.2	2.3	2.0	2.4	2.5	35°24′	6.4	0.19	0.18	0.3
7	底板	24.8	20.8	28.0	25.6	0.6	0.5	0.6	0.7	33°27′	4.6	0.11	0.09	0.29
9	顶板	19.2	16.8	20.0	20.8	0.7	0.6	0.7	0.7	31°40′	3.1	0.10	0.08	0.22
9	底板	52.7	44.8	54.4	58.8	1.4	1.3	1.4	1.6	36°37′	7.0	0.17	0.18	0.02
11	顶板	17.7	16.0	18.8	18.4	0.8	0.7	0.9	0.9	30°21′	3.5	0.12	0.08	0.25
11	底板	19.9	20.0	20.8	18.8	0.8	0.7	0.7	0.9	30°51′	3.8	0.07	0.07	0.25
12	顶板	37.6	32.8	36.0	44.0	1.2	1.1	1.2	1.2	35°35′	5.7	0.11	0.12	0.18
12	顶板	30.6	28.0	32.8	32.0	0.9	0.9	0.9	1.0	30°41′	5.1	0.15	0.14	0.24
12	底板	33.6	35.2	29.6	36.0	1.5	1.4	1.5	0.5	31°20′	6.2	0.12	0.11	0.21
12	底板	33.6	28.0	36.8	36.0	1.3	1.1	1.4	1.5	33°12′	6.0	0.12	0.12	0.26

辽宁工程技术大学曾对−950 m首采区的7煤层顶底板和7煤层进行岩石力学参数测定，结果参见表3-7。

表3-7 7煤层及顶底板物理力学参数测试结果

项目	名称									
	7-2 煤		7-1 煤直接顶中砂岩		7-2 煤直接顶粉砂岩		7-2 煤直接底粉砂岩		7-2 煤基本底中砂岩	
	最小—最大	均值	最小—最大	均值	最小—最大	均值	最小—最大	均值	最小—最大	均值
视密度/(kg/m^3)	1 359—1 436	1 388	2 548—2 625	2 586	2 591—2 776	2 655	2 573—2 668	2 618	2 615—2 659	2 646
波速/(m/s)	1 394—1 394	1 499	3 378—3 587	3 467	4 000—4 363	4 436	4 138—4 796	4 511	4 271—4 967	4 793
抗拉强度/MPa			3.27—7.28	5.14	1.00—3.29	2.9	1.05—3.30	1.74	0.88—5.80	3.66
抗压强度/MPa	2.08—10.69	6.19	95.93—120.62	110	39.24—104.72	64.04	49.20—79.5	60.84	111.08—152.13	131.06
弹性模量/GPa	0.89—2.16	1.48	24.09—28.75	26.23	24.37—41.47	31.38	27.53—32.82	30.66	37.77—39.19	38.7
变形模量/GPa		1.21	10.48—11.50	10.9	18.37—28.61	22.65	12.17—23.40	15.93	18.35—28.34	24.25
泊松比			0.14—0.27	0.18	0.20—0.34	0.26	0.16—0.30	0.23	0.21—0.34	0.28
普氏岩石强度系数	0.1—0.2	0.62	6.6—12.0	11	3.9—10.4	6.4	4.9—8.0	6.1	11.1—15.2	13.1
黏结力①/MPa			9.373		27.167		27.035		28.604	
内摩擦①角度/(°)			47.5		47.1		26.1		40.7	

注：①为平均测量值。

（二）工程地质特征及稳定性评价

吕家坨矿主要生产揭露和穿越的地层为石炭系唐山组、开平组、赵各庄组和二叠系大苗庄组，现对各组地层岩性的工程地质特征及稳定性分别评述如下。

① 唐山组：以粉砂岩为主，细砂岩次之，间夹三层灰岩，岩层稳定，底部为G层铝矾土岩。该类岩石岩质较坚硬，节理裂隙不发育，岩体较完整，岩石层间结合力一般～较好，岩体稳定。该类岩石的井巷一般不需支护。

② 开平组：主要为粉砂岩、泥岩，夹三层分布不稳定的灰岩，黄铁矿结晶体和菱铁矿结核均较发育。岩体较完整，岩石层间结合力一般～较好，岩体稳定。该类岩石的井巷一般

不需支护，但需注意可能会遇到溶洞或大的岩溶裂隙等问题。

③ 赵各庄组：以粗砂岩、中砂岩和粉砂岩为主，泥岩次之。岩性与开平组相比颗粒变粗，接近陆相沉积。岩石呈薄层状，层间结合力一般～较差，岩石的工程力学特性相对较差。该类岩石的巷道易产生局部掉块和小坍塌，井巷掘进时需及时支护。

④ 大苗庄组：上部止于5煤层顶板，下伏赵各庄组，以深灰、黑灰色粉砂岩和泥岩为主，青灰色中砂岩次之，岩质软，易风化崩解，岩石层间结合力差。岩体的完整性较差，该类岩石的巷道自稳能力差，极易产生掉块或坍塌，施工时应及时支护。

（三）软弱结构岩层的发育程度及分布

吕家坨矿软弱结构岩层主要为5、7、9、12主采煤层直接顶和直接底，其中直接顶岩性主要为深灰色泥岩或砂质泥岩，为分流间湾、泛滥平原相沉积，部分区域过渡为深灰色粉砂岩；同时基本顶为灰色粉砂岩和细粒砂岩，硅质或钙质胶结，含杂色矿物、炭纹、菱铁矿结核、黄铁矿及泥质包体，具板状交错层理与大型槽状交错层理和水平层理等，有时冲刷下伏泥岩或砂质泥岩直至煤层，在冲刷面上具泥质包体，节理裂隙发育。主采煤层直接底岩性主要为泥炭沼泽相的泥岩、砂质泥岩和粉砂岩，含大量植物根化石。

（四）地层的含水性及对边坡稳定性的影响

吕家坨矿均被第四系冲积层所覆盖。冲积层主要由黏土层、砂层及卵砾石层组成，中上部多黏土及砂质黏土层，下部多粗砂及卵砾石层。冲积层厚度变化较大，由北往南逐渐增厚。浅部的第四系碎屑岩残积、坡积土层，一般具可塑性，厚度薄，分布分散。经长期风化、剥蚀后的残积、坡积物，土层厚度不大，缓坡及沟谷中土层稍厚，土质多为碎石土、砂土、粉质黏土，土体呈松散或半固结状，分选性、胶结性差，透水性较好，强度弱，压缩性高。受力后土体沉降量大，边坡容易失稳，不适宜直接作为工程建筑地基，只有采取加固措施后才可作为工程建筑地基。

小　结

开滦矿区地层属华北型沉积，古生代地层广泛分布，其中石炭系-二叠系为含煤岩系，各系、统间多以整合或假整合接触。含煤地层大多为第四系黄土覆盖，但也有零星出露。各含煤地层分别为下石盒子组（唐家庄组）、山西组（大苗庄组）、太原组上段（赵各庄组）、太原组下段（开平组）、本溪组（唐山组），其中大苗庄组和赵各庄组为主要含煤地层。

开滦矿区构造格局的形成及其演化与华北板块的构造演化密切相关。华北板块包括华北大部、东北南部、西北东部、渤海及北黄海，轮廓近似三角形，地台内部也有燕山、五台山、太行山等重要山脉，以NE—NNE走向为主。开滦矿区以一系列褶皱构造为主体，局部被断层切割破坏，基底断裂控制了褶皱的发育，后期断裂又叠加到褶皱之上，破坏了褶皱的完整性。煤田南界是宁河—昌黎深断裂，北界是丰台—野鸡坨大断裂（韩家庄—沙河驿断裂），二者走向均是NEE向；东界是滦县—乐亭大断裂，西界是蓟运河深断裂，二者走向为NW向，这些断裂带控制了煤田的范围，使煤田大体呈一走向NEE的菱形块体。开滦矿区包括开平向斜、车轴山向斜、湾道山向斜、西缸窑向斜四个含煤构造区，其中开平向斜为开滦矿区的主体。

区域内地表水系不发育，分布于煤田东部的沙河以及自西部进入煤田的陡河，均系季节性河流，平时主要起着排泄矿井水的作用。煤系砂岩含水层富水性受构造发育控制，主要是裂隙含水层。开滦矿区煤层基底为厚层的奥陶系灰岩，其岩溶裂隙极其发育，富水性好，水头高，水压大。奥灰岩溶含水层与煤系上部的第四系底部含水层是煤系的主要充水含水层，对区域内矿井具有一定的威胁。区域内含水层的补给主要为大气降水，同时导水构造的存在，也造成各含水层的越流补给。开滦矿区地下水立体流动系统受地形、构造及采矿等因素影响与控制。

第四章　煤层赋存规律分析

第一节　煤层赋存因素分析

煤层形态和厚度多种多样，根据引起煤层形态和厚度变化的地质因素其变化可分为原生变化和后生变化两类。原生变化是指泥炭堆积过程中，由于各种地质作用而引起的煤层形态和厚度的变化；泥炭层被新的沉积物覆盖以后，由于构造变动、河流冲蚀等后期地质作用所引起的煤层形态和厚度变化则称为后生变化。

根据开滦矿区沉积、构造等具体特征，认为影响本区煤层赋存的因素主要有下列几个方面。

一、沉积环境

（一）区域沉积地质背景

开平地区石炭系-二叠系煤系地层属于华北地台克拉通型含煤盆地的一部分，因此开滦矿区的煤系地层聚煤规律与区域的沉积地质背景密切相关。华北地台石炭系-二叠系煤系地层的沉积演化可分为以下个阶段：

（1）晚石炭世早期，海侵主要发育在辽南及其以东地区，由此向北、向西侵进，向北抵达本溪—浑江一线，向西因受古地形控制，分两支分别侵进淮北涡阳—徐州—临沂和宝坻—唐山地区，开滦煤田主要处于陆相与海陆交互相沉积环境带。

（2）晚石炭世早期末至晚石炭世晚期，海侵主要发育在胶北带，由此向北及东西两侧辐射状侵进，向北抵达晋西南乡宁—晋城—商丘—永城—徐州—沂源一线，向西延伸至乌兰格尔隆起东缘。在华北板块内部，海侵是自东向西发展的（郯庐断裂以东本溪至浑江地区）。

（3）晚二叠世早期，东部地区进一步抬升，但因西部的北秦岭是首先点接触碰撞地区，此时已经隆升成山，因此海侵仍然维持在确山至淮南地区，向北抵达忻州—石家庄—肥城—腾县一线。

（4）至晚二叠世晚期（石千峰期），海水从华北地块全部撤离，从而结束了华北地块石炭纪-二叠纪陆表海盆地的演化历史，秦岭造山带也开始了全面的隆起[120]。

与沉积环境的演化相对应，优势聚煤环境及其含煤性也发生变化：

（1）晚石炭世，华北地区主要成煤环境为潟湖泥炭坪，潟湖规模较小，泥炭坪的发育范围小、演化快，多为不连续发育的煤线；独立泥炭坪发育于废弃的潟湖、海湾之上，形成局部透镜状发育的厚煤层。其中本溪组(唐山组)含煤性很差,除盆地东北部的本溪煤田具工业价值的煤层外,其他地区只零星发育煤线或薄煤层。晋祠组(开平组)的富煤带位于盆地北部并分为西、东两段。西段由准格尔旗至大同,东段由三河至开平;太原—天津以南无聚煤作用发生。太原组(赵各庄组)的聚煤程度增强、富煤带向南扩展,主体位于北纬 38°～40°之间。

(2) 早二叠世早期对应的山西组(大苗庄组)有两个富煤带,其一位于 38°～40°范围内,这主要与山西组下部煤层有关;其二位于 35°～37°范围内,呈环带状分布,这主要与山西组中上部煤层有关。在此期间潟湖泥炭坪仍为主要成煤环境之一,但平缓的地形和海水大规模进退使独立泥炭坪的发育波及宽广的海岸带,并与滨海平原独立泥炭沼泽相接,独立泥炭坪也成为主要成煤环境(图 4-1,扫描右侧二维码可得彩图,下文同)。

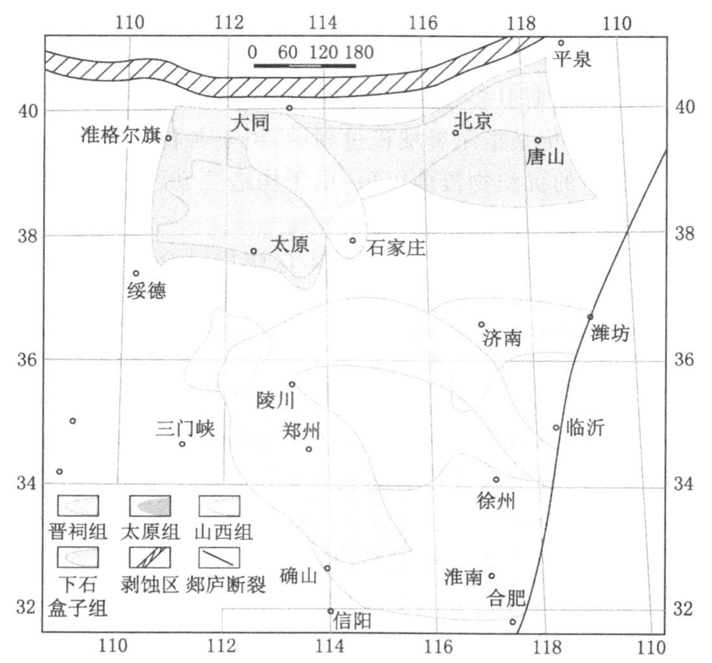

图 4-1 华北盆地石炭纪-二叠纪富煤带迁移变化图[120]

(3) 早二叠世晚期对应的下石盒子组(唐家庄组)的富煤带进一步向南迁移,位于 32°～34°之间,且西界仅限于许昌—确山。在此期间发生大规模海退,潟湖泥炭坪、独立泥炭坪等主要成煤环境的地位被三角洲沼泽和独立泥炭沼泽所取代。

(4) 晚二叠世对应的上石盒子组(古冶组)聚煤作用逐渐减弱,且富煤带更向南东迁移,仅限于淮南一带。在此期间独立泥炭沼泽渐渐消亡,三角洲沼泽继续发育,仍为主要成煤环境。

开滦矿区位于华北地台东北部。由上述区域沉积地质背景可知,包含有 14 煤层的开平组(太原组下段)主要成煤环境为潟湖泥炭坪。

（二）开滦矿区沉积环境及其演化

与华北地台石炭-二叠系含煤地层对应，开滦矿区主要含煤层系位于石炭系上统和二叠系下统，基底地层为中奥陶统马家沟组石灰岩，煤系地层总厚约500 m，含煤十多层，主要有5、6、7、8、9、11、12、14煤层等。其中石炭系的赵各庄组和二叠系的大苗庄组是本区石炭系-二叠系的主要含煤地层。下部石炭系沉积为一套海陆交互相含煤沉积。沉积环境复杂多变，既有内陆型碎屑岩、泥质岩的沉积，也有近海型碎屑岩及碳酸岩的沉积，所含古生物化石既有腕足类、蜓科、海百合等海相动物化石，亦不乏植物叶片及植物根化石。上部二叠系沉积地层主体为内陆型碎屑岩及泥质岩的沉积，并含有丰富的植物化石，属陆相含煤沉积。其沉积演化包括以下几个阶段。

(1) 晚奥陶世开始的加里东运动，使华北地区整体隆起并接受剥蚀一直延续到早石炭世。长达1.3～1.5亿年的风化剥蚀，使得华北地台发生准平原化，直到晚石炭世转而整体下沉并接受沉积。晚石炭世，华北沉积盆地总体表现为西北高东南低态势，海水由东南向西北侵入本区，这种古地理格局一直持续到二叠纪末。正是这种古地理格局，导致了本区石灰岩多分布于东部和东南部。随着古地理环境的不断演化，石灰岩和煤层的分布范围不断向东南退缩，层位也逐步抬高。开滦矿区形成了以滨海-浅海相为主的本溪组(唐山组)，本组假整合于中奥陶统马家沟组石灰岩的侵蚀基准面之上。由于当时地壳仍处于相对活动时期，多次的振荡运动使得上石炭统表现为海陆交互相的沉积。每一个薄层灰岩的出现，都标志着一次小的海侵，即地壳振荡中的一次下沉，也标志着一次沉积旋回的结束。

唐山组地层以紫、绿、灰色的黏土岩和浅灰色粉砂岩为主，仅上部可见细砂岩。下部为滨海环境的湖泊相碎屑岩沉积，向上逐渐过渡到海相薄层碳酸岩和过渡相的交替沉积，形成一个逐渐递进相序。

开平组地层以粉砂岩为主，黏土岩比唐山组有所减少，砂岩含量增加，在岩相组合上属海相薄层泥质碳酸岩和过渡相粉砂质-砂质沉积物的交替沉积。

赵各庄组地层以粉砂岩为主，煤和黏土岩次之。在岩相组合上属海相薄层泥质碳酸盐岩和过渡相的潟湖三角洲和滨海湖泊的粉砂质-砂质沉积物与浅海黏土质沉积物的交替沉积，主要以过渡相沉积为主。如12煤层顶板的腐泥质黏土岩为潟湖、海湾滞流环境下的代表性沉积，在开滦矿区的中北部分布很广泛。赵各庄组的沉积环境比较稳定，有利于煤层的聚积和形成。

(2) 早二叠世末，受北方西伯利亚板块的俯冲挤压作用，华北地台北隆南倾的构造体制越趋明显，区域上海水南撤，早二叠世晚期开滦矿区在坡度低缓的陆表海沉积背景上形成了山西组三角洲含煤沉积。二叠系基本上继承了石炭系的沉积格局，但加里东运动的后期活动，使地壳进一步抬升，从而使华北地区结束了海陆交互相的沉积历史，开始了陆相的沉积。早二叠世末，区域构造背景持续抬升，海水南撤，本区的山西组(大苗庄组)浅水三角洲发育过程中间或发生突发性海侵事件。开滦矿区大苗庄组9煤层、7煤层、6煤层、5煤层的顶板不同程度地发育有海相夹层(自下而上依次为K_9、K_{10}、K_{11}、K_{12})，并见腕足类、棘皮类、软体类等海相动物化石或碎片。由上可知，山西组可分为3个沉积旋回，代表了浅水三角洲沉积过程中不同的演化阶段。

第Ⅰ旋回：由山西组底部砂岩之底到9煤层顶板海相层。该旋回是在区域海退背景上发育起来的浅水三角洲沉积。垂向上构成向上变细旋回，代表了地层基准面持续上升、水体逐渐变浅的过程。旋回顶部发育区域稳定的9煤层，煤层顶部灰白色钙质砂岩中含钙质透镜体，见动物化石碎片，代表了浅水三角洲发育过程中的海侵事件。浅水三角洲的演化反映了建设和废弃的历程。

第Ⅱ旋回：由 K_9 之顶至7煤层顶板海相层（K_{10}）。该旋回主要为三角洲前缘沉积，河口坝砂体自南向北呈透镜体状展布，空间上夹于分流间湾沉积中。7煤层是在分流间湾充填变浅基础上发育起来的泥炭沼泽环境，其顶板 K_{10} 为灰暗、灰色泥岩或含钙质砂岩，在钱家营、林南仓部分钻孔中见腕足类、棘皮类、软体类化石，是突发性海侵事件淹没的结果。

第Ⅲ旋回：由 K_{10} 之顶至5煤层顶板海相层（K_{12}）。该旋回主要为三角洲平原沉积，分流河道全区发育，横向上与泛滥盆地细粒沉积相过渡。5、6煤层形成于三角洲平原岸后泥炭沼泽环境中，到中二叠世下石盒子组主要为一套河流沉积。

通过对开滦矿区含煤岩系沉积环境的详细分析，认为开滦矿区石炭系-二叠系煤层厚度总体上是由 NW 向 SE 方向变薄，表现为在开平向斜西翼煤层厚度可达 25 m，往 SE 方向，煤层总体厚度逐渐变薄，达 10～15 m（图 4-2）。

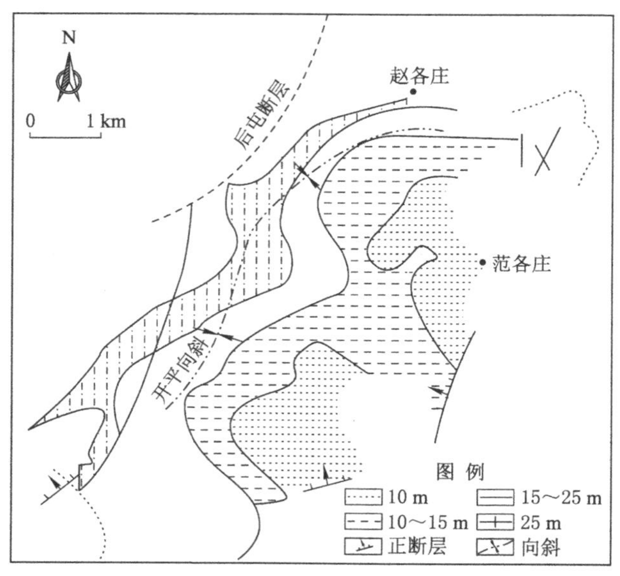

图 4-2 开平地区石炭系-二叠系煤层累厚分布图

（三）海侵与聚煤作用

开滦矿区山西组浅水三角洲发育过程中受多次海侵影响，不仅导致三角洲的破坏和沉积物被改造，而且也与聚煤作用密切相关。

① 主要煤层的堆积往往与地层基准面的缓慢相对上升和沉积、进积作用对之补偿的区域密切相关。如9煤层发育在区域海退后的不同沉积环境背景之上，形成于海平面上升时期并在持续的海平面上升过程中聚集并保存下来；7煤层、6煤层和5煤层的聚积作用也一样。

② 突发性的海侵作用导致聚煤作用终止。泥炭聚集速率比大多数正常基底沉降速率要快，当沉降作用变得异常快或潜水面因某种原因突然上升时，泥炭聚集因聚煤环境被淹

没而终止。如K_9海泛沉积层位于9煤层上部，因突发性的海侵，水体深度增加，导致聚煤环境被淹没而聚煤作用终止。7煤层、6煤层和5煤层的聚积作用的终结也与K_{10}、K_{11}、K_{12}的突发性的海侵作用相关。

③ 海侵作用引起煤中全硫含量的增加。海水中具有丰富的硫酸根离子，海水通过渗透作用渗淋到煤层中，从而提高了煤层的全硫含量，如9煤层全硫含量0.39%～2.55%，平均1.33%，硫分较高是煤层形成后的区域海泛作用导致的。

(四) 煤层的分叉和合并

煤层厚度、层数与夹石的变化，主要是煤层生成时的古地理环境差异所致的。即浅部地段当时地壳下降速率与成煤物质的堆积速率相均衡，故煤层较厚。但均衡是相对的，而不均衡是绝对的。在成煤过程中，由于地壳短时期内下降速率大于成煤物质的堆积速率，这时沼泽内积水较深，泥质增多，并迅速堆积，故形成了炭质黏土岩。然后地壳下降与成煤物质堆积速率再次出现均衡，又形成了煤层。而深部由于地壳升降运动的频繁，煤层与夹石则交替出现。在合区地段内煤层与夹石沿走向及倾向的变化，是由煤层生成时期的古地理条件造成的。如7煤层和8煤层在钱74孔和苗10孔之间发生了合并。8煤层与合区地段内的最下一个煤层相当，为同一古地理环境的产物——泥炭沼泽相沉积。其厚度不一，可视为该煤层沉积时底板起伏不平所致。

此外，由于分流河道的下切作用，经常对下部煤层造成破坏，煤层变薄甚至尖灭。如在钱80孔附近，由于河道的侵蚀作用使煤层的一部分地段消失。

开平地区的石炭系-二叠系煤层厚度较大，研究表明，其累积煤层厚度大致呈NE向展布，由NW向NE方向煤层累积厚度显著减薄，明显受沉积环境的控制。

二、14煤层沉积与聚煤规律

(一) 开滦矿区煤层沉积环境演变

开滦矿区的大地构造位于中朝地台燕山沉降带，煤系属于石炭系上统和二叠系下统，基底地层为中奥陶统马家沟组石灰岩，煤系地层总厚约500 m，含煤十多层，主要有5煤层、6煤层、7煤层、8煤层、9煤层、11煤层、12煤层和14煤层等。其中石炭系的赵各庄组和二叠系的大苗庄组是开滦矿区石炭系-二叠系的主要含煤地层。

开滦矿区受加里东运动影响自中奥陶世以后一直处于抬升状态，直至中石炭世开始沉陷。这期间开滦矿区经历了长期风化剥蚀的准平原化作用后，在古老的风化侵蚀面上铁铝物质得到富集，因而在唐山组的下部形成了“山西式铁矿”和“G层铝土矿”。中石炭世开滦矿区为滨海平原环境，地壳缓慢沉降。石炭系为海陆交互相沉积。从相旋回特点来分析，晚石炭世早期开滦矿区地壳脉动式升降运动频繁，形成了海陆交互相沉积。这时期沼泽化时间短暂不利于泥炭堆积，只形成不可采的四层薄煤层(21煤层、20煤层、19煤层、18煤层)。此时地形比较平坦，海侵范围广泛，形成三层全区都有分布的石灰岩层(即K_1、K_2、K_3)。中石炭统地层厚度较小且很稳定，全区厚度在65～75 m，变化不大，旋回结构清楚，易于对比。特别是K_3(唐山灰岩)厚度约3 m，成层稳定。K_2为黑色细晶灰岩，厚度近1 m。K_1为黑灰色石灰岩，常夹薄层泥岩，其厚度在0.6 m左右，常作为对比标志。“E层”“F层”“G层”三层紫红、浅灰色鲕状铁铝质泥岩，厚度变化大，成层不稳定，除“G层”外，“E层”及“F层”缺失比较厉害。从剖面看中石炭统的唐山组以黏土岩为主，夹粉砂岩、砂质页岩、薄煤层及薄层石灰岩，由开滦矿区所处的古地理环境所致。

晚石炭世晚期开滦矿区地壳振荡运动频繁，但总的趋势是大面积的慢速沉降，地表地形平缓简单。开滦矿区一次又一次地经历着地壳的这种振荡作用，形成的滨海湖泊、滨海沼泽以及浅海环境是一种典型的海陆交互相沉积环境。晚石炭世晚期沉积的开平组以灰色细砂岩及粉砂岩为主，夹薄层黏土岩及中粒砂岩并夹三层质不纯的石灰岩，从下向上为K_4，K_5，K_6(赵各庄灰岩)，并含五层不稳定的薄煤层(17煤层、16煤层、15煤层、14煤层、13煤层)。

早二叠世初期开滦矿区为海陆交互相沉积环境，沉积了从K_6顶至11煤层顶板厚约75 m的地层，在开滦矿区厚度变化较大，变化范围为55～170 m(岳各庄区)，含煤3至4层，即$12_{1/2}$煤层、12煤层(12煤层又分为12_{-1}煤层、12_{-2}煤层)及11煤层。12煤层成煤期地壳升降运动不均衡，所以有分叉现象，形成12_{-1}煤层、12_{-2}煤层以及没有分叉的12煤层。12煤层为主要可采煤层，其余均为局部可采。12煤层顶板为黑色腐泥黏土岩，11煤层顶板为黑色碳质成分较高的黏土岩，在本煤田发育较好，是良好的标志层，在林南仓及新军屯则相变为粉砂岩或泥岩。

早二叠世早期，开滦矿区受小型脉动影响，升降缓慢，逐渐趋于稳定。开滦矿区为广阔滨海、湖沼沉积环境，沉积了从11煤层顶板至5煤层顶板厚约55～90 m的地层，含煤六层，其中5煤层、7煤层、8煤层、9煤层层位稳定，在本区均有分布。局部8煤层与9煤层合区，10煤层只在弯道山盆地发育，厚度变化大(0.2～1.5 m)。7煤层、8煤层在开平向斜的南东翼范各庄、吕家坨及林西矿有合区现象。6煤层为不稳定煤层局部可采，其厚度变化为0.1～3.5 m。

二叠纪中期开始开滦矿区地壳振动以上升为主，海退范围逐渐扩大，基本脱离海洋环境，再无海侵。二叠世中期应属近海冲积平原上的湖泊、沼泽沉积环境并有河流沉积。中二叠统地层在本区厚150～250 m，称唐家庄组，可分上、中、下三段。下段厚度约70 m，大部分由砂岩及粉砂岩组成，因为这一时期气候较为干燥，不适于植物生长，所以仅在早期形成极不稳定的四层煤层，即4煤层、3煤层、2煤层、1煤层。大部分不可采，只有3煤层在唐山局部达可采厚度。中段以灰色黏土岩及粉砂岩为主，并含有2至3条煤线。上段为高岭土质白色砂岩、砾岩与灰色或淡褐色黏土岩。中二叠世开滦矿区沉积环境逐渐向内陆盆地环境转化，河、湖碎屑沉积逐渐增多，气候由潮湿逐渐转变为半干旱。到了晚二叠世开滦矿区为低山、丘陵分隔的内陆盆地环境，气候转为干旱，沉积物是一套岩性复杂的陆相沉积，厚度变化极大。古冶组厚度由320 m增至550 m。洼里组厚度由500 m增至1 100 m。

为厘清开滦矿区14煤层沉积背景，本研究分别重建14煤层底板与顶板沉积古地理格局[121]。综合分析认为，开滦矿区14煤层厚度、分叉及合并等特征主要受当时的沉积环境控制，14煤层沉积期开滦矿区主体沉积碳酸盐岩台地-潟湖相沉积体系。开滦矿区14煤层底板岩石主要为潟湖相沉积产物，北部为阴山古陆剥蚀区，南部为浅海环境；底板岩性以根土岩和铝质泥岩为主，这说明底板沉积物形成后，在地质历史时期中地壳曾经历抬升，岩石暴露地表接受风化作用和剥蚀作用，残余根土岩，严重者风化为铝质泥岩。此后，区内发生突发性海侵，海水自南东向迅速向北西向侵浸，海平面上升，海岸线向陆地迁移，风化作用停止，矿区重新接受沉积。区内地势主体呈“北西高，南东低”趋势，物源区位于开滦矿区北西向阴山古陆区域，陆源碎屑物经流体介质搬运入海，此时地形较平坦，海水浅，滨海潮坪环境发育，发生广泛的泥炭沼泽，形成了14煤层堆积。受海水发育的影响和泥炭沼泽空间展布的控制，开滦矿区形成东欢坨矿北部和唐山矿中南部至林西矿中北部方向两条、呈近EW展布的聚煤作用带，其中后者形成了唐山矿中部、范各庄矿东部和林西矿北部等三个聚煤中心。此外，14煤层沉积过程中受基地起伏、陆源输入及海水的影响，泥炭沼泽的连续性被打断，导致大多数地区形成了含夹矸的复杂结构煤层，甚至煤层发生分叉，形成多个煤分层，如：东欢坨矿最多可见4个分层、钱家营矿多可见3个分层，而唐山矿北部和吕家坨矿因沼泽环境较连续，煤层层位相对单一、稳定。14煤层沉积后，受海侵作用的影响，开滦矿区处于浅海环境，形成了一套以灰岩和泥岩为主煤层顶板的地层。这说明14煤层的泥炭沼泽发育后，发生了一次较大海侵，海平面上升速度远大于沉积物补偿速度，形成了该时期的最大海泛面，盆地内部处于严重"欠补偿"状态，形成的沉积物以海相泥岩类凝缩层和内源沉积物碳酸盐岩为主，终止了泥炭沼泽的继续发育。

（二）煤层岩相组合及沉积体系特征

开平组14煤层为华北板块石炭系-二叠系聚煤期海陆交互相沉积形成的，为加里东运动作用背景下，海侵作用过程中陆表海盆地海侵体系域沉积。多次的海进海退过程沉积形成的地层具有不同的特征，海相层与陆相层的叠置关系复杂。该沉积体系为华北海侵体系域中常见的深水沉积上覆陆相沉积组合，纵向上表现为无明显沉积间断，但相序缺失，沉积界面具一定的等时性。具体表现为浅海台地相灰岩、泥炭沼泽相与潟湖-潮坪-障壁岛相在垂向上叠覆。其沉积组合可以划分为以下几种类型。

1. 粉砂岩-生屑灰岩-煤层-砂质泥岩组合

该组合即为常言的海相灰岩压煤现象，这是华北陆表海沉积的重要特征之一（图4-3）。其中海相灰岩代表深水相，煤层代表还原环境，根土岩或者铝质泥岩代表暴露沉积（图4-4）。这种组合在开滦矿区较为常见，该组合的主要特征为煤层底板具有根土岩、风化勃土、铝土岩或铝质泥岩等，含大量植物根系化石，表现为滨岸暴露相，说明煤层与其下伏

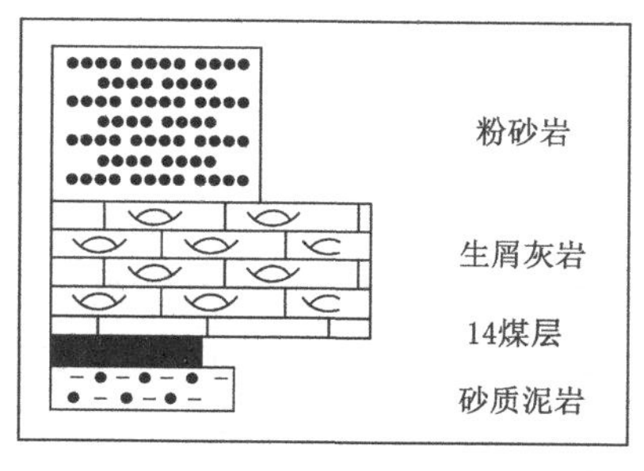

图4-3 第一类钻孔岩性组合

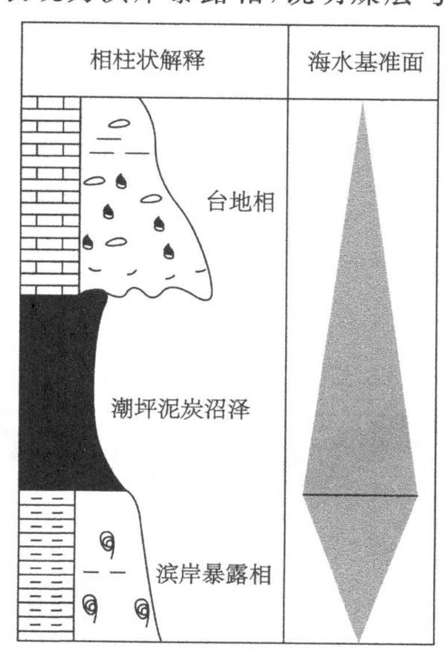

图4-4 沉积岩相组合

地层为非连续沉积。可能在泥炭沼泽发育的前期，往往是盆地基底暴露发生土壤化的沉积时期，代表了一种沉积间断面。其中煤层为潮坪泥炭沼泽相；而煤层顶板为海相灰岩，富含腕足类、棘皮、有孔虫、海绵骨针、蜓、牙形刺等海相动物化石，为浅海碳酸岩台地相沉积；煤层及上覆的海相层却在海平面上升过程中连续沉积，并形成了海泛带沉积。灰岩沉积一般表现为向上变浅序列，表明海侵发生后海水逐渐退出本区，说明海侵的突发性及海退的持久性。

2. 粉砂岩-泥灰岩-黏土岩-煤层组合

该类组合与第一类组合的不同之处在于海相灰岩与煤层间夹了一层深水黑色或深灰色泥岩(图 4-5)，也就是说煤层顶板为浅海相薄层泥岩，富含腕足类、有孔虫、海绵骨针等海相生物化石，纵向上与上覆灰岩为同一体系下连续渐变沉积相，与下伏煤层同样连续沉积，为滨海相泥岩沉积。该类组合易形成于陆表海盆地内地形较高地区，由于海侵范围的扩大，暴露于地表的沉积泥炭沼泽在突发性海侵发生时，凸起地区未被完全淹没，故而浑水沉积的泥岩上覆于泥炭沼泽之上，终止了沉积有机质泥炭化进程。其后，海侵大面积发生，完全覆盖此区域，形成海相灰岩覆盖于海相泥岩之上。此类型组合沉积过程中，经历两次明显突发性海侵作用，第一次海侵作用相对较小，盆地内起伏地区未被完全淹没，但此过程中沉积的海相泥岩终止了泥炭沼泽的发育。其后，第二次突发性海侵大规模发生，在形成海相泥岩压煤的基础上又形成了海相灰岩层。此类沉积组合一般发生在盆地边缘地带或波状凹陷地区。该类型与第一种类型不同之处在于灰岩沉积，第一种类型灰岩沉积表现为向上变浅序列，表明发生了一次海侵之后便发生了海退，而该类型表现为两次海侵，第一次范围相对较小，第二次范围更加广泛地浸漫于整个盆地，说明海侵的多发性，且中间夹小规模的海退，沉积过程见图 4-6。

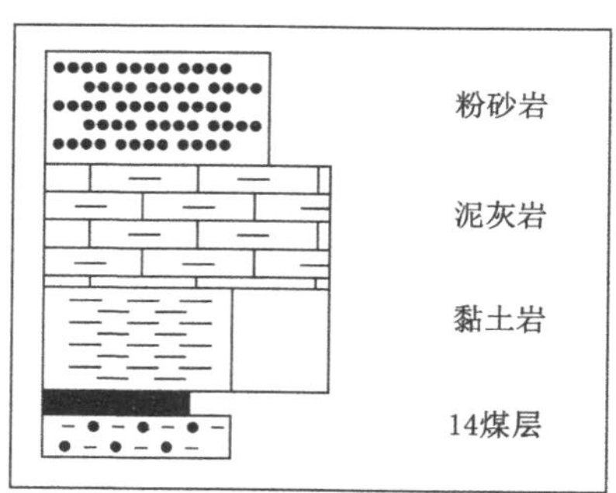

图 4-5　第二类钻孔岩性组合

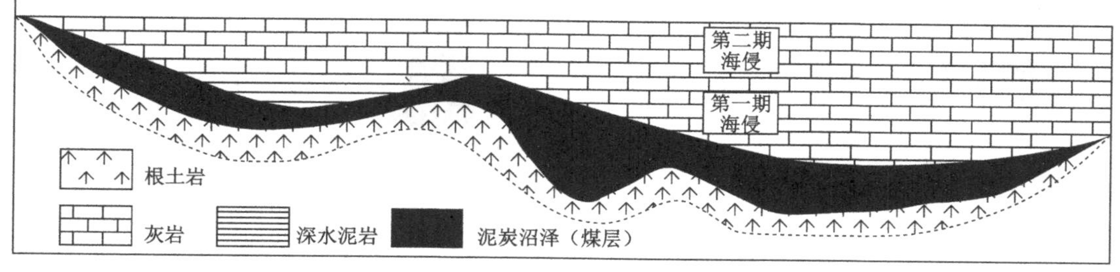

图 4-6　第二类岩性组合沉积相

3. 砂质泥岩-页岩-煤层-碳质泥岩组合

此类组合与第二类组合有些类似(图 4-7)，主要由于小规模的突发性海侵在波状起伏的高处地区形成了海相泥岩压煤现象，煤层顶板为浅海相薄层泥岩，富含腕足类、有孔虫、海绵骨针、蜓、牙形刺等海相动物化石等，与其下伏煤层连续沉积。形成原因为滨海泥岩沉积。该类组合易形成于陆表海盆地内地形较高地区，由于海侵范围的扩大，暴露于地表沉积泥炭沼泽由于突发性海侵不足引起海水足够淹没凸起区域，浑水沉积泥岩覆盖于泥炭沼泽之上而终止了泥炭沼泽化的进程。

4. 中砂岩-泥岩-灰岩-煤层-粉砂岩组合

该类组合多为河流-上三角洲平原沉积。煤层上覆海相灰岩与第一类组合成因相同，灰岩中富含腕足类、棘皮、有孔虫、海绵骨针、蜓、牙形刺等海相动物化石，为浅海碳酸岩台地相沉积(图 4-8)；煤层下伏细砂岩、粉砂岩，向周围有减薄、尖灭趋势，整体沉积体系以具明显交错层理和冲蚀界面的线性伸展的凸透镜状砂岩体占优势。砂岩成分较复杂，粒度具韵律性，呈下粗上细“二元”结构，为典型河道砂体沉积相。上述特征表明其河道为高能河道和分流河道，并具有明显的侧向迁移。沉积相上该组合自下而上为水上分流河道、间湾-潮坪沼泽相-浅海碳酸岩台地相。

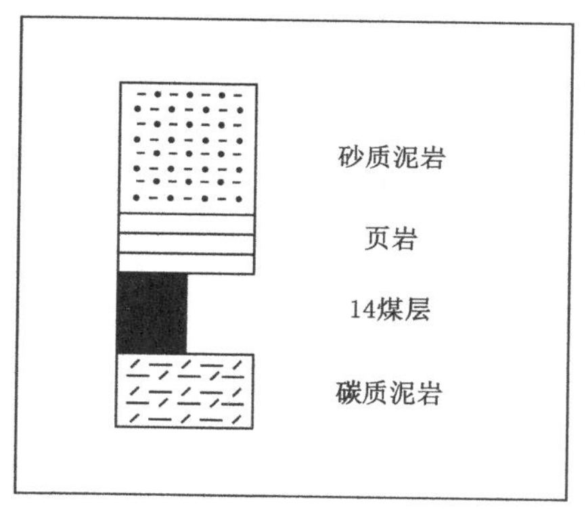

图 4-7　第三类钻孔岩性组合

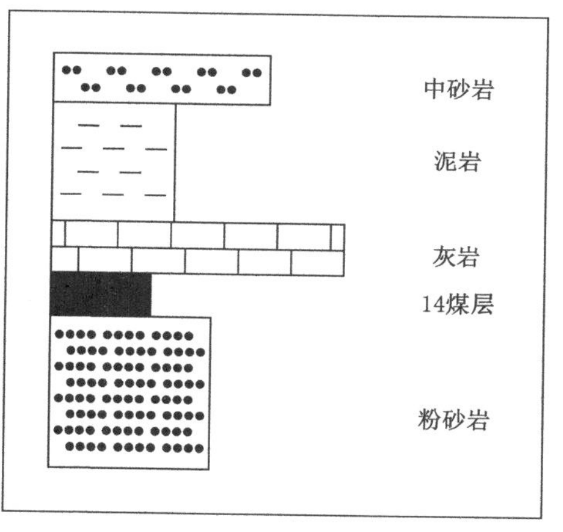

图 4-8　第四类钻孔岩性组合

(三) 煤层对比

煤层对比是根据煤层本身特征和含煤地层中的各种标志，确定露头或钻孔内各个煤层相应关系的工作。煤层对比的正确与否关系到煤层层数和层位的确定，直接影响构造判断、储量计算和煤矿开发。煤层对比工作在煤矿生产中起着极其重要的作用。从煤层间距、标志层、煤层特征等方面进行对比，能够揭示勘探区煤层赋存和分布情况。

14 煤层所属上石炭统太原组为近海型含煤建造，即碎屑岩-碳酸盐岩的海陆交互相沉积体系。本研究主要采用煤层间距、标志层、煤层特征等进行煤层对比，揭示 14 煤层赋存和分布情况。开滦矿区 14 煤层厚度不稳定，区内浮动范围大。为探究区内煤层厚度变化规律及影响因素，研究分别选取一条横切开平向斜的东西方向剖面线和两条横切开平向斜两侧的南北方向剖面线，对比连井剖面内 14 煤层厚度情况，获悉其厚度空间展布特征；并分别从沉积环境、盆地基底不均衡沉降、河流的后期冲刷和后期构造变动等方面分析煤层厚度变化的控制因素与控制机理。

横穿开平向斜的东西方向连井剖面中，向斜两翼的吕补 11、88-J3 和范 44 钻孔煤层厚度较大，而接近向斜核部的吕 29 和 5 钻孔煤层厚度显著变小；开平向斜北西翼连井剖面图中，14 煤层厚度高于南东翼煤层厚度，且山岳补-3 钻孔煤层厚度明显高于剖面中其他钻孔煤层厚度，可视之为盆地优势聚煤带之一，岳 23-胥 41 钻孔煤层厚度同样可观，但存在煤层分叉现象；开平向斜南东翼连井剖面图中，14 煤层厚度自林 01 井自吕 55 井逐渐减薄直至尖灭，林 86 井煤层厚度较大，向两侧有减薄趋势，钱水 27 井只残余煤线，至钱 90 煤层分叉现象严重。

开平向斜两翼南北方向煤层厚度变化主要受沉积环境控制，14 煤层较发育岩性组合为灰岩-煤层-根土岩或铝质泥岩组合，而薄煤层或煤线区域岩性组合则主要为灰岩-煤-细砂岩或粉砂岩组合，而灰岩-海相泥岩-煤层-根土岩或铝质泥岩组合煤层厚度介于前两者之间。

上述沉积环境分析中已提及，第一类组合中煤层下部为滨岸暴露相沉积，原地堆积的古植物层经受剥蚀和搬运作用而减薄，但仍存在根土岩，说明剥蚀时间相对较短。之后海平面上升，残余植物及近距离物源补充植物经泥炭化作用形成泥炭沼泽，之后海平面继续上升，若水量足够淹没盆地范围，物源沉积物供应不足，泥炭沼泽之上为浅海，上覆沉积海相灰岩终止了泥炭沼泽的发育，进而在还原环境下进行煤化作用；第二类组合中，煤层与下伏砂岩或粉砂岩间沉积间断期较长，受剥蚀情况严重，原地沉积物消耗殆尽，沉积有机质聚集条件和成煤条件均较差，难以形成稳定分布煤层。

除以上情况外，研究区存在砂岩-煤层-根土岩或铝质泥岩组合，该组合由于接近盆地边缘的地势相对较高，海水深度相对较小，仍有细粒陆源物质补充，形成了上覆细、粉砂岩。开平向斜东西方向煤层厚度变化主要受盆地基底不均匀沉降控制，自西向东盆地地势变高沉积物厚度略有减薄，导致煤层厚度相对较差。

第二节 煤层空间展布特征

一、东欢坨矿

通过对东欢坨矿现有见 14 煤层钻孔资料进行分析，可得 14 煤层厚度分布频率。此次共统计 106 个钻孔数据，其中煤层厚度小于 0.7 m 的频率为 18.87%，厚度在 2 m 以上的频率为 35.85%(图 4-9、图 4-10)。煤层厚度总体较大，仅从煤层厚度角度来看，东欢坨矿 14 煤层达到了可采标准，应属局部可采煤层。

局部可采煤层指在勘查评价范围内(一般为一个井田或勘查区)，大致有三分之一分布比较集中的面积，其煤层的可采用厚度、灰分、硫分、发热量全部或基本全部符合规定的资源量估算指标，可以被开采利用的煤层。

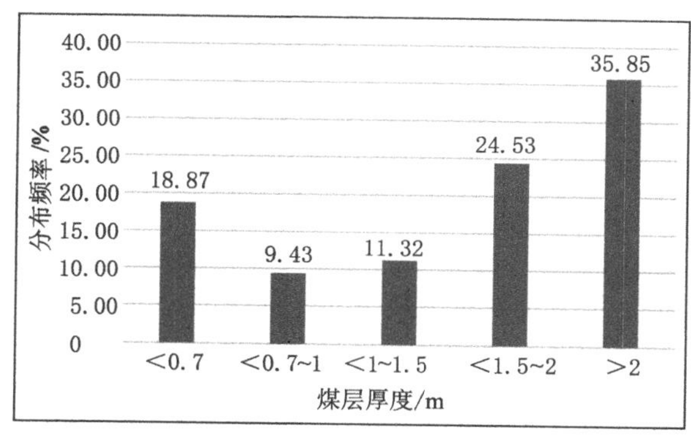

图 4-9　煤层厚度分布频率

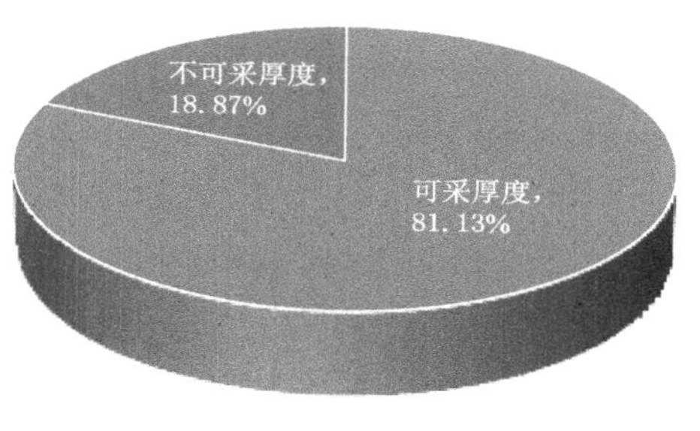

图 4-10　煤层可采厚度饼图

东欢坨矿 14 煤层整体相对较厚，局部较薄，出现不可采地段；整体厚度介于 0.13～3.51 m，平均厚度为 1.61 m(图 4-11)。局部有夹矸 1～2 层，为复杂结构。东欢坨矿南部区域 14 煤层厚度较薄，存在较大范围不可采区域，因见煤钻孔数量较少，仍需要进一步验证。

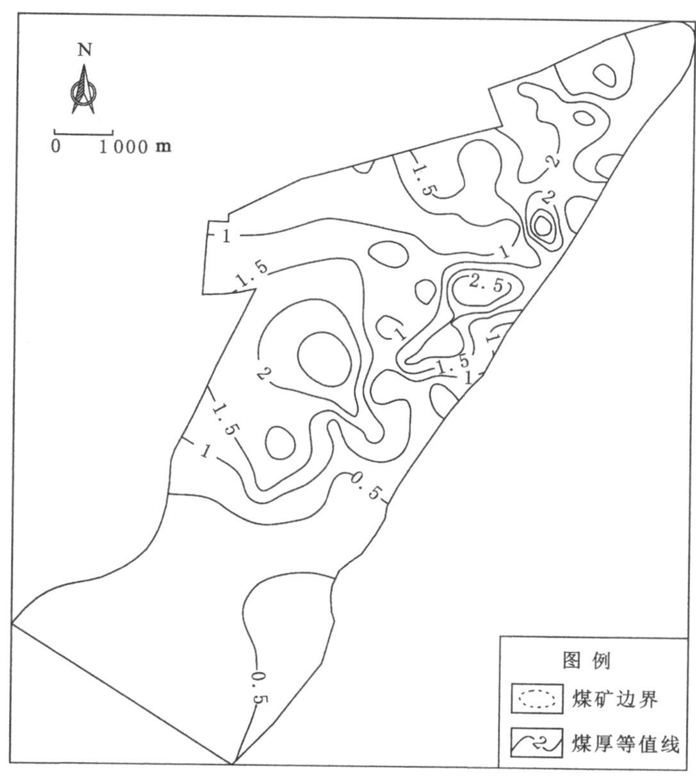

图 4-11　东欢坨矿 14 煤层厚度等值线图

东欢坨矿井田范围内 14 煤层底板标高变化较大(图 4-12)，西北与东南部煤层埋深相对较浅，由西北和东南两侧向中部逐渐变深。图中底板标高小于－1 000 m 的区域为车轴山向斜核部。

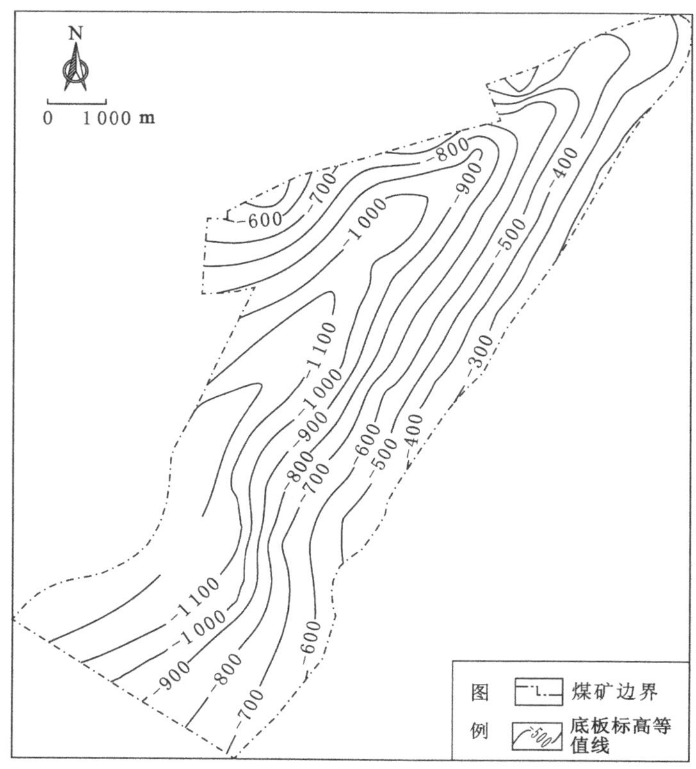

图 4-12 东欢坨矿 14 煤层底板标高等值线图

二、范各庄矿

通过对范各庄矿现有见 14 煤层钻孔资料进行分析，可得 14 煤层厚度分布频率，此次共统计 82 个钻孔数据，其中 14 煤层厚度大于 0.7 m 的钻孔数为 29 个，仅为总钻孔数的 35.37%，煤层厚度相对较薄，从煤层厚度角度来看，范各庄矿 14 煤层仅有局部达到了可采标准(图 4-13、图 4-14)。

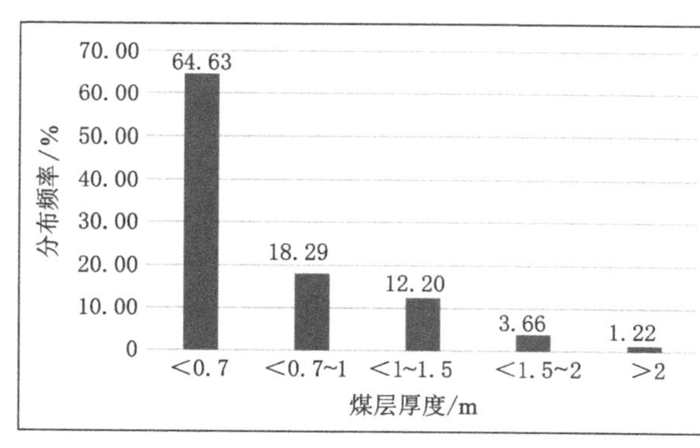

图 4-13 煤层厚度分布频率

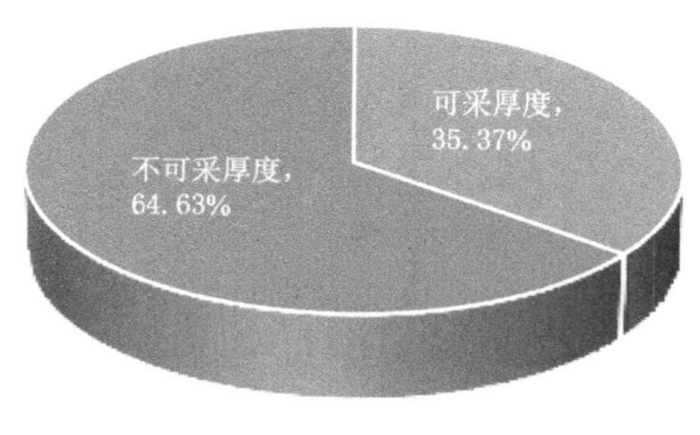

图 4-14 煤层可采厚度饼图

范各庄矿 14 煤层整体相对较薄，整体厚度介于 0～2.17 m，平均约为 0.62 m，存在较多不可采区域(图 4-15)。块状及末状亮煤皆有，间或有夹石 1～2 层。14 煤层最大特征为含黄铁矿结核多。范各庄矿除北部和东部地区 14 煤层可采外，其他大部区域不可采。

范各庄矿井田范围内 14 煤层底板标高变化较大，西部相对较深，东部相对较浅，整体分布趋势为西深东浅，均匀分布(图 4-16)。这与其在开平向斜的分布切合，具有较强的指示作用。

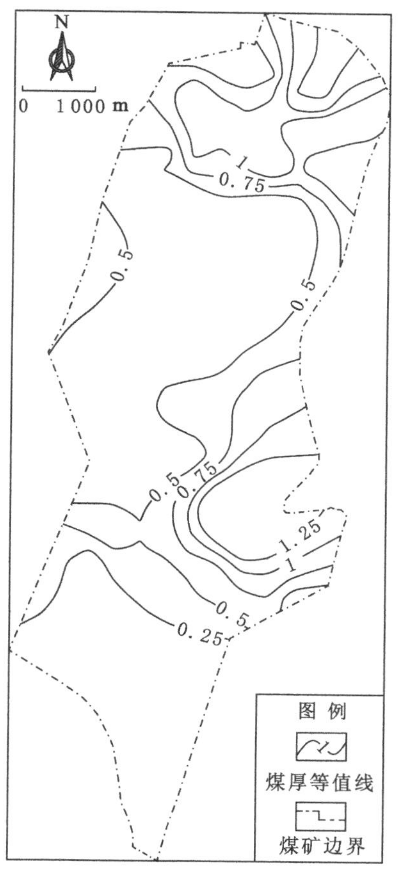

图 4-15　范各庄矿 14 煤层厚度等值线图

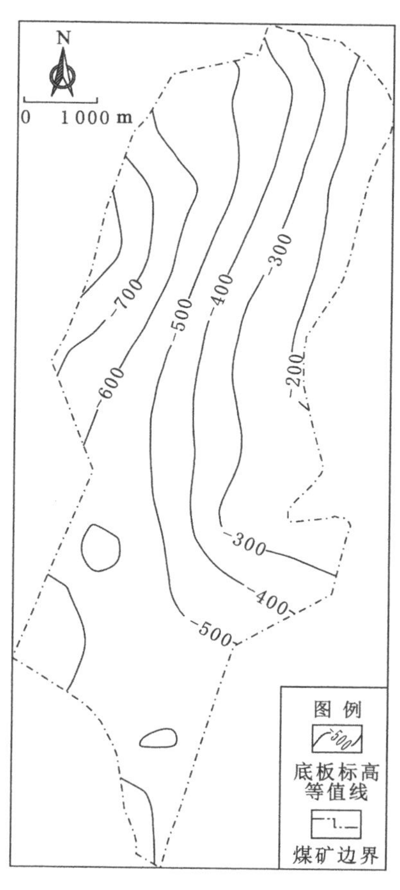

图 4-16　范各庄矿 14 煤层底板标高等值线图

三、钱家营矿

通过对钱家营矿现有见 14 煤层钻孔资料进行分析，可得出 14 煤层厚度分布频率，此次共统计 56 个钻孔数据，其中 14 煤层厚度大于 0.7 m 的钻孔数为 7 个，不足总钻孔数的 15%，煤层厚度相对较薄，仅从煤层厚度角度来看，钱家营矿 14 煤层只有局部达到了可采标准(图 4-17、图 4-18)。

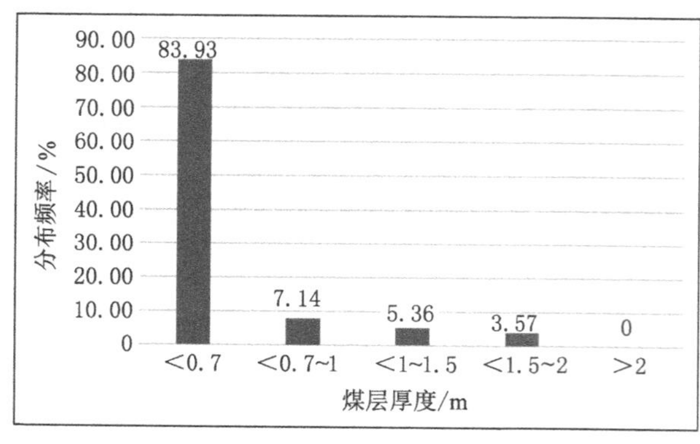

图 4-17　煤层厚度分布频率

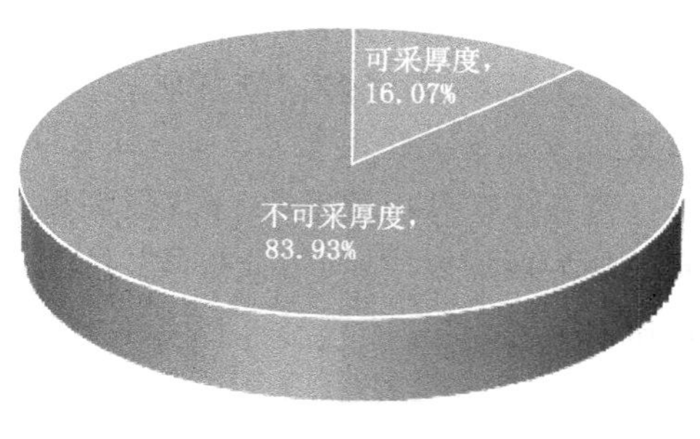

图 4-18　煤层可采厚度饼图

钱家营矿 14 煤层整体相对较薄，整体厚度介于 0～1.88 m，平均为 0.32 m。存在较多不可采地段(图 4-19)，局部夹矸 1～2 层，为复杂结构。钱家营矿 14 煤层仅钱补 29 孔附近较厚，其他地区基本为不可采区域。但由于该区域见 14 煤层钻孔较少，其可参考性还有待商榷。

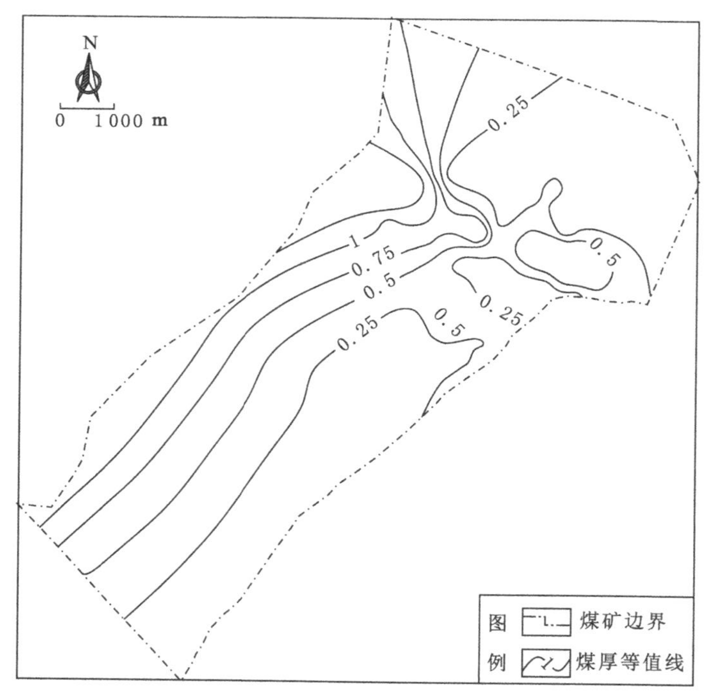

图 4-19　钱家营矿 14 煤层厚度等值线图

钱家营矿井田范围内 14 煤层底板标高变化较大，西部地区相对较深，东部地区相对较浅，整体分布趋势为西深东浅，均匀分布(图 4-20)。

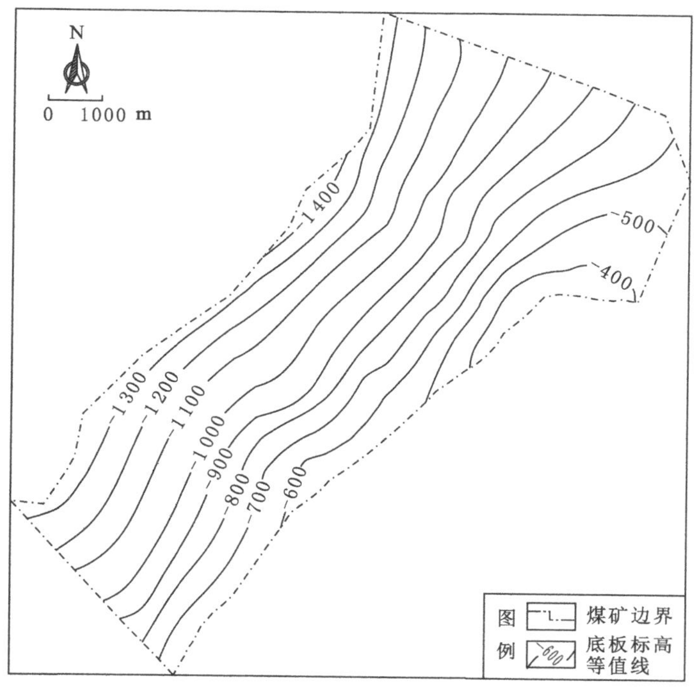

图 4-20　钱家营矿 14 煤层底板标高等值线图

四、唐山矿

通过对唐山矿现有见 14 煤层钻孔资料进行分析可得 14 煤层厚度分布频率，此次共统计 87 个钻孔数据。其中 14 煤层厚度大于 0.7 m 的钻孔数为 63 个，为总钻孔数的72.41%，与其他几个矿井相比煤层厚度较厚，仅从煤层厚度角度来看，矿井内 14 煤层大部分可采(图 4-21、图 4-22)。

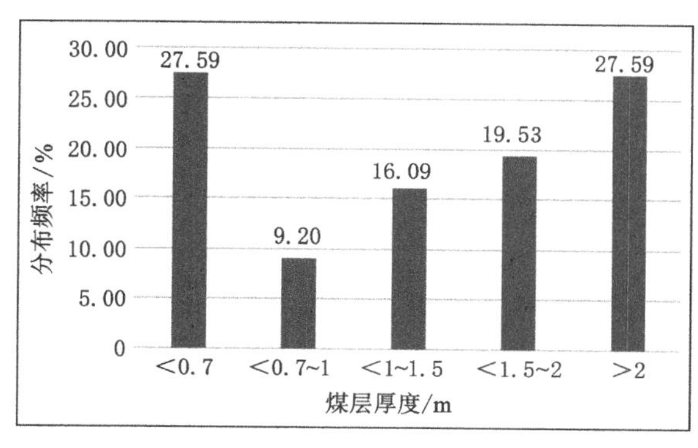

图 4-21　煤层厚度分布频率

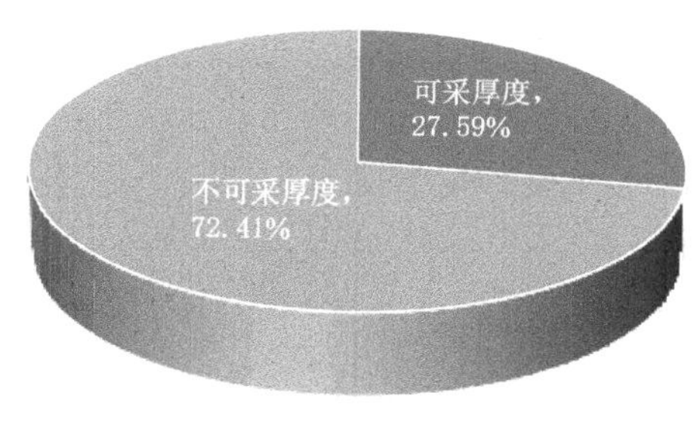

图 4-22　煤层可采厚度饼图

唐山矿 14 煤层整体厚度中等，整体厚度介于 0～4.63 m，平均为 1.86 m，存在部分不可采地段(图 4-23)。局部有夹矸 1～2 层，为复杂结构，但由于该区域见 14 煤层钻孔较少，有待进一步研究。

唐山矿井田范围内 14 煤层底板标高变化较大，特别是岳胥区(图 4-24)，局部倾角较大，东部相对较平缓。

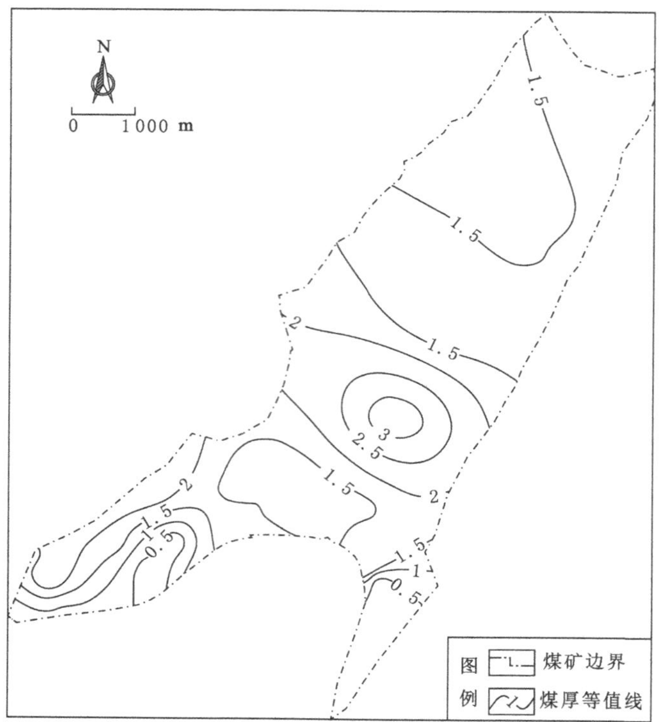

图 4-23 唐山矿 14 煤层厚度等值线图

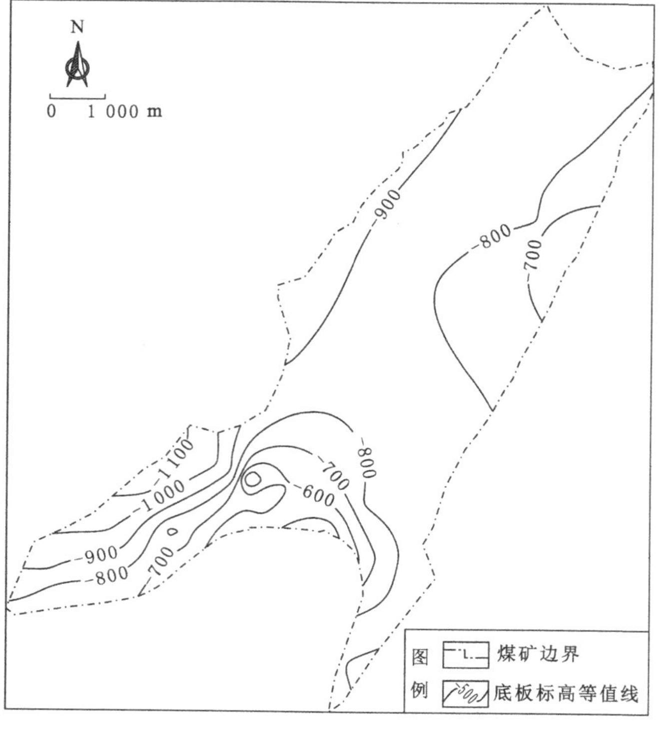

图 4-24 唐山矿 14 煤层底板标高等值线图

五、吕家坨矿

通过对吕家坨矿现有见14煤层钻孔资料进行分析，可得14煤层厚度分布频率，此次共统计75个钻孔数据，其中14煤层厚度大于0.7 m的钻孔数为25个，不足总钻孔数的50%，煤层厚度相对较薄。仅从煤层厚度角度来看，吕家坨矿14煤层仅局部达到了可采标准(图4-25、图4-26)。

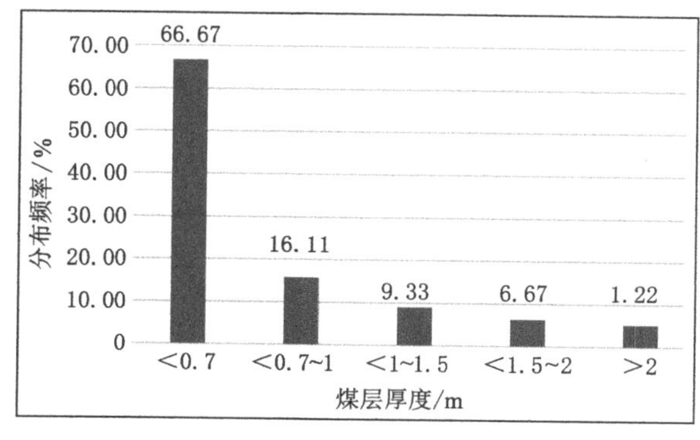

图4-25　煤层厚度分布频率

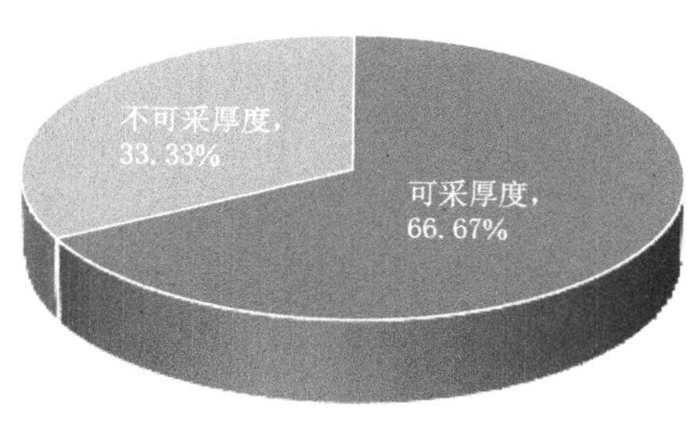

图4-26　煤层可采厚度饼图

吕家坨矿14煤层赋存于开平组，整体相对较薄，煤层厚度介于0.1～2.28 m，平均为0.6 m，存在较多不可采地段(图4-27)。局部有夹矸1～2层，为复杂结构。吕家坨矿东南部和北部14煤层厚度较厚，大部区域未达到可采煤层厚度。总体而言，煤层的可采性较差。

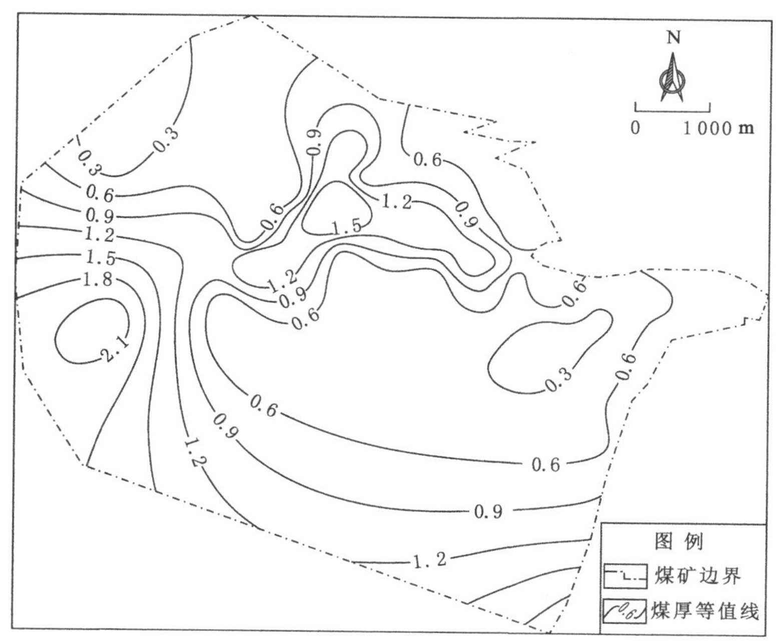

图4-27　吕家坨矿14煤层厚度等值线图

吕家坨矿井田范围内14煤层底板标高变化较大，西部及南部煤层埋深相对较大，东北部埋深较浅，煤层呈现东北浅西南深的展布方式，且由于西部14煤层埋深较大，钻孔终孔深度较浅。该区域揭露14煤层的钻孔较少，对其的研究有一定的局限性(图4-28)。

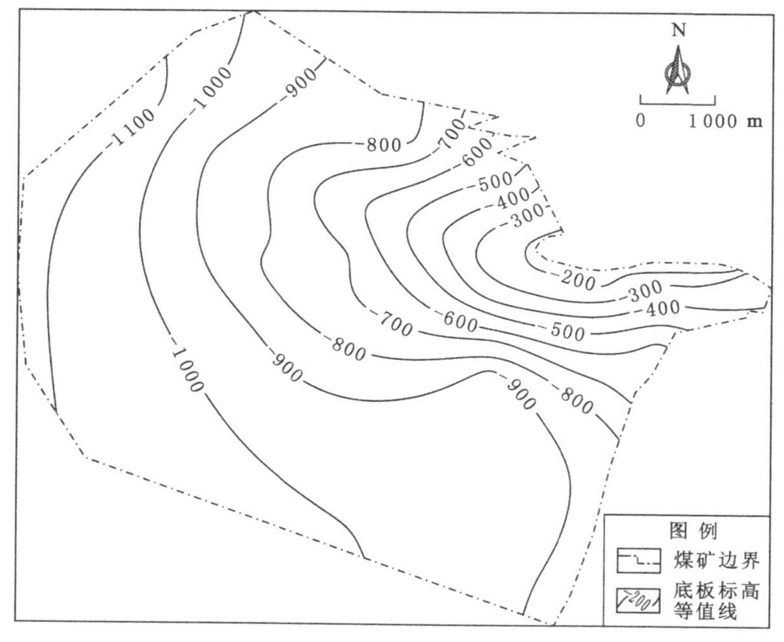

图4-28　吕家坨矿14煤层底板标高等值线图

六、林西矿

通过对林西矿现有见14煤层钻孔资料进行分析，可得14煤层煤厚分布频率，结合井上钻孔及井下资料(包括井巷工程和井下钻孔)，此次共统计188个钻孔数据，其中14煤层厚度大于0.7 m的钻孔数为160个，达到可采煤层厚度的钻孔数占总钻孔数的85.11%，但可采煤区域分布相对集中，整体煤层厚度相对较薄，仅从煤层厚度角度来看，林西矿14煤层仅局部达到了可采标准(图4-29、图4-30)。

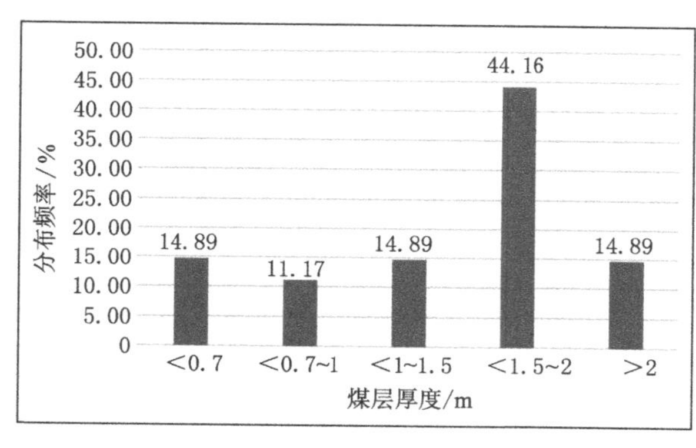

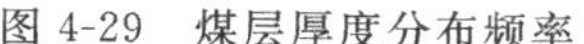

图4-29　煤层厚度分布频率

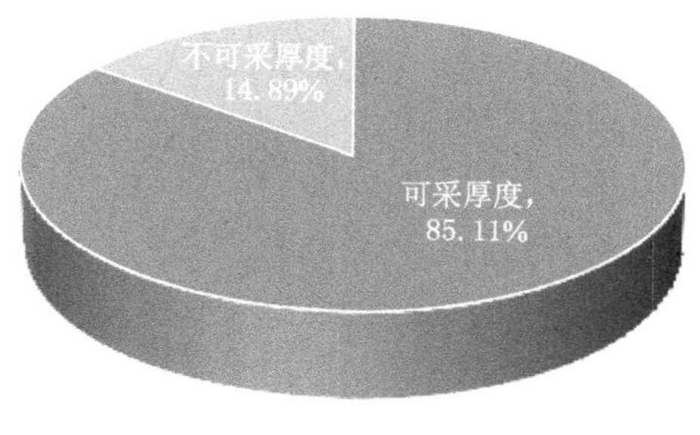

图4-30　煤层可采厚度饼图

林西矿 14 煤层赋存于开平组，煤层整体相对较薄，煤层厚度介于 0～2.61 m，整体平均为 1.49 m。林西矿东南部 14 煤层厚度较厚，西北偏中部以及东部厚度较薄（图 4-31）。存在较多不可采地段。局部有夹矸 1～2 层，为复杂结构。

林西矿井田范围内 14 煤层底板标高变化较其他矿井而言较小，西部埋深相对较深，东部埋深相对较浅，整体分布趋势为西深东浅，均匀分布。由于具有 14 煤层底板标高数据的钻孔仅有 3 个，该图仅作为 14 煤层展布方式的参考，14 煤层空间展布规律还有待进一步研究（图 4-32）。

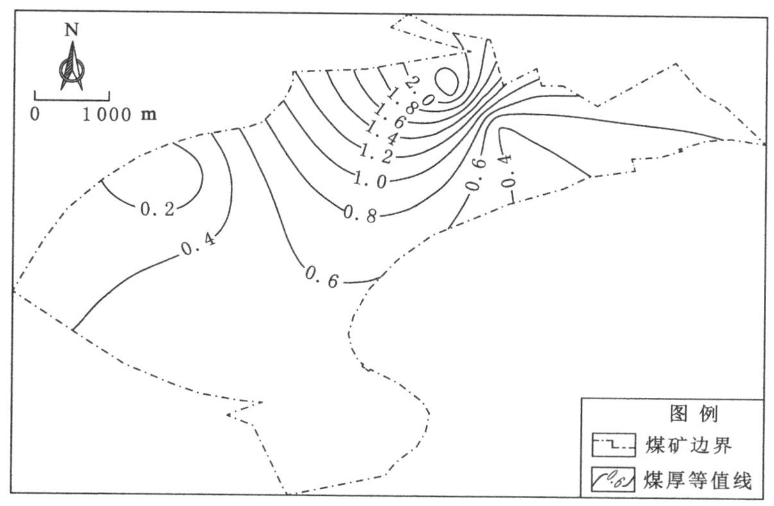

图 4-31　林西矿 14 煤层厚度等值线图

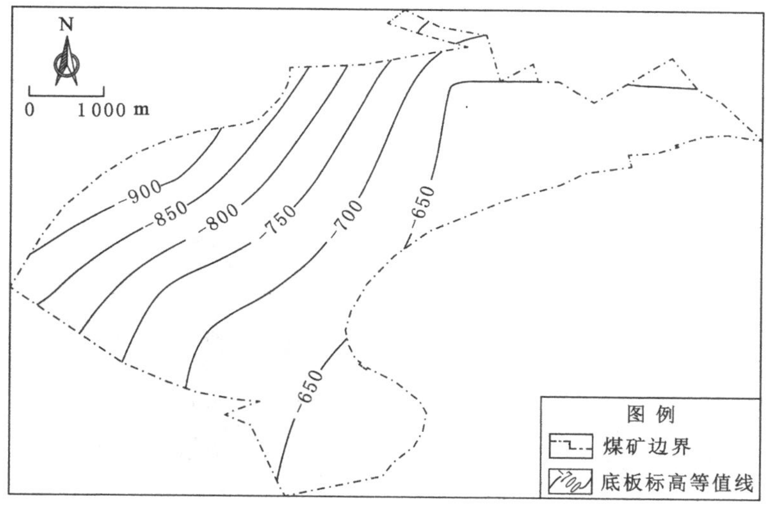

图 4-32　林西矿 14 煤层底板标高等值线图

第三节　煤岩煤质特征

一、煤岩特征

从宏观煤岩类型来看，5 煤层、7 煤层、8 煤层、9 煤层、11 煤层、12_{-1}煤层、12_{-2}煤层、$12_{下}$煤层和 14_{-1}煤层为光亮型煤。

各煤层显微煤岩组分主要为凝胶化物质，含量为 41.60%～67.40%，次为半丝炭化物质，含量为 17.88%～39.63%。丝炭化物质和稳定物质含量较少。矿物质以黏土矿物为主，次为黄铁矿、方解石和石英（表 4-1）。显微煤岩组分对煤储层的吸附特征会产生一定的影响。

表 4-1　煤层显微煤岩组分定量鉴定结果

煤层	凝胶化物质平均含量/%	半丝炭化物质平均含量/%	丝炭化物质平均含量/%	稳定物质平均含量/%	矿物质平均含量/%	FeO_2平均含量/%	SiO_2平均含量/%	显微煤岩类型
5	51.0	23.9	4.4	15.8	2.35	0	0	微矿化小孢子半丝炭暗亮煤
7	57.5	32.3	3.5	5.32	21.16	0	0.8	特强矿化半丝炭亮暗煤
8	49.62	34.88	4.87	6.44	11.19	0	0.58	弱矿化半丝炭暗亮煤
9	61.71	25.97	2.65	6.26	8.75	0	0	微矿化半丝炭暗亮煤
11	63.48	22.65	4.52	6.11	10.04	1.40	0.87	弱矿化半丝炭暗亮煤
12_{-1}	61.25	22.11	4.08	8.53	9.88	0.90	0.91	弱矿化半丝炭暗亮煤
12_{-2}	67.46	17.88	3.73	7.97	11.26	0	0	强矿化半丝炭暗亮煤
$12_{下}$	58.1	20.17	2.54	10.98	8.24	2.46	0.70	微矿化半丝炭暗亮煤
14_{-1}	41.60	39.63	3.29	9.87	20.82	2.69	0.45	强矿化半丝炭暗亮煤

本研究采集了吕家坨－800 水平的各可采煤层的煤样进行了结构分析，各煤层宏观煤岩特征如图 4-33、图 4-34 所示。与原生结构煤相比，－800 水平各可采煤层均发生了不同程度的变形（表 4-2）。

图 4-33　－800 水平 7 煤层、8 煤层宏观煤岩特征（左 7 煤层；右 8 煤层）

图 4-34　−800 水平 9 煤层、12_{-1}煤层宏观特征(左 9 煤层;右 12_{-1}煤层)

表 4-2　吕家坨−800 水平煤层结构破坏类型及特征

煤层	7	8	9	12_{-1}
结构构造	可见原生结构及镜煤条带	可见原生结构,裂隙发育	可见原生层理	原生结构消失
光泽	光亮-半亮	半亮-半暗	半亮	半暗
节理	见擦痕及镜面	见 4 组节理,节理面平直,擦痕和镜面发育	见 2 组节理,擦痕和镜面发育	镜面和擦痕较发育
手拭强度	可捏成 cm 级棱角状碎块	可捏成 cm 级棱角状碎块	可捏成 cm 级棱角状碎块	可捏成 mm 级碎粒或煤粉
构造煤类型	碎裂煤	碎裂煤	碎裂煤	碎粒煤

二、煤质特征

开滦矿区石炭系-二叠系以烟煤为主,各矿井煤的镜质组分含量较高,煤中显微组分以镜质组为主,平均达 71%,常见结构镜质体、基质镜质体;惰质组次之,一般含量为 6.85%～65.85%,平均为 23%;壳质组含量最少,平均为 2.49%。14 煤层呈玻璃光泽,深黑色,为半亮型煤,以亮煤、镜煤和暗煤为主,原煤平均含磷量小于 0.01%。

5 煤层、11 煤层和 $12_{下}$ 煤层原煤灰分最低,平均含量小于 15%,为低灰煤;14 煤层原煤灰分最高,平均含量大于 25%,为富灰煤;其余煤层原煤灰分在 15%～25%之间,为中灰煤。6 煤层、11 煤层和 $12_{下}$ 煤层硫分较高,14 煤层最高,平均含量为 2.5%～4%,为中硫煤;其余煤层硫分平均含量小于 1%,为特低硫煤。开平向斜西北翼煤层挥发分含量较东南翼高,煤类以肥煤为主,气煤和焦煤次之;车轴山向斜煤层挥发分含量较高,平均大于 40%,煤类以气煤为主。

开平地区煤岩变质受岩浆的影响较弱,主要受控于区域变质作用。煤岩变质程度主要受控于地层埋藏深度,从向斜轴部 2 000 余米到翼部数百米煤阶由无烟煤变为焦煤、肥煤、气煤(表 4-3)。各矿 14 煤层煤质见表 4-4。

表 4-3　开滦煤田煤层和煤质

煤层	煤层厚度/m	间距/m	稳定性	煤质(平均值)				煤类
				原煤灰分/%	精煤挥发分/%	原煤全硫/%	发热量/(MJ/kg)	
5	0～4.58	37	较稳定	11.88	34.44	0.51	29.9	气肥
	1.56							
		10						
8	0.28～8.06		稳定	21.52	37.46	0.61	25.67	气肥焦
	2.33	28						
9	0.35～10.00		稳定	18.76	36.25	0.75	27.2	气肥焦
	3.47	49						
12_{-1}	0～11.82		较稳定	17.2	35.61	1.6	27.56	气肥焦
	2.22							
14	0.04～4.22		不稳定	25.32	28.43	1.88	32.43	肥焦

表 4-4　各矿 14 煤层煤质统计表

名称	煤质				煤类
	原煤灰分/%	精煤挥发分/%	原煤全硫/%	发热量/(MJ/kg)	
唐山矿	15.01～23.72	34.8	1.15～1.74	34.37	1/3 焦煤
范各庄矿	28.02	19.81	2.2	35.21	肥煤
吕家坨矿	23.81	23.17	1.32	25.64	焦煤
钱家营矿	28.39		2.65	34.30	肥煤
东欢坨矿	27.00	35.92	1.8	32.62	气煤

三、煤层对比

1. 煤层对比

开滦矿区各井田的岩性及煤层的发育情况基本相同。含煤地层中标志层也较明显，主要煤层层位相对较稳定，因此，煤层对比可靠。

2. 标志层

井田标志层较多，其中主要标志层叙述如下：

G 层铝土岩：沉积在奥陶系灰岩的古风化壳上，上部常为浅灰色，下部为浅灰、灰白和紫色，岩性致密，细腻有滑感，具有分布不均匀的菱铁质鲕粒，含黄铁矿结核及散晶体，全区层位稳定，总厚平均 5 m。

K_1 灰岩：灰-深灰色，略具褐色，质地较纯，富含海百合茎及腕足类等化石，含黄铁矿结核，层位稳定，厚度平均为 1.50 m，下距奥陶系顶面约 30 m。

K_2 灰岩：深灰-黑灰色，有时微发褐色，致密，质地较纯，层面有时附沥青质，含海百合茎及腕足类化石，层位较稳定，厚度平均为 1.15 m，下距 K_1 灰岩约 15 m。

K_3 灰岩(唐山灰岩)：浅灰褐色，中厚层状，质地坚硬，含大量蜓科、珊瑚、海百合茎和腕足类等化石，并含豆状黄铁矿结核及沥青质膜，厚度较大，层位稳定，是含煤地层中沉积幅度较大的一次灰岩沉积，厚度平均为 3.58 m，下距 K_2 灰岩约 15 m。

K_4 灰岩：褐灰色，致密，坚硬，质不纯，富含海百合茎及腕足类及蜓科化石，偶见黄铁矿散晶，层位不稳定，常变为浅海相粉砂岩。厚度平均为 1.39 m，下距 K_3 灰岩约 20 m。

K_5 灰岩：灰-深灰色，含泥质生物碎屑灰岩，时而相变为钙质粉砂岩，本层灰岩常为 14_{-1} 煤层直接顶板或间接顶板，厚度平均为 1.15 m，下距 K_4 灰岩约 30 m。

K_6 灰岩（赵各庄灰岩）：深灰色，质不纯，含硅质，富含海百合茎及腕足类化石，裂隙多被方解石脉充填，并可见黄铁矿散晶，厚度平均为 1.00 m。有时被上部三角洲相冲刷，下距 K_5 灰岩约 15 m。

12_{-1} 煤层顶板腐泥质黏土岩：灰黑色，条痕褐色，岩性极细，均一，油脂光泽，具贝壳状断口，含黄铁矿薄膜，本层顶部粉砂岩中富含海相动物化石，其上部为含钙质的粉砂岩，层位较稳定。

11 煤层顶板腐泥质黏土岩：黑色，条痕棕褐色，质纯而均一，油脂光泽，平坦状及贝壳状断口，东部发育，西部相变为黏土岩。

6 煤层顶板粉砂岩：深灰-灰黑色，致密，质地均一，含海百合茎及腕足类化石，含黄铁矿散晶及褐灰色泥质或菱铁质结核，层位稳定。

A 层铝土岩：淡青、浅灰和紫红色为主，岩性致密，性脆，细腻，具鲕状构造，常夹粉砂岩薄层，层位较稳定，但厚度变化大，一般 3～10 m，局部被顶板河床相砂岩所冲刷。

四、煤类及变化特征

（一）煤质分析及煤类分布

开滦矿区大量煤芯、煤样分析结果表明，8、9、11、12_{-1} 煤层镜质组随机反射率最小为 0.563，最大为 0.596，平均为 0.57，煤的变质程度相当于气煤阶段，镜质组随机反射率在平面上变化不大，在垂向上略有变化，但幅度很小（表 4-5）。

表 4-5　各煤层反射率测定与工业分析对照表

煤层	原煤挥发分 V_{daf}/%	原煤发热量 $Q_{gr,d}$/(MJ/kg)	胶质层 Y/mm	原煤黏结指数	镜质组随机反射率	工业牌号
8	38.25	33.03	12.6	72.5	0.563	QM
9	38.23	33.06	12.6	68	0.577	QM
11	38.89	33.66	14	87.1	0.561	QM
12_{-1}	38.39	33.60	14.1	80.4	0.596	QM

开滦矿区煤类主要以气煤、肥煤、焦煤为主。其中东欢坨矿主要为气煤；唐山矿各个煤层均为 1/3 焦煤；钱家营矿以肥煤为主，局部分布气肥煤、瘦煤及弱黏煤；吕家坨矿主要有 1/3 焦煤、肥煤至气煤、气肥煤，以肥煤为主；范各庄矿以焦煤为主，局部出现瘦煤和贫煤；林西矿以肥煤为主，局部出现焦煤、瘦煤和贫煤（图 4-35）。

煤类鉴定分析表明，煤的物理性质变化不大，煤种变化较大，沿倾向向深部变质程度逐渐增高。

井田西翼深部岩浆岩揭露，局部煤层被侵蚀变质或缺失，导致煤层变质成天然焦，对规划施工有一定影响。

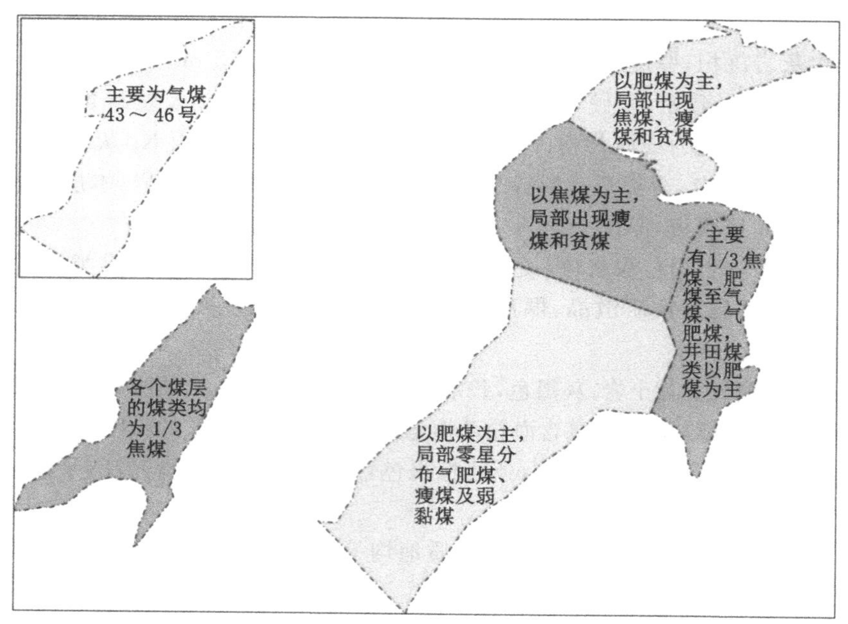

图 4-35　开滦矿区煤类分布图

（二）煤变质原因

煤层开采由浅部向中深部拓展，由于埋藏深度的不断加大，地温和地压升高或加大，煤层变质程度递增，少数煤层因受岩浆岩侵入影响而发生接触变质。

根据钱家营矿各煤种的分布情况，煤的变质以区域变质为主。挥发分（V_{daf}）随煤层赋存深度的增加而减少。如林 87 孔的 5 煤层挥发分为 35.46%，7 煤层挥发分为 35.28%，至 12_{-1}煤层挥发分已降到 32.87%。同一煤层不同钻孔的精煤挥发分，随煤层赋存深度增加而减少。如浅部的苗 6 孔 7 煤层的挥发分为 36.48%，深部的钱补 55 孔 7 煤层的挥发分降为 21.25%，井田内煤种的带状分布规律亦是发生区域变质的重要依据。

井田内煤的物理化学性质在平面上呈差异性分布。钱家营井田中部（钱 5、18、19 孔，钱补 3、6、13、17 孔，钱水 2、28 孔一带）因受岩浆岩侵入的影响煤层变成天然焦，硬度变大。理论和实践都揭示岩浆岩的侵入导致煤质发生接触变质。岩浆岩侵入所造成的接触变质，则因受岩浆岩规模（岩墙）的限制对矿井六、八采区等局部区域产生影响。

五、煤的风氧化带

勘探期间没有对风氧化带专门布置钻孔，根据开滦矿区小窑取样分析测定，基岩面以下垂深 30 m 为风氧化带。

六、煤中有害元素及其变化特征

煤中有害组分一般是指灰分、磷及全硫（表 4-6 和 4-7）。

灰分：原煤灰分以 5 煤层最低（12.37%），14_{-1}煤层最高（27.00%），一般在 20%左右。灰分以二氧化硅（SiO_2）和三氧化二铝（Al_2O_3）为主，次为氧化铁（Fe_2O_3）、氧化钙（CaO）等。各煤层灰熔点均大于 1 250 ℃。

全硫、磷：按照国家煤炭质量分级标准，5、7、8、9 和 12_{-2}煤层的全硫含量平均小于 1%，属低硫煤，11、12_{-1}、$12_{下}$和 14_{-1}煤层全硫含量平均大于 1%，属中硫-高硫煤。

表 4-6 主要煤层有害组分分析结果表

煤层	原煤			煤灰成分						煤灰熔融性		
	灰分 A_d/%	全硫 $S_{t,d}$/%	磷 P/%	ω_{SiO_2}/%	$\omega_{Al_2O_3}$/%	$\omega_{Fe_2O_3}$/%	ω_{CaO}/%	ω_{MgO}/%	ω_{SO_3}/%	T_1/℃	T_2/℃	T_3/℃
5	4.80~36.11/12.37(26)	0.35~1.64/0.71	0.005~0.503/0.017	25.11~57.79/44.94(10)	16.76~38.86/29.38(10)	3.42~47.74/10.44(10)	1.51~10.88/5.55(10)	0.86~7.51/1.94(10)	0.10~4.73/2.97(10)	1 050~1 430/1 223(8)	1 200~1 450/1 383(8)	1 240~1 500/1 388(6)
7	11.42~39.65/24.01(27)	0.31~0.98/0.56	0.006~0.097/0.030	48.23~63.18/51.95(9)	28.15~41.81/36.15(9)	1.45~7.92/3.68(9)	0.89~5.13/2.98(9)	0.49~1.91/0.95(9)	微量~2.40/1.02(9)	1 100~1 450/1 300(7)	1 250~1 450/1 400(7)	1 270~1 489/1 400(2)
8	9.37~32.71/18.56(40)	0.25~3.08/0.55	0.005~0.183/0.054	16.44~54.86/40.02(16)	21.38~44.14/34.38(16)	2.33~7.15/4.29(16)	1.40~16.64/7.32(16)	0.40~5.32/1.66(16)	0.26~3.79/2.10(16)	1 186~1 650/1 331(12)	1 328~1 670/1 439(11)	1 340~1 690/1 444(8)
9	11.90~38.48/18.69(48)	0.27~0.77/0.52	0.002~0.090/0.023	36.33~60.04/48.70(22)	24.61~44.65/36.93(22)	2.49~7.17/3.93(22)	1.12~8.65/4.08(20)	0.65~2.96/1.38(20)	微量~5.09/2.27(20)	1 060~1 600/1 326(13)	1 340~1 620/1 446(12)	1 360~1 710/1 450(13)
11	7.01~32.32/14.08(47)	0.42~3.76/1.45	0.001~0.016/0.005	37.86~52.34/46.45(20)	21.53~40.94/32.69(20)	1.39~25.68/9.42(20)	0.93~9.75/4.08(20)	0.65~2.96/1.38(20)	微量~5.09/2.27(20)	1 050~1 480/1 229(12)	1 120~1 480/1 353(11)	1 210~1 670/1 400(12)
12_{-1}	10.38~33.60/16.13(41)	0.43~1.78/1.06	0.001~0.009/0.005	47.02~63.04/51.58(18)	25.09~37.54/32.30(18)	3.48~12.80/6.86(18)	0.73~11.81/1.17(18)	0.84~2.70/1.35(18)	0.18~2.76/1.40(18)	1 140~1 560/1 305(8)	1 400~1 590/1 459(8)	1 440~1 610/1 530(9)
12_{-2}	10.30~39.33/18.68(44)	0.42~2.01/0.81	0.004~0.557/0.253	31.77~51.54/43.90(20)	31.83~43.78/37.05(20)	1.74~11.15/5.02(20)	0.58~11.55/4.93(200)	0.34~2.41/1.17(20)	微量~4.15/1.46(20)	1 140~1 540/1 272(15)	1 300~1 560/1 419(13)	1 340~1 590/1 429(9)
$12_{下}$	8.65~25.71/13.67(42)	0.43~8.36/2.68	0.009~0.047/0.023	32.92~59.66/47.43(17)	15.52~33.63/25.81(17)	6.21~41.30/19.02(17)	1.01~7.51/2.79(17)	0.38~1.46/0.89(17)	微量~3.92/1.05(16)	1 020~1 480/1 174(10)	1 060~1 480/1 283(10)	1 210~1 500/1 496(11)
14_{-1}	8.29~37.23/27.00(36)	0.62~6.14/1.80	0.001~0.028/0.009	37.48~52.22/45.42(14)	24.22~44.92/19.26(14)	2.66~29.57/9.00(14)	0.80~2.70/1.58(14)	0.32~2.16/0.90(14)	0.20~2.40/0.98(14)	1 174~1 450/1 365(6)	1 420~1 450/1 441(5)	1 430~1 710/1 545(5)

注:表中数字为:最小~最大/平均(点数)。

表 4-7 主要煤层有害组分分析结果表

煤层	原煤			煤灰成分						煤灰熔融性		
	灰分 A_d/%	全硫 $S_{t,d}$/%	磷 P/%	ω_{SiO_2}/%	$\omega_{Al_2O_3}$/%	$\omega_{Fe_2O_3}$/%	ω_{CaO}/%	ω_{MgO}/%	ω_{SO_3}/%	T_1/℃	T_2/℃	T_3/℃
5	4.80~36.11 / 12.37(26)	0.35~1.64 / 0.71	0.005~0.503 / 0.017	25.11~57.79 / 44.94(10)	16.76~38.86 / 29.38(10)	3.42~47.74 / 10.44(10)	1.51~10.88 / 5.55(10)	0.86~7.51 / 1.94(10)	0.10~4.73 / 2.97(10)	1 050~1 430 / 1 223(8)	1 200~ 1450 / 1 383(8)	1 240~1 500 / 1 388(6)
7	11.42~39.65 / 24.01(27)	0.31~0.98 / 0.56	0.006~0.097 / 0.030	48.23~63.18 / 51.95(9)	28.15~41.81 / 36.15(9)	1.45~7.92 / 3.68(9)	0.89~5.13 / 2.98(9)	0.49~1.91 / 0.95(9)	微量~2.40 / 1.02(9)	1 100~1 450 / 1 300(7)	1 250~1 450 / 1 400(7)	1 270~1 489 / 1 400(2)
8	9.37~32.71 / 18.56(40)	0.25~3.08 / 0.55	0.005~0.183 / 0.054	16.44~54.86 / 40.02(16)	21.38~44.14 / 34.38(16)	2.33~7.15 / 4.29(16)	1.40~16.64 / 7.32(16)	0.40~5.32 / 1.66(16)	0.26~3.79 / 2.10(16)	1 186~1 650 / 1 331(12)	1 328~1 670 / 1 439(11)	1 340~1 690 / 1 444(8)
9	11.90~38.48 / 18.69(48)	0.27~0.77 / 0.52	0.002~0.090 / 0.023	36.33~60.04 / 48.70(22)	24.61~44.65 / 36.93(22)	2.49~7.17 / 3.93(22)	1.12~8.65 / 4.08(20)	0.65~2.96 / 1.38(20)	微量~5.09 / 2.27(20)	1 060~1 600 / 1 326(13)	1 340~1 620 / 1 446(12)	1 360~1 710 / 1 450(13)
11	7.01~32.32 / 14.08(47)	0.42~3.76 / 1.45	0.001~0.016 / 0.005	37.86~52.34 / 46.45(20)	21.53~40.94 / 32.69(20)	1.39~25.68 / 9.42(20)	0.93~9.75 / 4.08(20)	0.65~2.96 / 1.38(20)	微量~5.09 / 2.27(20)	1 050~1 480 / 1 229(12)	1 120~1 480 / 1 353(11)	1 210~1 670 / 1 400(12)
12_{-1}	10.38~33.60 / 16.13(41)	0.43~1.78 / 1.06	0.001~0.009 / 0.005	47.02~63.04 / 51.58(18)	25.09~37.54 / 32.30(18)	3.48~12.80 / 6.86(18)	0.73~11.81 / 1.17(18)	0.84~2.70 / 1.35(18)	0.18~2.76 / 1.40(18)	1 140~1 560 / 1 305(8)	1 400~1 590 / 1 459(8)	1 440~1 610 / 1530(9)
12_{-2}	10.30~39.33 / 18.68(44)	0.42~2.01 / 0.81	0.004~0.557 / 0.253	31.77~51.54 / 43.90(20)	31.83~43.78 / 37.05(20)	1.74~11.15 / 5.02(20)	0.58~11.55 / 4.93(200)	0.34~2.41 / 1.17(20)	微量~4.15 / 1.46(20)	1 140~1 540 / 1 272(15)	1 300~1 560 / 1 419(13)	1 340~1 590 / 1 429(9)
$12_{下}$	8.65~25.71 / 13.67(42)	0.43~8.36 / 2.68	0.009~0.047 / 0.023	32.92~59.66 / 47.43(17)	15.52~33.63 / 25.81(17)	6.21~41.30 / 19.02(17)	1.01~7.51 / 2.79(17)	0.38~1.46 / 0.89(17)	微量~3.92 / 1.05(16)	1 020~1 480 / 1 174(10)	1 060~1 480 / 1 283(10)	1 210~1 500 / 1 496(11)
14_{-1}	8.29~37.23 / 27.00(36)	0.62~6.14 / 1.80	0.001~0.028 / 0.009	37.48~52.22 / 45.42(14)	24.22~44.92 / 19.26(14)	2.66~29.57 / 9.00(14)	0.80~2.70 / 1.58(14)	0.32~2.16 / 0.90(14)	0.20~2.40 / 0.98(14)	1 174~1 450 / 1 365(6)	1 420~1 450 / 1 441(5)	1 430~1 710 / 1 545(5)

注：表中数字为：最小～最大/平均(点数)。

稀有元素：在煤质化验中表明，煤层中存在一定量的稀有元素锗、镓、钒等，其中锗含量为$(1.005\sim2.000)\times10^{-6}$，镓含量为$(16.168\sim21.000)\times10^{-6}$，钒含量为$(0.020\sim0.036)\times10^{-6}$，均远远达不到开采品位。

第四节　煤层稳定程度评价

一、变异系数

煤层稳定程度定量评价主要采用煤层可采性指数及煤厚变异系数进行评价。其中煤层可采性指数 K_m 表示评定区内可采煤层所占比例的参数，可采性指数越高，煤系地层可采性越高。煤层可采性指数 K_m 的计算公式如下：

$$K_m = n'/n \tag{4-1}$$

式中　n——井田内参与煤厚评价的见煤点总数；

n'——其中煤厚大于或等于可采厚度的见煤点数。

煤厚变异系数 γ 是表示煤层厚度变化的良好定量指标，反映了煤层在空间上分布的稳定性，变异系数越大，煤层分布越不稳定。煤厚变异系数 γ 的计算公式如下：

$$\gamma = \frac{S}{M} \times 100\% \tag{4-2}$$

$$S = \sqrt{\frac{1}{n-1}\sum_{i=1}^{n}(M_i - \overline{M})^2} \tag{4-3}$$

式中　M_i——每个见煤点的实测厚度；

M——矿井（或分区）的平均煤厚；

n——参与评价的见煤点数；

S——均方差值。

通过对井田内的煤层厚度稳定性定量计算，参照《煤矿地质工作规定》拟定的 K_m 和 γ 值界限（表 4-8），以井田内钻孔资料为基础，运用上述公式计算得到各煤层可采性系数和煤厚变异系数值，并对煤层稳定性程度进行评价。

表 4-8　评价煤层稳定性的主、辅指标分类表

分煤层	稳定煤层		较稳定煤层		不稳定煤层		极不稳定煤层	
	主要指标	辅助指标	主要指标	辅助指标	主要指标	辅助指标	主要指标	辅助指标
薄煤层	$K_m\geq0.95$	$\gamma\leq25\%$	$0.95>K_m\geq0.8$	$25\%<\gamma\leq35\%$	$0.8>K_m\geq0.6$	$35\%<\gamma\leq55\%$	$K_m<0.6$	$\gamma>55\%$
中厚煤层	$\gamma\leq25\%$	$K_m\geq0.95$	$25\%<\gamma\leq40\%$	$0.95>K_m\geq0.8$	$40\%<\gamma\leq60\%$	$0.8>K_m\geq0.65$	$\gamma>65\%$	$K_m<0.65$
特厚煤层	$\gamma\leq30\%$	$K_m\geq0.95$	$30\%<\gamma\leq50\%$	$0.95>K_m\geq0.85$	$50\%<\gamma\leq75\%$	$0.85>K_m\geq0.7$	$\gamma>75\%$	$K_m<0.70$

针对开滦矿区见 14 煤层钻孔综合分析，开滦矿区整体平均煤厚为 0.71 m，可视为薄煤层。若将煤厚 0.7 m 作为煤层的最低可采煤厚，煤层可采性指数 $K_m=n'/n=0.42$，则开滦矿区 14 煤层煤厚变化程度较大，煤厚变异系数达 80%以上。依据《煤矿地质工作规定》，该矿区 14 煤层为极不稳定煤层。

东欢坨矿见 14 煤层钻孔共 93 个，平均煤厚为 1.61 m，可视 14 煤层为中厚煤层。同样将煤厚 0.7 m 作为煤层的最低可采煤厚，则其中达到可采煤厚的钻孔共 63 个，煤层可采性指数 $K_m=n'/n=0.78$，14 煤层煤厚变化程度较大，煤厚变异系数为 59.6%。依据《煤矿地质工作规定》，该矿井 14 煤层为不稳定煤层。

范各庄矿见 14 煤层钻孔共 62 个，平均煤厚为 0.73 m，可视 14 煤层为薄煤层。若将煤厚 0.7 m 作为煤层的最低可采煤厚，则其中达到可采煤厚的钻孔仅有 28 个，煤层可采性指数 $K_m=n'/n=0.45$，14 煤层煤厚变化程度较大，煤厚变异系数为 77.9%。依据《煤矿地质工作规定》，该矿井 14 煤层为极不稳定煤层。

钱家营矿见 14 煤层钻孔共 47 个，平均煤厚为 0.37 m，可视 14 煤层为薄煤层。若将煤厚 0.7 m 作为煤层的最低可采煤厚，则其中达到可采煤厚的钻孔仅有 7 个，煤层可采性指数 $K_m=n'/n=0.15$，14 煤层煤厚变化程度较大，煤厚变异系数为 110.1%。依据《煤矿地质工作规定》，该矿井 14 煤层为极不稳定煤层。

唐山矿见 14 煤层钻孔共 34 个，平均煤厚为 1.39 m，可视 14 煤层为中厚煤层。若将煤厚 0.7 m 作为煤层的最低可采煤厚，则其中达到可采煤厚的钻孔有 25 个，煤层可采性指数 $K_m=n'/n=0.73$，14 煤层煤厚变化程度较大，煤厚变异系数为 68.6%。依据《煤矿地质工作规定》，该矿井 14 煤层为极不稳定煤层。

吕家坨矿见 14 煤层钻孔共 48 个，平均煤厚为 0.8 m，可视 14 煤层为薄煤层。若将煤厚 0.7 m 作为煤层的最低可采煤厚，则其中达到可采煤厚的钻孔有 21 个，煤层可采性指数 $K_m=n'/n=0.44$，14 煤层煤厚变化程度较大，煤厚变异系数为 75.5%。依据《煤矿地质工作规定》，该矿井 14 煤层为极不稳定煤层。

林西矿见 14 煤层钻孔仅有 5 个，平均煤厚为 0.83 m，可视 14 煤层为薄煤层。若将煤厚 0.7 m 作为煤层的最低可采煤厚，则其中达到可采煤厚的钻孔仅有 2 个，煤层可采性指数 $K_m=n'/n=0.40$，14 煤层煤厚变化程度较大，煤厚变异系数为 107.8%。依据《煤矿地质工作规定》，该矿井 14 煤层为极不稳定煤层。

显然，对于各矿井来说，14 煤层的煤厚变异系数均较大，表明该煤层均属于极不稳定煤层，推测存在较多不可开采区域。对各矿进行煤厚变异系数的分析仅能推测出实际煤层全矿煤层厚度不稳定，而不能区分不稳定区域和稳定区域，针对此弊端，决定采用滑动窗口变异系数来划分稳定区域及不稳定区域。

二、滑动窗口变异系数研究

煤厚变异系数是表示煤层厚度变化的良好定量指标，但通常在评价煤层稳定性时，是对井田或矿区所有的煤厚数据进行统计，因而它仅表示整个研究区域内煤厚变化的整体特征，但无法揭示局部的煤厚变化特征。为了采用变异系数定量表示煤厚变异性的空间分布状况，本次研究中采用“滑动窗口变异系数”方法，对整个煤田的煤层变化进行定量研究。由于开平向斜北西翼的煤厚受后期构造改造较大，其煤厚的变化已不受沉积控制，因此，本次研究中主要针对开平向斜煤层进行定量评价研究。

研究中须设计一个大小恰当的正方形窗口，鉴于开滦矿区的实际情况，使滑动窗口能更好地反映煤厚的变异性。本研究设计了一个(2 000 m×2 000 m)窗口，沿经、纬线分别进行滑移计算，按一定的步长(1 000 m)逐步移动计算窗口，计算各子区域的煤厚变异系数 γ，并以其作为该窗口中心点 Z 的煤厚变异系数值，从而求得研究区各点的变异系数值。

滑动窗口煤厚变异系数综合反映了煤厚的空间变异性。如图 4-36 所示，14 煤层煤厚

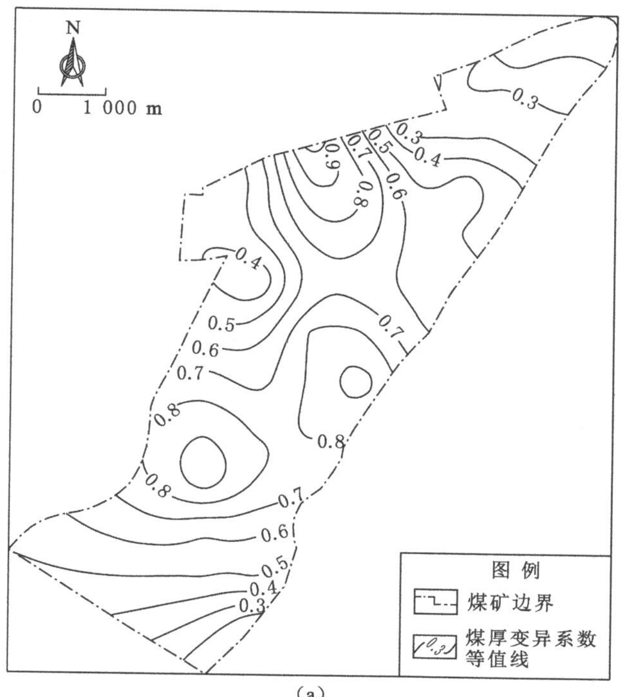

(a)

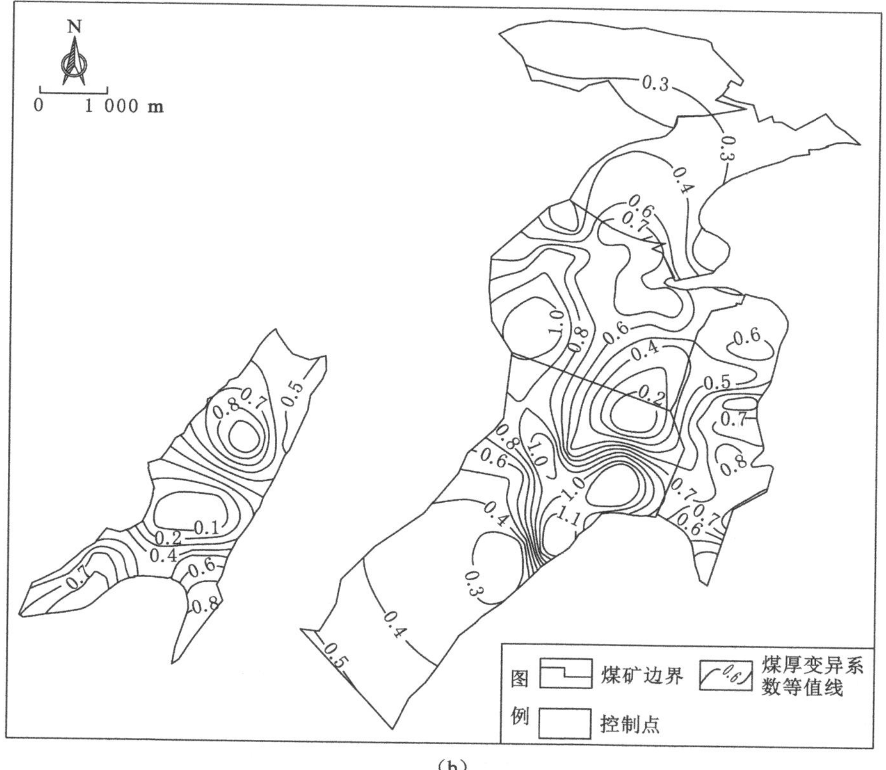

(b)

图 4-36 开滦矿区 14 煤层煤厚变异系数等值线图

变异系数等值线图显示了煤层整体空间变异性较大，滑动窗口变异系数普遍大于 0.6，说明其厚度空间变化较大，煤厚变异系数最高处甚至达到 93.9%，煤层不稳定，且南部厚度变异特征明显大于北部。

针对各矿井的实际大小，结合滑动窗口变异系数对各矿井煤厚变异系数进行分析，本研究设计了一个(2 000 m×2 000 m)窗口，沿经、纬线分别进行滑移计算，按一定的步长(1 000 m)逐步移动计算窗口，利用上述方法分别对各矿井绘制煤厚变异系数等值线图，并进行分析。

东欢坨矿 14 煤层煤厚变异系数等值线图显示该矿 14 煤层整体空间变异性较大，其煤厚变异系数变化较大，说明其厚度空间变化较大(图 4-37)。部分区域变异系数较大，甚至达到114.58%，少数地方变异系数较小，仅为 5.05%，表明虽然在全矿范围内其变异系数较大，煤层不稳定，但是小范围内存在一些较稳定的煤层。

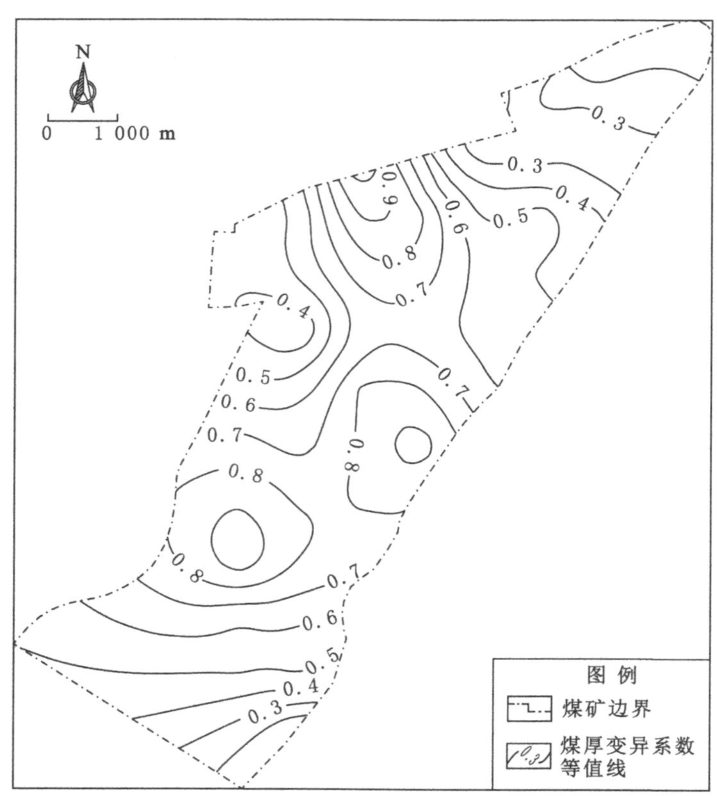

图 4-37 东欢坨矿煤厚变异系数等值线图

范各庄矿 14 煤层煤厚变异系数等值线图显示该矿 14 煤层整体空间变异性较大，各区域煤厚变异系数普遍介于 40%～105%(图 4-38)，大部分区域煤厚变异系数均在 60%以上，煤层不稳定，且煤厚变异系数由中部向南北两个方向均呈现递减趋势。

钱家营矿 14 煤层煤厚变异系数等值线图显示该矿 14 煤层整体空间变异性较大，其煤厚变异系数介于 6.15%～140.77%(图 4-39)，煤厚变异系数普遍较大，在 60%以上，部分区

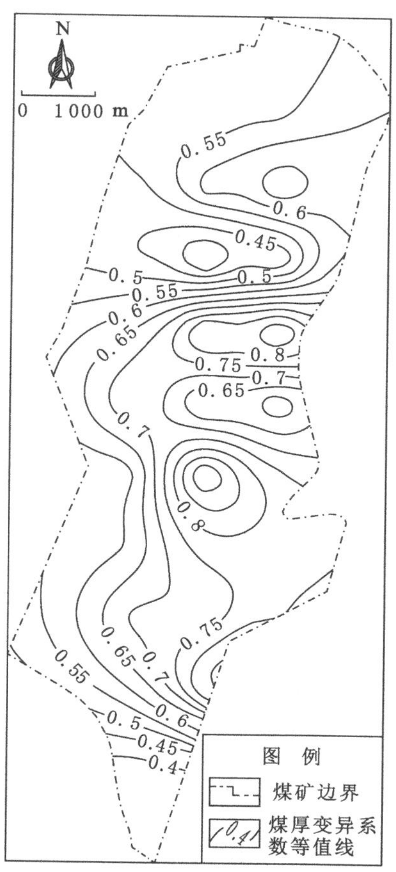

图 4-38　范各庄矿煤厚变异系数等值线图

域煤厚变异系数在 30%以下，煤层不稳定。矿井西翼钻孔数较少，暂不参与煤厚变异系数的计算。

唐山矿 14 煤层煤厚变异系数等值线图显示该矿 14 煤层整体空间变异性较大，其变异系数普遍大于 50%，说明其厚度空间变化较大(图 4-40)，煤厚变异系数最小处仅为 4.11%，最大处达到 116.7%，煤层不稳定。矿井中部厚度变异较小，为较稳定区域。

吕家坨矿 14 煤层变异系数等值线图显示该矿 14 煤层整体空间变异性较大，其变异系数普遍大于 60%，说明其厚度空间变化较大(图 4-41)，最高处甚至达到 119.50%，煤层不稳定。虽然其煤厚变异系数较大，煤层不稳定，但在北部及东部存在煤厚变异系数较小处，其煤厚基本达到了可采厚度。

林西矿 14 煤层由于现有见 14 煤层钻孔数过少，且较为分散，利用滑动窗口变异系数法研究其煤层稳定程度可靠性较差，而现有钻孔显示绝大多数 14 煤层厚度均未达到可采厚度，因此此处不再对林西矿进行滑动窗口变异系数分析。

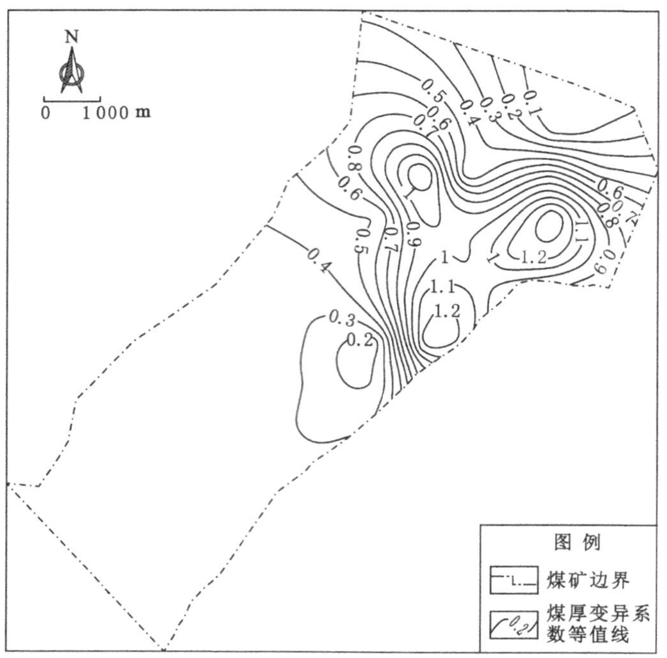

图 4-39　钱家营矿煤厚变异系数等值线图

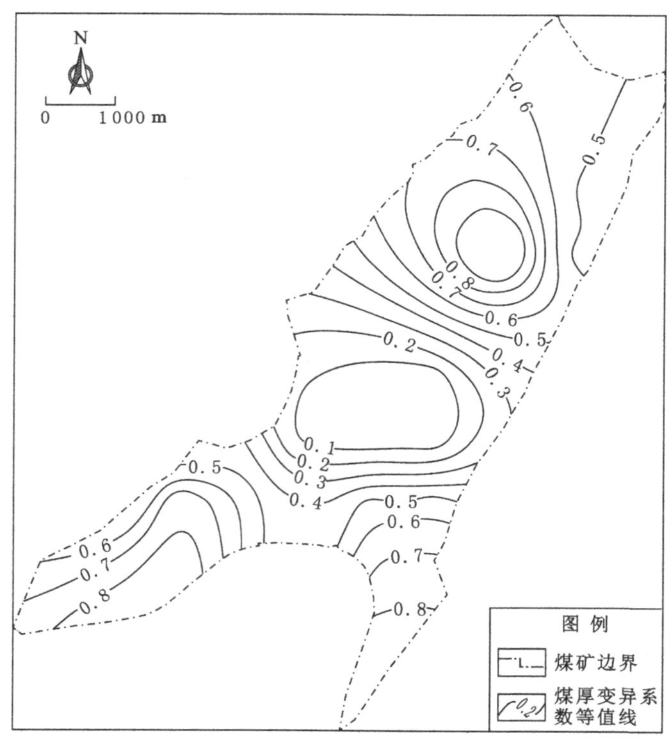

图 4-40　唐山矿变异系数等值线图

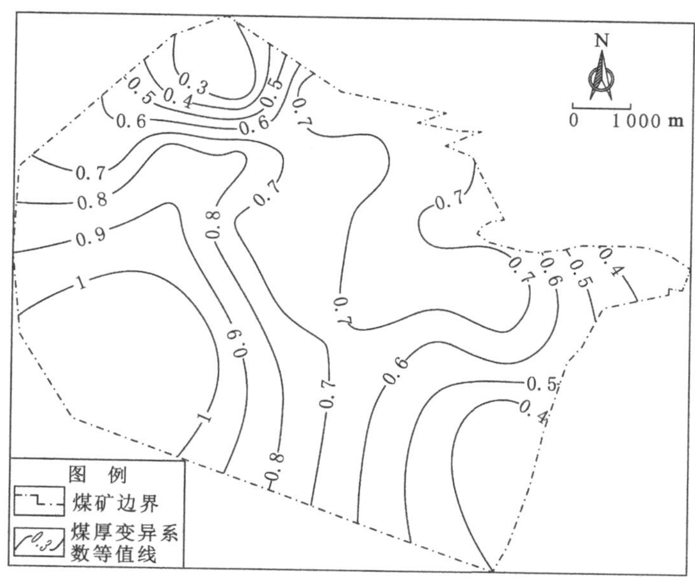

图 4-41　吕家坨矿煤厚变异系数等值线图

第五节　未采区煤层厚度预测模型及结果

一、含煤性

开滦矿区石炭系-二叠系总厚为 490～530 m，含煤 15～20 层，煤层总厚 20～28 m，总体上呈西北厚东南薄的分布格局，含煤系数为 3.91～5.57%；其中 9、12_{-1} 煤层全区稳定，为中-厚煤层。7、8、9、12 煤层为全区主要可采煤层，5、6、11、$12_{下}$、14 煤层为局部可采煤层。

东欢坨矿井田内煤系总厚度约 480 m，煤层总厚度达 21.79 m，含煤系数为 4.54%。可采煤层共 9 层，即：5、7、8、9、11、12_{-1}、12_{-2}、$12_{下}$ 和 14_{-1} 煤层，可采煤层总厚约 19.70 m，可采含煤系数 4.10%。其中，8、9、11 和 12_{-1} 煤层为主要可采煤层，厚度占可采煤层的 61.12%。

含煤地层包括唐山组、开平组、赵各庄组、大苗庄组及唐家庄组，主要煤层集中于煤系中部，在各组地层的分布情况见表 4-9。

表 4-9　东欢坨矿井田煤层情况表

地层系统			地层厚度/m	含煤情况			含煤系数/%
系	统	组		层数	煤层	煤厚/m	
二叠系	中统	唐家庄组	204	1～4	3、4	0.60	0.29
	下统	大苗庄组	76	5～7	5、6、7、8、9	10.23	13.38
		赵各庄组	78	4～6	11、12_{-1}、12_{-2}、$12_{下}$	8.06	10.64
石炭系	上统	开平组	60	3～6	14_{-1}、14_{-2}、14_{-3}	2.53	4.33
		唐山组	57	1～2		0.30	0.53

吕家坨矿井田内煤系地层由石炭纪-二叠纪含煤岩系组成，含煤20余层，煤系地层总厚度约500 m，煤层平均总厚度约19 m，含煤系数为3.85%。煤层在纵向上分布于煤系地层的中部，可采煤层总厚度约14 m。

吕家坨矿井田设计开采煤层有6层，即二叠系下统大苗庄组的5、7、8、9煤层和赵各庄组的11、12煤层，其中5、11、12煤层局部可采，7、8、9煤层基本全区可采。各煤层的厚度及其变化规律见表4-10。

表4-10　吕家坨矿井田煤层情况表

煤层	煤层厚度/m			变化规律
	最小	最大	平均	
5	0.06	2.52	0.92	局部可采，可采范围内平均煤厚1.18 m
7	0.77	7.17	3.57	仅西北部煤厚在3 m以下，个别点煤厚偏大
8	0.25	3.93	1.65	煤厚变化不大，井田深部个别钻孔不可采
9	0.26	6.61	1.88	煤厚变化不大，井田深部有2个不可采点
11	0	2.54	0.74	局部可采煤层，可采范围内平均煤厚1.01 m
12	0	16.55	2.2	井田中部不可采，可采区平均煤厚2.59 m

范各庄矿井田内含煤地层为石炭系-二叠系，共含煤层17～20层。根据含煤情况及旋回特征，可将石炭系-二叠系含煤部分划分为五个含煤段，分别为上石炭统唐山组和开平组，下二叠统赵各庄组和大苗庄组，以及中二叠统唐家庄组。煤系地层厚度为488.8 m，煤层总厚为15.62 m，煤系地层含煤系数为3.19%。其中以大苗庄组和赵各庄组最高。范各庄矿井田主要可采煤层位于下二叠统的赵各庄组和大苗庄组，即下二叠统的大苗庄组的5、7、8、9煤层，赵各庄组的11、12、$12_{下}$煤层（表4-11）。

表4-11　范各庄矿井田煤层情况表

地层		煤层					煤层总厚/m	含煤系数/%
组	厚度/m	可采煤层		不可采煤层		煤线		
		层数	名称	层数	名称			
唐家庄组	224.5	/	/	/	/	4	/	/
大苗庄组	61.4	4	5、7、8、9	1	6	2	8.35	13.59
赵各庄组	83.7	3	11、12、$12_{下}$	/	/	2	6.47	7.7
开平组	51.9	/	/	1	14	/	0.8	1.5
唐山组	67.3	/	/	/	/	3	/	/

钱家营矿井田内煤系地层总厚约为420 m，煤层总厚达18.94 m，含煤系数为4.51%。可采煤层共7层，即5、7、8、9、11、12_{-1}和12_{-2}煤层，可采煤层总厚约为15.25 m，含煤系数为3.86%，其中以大苗庄组和赵各庄组最高。主要生产煤层为7、9和12_{-1}煤层。

含煤地层包括唐山组、开平组、赵各庄组、大苗庄组及唐家庄组，主要煤层集中于煤系中部，在各组地层的分布情况见表4-12。

表 4-12 钱家营矿井田煤层情况表

地层		煤层					煤层总厚/m	含煤系数/%
组	厚度/m	可采煤层		不可采煤层		煤线		
		层数	煤层名称	层数	煤层名称			
唐家庄组	220			2	3、4	3	1.18	0.54
大苗庄组	65	4	5、7、8、9	2	6、$6_{1/2}$	1	9.52	14.65
赵各庄组	73	3	11、12_{-1}、12_{-2}	1	$12_{1/2}$	1	5.73	7.85
开平组	62.51			4	13、14_{-1}、14_{-2}、14_{-3}	2	2.42	3.87
唐山组	62					1	0.09	0.15

林西矿井田煤系地层全厚约 500 m。其中含 5、6、7、8、9、11、12、13、14 等煤层，煤层总厚度为 16 m 左右，煤系地层含煤系数为 3.2%。可采煤层为 7、8、9、11、12 煤层，主要分布在下二叠系的大苗庄组和赵各庄组，总厚约为 10.74 m(表 4-13)。开平组含有 13、14 两煤层，其中 13 煤层不可采，14 煤层仅在浅部单斜区域局部可采，大苗庄组还含有 5、6 两个局部可采煤层。

表 4-13 林西矿井田煤层情况表

地层	地层厚度/m	煤层	煤层厚度/m		
			最小	最大	平均
大苗庄组	57.83～95.21	7	0.2	5.49	2.3
		8	0.3	2.9	1.64
		9	1.2	6.13	2.74
赵各庄组	33.55～61.2	11	0.44	2.72	1.25
		12	0.41	8.48	2.81

唐山矿井田煤系地层总厚约 510 m，煤层总厚达 25.40 m，含煤系数为 4.98%。可采与局部可采煤层总厚为 24.02 m，可采含煤系数为 4.71%，主要含煤地层集中分布在大苗庄组和赵各庄组。全井田共有 8 个可采煤层，其中 5、8、9 煤层全井田范围可采，6、12_{-1}、12_{-2}、14 煤层局部可采，12_{-2}煤层在老生产区全部可采，12_{-1}煤层在老生产区及西翼可采，在南翼区、铁二区局部范围可采(表 4-14)。

表 4-14 唐山矿井田煤层情况表

煤层	煤层厚度/m	变化规律
5	0.1～6.17	全井田范围可采，局部因冲刷变薄
6	0.93～1.45	局部可采，除上巷和西翼处可采，其余均不可采
8、9 煤层合区	最大为 15.26 m	结构复杂，不同区域结构不同，煤岩类型在全井田不具可比性
11	平均厚度 0.56 m	结构单一的极不稳定薄煤层

表 4-14(续)

煤层	煤层厚度/m	变化规律
12_{-1}	平均厚度 1.19 m	在西、南翼变化较大，出现不止一次的分叉或尖灭
12_{-2}	平均厚度 2.62 m	局部可采，煤层不稳定，有 2～3 层夹矸
14	1～4	全区可采，为薄至中厚煤层，只有个别孔不可采

二、可采煤层厚度分布特征

开滦矿区各煤层厚度变化及稳定性情况如下：

（一）5 煤层

粉末-鳞片状，以亮煤为主，夹暗煤条带，质软，沥青光泽。一般分两层，上层煤质优于下层，煤中含黄铁矿。煤层厚度为 0～5.02 m，不稳定。在唐山矿、赵各庄矿、钱家营矿和范各庄矿为较稳定至稳定可采煤层，在其他矿为不稳定煤层。

（二）6 煤层

煤层厚度为 0～3.27 m，极不稳定，矿区内局部可采。

（三）7 煤层

块状或粉末状，以亮煤为主，沥青光泽，间夹镜煤及亮煤条带，内生裂隙较发育。有时可见 1～2 层厚度泥岩夹石。煤层厚度为 0～5.63 m，较稳定或稳定，在赵各庄矿、唐山矿、林西矿、吕家坨矿、范各庄矿、钱家营矿及东欢坨矿为稳定主要可采煤层。全区 7 煤层厚度分布见图 4-42。

（四）8 煤层

块状，以亮煤为主，沥青光泽，属光亮型煤。煤层厚度为 0～11.5 m，属稳定可采煤层，除马家沟、唐家庄及荆各庄矿以外，在其他矿均为主要可采煤层。全区 8 煤层厚度分布见图 4-43。

（五）9_{-1}煤层

碎块状、粉末状，以亮、镜煤为主，间夹少量暗煤条带，沥青光泽，属光亮型煤，含 1～4 层泥质夹石，煤层厚度为 0～13.42 m，为矿区稳定的主要可采煤层。但在马家沟矿和荆各庄矿不可采。煤层厚度分布见图 4-44。

（六）9_{-2}煤层

碎块状、粉末状，以亮、镜煤为主，属光亮型煤，含 1～4 层泥质夹石，煤层厚度为 0.95～8.55 m，在马家沟矿和荆各庄矿为稳定的主要可采煤层。煤层厚度分布见图 4-44。

（七）11 煤层

块状，以亮煤为主，夹暗煤层纹，沥青光泽，属光亮型煤。含层状分布的黄铁矿结核。煤层厚度为 0.11～11.97 m，大部分在 2.0 m 以下。林南仓矿煤层厚度较大，为较稳定至稳定的较薄煤层。除唐山矿外，其他矿区内均可对比，但由于煤层较薄，变化于可采与不可采之间。

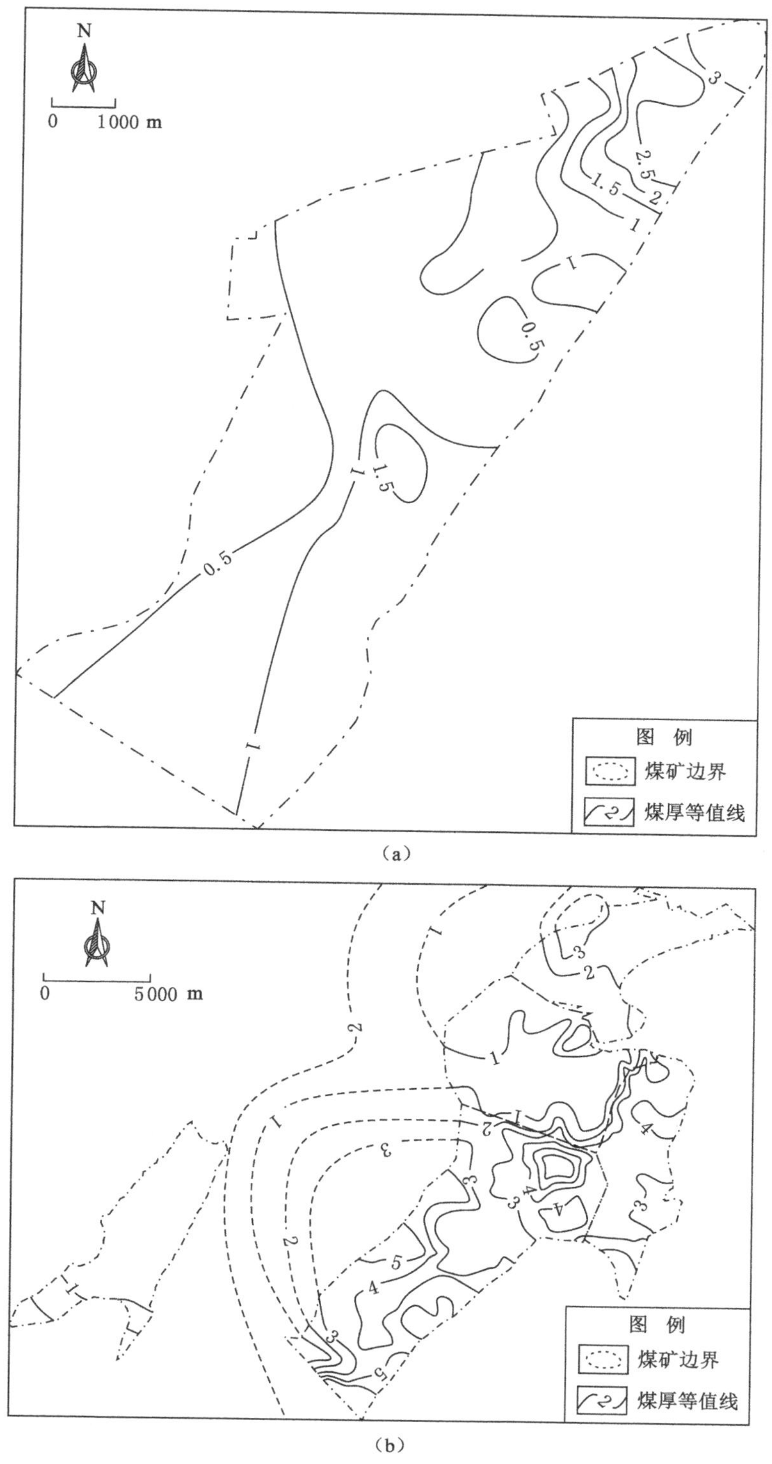

图 4-42　全区 7 煤层厚度分布图

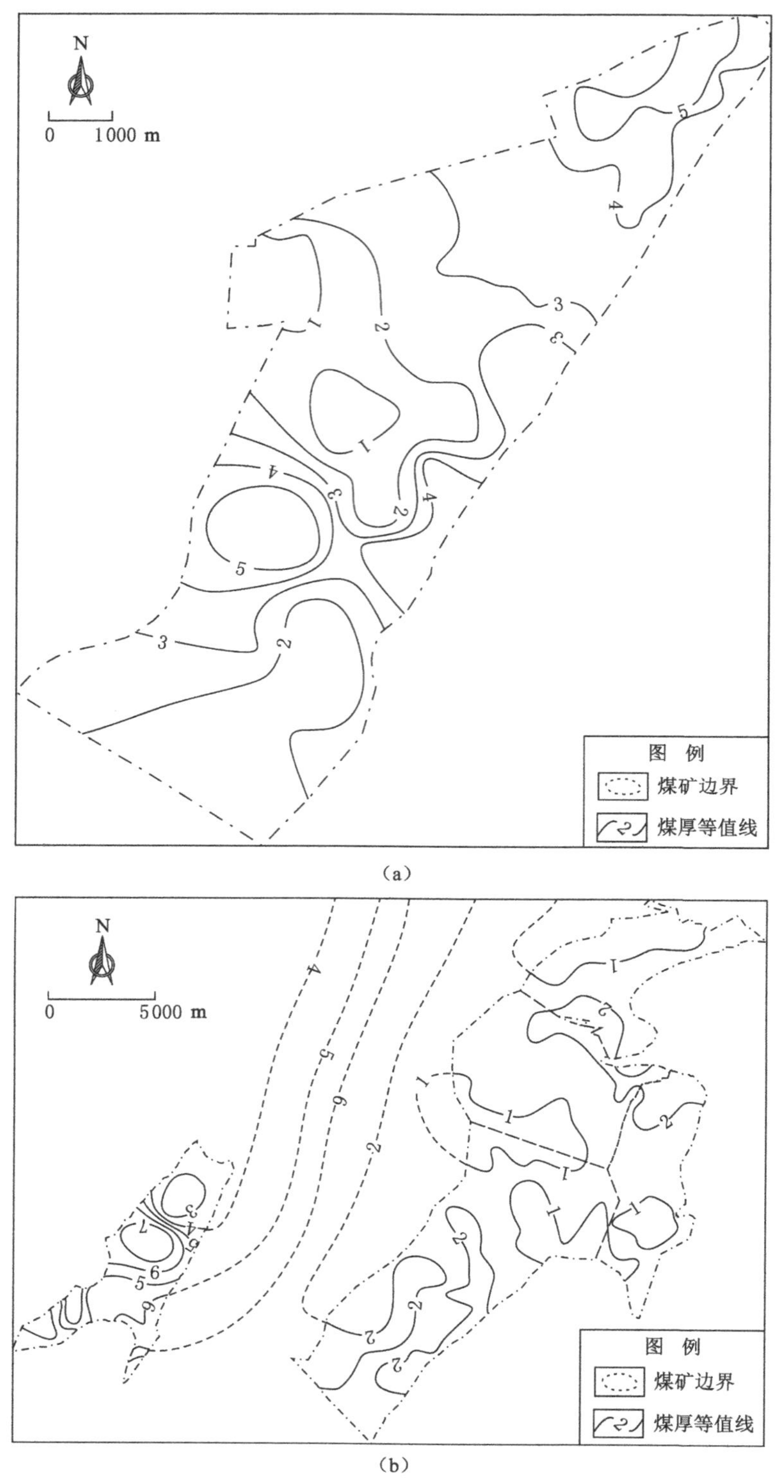

(a)

(b)

图 4-43 全区 8 煤层厚度分布图

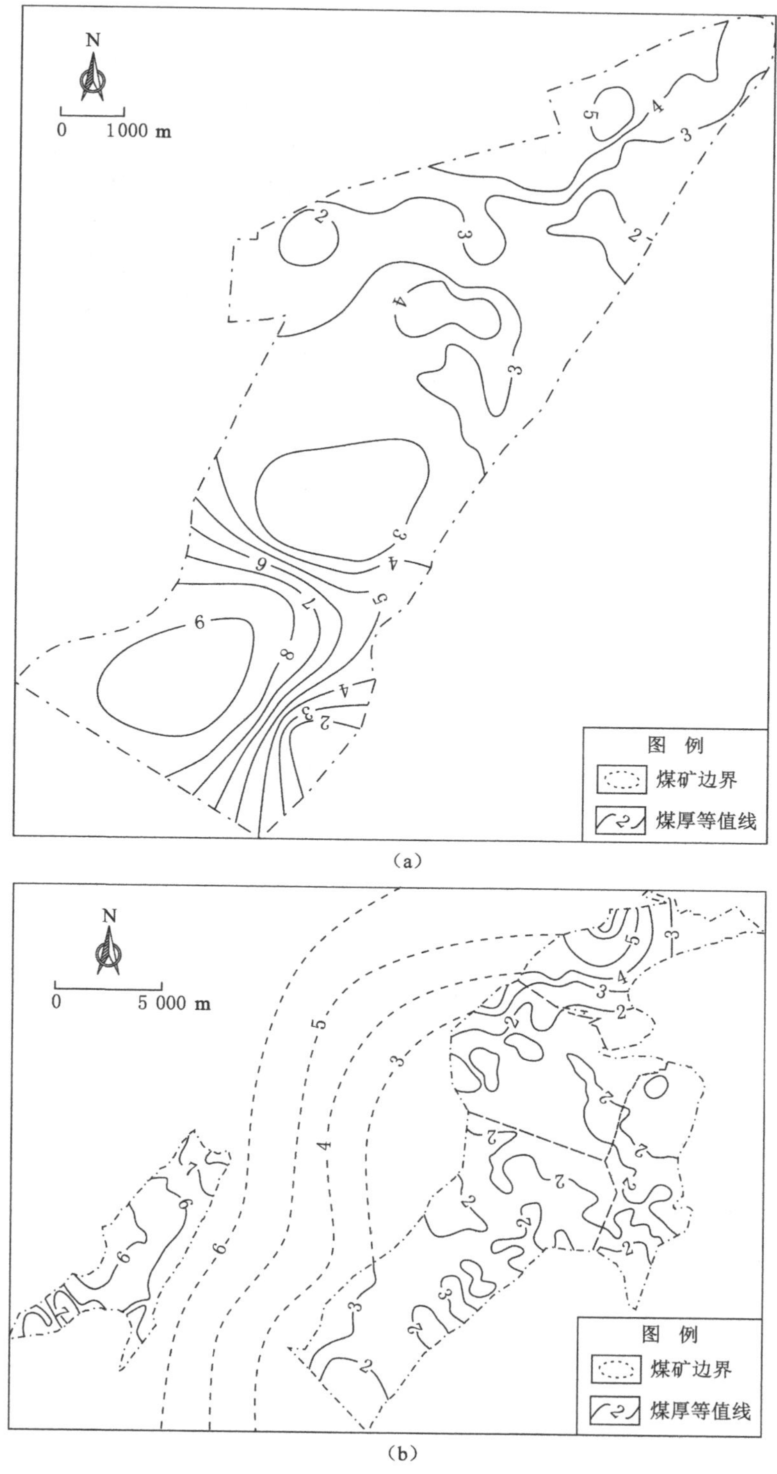

图 4-44 全区 9 煤层厚度分布图

（八）12 煤层

为一稳定的复合煤层，一般夹石 1～3 层，全矿区均可对比。唐山矿顶、底层间距最大达 37.4 m；在向斜西北翼由马家沟矿往东至徐家楼一带通常分叉成顶、底两层；从范各庄矿至钱家营矿一带煤层变厚，构造复杂，在南翼钱家营区域也局部分叉。煤层总厚度为 1.5～19 m，一般为 3～8 m。该煤层在开平向斜西北翼厚而稳定，东南翼薄，构造复杂，南翼厚度变化较大。煤层顶板为腐泥质页岩，为开滦矿区主要的标志层。其中，12_{-1}煤层：层状、粉末状或碎块状，有时可见 1～3 层碳质页岩夹石，煤层厚度为 0～9.19 m，一般为 1～2 m；矿区内全部可采，大部分区域与 12_{-2}煤层合层，为矿区稳定的主要可采煤层。12_{-2}煤层：块状，以亮、镜煤为主，间夹少量暗煤条带，沥青光泽，内生裂隙发育；分区煤层厚度为 0～11.58 m，一般为 2～5 m；为矿区稳定的主要可采煤层。煤层厚度分布见图 4-45 和图 4-46。

（九）$12_{1/2}$煤层

煤层厚度较薄，为 0～3.15 m，一般为 0.4～1.5 m，区内分布不稳定，大部分区域不可采，仅东欢坨井田及范各庄区域局部可采。

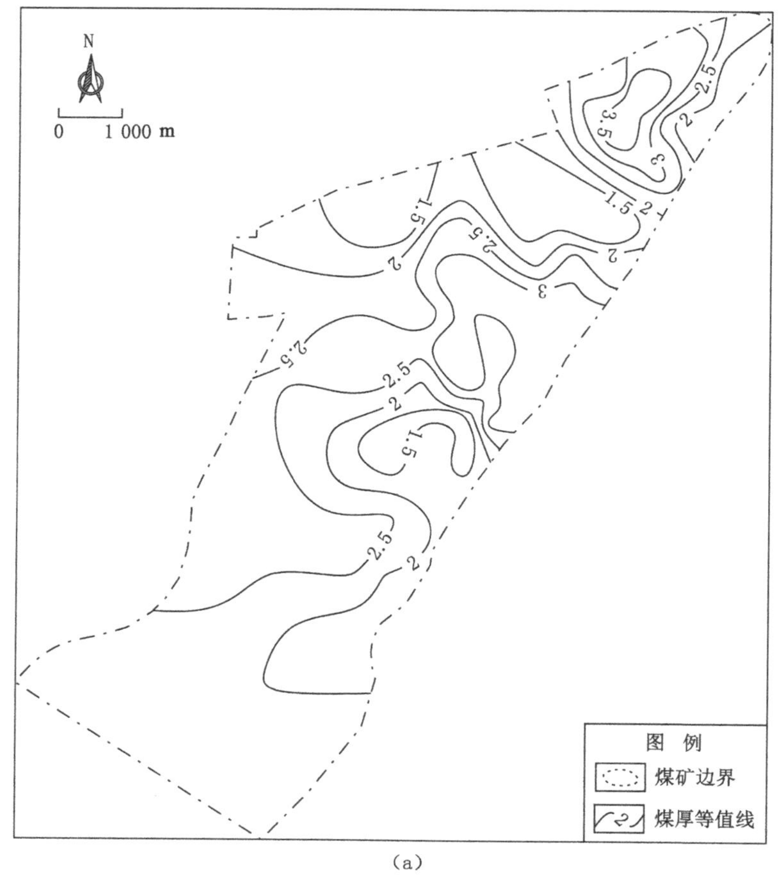

(a)

图 4-45　全区 12_{-1}煤层厚度分布图

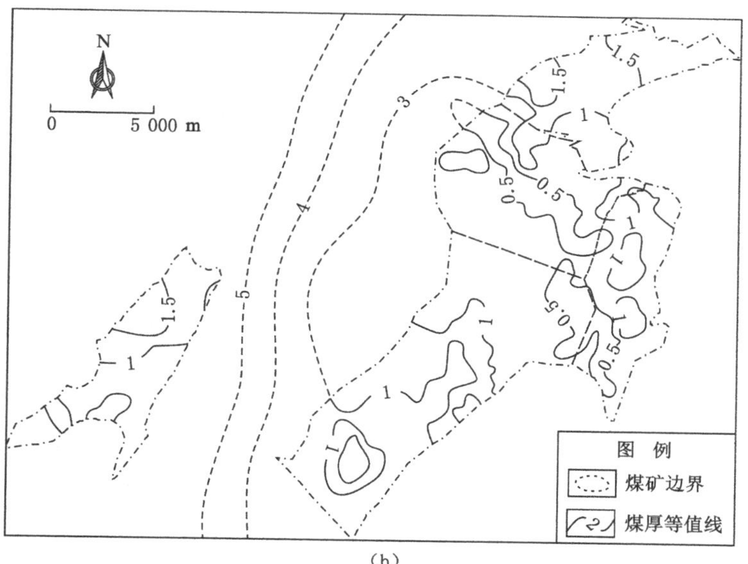

(b)

图 4-45(续)

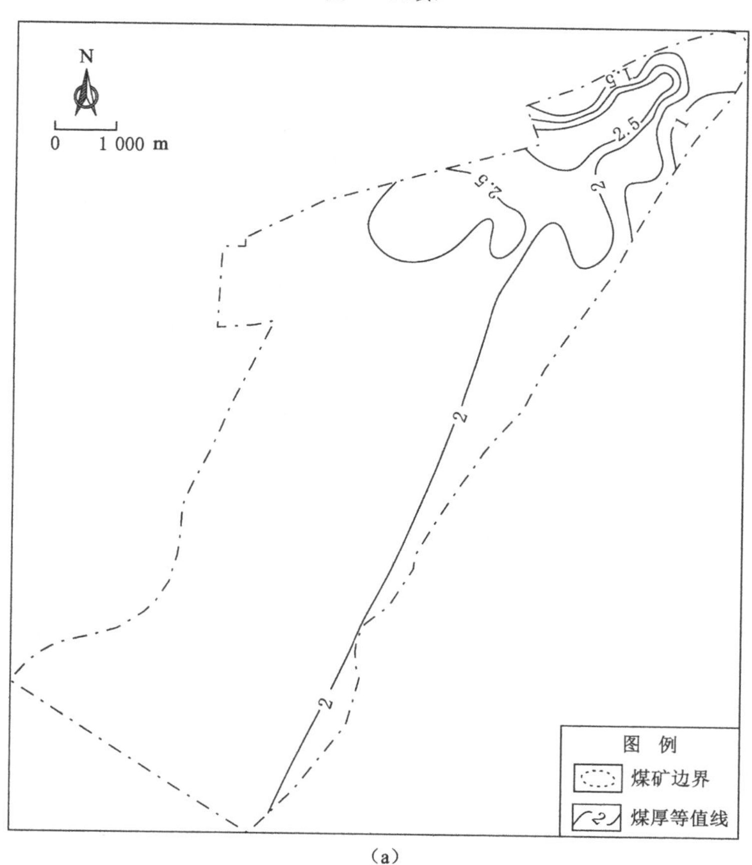

(a)

图 4-46　全区 12_{-2}煤层厚度分布图

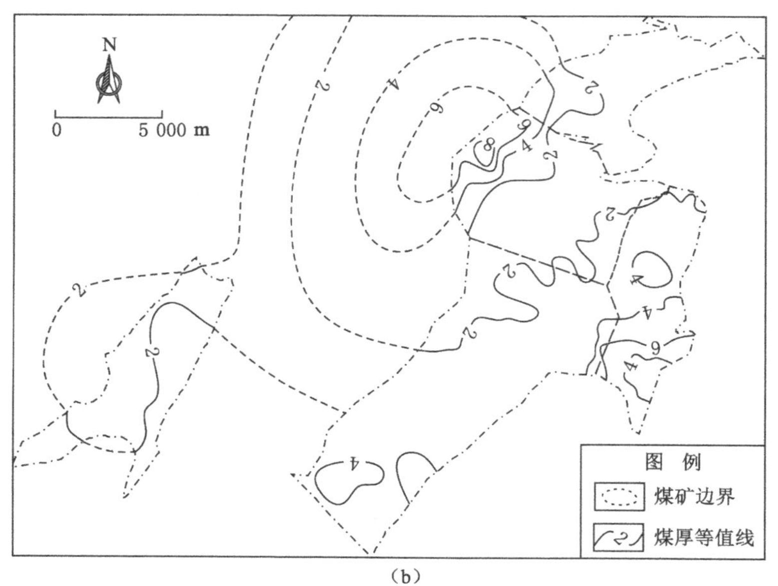

(b)

图 4-46(续)

根据全区的煤层厚度分布图可以看出,钱家营矿7煤层厚度明显大于其他矿区,其次是范各庄矿、林西矿、吕家坨矿,唐山矿的7煤层厚度集中在1～2 m,东欢坨矿7煤层厚度较大的区域主要在矿区的东北部。唐山矿和东欢坨矿的8煤层厚度明显大于其余四矿,唐山矿中部区域、东欢坨矿中部区域和东北部区域的8煤层厚度较大,吕家坨矿、钱家营矿、范各庄矿和林西矿的8煤层厚度分布较均匀。

全区9煤层分布规律与8煤层较为相似,唐山矿整体9煤层厚度较大,东欢坨矿西南区域具有厚度较大的9煤层,吕家坨矿、钱家营矿、林西矿和范各庄矿的9煤层厚度较为一致,其中林西矿西北部区域的9煤层厚度相对较大。11煤层在全区分布较为均匀,但整体厚度较薄,每个矿区都有煤层厚度相对较大的区域。12煤层厚度较大的区域集中分布在范各庄矿的南部、林西矿和吕家坨矿交界处以及东欢坨矿的中部和东北部,其他区域的煤层厚度较薄。

三、各矿区可采煤层厚度分布特征

(一)东欢坨矿

5煤层:该煤层赋存于大苗庄组,厚度0.19～2.54 m,平均1.29 m,为薄煤层;单一煤层为主,偶有一层夹矸,结构较简单;顶板主要由中厚层状粉砂岩组成;与下伏7煤层的间距为14.64～48.39 m,平均26.01 m。5煤层可采性指数 K_m 为0.77,煤厚变异系数 γ 为51%,全区局部可采,为不稳定煤层。煤层厚度分布见图4-47。

7煤层:该煤层赋存于大苗庄组,厚度0.16～3.99 m,平均1.2 m,为薄煤层;单一煤层为主,局部有1～3层夹矸,结构复杂;底板多见砾状黏土岩,硫分含量低于上层煤;与下伏8煤层的间距为5.74～35.85 m,平均19.14 m。7煤层可采性指数 K_m 为0.64,煤厚变异系数 γ 为78%,全区大部分可采,7煤层为不稳定煤层。煤层厚度分布见图4-48。

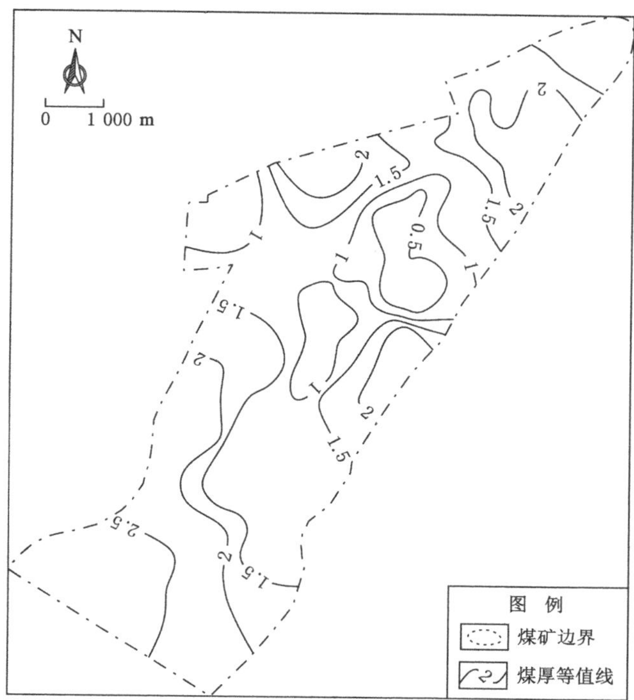

图 4-47　东欢坨矿 5 煤层厚度分布图

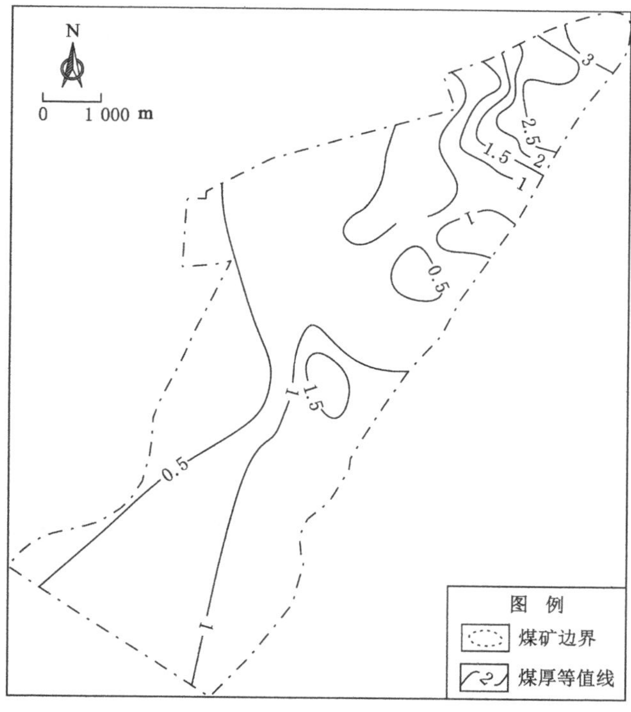

图 4-48　东欢坨矿 7 煤层厚度分布图

8 煤层：该煤层赋存于大苗庄组，厚度 0.37～7.47 m，平均 3.52 m，为厚煤层；单一煤层为主，局部有 2～4 层夹矸，结构复杂；顶板上有一层灰白色易松散的砂岩（沉凝灰岩），对煤层瓦斯赋存具有较好的封闭性。与下伏 9 煤层的间距为 0.14～24.9 m，平均 6.47 m。8 煤层可采性指数 K_m 为 0.98，煤厚变异系数 γ 为 46%，基本全区可采，为较稳定煤层。煤层厚度分布见图 4-49。

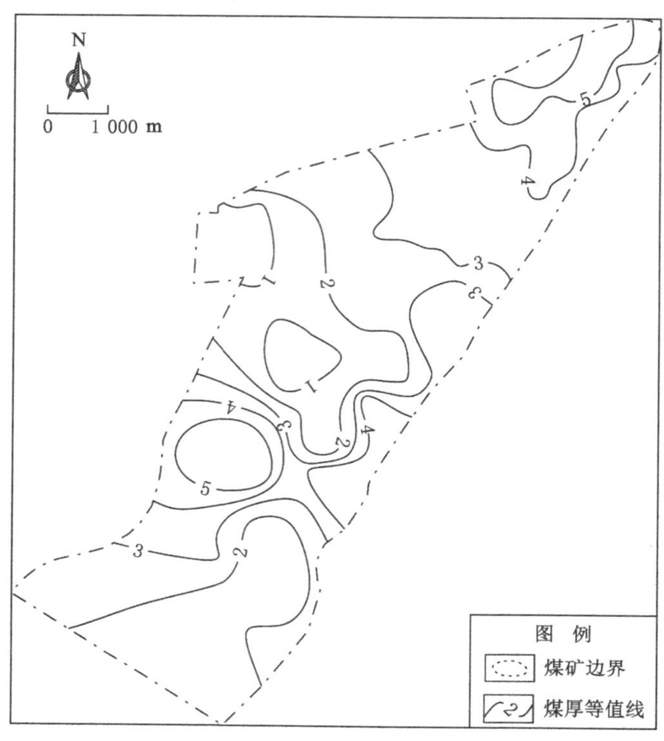

图 4-49 东欢坨矿 8 煤层厚度分布图

9 煤层：该煤层赋存于大苗庄组，厚度 0.34～9.15 m，平均 3.41 m，为厚煤层；单一煤层为主，局部有 2～5 层夹矸，结构复杂；顶板上有一层灰白色易松散的砂岩（沉凝灰岩）。与下伏 11 煤层的间距为 2.63～18.77 m，平均 9.62 m。9 煤层可采性指数 K_m 为 0.97，煤厚变异系数 γ 为 49%，基本全区可采，为较稳定煤层。煤层厚度分布见图 4-50。

11 煤层：该煤层赋存于赵各庄组，厚度 0.25～4.45 m，平均 1.94 m，为中厚煤层，硫分含量高于上两个煤层；单一煤层为主，局部含 1～2 层夹矸，结构较复杂；具有腐泥质黏土岩伪顶，部分见动物化石。与下伏 12_{-1}煤层的间距为 2.13～20.65 m，平均 11.16 m。可采性指数 K_m 为 0.97，煤厚变异系数 γ 为 32%，基本全区可采，为较稳定煤层。煤层厚度分布见图 4-51。

12_{-1}煤层：该煤层赋存于赵各庄组，厚度 0.5～5.48 m，平均 2.38 m，为中厚煤层；单一煤层为主，局部含 1 层夹矸，与上层煤间距小，而与下层煤间距大，结构较简单；与下伏 12_{-2}煤层的间距为 12.82～51.08 m，平均 25.9 m。12_{-1}煤层可采性指数 K_m 为 0.97，煤厚变异系数 γ 为 38%，基本全区可采，为较稳定煤层。煤层厚度分布见图 4-52。

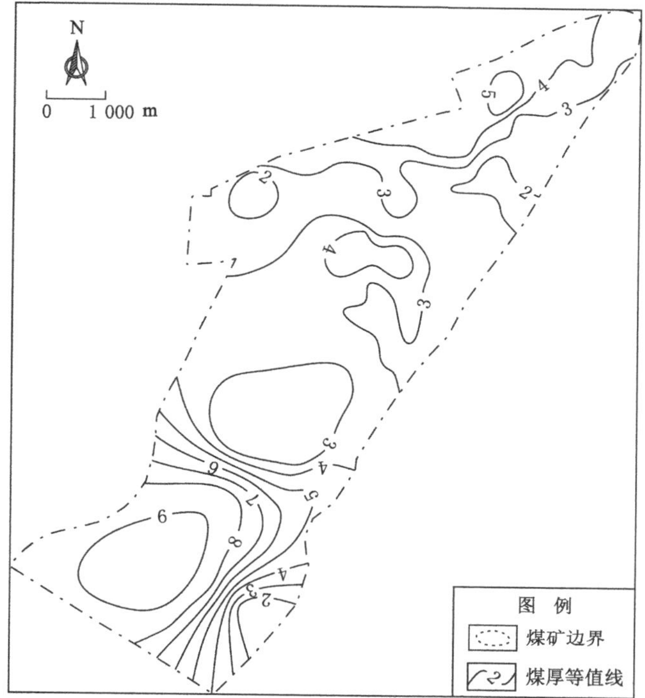

图 4-50　东欢坨矿 9 煤层厚度分布图

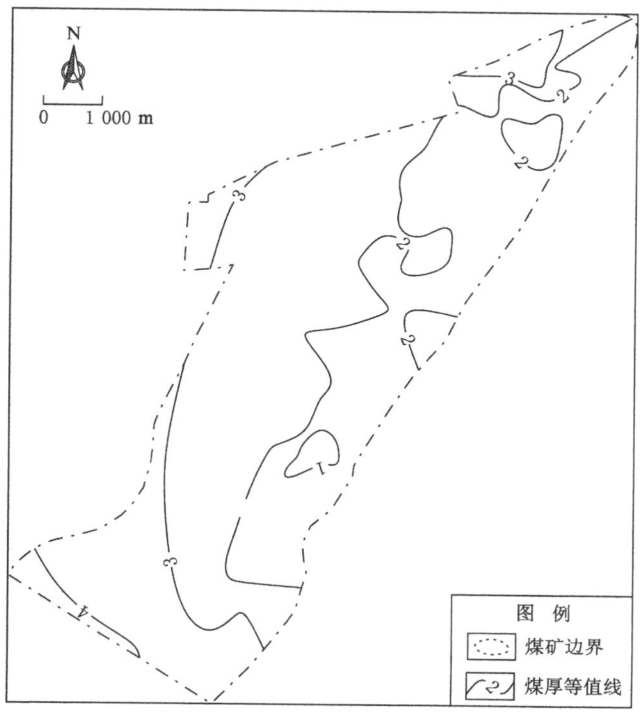

图 4-51　东欢坨矿 11 煤层厚度分布图

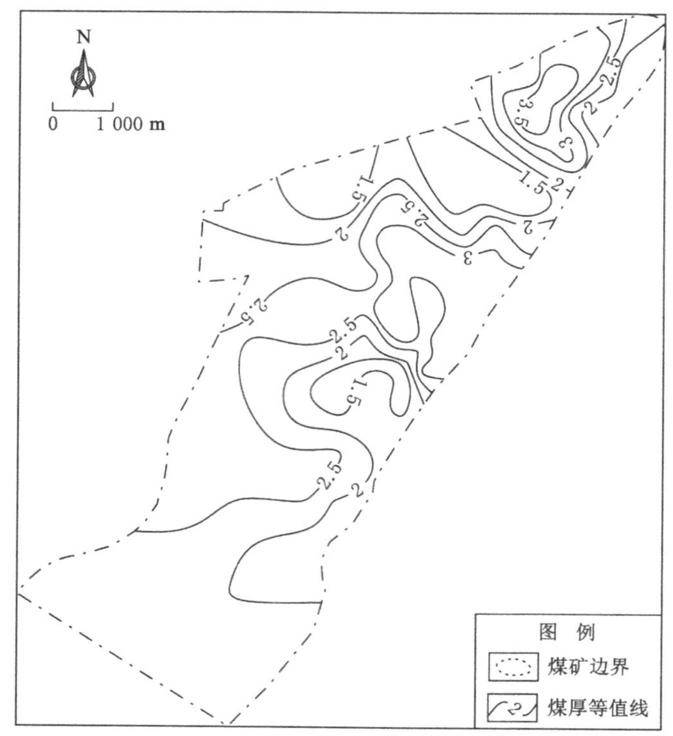

图 4-52 东欢坨矿 12_{-1}煤层厚度分布图

12_{-2}煤层：该煤层赋存于赵各庄组，厚度 0.2～5.45 m，平均 1.93 m，为中厚煤层；含 2～5 层夹矸，夹矸层数多，厚度变化大，与上、下煤层间距均较大，硫分含量低于上、下几个煤层，结构复杂。与下伏 $12_{下}$ 煤层的间距为 5.69～47.16 m，平均 22.58 m。12_{-2}煤层可采性指数 K_m 为 0.94，煤厚变异系数 γ 为 37%，基本全区可采，为较稳定煤层。煤层厚度分布见图 4-53。

$12_{下}$煤层：该煤层赋存于赵各庄组，厚度 0.44～3.72 m，平均 1.07 m，为薄煤层；单一煤层为主，偶有一层夹矸，硫分含量高于上、下几个煤层，结构较简单；底板为 K_6 石灰岩（赵各庄灰岩）。与下伏 14_{-1}煤层的间距为 8.19～34.46 m，平均 11.75 m。可采性指数 K_m 为0.97，煤厚变异系数 γ 为 34%，基本全区可采，为稳定煤层。煤层厚度分布见图 4-54。

14_{-1}煤层：该煤层赋存于石炭系上统开平组，厚度 0.21～3.37 m，平均 1.61 m，为中厚煤层；少数单一煤层，有 1～3 层夹矸，煤系中最下一个可采煤层，结构复杂。直接顶为 K_5 石灰岩。可采性指数 K_m 为 0.83，煤厚变异系数 γ 为 53%，全区大部分可采，为不稳定煤层。煤层厚度分布见图 4-55。

东欢坨矿各可采煤层的最大、最小、平均煤厚取自地面见煤钻孔和相邻井下工程见煤厚度的算术平均值。各可采煤层厚度、层间距、结构等见表 4-15。

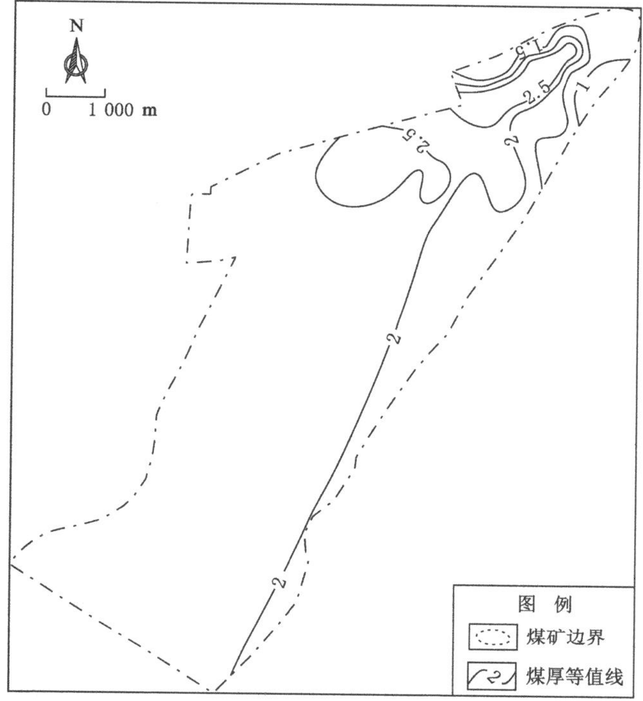

图 4-53　东欢坨矿 12_{-2}煤层厚度分布图

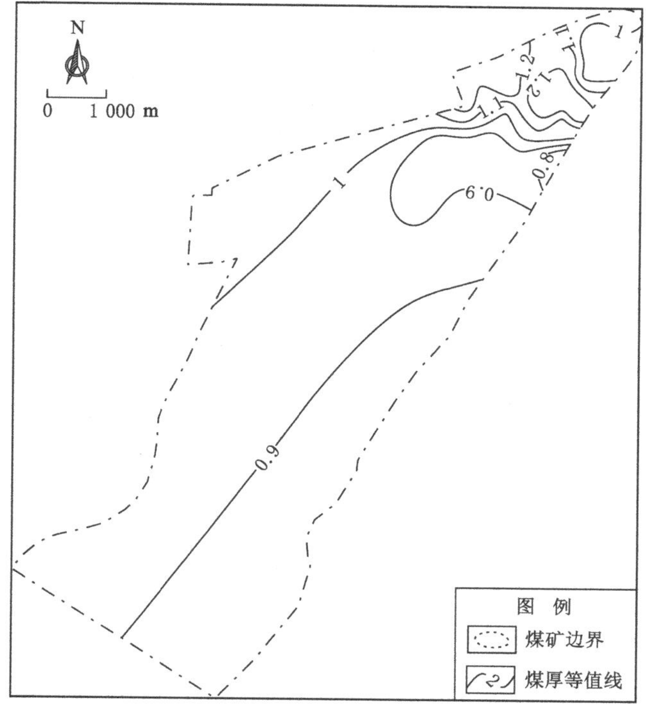

图 4-54　东欢坨矿 $12_{下}$煤层厚度分布图

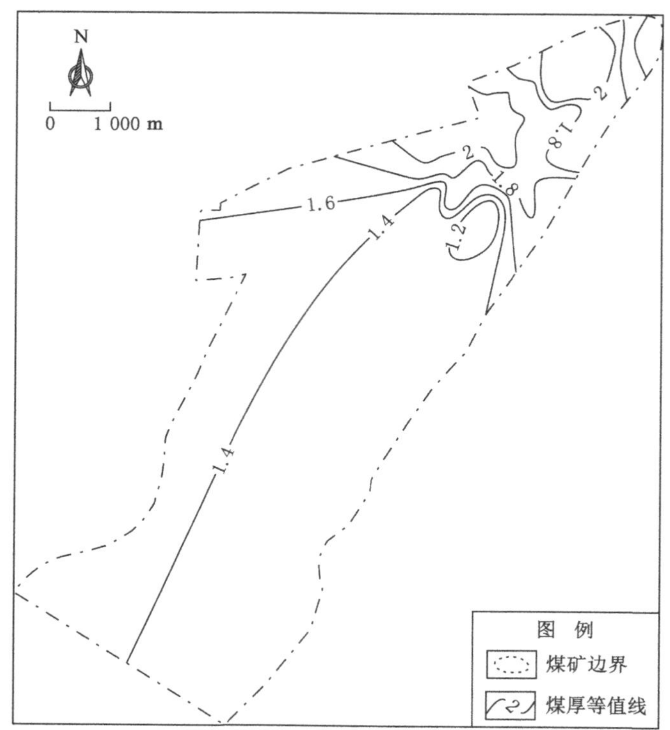

图 4-55 东欢坨矿 14_{-1}煤层厚度分布图

表 4-15 东欢坨矿可采煤层厚度、层间距、结构一览表

煤层编号	煤层厚度/m 最小～最大 平均值(个数)	层间距/m 最小～最大 平均值	结构	夹石
5	0.19～2.54 1.29(70)		较简单	0～1 层
		14.64～48.39 26.01		
7	0.16～3.99 1.2(77)		复杂	1～3 层
		5.74～35.85 19.14		
8	0.37～7.47 3.52(96)		复杂	2～4 层
		0.14～24.90 6.47		
9	0.34～9.15 3.41(106)		复杂	2～5 层
		2.63～18.77 9.62		
11	0.25～4.45 1.94(109)		较复杂	1～2 层
		2.13～20.65 11.16		
12_{-1}	0.50～5.48 2.38(111)		较简单	0～1 层
		12.82～51.08 25.90		
12_{-2}	0.20～5.45 1.93(99)		复杂	2～5 层
		5.69～47.16 22.58		
$12_{下}$	0.44～3.72 1.07(113)		较简单	0～1 层
		8.09～34.46 11.75		
14_{-1}	0.21～3.37 1.61(93)		复杂	1～3 层

（二）吕家坨矿

吕家坨矿煤层自上至下大体可以划分为5个含煤层组：

① 上部煤线组：5煤层以上各个煤层，皆为极不稳定的不可采煤层。

② 中上部薄煤层组：包括5、6、6_{-1}煤层，其中5煤层为不稳定的局部可采煤层，6煤层、6_{-1}煤层为不稳定的不可采煤层。

③ 中部中厚及厚煤层组：包括7、8、9、11、12煤层，其中7煤层为稳定的可采煤层，8、9煤层为较稳定的可采煤层；11、12煤层为极不较稳定的局部可采煤层。

④ 中下部薄煤层组：包括12_{-2}、$12_{下}$和14煤层等，均为不稳定的不可采煤层。

⑤ 下部煤线组：包括15、16、17煤层，均为不稳定和极不稳定的不可采煤层。

吕家坨矿各煤层的赋存特征及其变化特点分述如下。

5煤层：局部可采煤层，常含夹矸1～2层。最大厚度2.52 m，最小厚度0.06 m，平均厚度0.92 m。有两块不可采区域，大致呈"L"形展布于井田的中部到北部以及中部到东部，其中北部不可采区域都分布于井田的深部，面积较小，中东部不可采区域位于矿井浅部，面积最大，约占井田面积的1/4；在可采区，大部分区域为薄煤层，在井田西北部、东北部及东南部有三块中厚煤层分布区，厚度一般在1.0～2.3 m之间。此外，在井田中央有一较大面积的岩浆岩岩床侵入区，残余煤厚仅0.2～0.3 m，局部侵蚀全部煤层。5煤层采用见煤点167个，有64个不可采点，可采性指数为0.62，煤厚变异系数为57%。煤层厚度分布见图4-56。

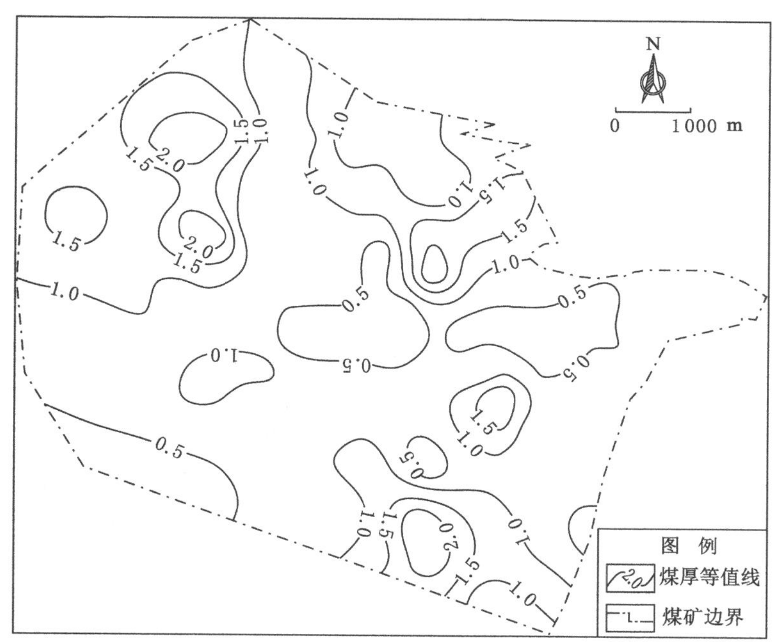

图4-56　吕家坨矿5煤层厚度分布图

7煤层：全区可采煤层，煤厚一般在3.0～4.0 m之间变化，最大厚度7.17 m，最小厚度0.77 m，平均3.57 m。西部煤层较厚，在4.0～6.0 m之间，中部煤层相对较薄，分布在1.0～3.0 m之间，井田东北部吕林边界附近煤层较薄，局部煤厚小于1 m。在此区域，煤层顶板多为中砂岩或粗砂岩，分析可能受冲刷作用的影响，煤层厚度变薄；在 4176、5172、5174 工作面及其下部区域由于原始沉积缺失和原生冲刷作用，形成了一条宽约 60 m、呈南北走向的薄煤带，使采掘工程施工困难，钱 76 号孔煤厚偏大，结合邻近资料，作为异常点考虑。另外－600 m 水平二采四中及以北区域岩浆岩床发育，侵入面积达 0.587 5 km^2，吞蚀部分煤层或使煤层部分变质为天然焦，残余煤厚 1.0～1.5 m，甚至个别点不可采。7 煤层常含夹石 1～2 层。见煤点 178 个，无不可采异常点，可采性指数为 1，煤厚变异系数为 30%。煤层厚度分布见图 4-57。

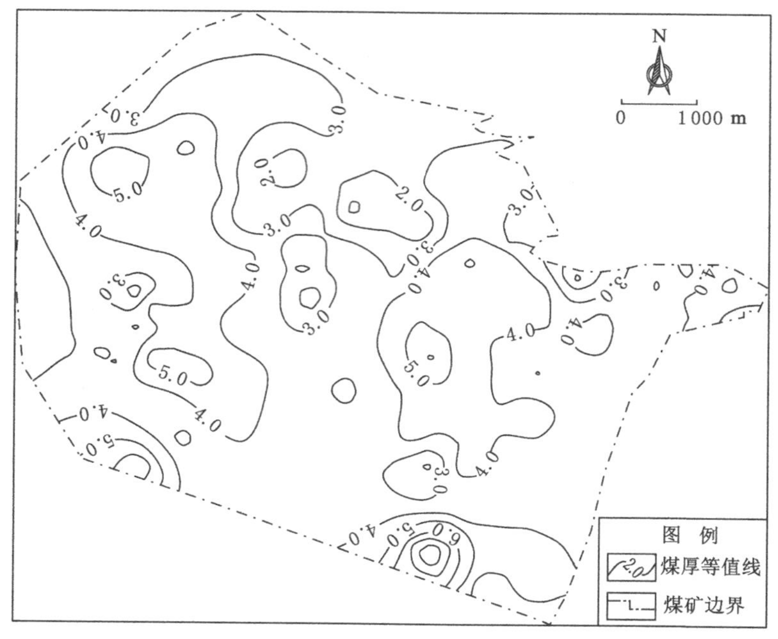

图 4-57　吕家坨矿 7 煤层厚度分布图

8 煤层：除西南局部区域外，基本为全区可采煤层，煤厚最大 3.93 m，最小 0.25 m，平均 1.65 m。在吕家坨背斜浅部及深部煤层厚度较大，一般在 2.0 m 以上；在主、副井以南与钱家营井田相邻区域，一般在 1.0 m 以下，甚至个别地点不可采；其他区域煤层厚度一般在 1.3～2.0 m 之间。在－600 m 水平西三角区域个别地点曾见岩浆岩侵入，综合－600 m 水平二采四中及以北区域 7 煤层岩浆岩床侵入资料分析，预计 8 煤层局部岩浆岩床发育，将会给采掘施工带来极大困难。采用 8 煤层见煤点 177 个，有 14 个不可采点，可采性指数为 0.92，煤厚变异系数为 37%。煤层厚度分布见图 4-58。

9 煤层：基本为全区可采煤层，煤厚最大 6.61 m，最小 0.26 m，平均 1.88 m。在井田东南区域，煤厚多在 1.2 m 以下，其中 49 号钻孔仅为 0.3 m；井田的西北及东部区域煤层较厚，大多在 1.8 m 以上，37 孔达到 4.04 m；其余区域煤厚一般在 1.5～2.0 m 之间变化，在矿区北侧的 803 孔，煤厚达 3.49 m，而在其东侧邻近的 802 孔，煤厚仅为 0.7 m，推测可能为断层所致。在－600 m 水平西三角附近有岩浆岩侵入，但规模较小，对煤层破坏程度较低。采用 9 煤层见煤点 177 个，有 7 个不可采点，可采性指数为 0.96，煤厚变异系数为 48%。煤层厚度分布见图 4-59。

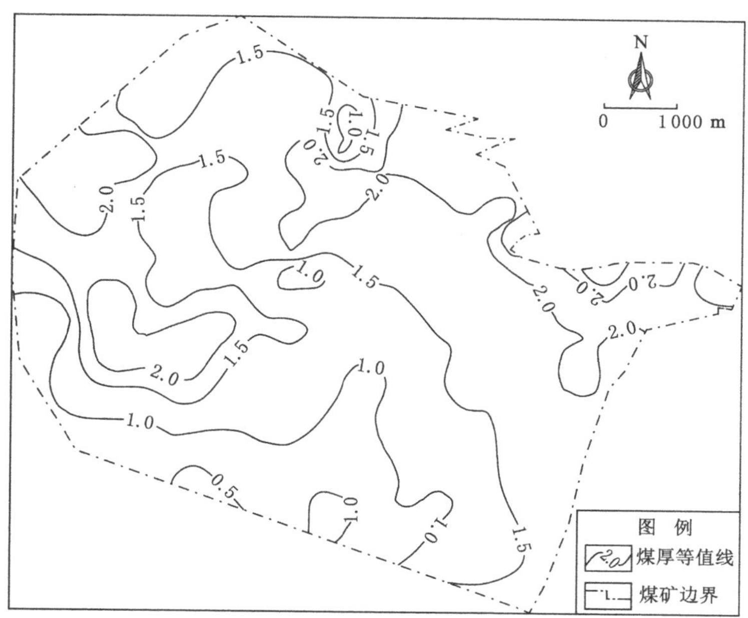

图 4-58 吕家坨矿 8 煤层厚度分布图

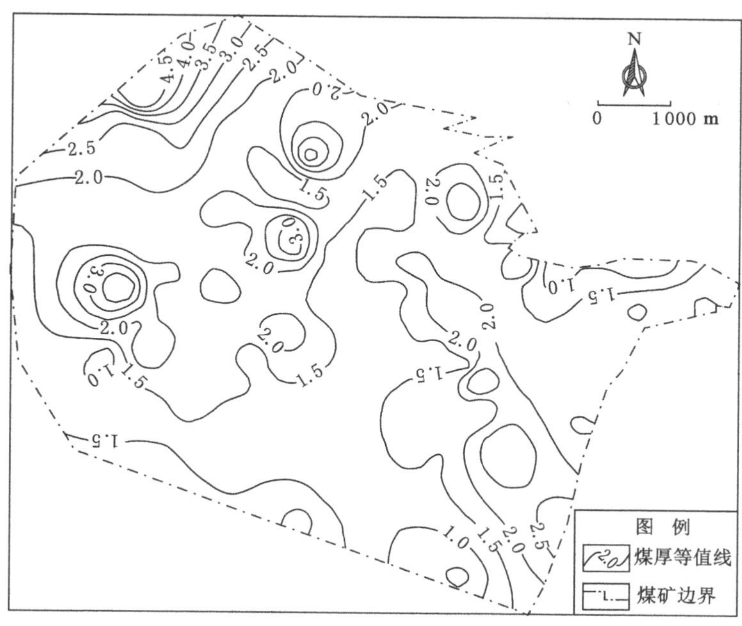

图 4-59 吕家坨矿 9 煤层厚度分布图

11 煤层：井田内局部可采煤层，最大厚度出现在井田西北侧的吕 30 孔，见煤厚度为 2.54 m，井田煤层均厚 0.74 m。在井田北部、南部、西部及东部有四块可采区域，煤层厚度在 1.0～1.7 m，其被延伸 NW—SE 向和 NE—NW 向的两条薄煤带围限，约占井田面积的 1/2。11 煤层可采见煤点 168 个，其中不可采点 84 个，可采性指数为 0.50，煤厚变异系数为

54%。煤层厚度分布见图 4-60。

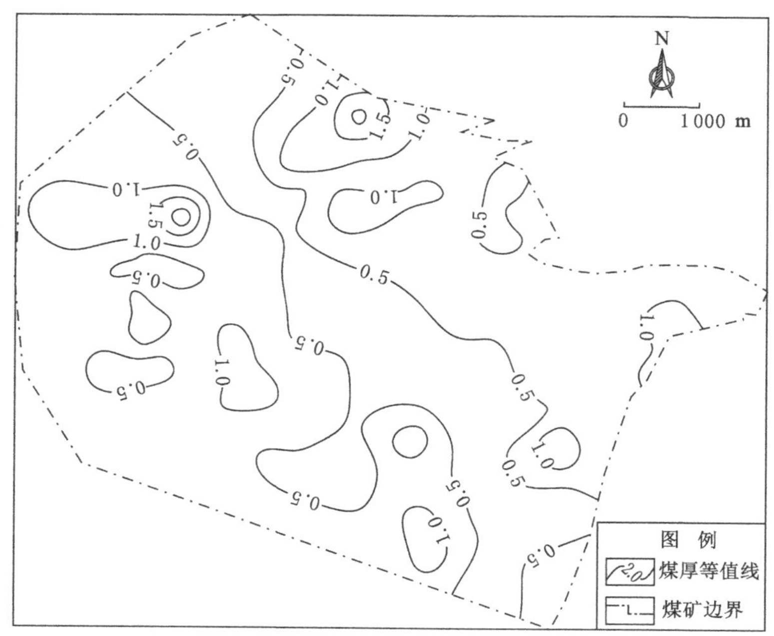

图 4-60 吕家坨矿 11 煤层厚度分布图

12 煤层：局部可采煤层，最大厚度出现在井田西北侧的注 3 孔，见煤厚度为 16.55 m，井田煤层均厚 2.20 m(图 4-61)。不可采区域主要分布在井田中央。井田煤厚沿吕 14—吕

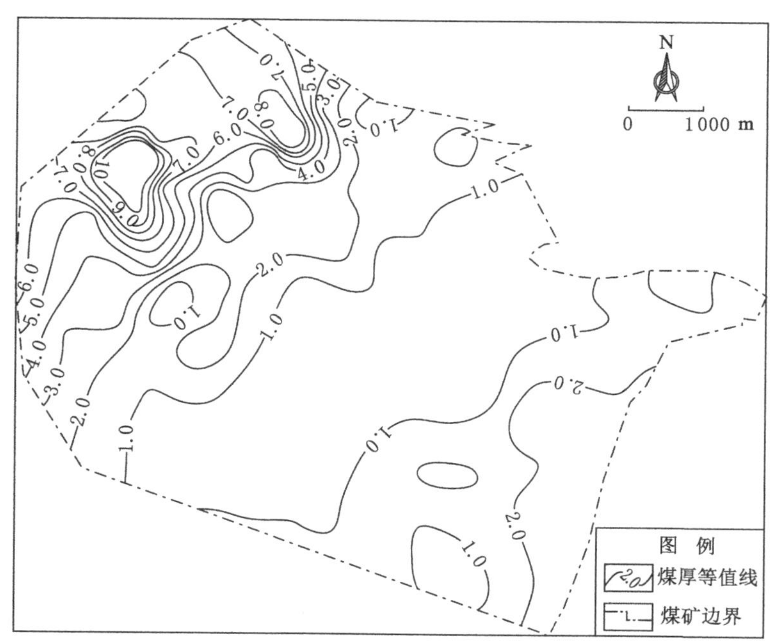

图 4-61 吕家坨矿 12 煤层厚度分布图

补 22 一线向西北侧煤厚迅速增大，一般在 4.5 m 以上，最厚可达 12.59 m。东南部煤层也相对较厚，最厚可达 2.98 m，因此在中深部 12 煤层为主采煤层。12 煤层一般为复杂结构煤层，常含夹石 1～2 层。12 煤层和 12 煤层底区在井田东翼局部合为一层，大多分为两层。由于 12 煤层以下煤层的层数、间距、岩性变化较大，因此 12 煤层底区层位对比还有待进一步完善。此外，吕家坨复背斜部发育有一面积 1.9 km^2 的岩浆岩岩床，使煤层变薄且结构复杂化，甚至造成不可采区域。采用 12 煤层见煤点 174 个，其中不可采点 41 个，可采性指数为 0.76，煤厚变异系数为 108%。

吕家坨矿各煤层的肉眼鉴别特征、结构和夹石的层数、厚度、岩性及其对回采的影响见表 4-16。

（三）范各庄矿

范各庄井田主要可采煤层位于下二叠统的赵各庄组和大苗庄组，即下二叠统的大苗庄组的 5、7、8、9 煤层，赵各庄组的 11、12、$12_下$ 煤层。井田内的 6 层可采煤层及 1 层局部可采煤层的结构、厚度及其变化规律如下：

5 煤层：简单结构煤层，煤厚 0～2.71 m，平均 1.04 m，厚度变化尚有规律，西北较薄，东南较厚。在北翼塔坨向斜区除一水平北一采区局部可采外，其余均不可采。毕各庄向斜区除在南八剖面以南受大型断裂构造影响外，其余均在可采范围，但是经钻孔分析，煤层厚度变化较大，为较稳定煤层。煤层厚度分布见图 4-62(a)。

煤岩类型以光亮型煤为主，间夹半亮型煤。内生节理发育，性脆，煤的坚固性系数为 0.3～0.5，密度为 1.36 g/cm^3。5 煤层与下伏 6 煤层的间距为 8～10 m，与 7 煤层的间距为 29～43 m，平均为 32.2 m，由北往南逐渐变薄。

7 煤层：复杂结构厚煤层。煤厚 0.53～6.16 m，平均 3.38 m。煤层中夹有 2～3 层碳质成分含量很高的粉砂岩夹矸（俗称老碴），中间一层厚度较大，约 0.4 m，广泛发育、比较稳定。煤层厚度中部单斜区厚度最大，总体由北往南逐渐变薄。在毕区 S7 剖面以南煤层厚度多在 3.0 m 以下，且受到 F_4～F_{12} 大型断裂构造带的影响。煤层厚度分布见图 4-62(b)。

煤岩类型以半亮型和半暗淡型煤为主，中间夹 1～2 层暗淡型煤，底部为光亮型煤。煤层中节理裂隙发育，棱角状断口。煤的坚固性系数为 0.4～0.9，密度为 1.57 g/cm^3。7 煤层与下部 8 煤层间距变化较大，间距 0～15 m。在井口区 7、8 煤层合群，往南间距逐渐增大，在井田北翼 7、8 煤层间距为 0.3～0.5 m。

8 煤层：简单结构中厚煤层，南四石门以北煤层厚度 0～3.78 m，平均 1.73 m，煤层顶部为厚 0.3～0.6 m 的劣质煤。南三与南四石门之间，煤层厚度变化较大，出现小范围无煤区。南四石门至整个毕各庄区域，除局部有煤呈孤岛状赋存外，其余全部为无煤区。煤层厚度分布见图 4-62(c)。

煤岩类型以光亮型和半光亮型煤为主，中间夹有透镜状的半暗淡型煤，煤层内生节理发育。煤的坚固性系数为 0.3～0.8，密度为 1.56 g/cm^3。与下伏 9 煤层间距为 6.3～20.5 m，平均为 9.3 m。

表 4-16　吕家坨矿煤层肉眼鉴别特征和结构特征一览表

煤层	肉眼鉴别特征	煤层结构					变化情况
		类型	夹石层数	夹石厚度/m	夹石岩性	对回采的影响	
5	深黑色，强玻璃光泽；以亮煤为主，条带状或透镜状构造，质软性脆	复杂	0～2	0.2～0.6	软泥岩或细粉砂岩	随煤采出，使原煤灰分增高，夹石较厚时，增加回采的难度	一般含一层夹石，而且多为松软的泥岩，夹石厚时多为粉砂岩
7	深黑色，玻璃光泽；以暗煤为主，底部有1 m左右的亮煤，条带状或层状构造，硬度较大	复杂	0～4	0.1～0.8	含炭泥岩或粉砂岩	随煤一起采出，增加原煤灰分	一般含两层夹石，相对来说东部不稳定，西部稳定且厚度大
8	深黑色，具强玻璃光泽；以亮煤、镜煤为主，次为暗煤，条带状构造，硬度中等	简单	一般无				一般不含夹石，但在二采四中区域常含一层0.05 m的碳质泥岩
9	黑色，玻璃光泽，半亮-光亮型，以亮煤和镜煤为主，次为暗煤，条带状、透镜状及层状构造，硬度中等-硬	复杂	0～2	0.1～0.3	碳质泥岩、深灰色粉砂岩	随煤一起采出，增加原煤灰分，夹石较厚时，回采难度加大	一般含一层夹石，而且较为稳定，仅局部为两层，且间距较近
11	黑色，具光亮的玻璃光泽，以亮煤为主，条带状或透镜状构造，质软，常呈碎块状	简单	一般无				一般不含夹石，含夹石时一般厚度较大，且多为含根化石的粉砂岩
12	黑色，具光亮的玻璃光泽，以亮煤和暗煤为主，条带状、透镜状及层状构造，硬度中等	复杂	0～3	0.2～2.0	泥岩或粉砂岩常含黄铁矿	造成原煤灰分增加，甚至导致分层开采	东部夹石层数多，占煤厚比例大，而西部恰好相反

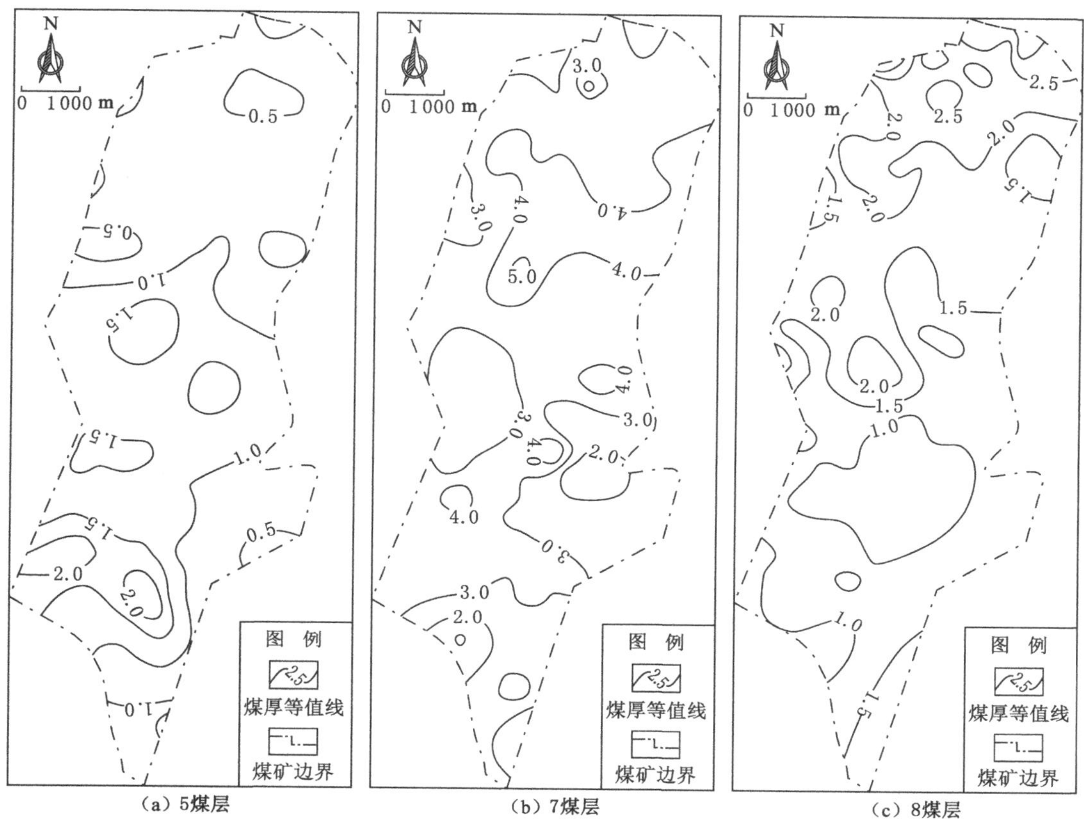

(a) 5煤层 (b) 7煤层 (c) 8煤层

图 4-62 范各庄矿煤层厚度分布图

9 煤层:复杂结构中厚煤层。煤厚 0.13~3.90 m,平均 1.81 m。含有 1~2 层泥岩、粉砂岩夹石,夹石分布广泛,变化较大,由北往南逐渐增厚,由 0.1 m 至 0.9 m。在南二至南三石门,夹石厚达 0.9 m,将煤层分为两层。9 煤层厚度的变化较大,多是由煤层底板起伏变化较大和煤层顶板小型断层比较发育造成的。煤层厚度分布见图 4-63(a)。

煤岩类型以光亮型为主,下层以半亮型为主,界线明显。内生节理发育,玻璃光泽。煤坚固性系数为 0.4~0.7,密度为 1.51 g/cm³。与下伏 11 煤层间距为 5.3~21.0 m,平均为 9.3 m。

11 煤层:简单结构薄煤层。煤厚 0~2.06 m,平均 0.83 m,总体上,呈现出北厚南薄的特点。二水平除南二以北至北翼塔坨向斜区大部分可采外,二水平的南二以南、三水平及三下采区绝大部分为薄煤,属原生沉积原因形成的薄煤区。在可采区域内,也往往由于煤层顶板小断层发育形成局部薄煤而没法开采。煤层厚度分布见图 4-63(b)。

煤岩类型以光亮型为主,夹有薄层半光亮型煤。内生节理发育,贝壳状断口,油脂光泽。煤的坚固性系数为 0.3,密度为 1.39 g/cm³。与下伏 12 煤层间距为 8.5~30.5 m,平均为 13.4 m。层间距由北往南逐渐增大。

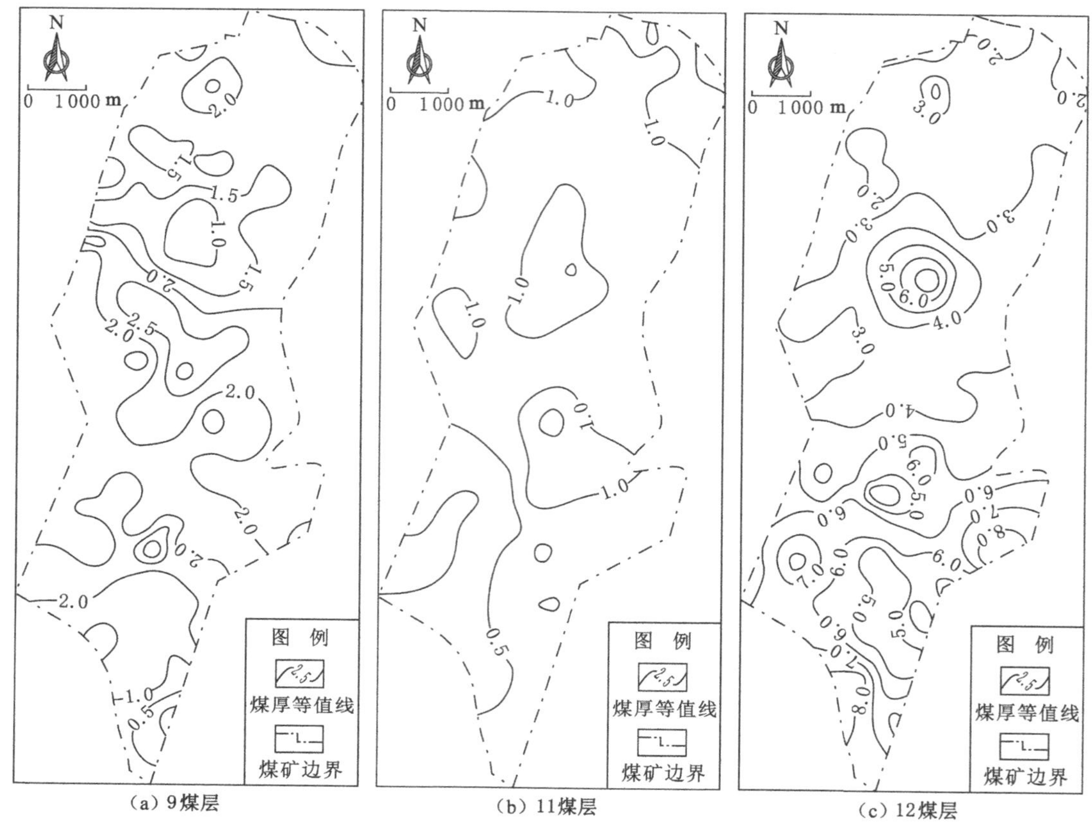

图 4-63 范各庄矿煤层厚度分布图

12 煤层：复杂结构厚煤层，煤厚 0.29～9.14 m，平均 3.82 m。中上部含有 2～3 层黄铁矿结核层，其呈细条带或串珠状分布，比较稳定。煤层中部一层结核厚度可达 0.1 m。距底板约 0.3 m 普遍含有一层 0.1～0.2 m 厚的松软泥岩夹石。煤层厚度由北往南逐渐增厚。煤层厚度分布见图 4-63(c)。

煤岩类型以光亮型和半光亮型为主。内生节理发育，玻璃光泽，贝壳状断口。煤的硬度 f 为 0.3～1.1，密度为 1.42 g/cm^3。

此外，在范各庄井田范围内，由于早期构造运动的影响，12 煤层发生局部的不均匀沉降，分离出两分叉，形成两组可采煤层。12 煤层主体下的分离煤体煤厚 0.29～2.85 m，平均 1.75 m，为单一结构煤层。

为开采方便，实际开采中在南三至南四开采区往往将该部分煤层单独开采（本书为叙述方便，在涉及该分叉煤层时，用"$12_下$煤层"进行简称）。$12_下$煤层煤岩类型为半光亮型和半暗淡型，密度为 1.38 g/cm^3，与 12 煤层的层间距为 0.13～8.9 m。

$12_下$煤层为井田内局部可采煤层，由毕 6 孔、毕 3 孔、83-5 孔、87-1 孔线以南与 12 煤层合群。该线往北至南二道半石门范围内，由于基底的不均衡沉降逐渐分离，只在此范围内为可采煤层。煤厚 0.20～4.04 m，平均 1.73 m，为单一结构煤层。由于基底起伏变化造成煤层厚度变化较大，局部呈现底鼓，给回采造成很大困难。与下伏 14 煤层的层间距为45～75 m，平均为 50 m。煤层厚度分布见图 4-64。

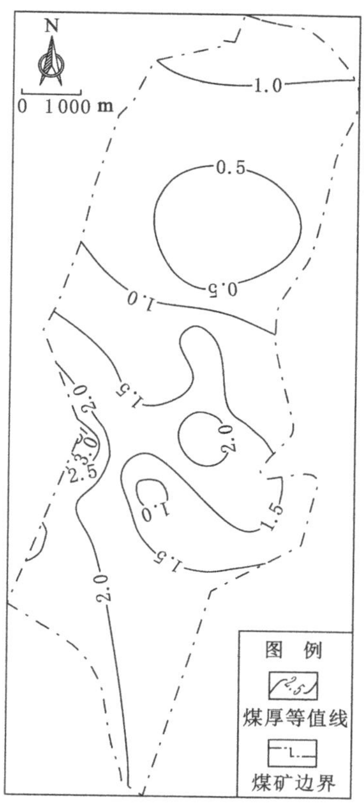

图 4-64　范各庄矿 $12_{下}$ 煤层厚度分布图

范各庄矿各主采煤层的厚度、煤层间距和变化规律如表 4-17 所示。

（四）钱家营矿

井田内可采煤层和局部可采煤层有 5、7、8、9、11、12_{-1} 和 12_{-2} 煤层。主要生产煤层为 7、9 和 12_{-1} 煤层。5 煤层主要在井田东翼三采区可采，煤层厚度较小且变化较大，煤质较好。8 煤层在井田西翼六采、八采区局部可采，且煤厚变化较大，煤层灰分较高，伪顶发育，属不稳定煤层。11 和 12_{-2} 煤层绝大部分不可采，属极不稳定煤层，12_{-2} 煤层厚度相对较厚，可采区域主要分布在井田西翼九采区附近。根据九采区采掘揭露资料，12_{-2} 煤层厚度分布不稳定，煤层含 2～3 层夹矸。在九采轨道山、九采皮带山附近煤层厚度介于 0.8～4.7 m，各可采煤层厚度及稳定性见表 4-18。

5 煤层：为不稳定煤层，局部有夹矸 1～2 层，为复杂结构。时而变薄出现不可采地段，井田东翼钱 34、47、51 孔，钱补 12、24、32、34、43、47、70、72 孔及钱水 20、30、32、34、39 孔附近均不可采。井田中、西部煤层稳定性相对较好，钱 6、18、64 孔，钱补 5、31、53 孔附近不可采，仅在 19～25 号地质剖面之间存在煤层厚度大于 2.0 m 的范围。与 7 煤层间距为 18.88～63.69 m，平均为 34.01 m。煤层厚度分布见图 4-65。

表 4-17　范各庄矿煤层厚度变化规律

煤层	煤层厚度/m		煤层间距/m	
	最小～最大 平均	变化规律	最大～最小 平均	变化规律
5	0～2.71	厚度变化尚有规律，北翼较薄，东翼较厚		
	1.04		29～43	由北往南逐渐变薄
7	0.53～6.16	煤层厚度在中部单斜区最大，由北往南逐渐变薄，在毕区 S_7 剖面以南多在 3.0 m 以下	32.2	
	3.38		0～15	在井口区 7、8 煤层合群，往南间距逐渐增大，在井田北翼 7、8 煤层间距为 0.3～0.5 m
8	0～3.78	南三至整个毕各庄区域之间，煤层厚度变化较大，局部有煤呈孤岛状赋存	7.5	
	1.73		6.3～20.5	间距变化不大，仅局部间距较小，规律性不强
9	0.13～3.90	9 煤层厚度的变化较大，多是由煤层底板起伏变化较大和煤层顶板小型断层发育造成	9.3	
	1.81		5.3～21.0	间距变化大，井田中部间距小，往四周逐渐缓慢增大
11	0～2.06	局部可采煤层	9.3	
	0.83		8.5～30.5	层间距由北往南逐渐增大
12	0.29～9.14	煤层厚度由北往南逐渐增厚，由毕区往南厚度可达 8 m 以上	13.4	
	3.82		0.29～4.87	层间距由北往南逐渐减小
$12_下$	0.20～4.04	井田中部不可采，在毕区与 12 煤层合并	4.2	
	1.73			

表 4-18　钱家营矿可采及局部可采煤层厚度、结构变化及稳定性

煤层	煤层厚度/m			煤层结构	可采性指数	煤厚变异系数/%	稳定性
	最小	最大	平均				
5	0	5.87	1.44	复杂结构，局部有夹矸 1～2 层	0.82	47.24	不稳定
7	0	13.73	3.59	复杂结构，含夹矸 2～3 层，为碳质黏土岩或黏土岩	0.98	33.86	稳定
8	0	5.12	1.345	复杂结构，局部有夹矸 1～2 层，多为粉砂岩或为黏土岩	0.82	43.95	不稳定
9	0.19	4.93	2.08	复杂结构，局部有夹矸 1～2 层	0.93	35.00	较稳定
11	0	2.65	0.84	复杂结构，局部有夹矸 1 层	0.55	50.40	极不稳定
12_{-1}	0.30	8.91	2.89	复杂结构，局部有夹矸 1～2 层	0.95	34.09	较稳定
12_{-2}	0	10.01	2.00	复杂结构，局部有夹矸 1 层	0.70	99.47	极不稳定

7 煤层：为稳定煤层，井田内主要可采煤层之一，复杂结构，含夹矸 2～3 层，为泥岩或粉砂岩。东翼钱 37、钱水 34、39、钱补 29、42 孔和十采区局部，西翼钱 19、112、钱水 16 孔附近煤层厚度小于 1.3 m，局部不可采。与 8 煤层间距为 0～17.39 m，平均为 6.31 m。煤层厚度分布见图 4-66。

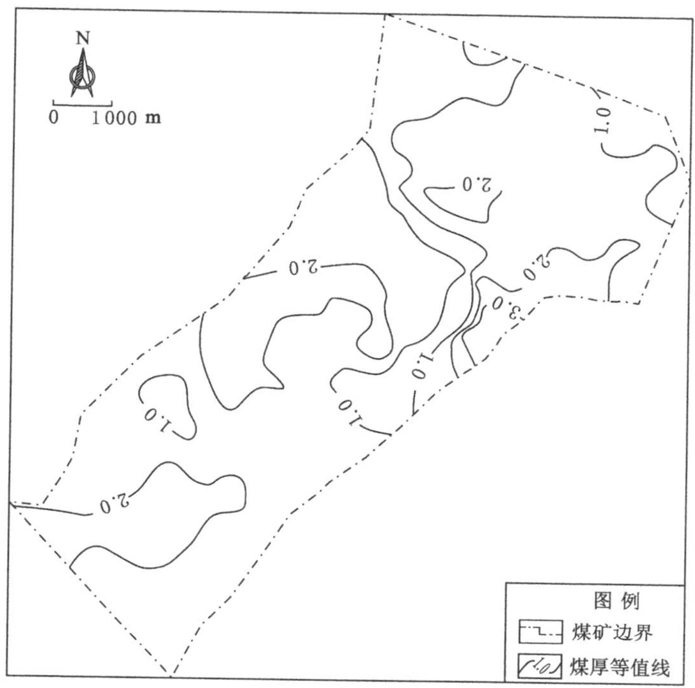

图 4-65　钱家营矿 5 煤层厚度分布图

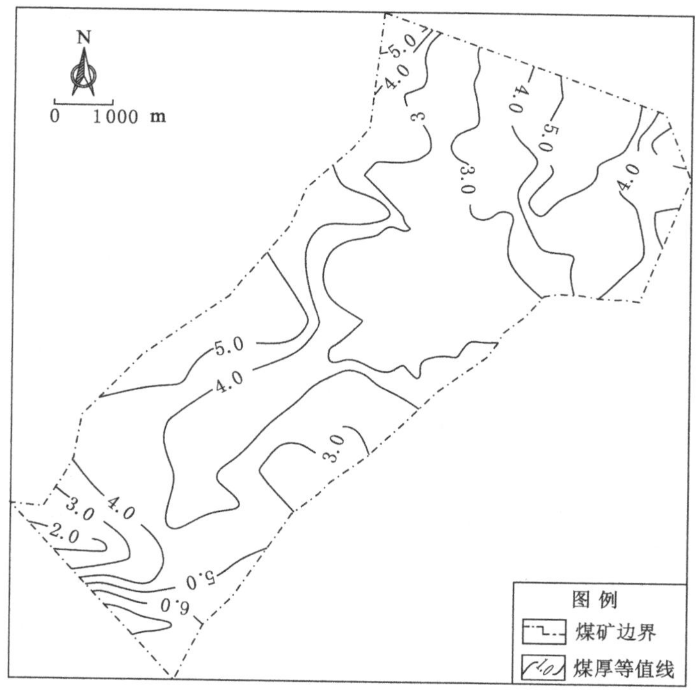

图 4-66　钱家营矿 7 煤层厚度分布图

8 煤层：为不稳定煤层，局部有夹矸 1～2 层，多为粉砂岩或泥岩，为复杂结构。不可采地段主要在 3 号地质剖面以东，钱 9、16、21、40、43、44、45、46、47、58、64 孔，林 87 孔，苗 10 孔，钱补 8、12、16、18、20、30、43 孔，钱水 20、38、39 孔，钱东 4、5 孔附近不可采，19 号地质剖面以西至井田边界和十采区东翼局部 7、8 煤层合区。与 9 煤层间距为 0.63～17.39 m，平均为 7.01 m。煤层厚度分布见图 4-67。

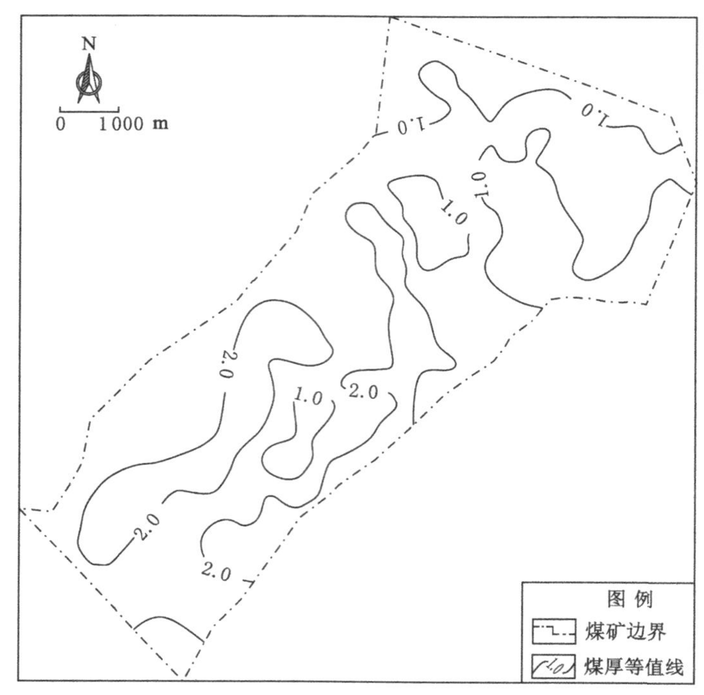

图 4-67　钱家营矿 8 煤层厚度分布图

9 煤层：为较稳定中厚煤层，向北和东方向有变薄的趋势，局部有夹矸 1～2 层，为复杂结构。钱 5、55、62、103、112 孔，钱补 13、20、30 孔，钱水 29、34 孔附近出现不可采地段。与 11 煤层间距为 9.50～26.67 m，平均为 11.40 m。煤层厚度分布见图 4-68。

11 煤层：为极不稳定煤层，局部有夹矸 1 层，为复杂结构。不可采面积较大，主要在 3 号剖面以东。仅钱 68、钱 71、钱补 49、钱补 37、钱 62 孔煤厚大于 2 m。与 12_{-1}煤层间距为 0.75～34.26 m，平均为 16.08 m。煤层厚度分布见图 4-69。

12_{-1}煤层：为较稳定中厚-厚煤层，局部有夹矸 1～2 层，为复杂结构。向北至吕家坨区有变薄趋势。仅钱补 43 孔附近不可采。与 12_{-2}煤层间距为 1.34～32.10 m，平均为 10.85 m。煤层厚度分布见图 4-70。

12_{-2}煤层：为极不稳定煤层，局部有夹矸 1 层，为简单结构。钱井 2、钱东 3 线以东及钱补 20、59、63 孔附近达可采厚度。与 14_{-1}煤层间距为 31.10～83.47 m，一般为 65～70 m。煤层厚度分布见图 4-71。

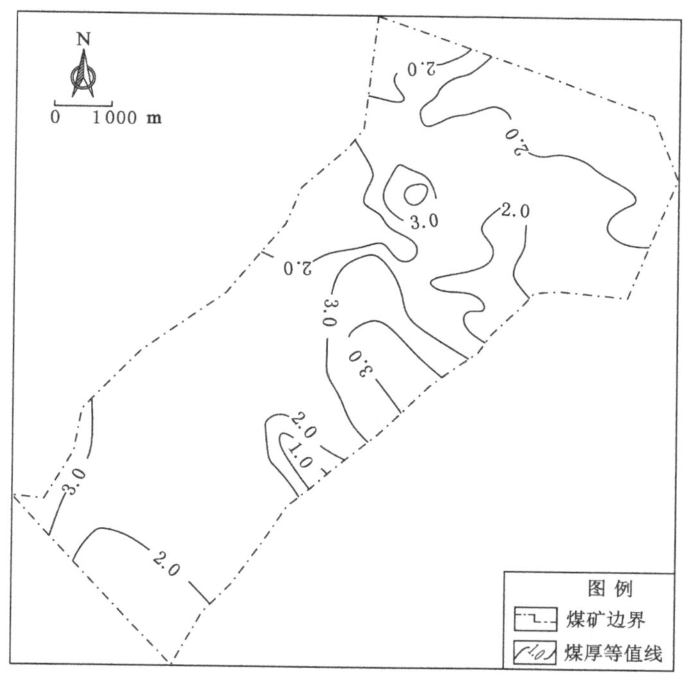

图 4-68　钱家营矿 9 煤层厚度分布图

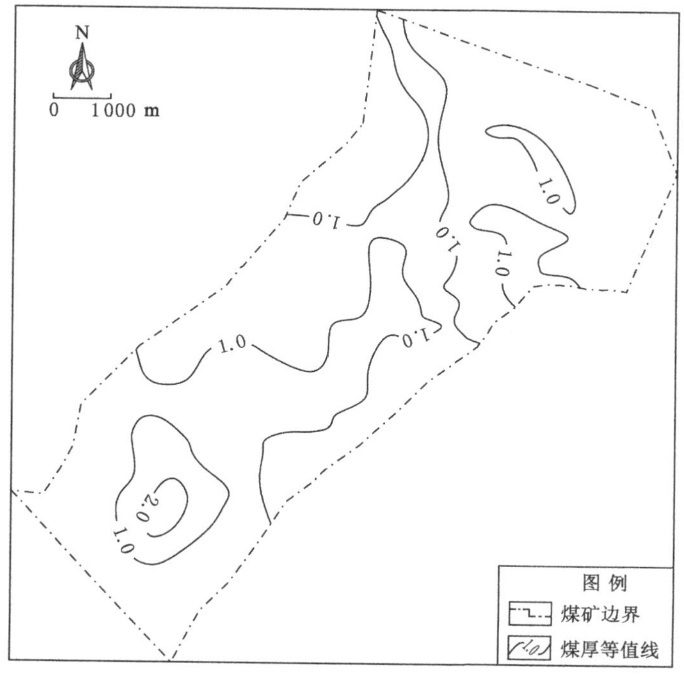

图 4-69　钱家营矿 11 煤层厚度分布图

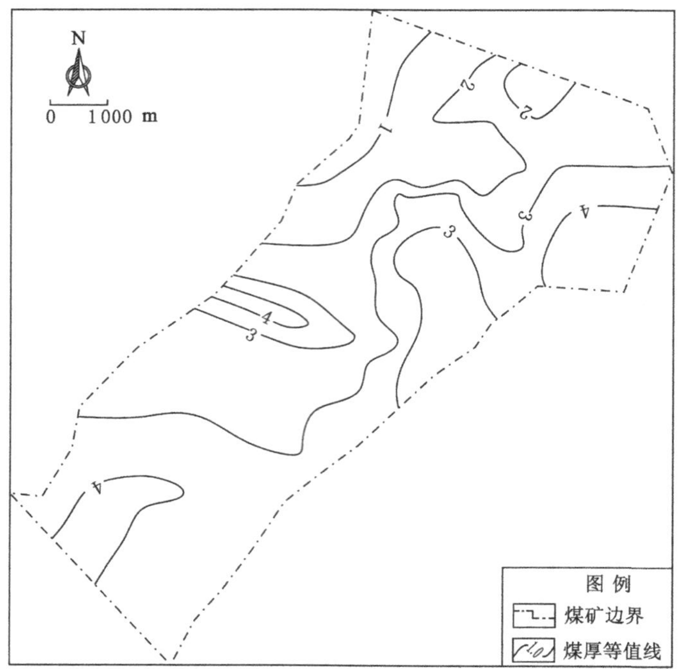

图 4-70 钱家营矿 12_{-1}煤层厚度分布图

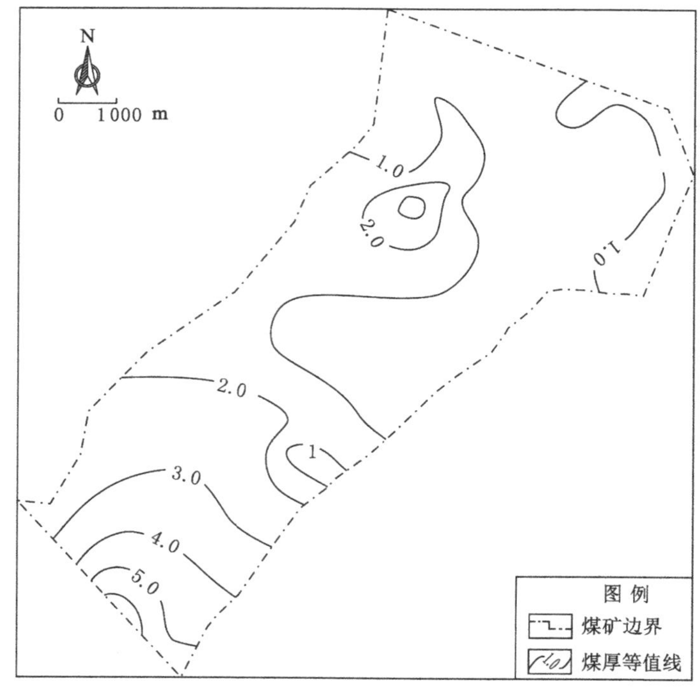

图 4-71 钱家营矿 12_{-2}煤层厚度分布图

研究表明，矿井不可采煤层基本为复杂结构(表 4-19)。

表 4-19　钱家营矿不可采煤层厚度、结构变化及稳定性

煤层	煤层厚度/m			煤层结构	稳定性
	最小	最大	平均		
3	0	1.34	0.78	复杂结构，局部具夹矸 1～2 层	不稳定
4	0	1.22	0.40	复杂结构，偶有夹矸 1～2 层	不稳定
6	0	1.80	0.40	复杂结构，偶有夹矸 1～2 层	不稳定
$6_{1/2}$	0	2.98	0.67	复杂结构，局部有夹矸 1～2 层	不稳定
$12_{1/2}$	0	2.80	0.37	简单结构	不稳定
14_{-1}	0	1.88	0.37	复杂结构，偶有夹矸 1～2 层	不稳定
14_{-2}	0	1.52	0.54	复杂结构，两个孔有夹矸 1 层	不稳定

3 煤层：钱 37、58、75、77、96、103、105 孔，钱补 32、35 孔，林 87 孔，苗 9、10 孔附近可采，一般煤厚 0.70～1.30 m，其他地段均不可采。

4 煤层：全井田仅有三个可采地段，分布在 7～11 号剖面间，煤厚 0.72～1.22 m，第 15～17 号剖面间的钱 69、苗 9 孔煤厚 0.61～0.09 m，第 21～25 号剖面间，煤厚 0.65～0.90 m。东部仅钱 7、36、77 三孔达到可采厚度。

6 煤层：可采范围在钱补 29、32、33、49、57、58 孔，钱井 4 孔一带，煤厚 0.87～1.59 m，钱 100、77、42 孔，吕 34、53 孔一带，煤厚 0.62～0.87 m，钱 5、钱 18、苗 8 孔一带，煤厚 0.62～0.97 m，钱 12、林 88、钱补 1 孔等单孔可采。向北至吕家坨区，煤层厚度及范围均有先增大后减小的趋势。

$6_{1/2}$煤层：局部有夹矸 1～2 层，为复杂结构。可采范围分布于 2～5 号剖面间，煤厚 0.71～2.26 m。钱 33、101 孔，钱补 12 孔，苗 5、钱 71 孔等单孔可采。

$12_{1/2}$煤层：全井田共 9 个钻孔见煤。钱 62、64、104 孔，钱补 19、23、26、45 孔，钱水 2、27 孔，煤厚分别为 0.56 m、1.04 m、0.89 m、1.50 m、1.26 m、1.82 m、0.68 m、0.2 m、0.23 m，九采轨道山实际揭露最大厚度为 2.80 m。

14_{-1}煤层：全井田共 28 个钻孔见煤，钱 13、32、60、97 孔，钱水 29、钱补 29、34 孔等煤厚 0.06～1.88 m，其中煤厚达可采的有钱补 29 孔和钱 16 孔，分别为 1.88 m、0.99 m。

14_{-2}煤层：全井田共 7 个钻孔见煤，分别为钱 14、15、19、20、24、27 孔，林 86 孔，煤厚达可采者仅林 86 孔，厚度为 1.52 m。

（五）林西矿

林西井田煤系地层全厚约 500 m。其中含 5、6、7、8、9、11、12、13、14 煤层等，煤层总厚为 16 m 左右，煤系地层含煤系数为 3.2%。可采煤层为 7、8、9、11、12 煤层，主要分布在下二叠系的大苗庄组和赵各庄组，总厚约为 10.74 m。

7 煤层：该煤层赋存于大苗庄组，为较稳定煤层，结构较简单-较复杂。煤厚 0.20～5.49 m，平均 2.30 m，全区大部分可采，并且可采范围内厚度及煤质变化不大，可采性指数为 0.95，煤厚变异系数为 33%。含有夹石 0～2 层，夹石厚度 0.16～0.45 m，原煤灰分较高、硫含量较低,煤质较硬。煤层厚度分布见图 4-72。

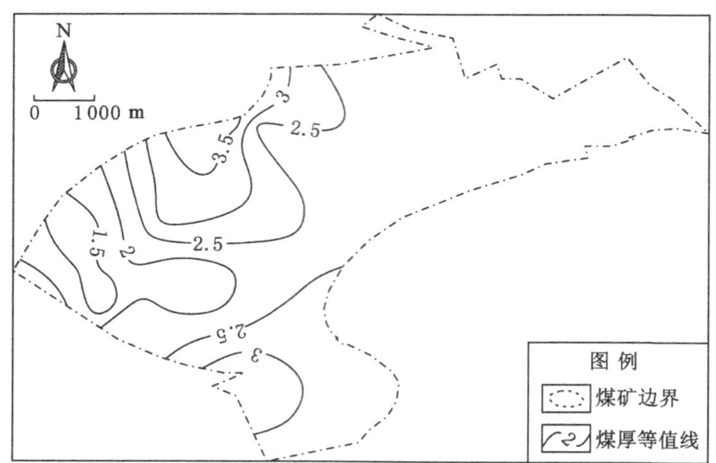

图 4-72 林西矿 7 煤层厚度分布图

8 煤层:该煤层赋存于大苗庄组,为不稳定煤层,结构较复杂。煤厚 0.30～2.90 m,平均 1.64 m,局部可采,并且可采范围内煤层厚度较小,可采性指数为 0.78,煤厚变异系数为 47%。含有夹石 1～2 层,夹石厚度 0.20～0.50 m,硬度小,易碎。煤层厚度分布见图 4-73。

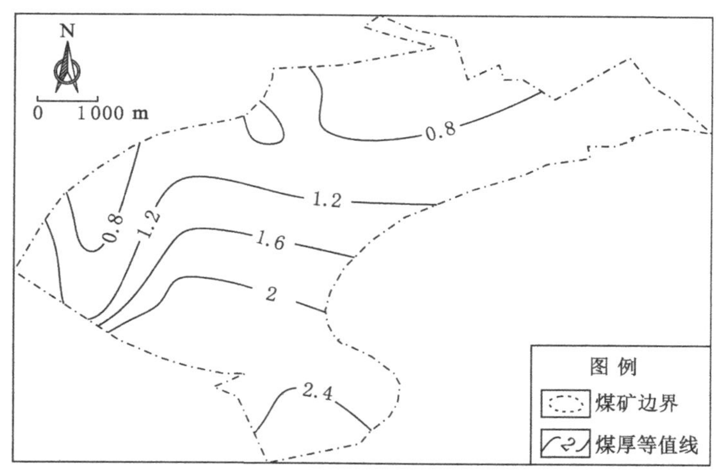

图 4-73 林西矿 8 煤层厚度分布图

9 煤层:该煤层赋存于大苗庄组,为较稳定煤层,结构较复杂。煤厚 1.20～6.13 m,平均 2.74 m,在 10 东、11 东、10 西 14 石门 9 煤层有分叉现象,全区大部分可采,并且可采范围内厚度及煤质变化不大,可采性指数为 0.94,煤厚变异系数为 38%。含有夹石 1～2 层,夹石厚度 0.10～0.50 m,原煤灰分较低,硫分偏低。煤层厚度分布见图 4-74。

11 煤层:该煤层赋存于赵各庄组,为较稳定煤层,结构简单。煤厚 0.44～2.72 m,平均 1.25 m,全区大部分可采,并且可采范围内厚度及煤质变化不大,可采性指数为 0.90,煤厚

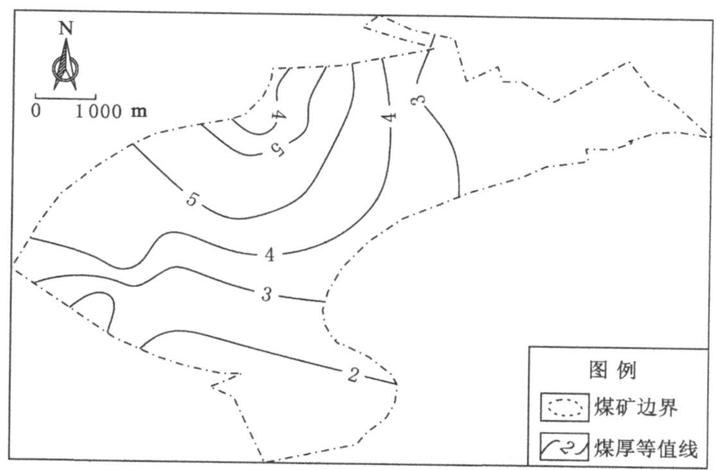

图 4-74　林西矿 9 煤层厚度分布图

变异系数为 28%。局部煤厚低于可采厚度，如林 113 孔煤厚为 0.54 m，林 63 孔为 0.44 m，林 109 孔为 0.69 m。厚度变化趋势为：西部较薄，东部较厚，浅部薄，深部厚。不含夹石，原煤灰分较低，煤层内含硫化铁结核，硫分偏高。煤层厚度分布见图 4-75。

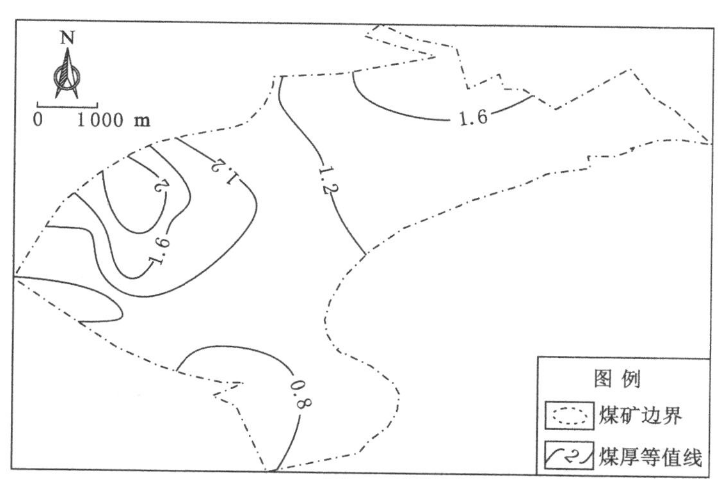

图 4-75　林西矿 11 煤层厚度分布图

12 煤层：该煤层赋存于赵各庄组，为较稳定煤层，结构较简单。煤厚 0.41～8.48 m，平均 2.81 m，全区大部分可采，并且可采范围内厚度及煤质变化不大，可采性指数为 0.94，煤厚变异系数为 40%。仅个别钻孔煤厚低于可采厚度，如林 111 孔煤厚为 0.41 m 含有夹石 0～1层，夹石厚度 0.10～0.31 m。原煤灰分较高、硫分较低，煤质较硬。煤层厚度分布见图 4-76。

各可采煤层厚度、层间距及稳定性见表 4-20。

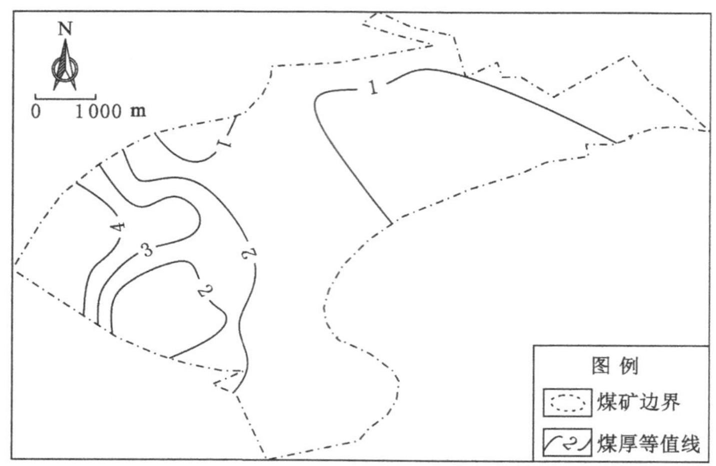

图 4-76 林西矿 12 煤层厚度分布图

表 4-20 各煤层的可采性指数及稳定性一览表

煤层	煤层厚度/m 最小～最大 平均值	层间距/m 最小～最大 平均值	煤厚变异系数/%	可采性指数	稳定性	结构	夹石
7	0.20～5.49 2.30	3.05～22.63 12.15	33	0.95	较稳定	较简单-较复杂	夹石 0～2 层，厚 0.16～0.45
8	0.30～2.90 1.64	0.24～25.73 13.56	47	0.78	不稳定	较复杂	夹石 1～2 层，厚 0.20～0.50
9	1.20～6.13 2.74		38	0.94	较稳定	较复杂	夹石 1～2 层，厚 0.10—0.50

（六）唐山矿

唐山矿井田含煤地层总厚约 510 m，煤层总厚达 25.40 m，含煤系数为 4.98%。可采与局部可采煤层总厚为 24.02 m，可采含煤系数为 4.71%，全井田共有 8 个可采煤层，其中 5、8、9 煤层全井田范围可采，6、12_{-1}、12_{-2}、14 煤层局部可采，12_{-2}煤层在老生产区全部可采，12_{-1}煤层在老生产区及西翼可采，南翼区、铁二区局部范围可采。

5 煤层：稳定煤层，全矿区可采，煤厚为 0.10～6.17 m，厚度变化不大，煤类单一，结构较简单，以光亮-半亮型煤为主。本煤层一般有一层伪顶，其上有一薄煤，局部因冲刷变薄处均无伪顶。煤层厚度分布见图 4-77。

7 煤层：极不稳定煤层，局部可采，煤厚除上巷厚 1.45 m、西翼厚 0.93 m 外，其他均为不可采煤厚，煤厚较薄，煤质较差。基本结构可以分为上、中、下三层，上层为半亮型煤，中层为暗煤和夹矸（黄铁矿大结核，页岩等），下层为半亮煤和半暗煤，厚度的增加主要在中、上两层。煤层厚度分布见图 4-78。

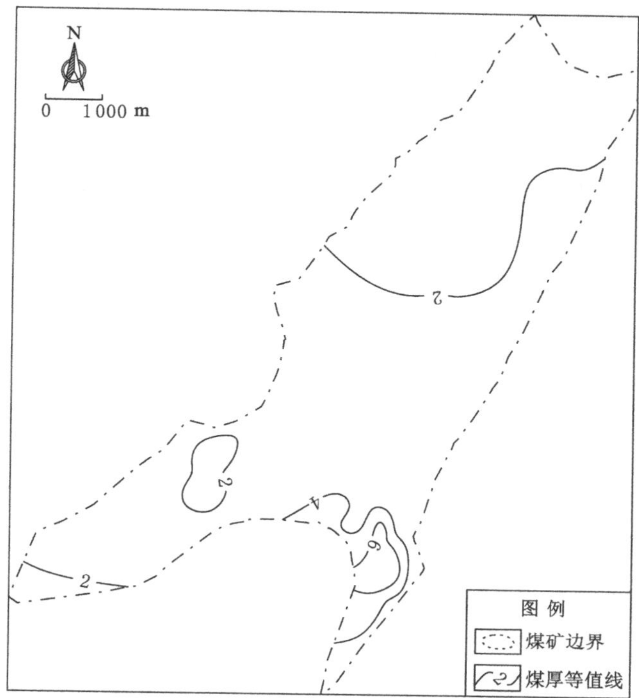

图 4-77　唐山矿 5 煤层厚度分布图

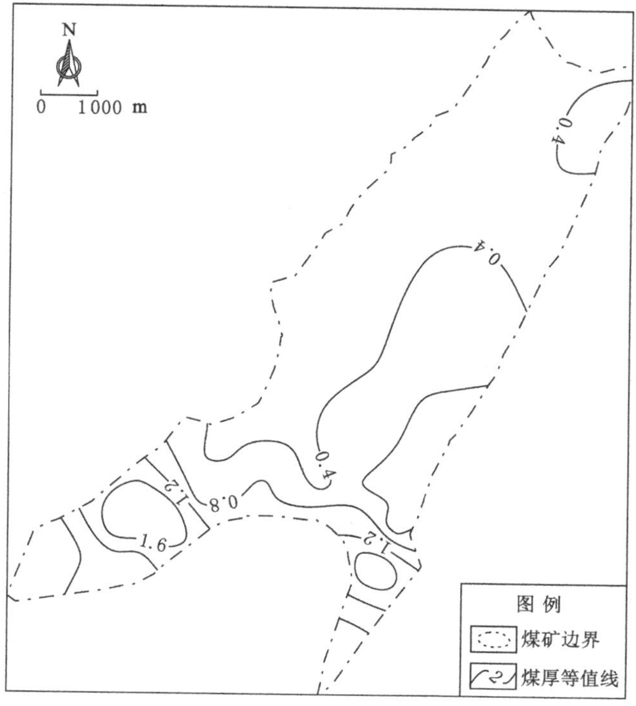

图 4-78　唐山矿 7 煤层厚度分布图

8、9煤层合区：8、9煤层均为稳定煤层，全矿区可采，煤厚最大处为15.26 m，厚度有一定变化，煤类单一，结构较复杂，不同区域结构不同，煤岩类型在全井田一般不具可比性。煤层厚度分布见图4-79和图4-80。

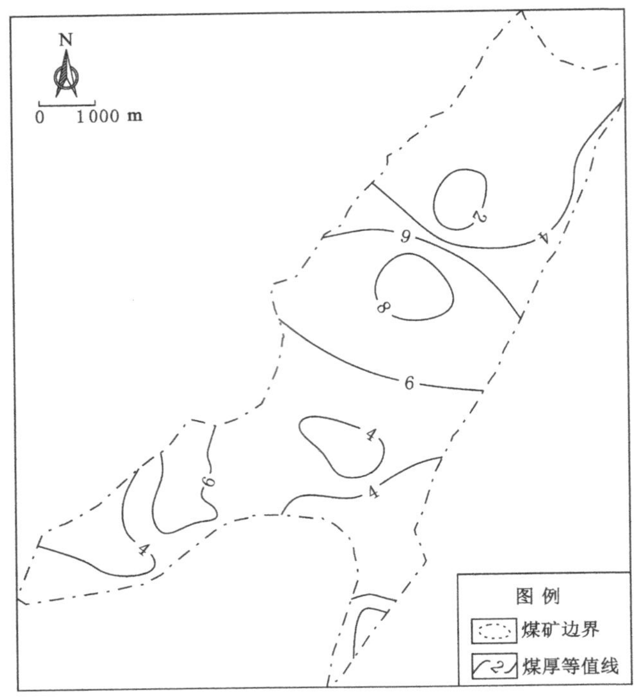

图4-79 唐山矿8煤层厚度分布图

11煤层：极不稳定煤层，局部达到可采厚度，平均煤厚为0.56 m，煤厚总体较薄，结构较简单，为结构单一的极不稳定的薄煤层。煤层厚度分布见图4-81。

12_{-1}煤层：较稳定煤层，局部可采，平均煤厚为1.19 m，老生产区煤层较稳定，结构复杂。在西、南翼以及新的延伸区域，该层变化较大，出现不止一次的分叉以至尖灭，大部分范围内煤层由一层分为两层，且厚度变薄。煤层厚度分布见图4-82。

12_{-2}煤层：不稳定煤层，局部可采，平均煤厚为2.62 m，有2～3层夹矸，且煤层不稳定，上、下巷煤厚变化较大，其他区域因沉积或冲刷使煤层变薄，以致无煤。煤层厚度分布见图4-83。

14煤层：不稳定煤层，局部可采，老生产区仅在十三水平井口区局部范围达到可采要求，其余大部分为煤线。在南翼扩大区14煤层全区可采，为薄至中厚煤层，平均煤厚为1.76 m，厚度变化大，一般厚度为1～2 m，最大厚度达3～4 m，只有个别区域不可采。煤层厚度分布见图4-84。

唐山矿部分可采煤层厚度、煤层结构及稳定性见表4-21。

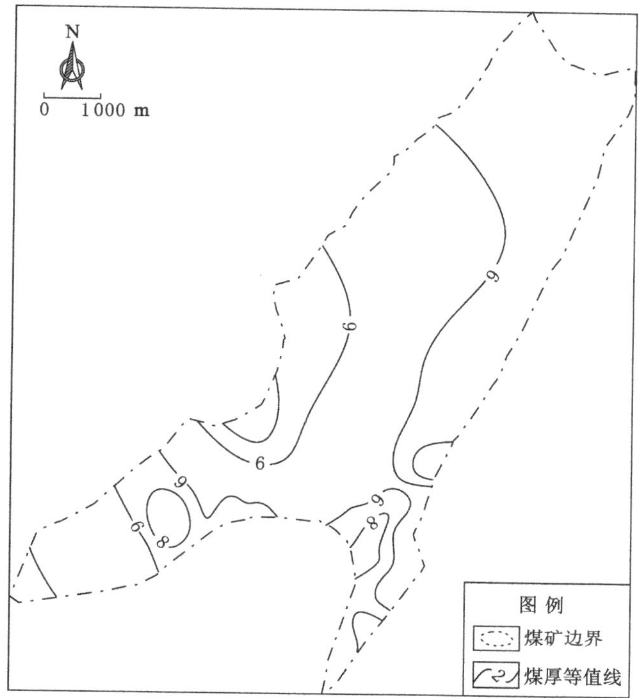

图 4-80 唐山矿 9 煤层厚度分布图

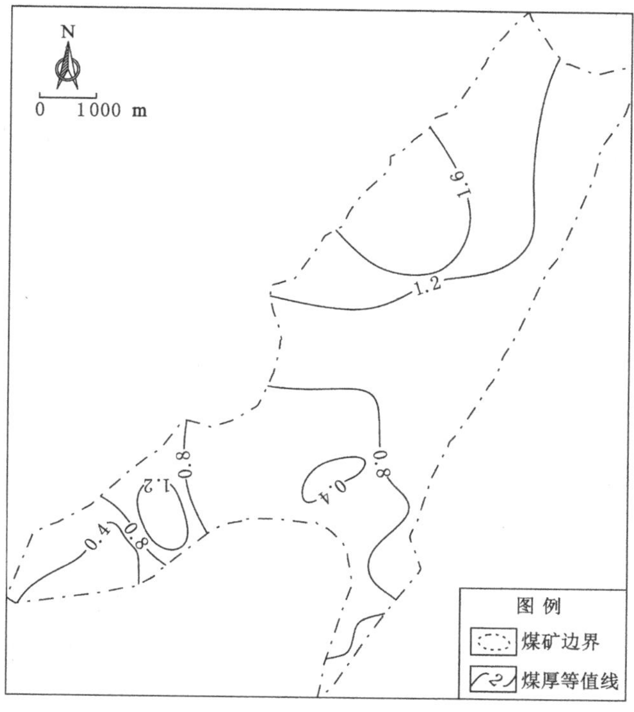

图 4-81 唐山矿 11 煤层厚度分布图

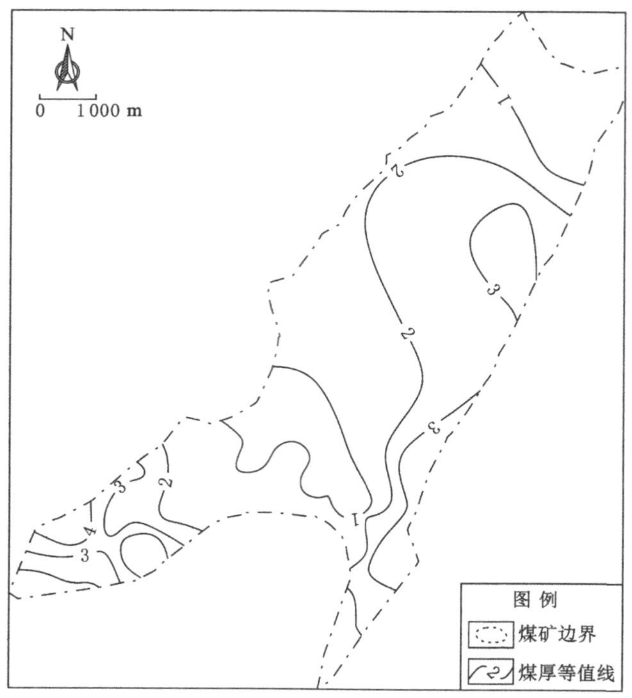

图 4-82 唐山矿 12_{-1}煤层厚度分布图

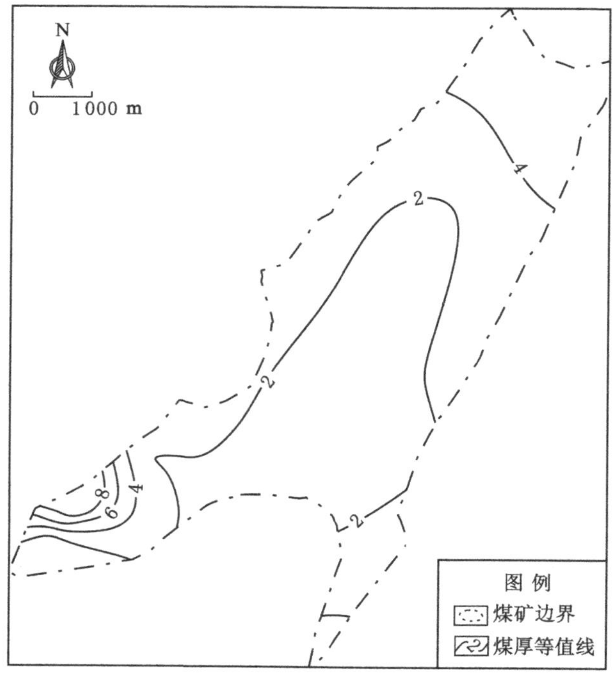

图 4-83 唐山矿 12_{-2}煤层厚度分布图

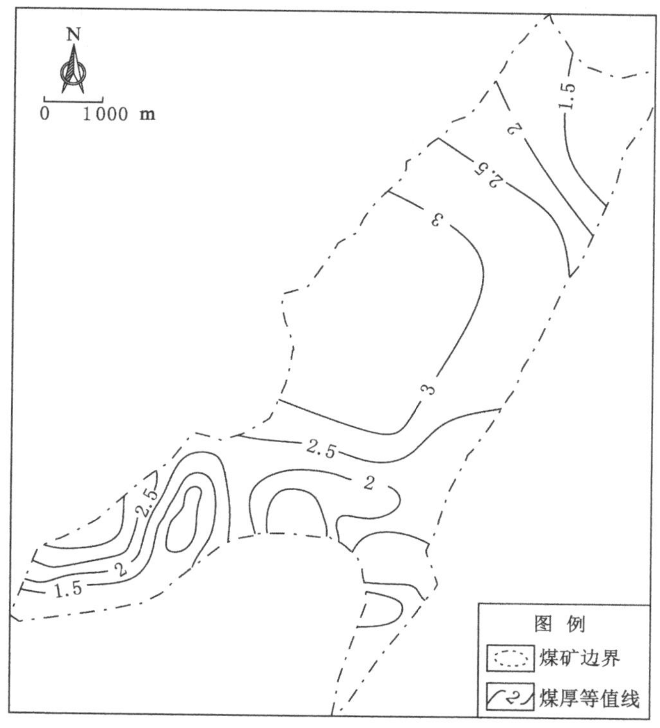

图 4-84　唐山矿 14 煤层厚度分布图

表 4-21　部分可采煤层厚度、煤层结构及稳定性一览表

煤层	煤层厚度/m			煤层结构	可采性指数	煤厚变异系数/%	稳定性
	最小	最大	平均				
5	0.1	6.17	2.28	结构较简单,煤类单一	0.94	33.9	稳定
8	0.3	7.87	3.51	结构简单,厚度有一定变化	0.97	30	稳定
9	2.41	18.5	8.75	结构较简单,煤类单一	1	30	稳定
12_{-1}	0	4.98	1.22	结构复杂,大部分范围内煤层由一层分为两层	0.85	33.7	较稳定
12_{-2}	0	6.58	2.29	结构复杂,大部分范围内无煤或煤层变薄	0.79	40.64	不稳定
14	0.1	4.69	1.5	复杂结构,含有变化较大的夹矸	0.78	36.9	不稳定

小　　结

开滦矿区含煤 15～20 层,煤层总厚 20～28 m,总体上呈西北厚东南薄的分布格局,含煤系数为 3.91～5.57%,钱家营矿 7 煤层厚度明显大于其他矿区,其次是范各庄矿、林西矿、吕家坨矿,唐山矿 7 煤层厚度集中在 1～2 m,东欢坨矿 7 煤层厚度较大的区域主要在矿区的东北部。唐山矿和东欢坨矿8煤层厚度明显大于其余四矿，唐山矿中部区域、东欢坨矿中部区域和东北部区域的8煤层厚度较大，吕家坨矿、钱家营矿、范各庄矿和林西矿的8煤层厚度分布较均匀。

开滦矿区各煤层均为光亮型煤；颜色为黑色，具金刚光泽。开滦矿区主要以气煤、肥煤、焦煤为主。其中东欢坨矿主要为气煤；唐山矿各个煤层的煤类均为1/3焦煤；钱家营矿以肥煤为主，局部分布气肥煤、瘦煤及弱黏煤；吕家坨矿主要为1/3焦煤，肥煤至气煤、气肥煤，以肥煤为主；范各庄矿以焦煤为主，局部出现瘦煤和贫煤；林西矿以肥煤为主，局部出现焦煤、瘦煤和贫煤。

第五章　已采区煤层瓦斯赋存特征

对已采区煤层瓦斯赋存特征的研究是进一步分析矿井深部瓦斯地质规律并进行瓦斯预测的理论依据及基础。结合研究区实际生产资料，将所收集、整理的资料进行统计、分析并以图件的形式展现出来，并从研究区已采区瓦斯成分特征、深部与浅部瓦斯含量、瓦斯涌出量特征等方面来较全面地研究已采区煤层瓦斯赋存特征。

第一节　瓦斯成分特征

煤层瓦斯的主要组成气体为 CH_4、CO_2 以及 N_2 等，各组成气体含量上的差异致煤层中瓦斯成分在纵向上表现出分带特性[122,123]。根据瓦斯分布情况，将其分为瓦斯带和瓦斯风化带。由于煤层中的瓦斯在这两个带内的赋存规律会有所不同，因此对瓦斯风化带下限的确定就变得尤为重要。

通过研究区 7、8、9、12 煤层共 27 块含瓦斯煤样的瓦斯化验结果，得到各主采煤层样品瓦斯成分及含量(表 5-1)。

表 5-1　煤层瓦斯成分及含量

煤层	埋深/m	瓦斯含量/(mL/g)	瓦斯成分/%		
			CH_4	CO_2	N_2
7	819.70	2.93	23.89	1.37	74.74
	879.80	2.91	77.32	0.69	21.99
	1 005.00	7.73	20.96	0.91	78.14
	1 017.00	9.58	64.93	0.63	34.44
	981.04	2.41	33.20	0.83	65.97
	880.23	1.76	30.11	14.20	55.69
	814.77	4.31	60.09	4.41	35.50
	832.81	7.21	78.78	1.39	19.83
8	830.20	4.11	25.06	1.46	73.48
	886.01	3.37	41.84	0.59	57.57
	890.35	5.26	36.12	7.99	55.99
	820.09	5.28	65.91	1.33	32.76
	835.49	3.61	4.16	9.14	86.70

表 5-1(续)

煤层	埋深/m	瓦斯含量/(mL/g)	瓦斯成分/%		
			CH_4	CO_2	N_2
9	841.90	5.63	33.57	0.89	65.54
	990.20	3.18	36.16	0.63	63.21
	992.20	2.53	37.94	0.79	61.26
	901.73	2.40	7.92	6.67	85.42
	833.19	2.40	35.83	9.17	55.00
	848.18	4.15	7.95	4.34	87.71
12	865.90	4.60	58.70	0.87	40.43
	938.08	3.34	21.56	1.20	77.24
	962.67	8.38	36.04	1.31	62.65
	1 069.20	4.00	58.75	0.50	40.75
	917.90	1.53	15.69	7.19	77.12
	956.50	3.53	29.46	14.16	56.38
	888.67	5.09	76.82	1.38	21.80

从实验结果可以看出研究区 7 煤层瓦斯成分中 CH_4 与 N_2 占比相近，CH_4 占比为 23.89%～78.78%，平均 48.66%，N_2 占比为 19.83%～78.14%，平均 48.29%，CO_2 最少，占比仅为 0.63%～14.20%，平均 3.05%；8 煤层瓦斯成分中 CO_2 最少，占比为 0.59%～9.14%，CH_4 次之，占比为 4.16%～65.91%，平均 34.62%，N_2 最多，平均占比 61.28%；9 煤层瓦斯成分特征与 8 煤层相似，也是以 N_2 为主，其占比为 55.00%～87.71%，平均 62.03%，CH_4 次之，占比为 7.92%～37.94%，平均 26.56%，CO_2 最少，占比仅为 0.63%～9.17%；12 煤层瓦斯成分也以 N_2 为主，占比为 21.80%～77.24%，平均 53.77%，CH_4 次之，占比为 15.69%～76.82%，平均 42.43%，CO_2 最少，平均占比 3.80%。

将瓦斯化验结果进行归纳总结发现，7、8、9、12 煤层各测试样品瓦斯成分中，瓦斯含量在 1.53～9.58 mL/g 之间。根据瓦斯风化带下限认定指标，结合测试数据，采用瓦斯成分以及瓦斯含量来确定各主采煤层瓦斯风化带下限，综合分析认为各主采煤层瓦斯风化带下限在 830 m 左右，且吕家坨矿现主开采水平为－800 m 以及－950 m 水平，各主采煤层现开采深度多位于 800 m 以深，进一步表明研究区深部各主采煤层基本均处于瓦斯带内。

第二节　已采区煤层瓦斯含量特征

为探究矿井浅部和深部是否会因为地质条件及煤层赋存特征的差异性而导致煤层瓦斯含量在赋存规律上发生变化，因此，本次对研究区已采区瓦斯含量赋存特征进行研究，基于前文对研究区浅部与深部的划分结果，分别统计了矿井浅部与深部煤层瓦斯含量相关数据并进行对比分析。

一、矿井浅部煤层瓦斯含量特征

通过收集研究区相关瓦斯地质资料，结合各主采煤层埋深情况，统计并绘制了各主采煤层浅部瓦斯含量分布图(图 5-1 至图 5-4)。

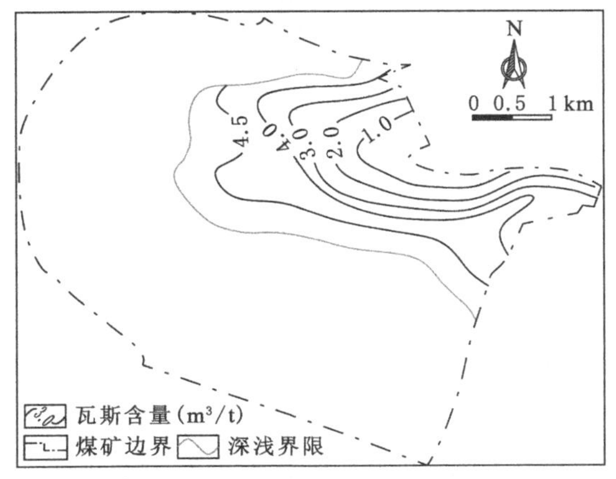

图 5-1 矿井浅部 7 煤层瓦斯含量分布

图 5-2 矿井浅部 8 煤层瓦斯含量分布

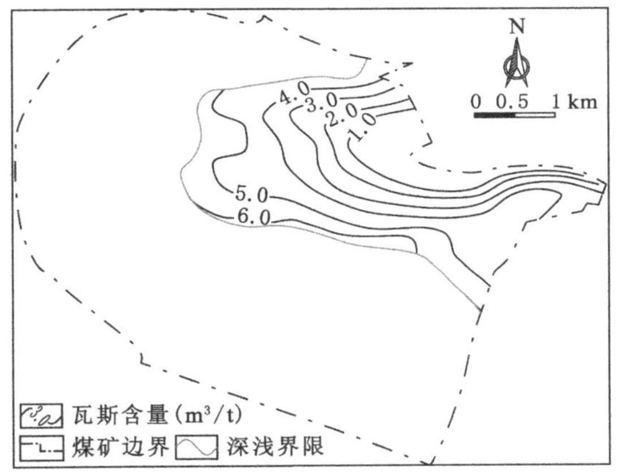

图 5-3 矿井浅部 9 煤层瓦斯含量分布

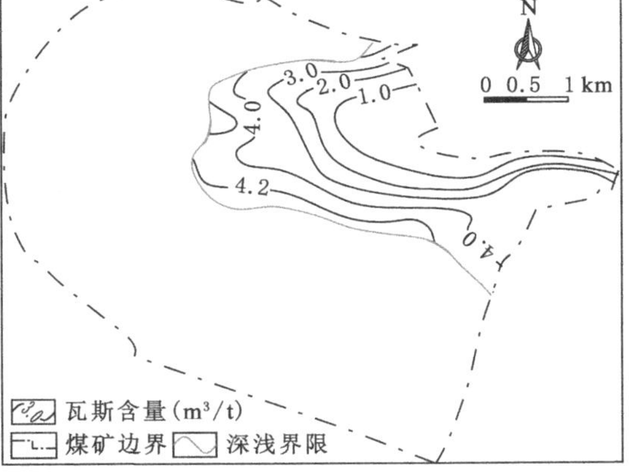

图 5-4 矿井浅部 12 煤层瓦斯含量分布

研究区浅部各主采煤层瓦斯含量大小相近,平均在 2～3 m^3/t,除 9 煤层矿井浅部南缘达到 6 m^3/t 以外,其余各煤层瓦斯含量基本上在 0～5 m^3/t 之间。各煤层按瓦斯含量从大至小依次为 9 煤层＞7 煤层＞12 煤层＞8 煤层。

瓦斯含量平面展布特征也较为相似,均表现为自矿井东部向北、西、南三个方向逐渐增大的趋势,且各方向上以矿井浅部南缘瓦斯含量最大,浅部北缘瓦斯含量最小,8 煤层矿井浅部北缘瓦斯含量基本在 1.0 m^3/t 以下。

二、矿井深部煤层瓦斯含量特征

研究区深部瓦斯实测数据较少,各主采煤层均仅有 2 个实测点,且各煤层实测瓦斯压力均未超过 0.74 MPa(表 5-2)。

数据点较少,难以很好地诠释全区瓦斯含量分布情况,因此,为了探究已采区瓦斯含量分布特征,以各主采煤层回采面的实测绝对瓦斯涌出量数据反算相应的瓦斯含量。计算公式[124]如下:

表 5-2　吕家坨矿各主采煤层瓦斯实测数据

煤层	标高/m	瓦斯含量 /(m^3/t)	瓦斯压力 /MPa	煤层	埋深/m	瓦斯含量 /(m^3/t)	瓦斯压力 /MPa
7	−792	4.60	0.35	9	−773	6.50	0.60
	−939.1	3.38	—		−939.4	3.13	—
8	−768	6.30	0.45	12	−782	4.30	0.40
	−939.2	2.90	—		−940	4.60	—

$$W=\frac{1\ 440\ \overline{Q}}{(1-C)q}K+R \tag{3-1}$$

式中　W——原煤瓦斯含量，m^3/t；

K——瓦斯涌出量构成参数，依据各主采煤层工作面开采实际情况取瓦斯涌出量第一次增长前与第一次增长后的比值，具体见表 5-3；

$\overline{Q}$——月均绝对瓦斯涌出量，m^3/min；

q——日平均产量，t；

R——残余瓦斯含量，m^3/t；

C——扣除系数($C=30/A$，A 为工作面采长，m)。

表 5-3　工作面瓦斯涌出量构成参数 *K*

煤层	工作面	瓦斯涌出量构成参数 K	平均值
7	5877	0.66	0.68
	6270	0.77	
	5476YD	0.57	
	6572	0.74	
8	6187	0.85	0.75
	6383	0.72	
	6385	0.69	
9	5496	0.57	0.56
	6191	0.66	
	5491S	0.34	
	5492Y	0.69	
12	5825	0.63	0.53
	5424Z	0.33	
	5825X	0.62	

按照《矿井瓦斯涌出量预测办法》(AQ/T 1018—2006)，根据煤层实际开采情况以及煤挥发分，R 可从表 5-4 中取值。根据统计的矿井资料计算出 7、8、9、12 煤层平均挥发分分别为 21.42%、22.42%、23.20%和 18.14%。因此各主采煤层残存瓦斯含量均在 2～3 m^3/t 范围内取值，综合各煤层实际开采情况，7、8、9、12 煤层 R 值分别取 2.9 m^3/t、2.8 m^3/t、2.8

m^3/t、2.9 m^3/t。

表 5-4　煤的残存瓦斯含量取值表

煤的挥发分 V_{daf}/%	18～26	26～35	35～42	42～50
残存瓦斯含量 R/(m^3/t)	3～2	2	2	2

6271 工作面瓦斯含量反算结果均值为 3.15 m^3/t,实际为 3.378 m^3/t,发现预测结果与实际较为接近。同时,根据回采工作面实测绝对瓦斯涌出量数据对各煤层瓦斯含量进行反算,得到各煤层各工作面瓦斯含量值,并绘制相应回采工作面瓦斯含量等值线图。

1. 7 煤层瓦斯含量特征

7 煤层瓦斯含量反算结果见表 5-5。

表 5-5　7 煤层瓦斯含量反算结果表

地点	绝对瓦斯涌出量/(m^3/min)	瓦斯含量/(m^3/t)	地点	绝对瓦斯涌出量/(m^3/min)	瓦斯含量/(m^3/t)
6571	0.87	3.96	6271	0.43	3.02
6571	1.33	3.23	6271	1.31	3.20
6571	1.35	4.34	6271	0.42	3.01
6571	1.08	3.37	6271	0.2	2.96
6571	0.96	3.19	6271	0.22	2.94
6571	0.88	3.17	6271	0.22	2.94
6571	1.08	3.18	6271	0.88	3.02
6571	0.88	3.19	6271	0.88	3.26
6571	1.57	3.43	6271	0.88	3.02
6571	1.20	3.30	6271	0.66	3.48
6571	2.10	3.40	6271	1.31	3.86
6571	1.53	3.31	6271	1.34	3.18
6271	0.82	3.33	6271	1.11	3.10
6271	0.21	2.96	6271	1.09	3.09

根据反算瓦斯含量绘制 6271、6571 工作面瓦斯含量等值线图(图 5-5、图 5-6),并根据工作面已采区瓦斯含量数据推测工作面未采区瓦斯含量数据。其中 6271 工作面瓦斯含量为 2.94～3.86 m^3/t,平均为 3.15 m^3/t,分布较均匀,整体上瓦斯含量变化趋势是由工作面中部向北西和南东方向逐渐增大;6571 工作面瓦斯含量最大为 4.34 m^3/t,最小为 2.96 m^3/t,平均为 3.42 m^3/t。由于工作面北端控制点较少,因此变化趋势不明显,南端基本上呈现由北向南逐渐增大的趋势,即随工作面延伸方向其瓦斯含量逐渐减小,且 6571 工作面瓦斯含量略大于 6271 工作面瓦斯含量。

同时通过观察工作面采掘揭露的断层发现,6271 工作面数条较大断层均为正断层,工作面末端 DF21 和 62f15 两条断层的断层落差甚至超过 3.5 m;6571 工作面揭露的较大断层基本上也均为正断层，但各断层落差较为相近，且开采过程中发现该工作面构造极其复杂，工作面切眼及停采线附近小断层密集发育。因此，认为断层的发育在一定程度上控制着7煤层工作面瓦斯含量的大小与分布。

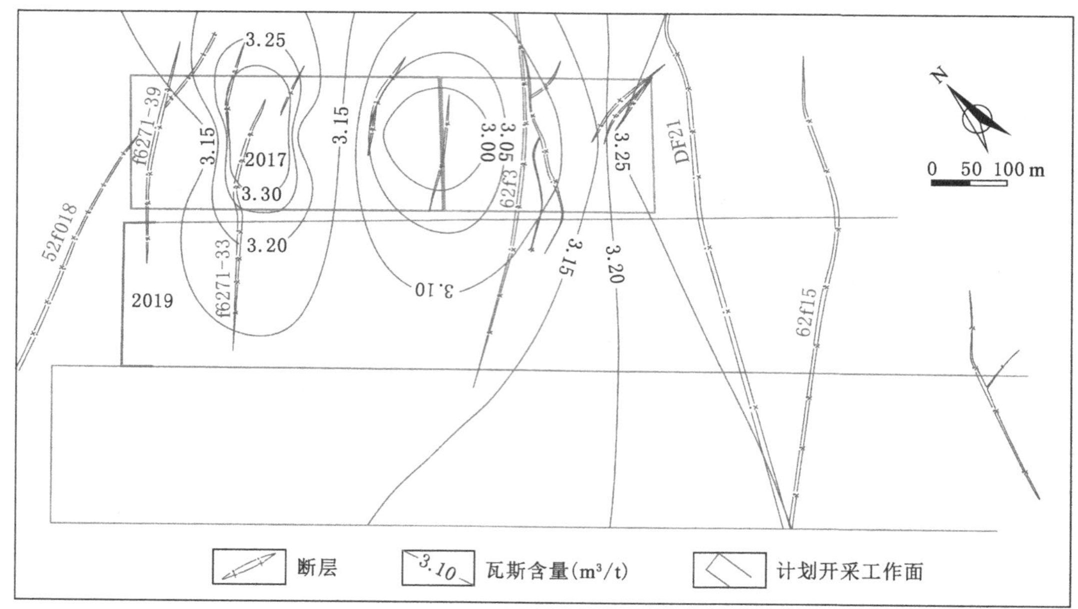

图5-5 6271工作面瓦斯含量等值线图

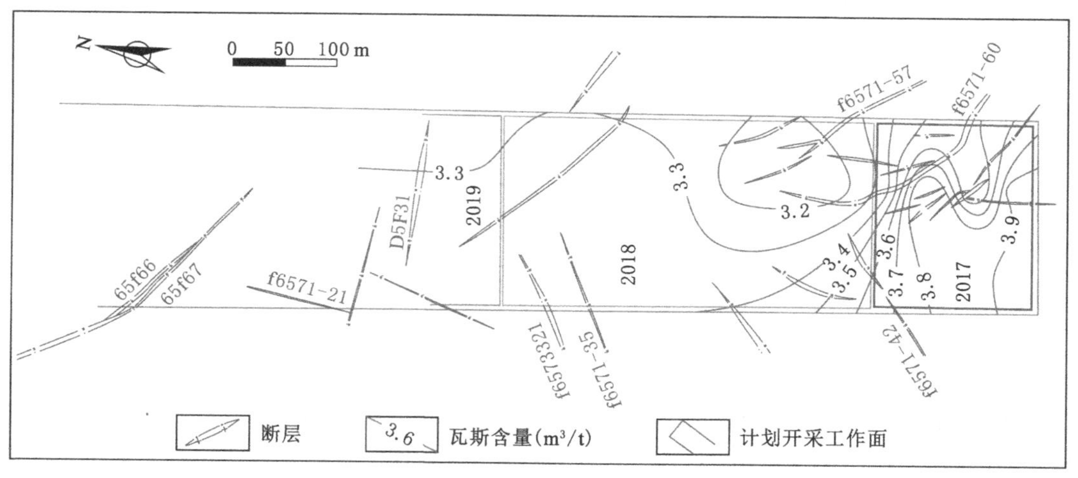

图5-6 6571工作面瓦斯含量等值线图

2. 8煤层瓦斯含量特征

8煤层瓦斯含量反算结果见表5-6。同时根据瓦斯含量反算结果绘制了5887、6385、6185工作面瓦斯含量等值线图(图5-7、图5-8、图5-9)。

表 5-6 8 煤层瓦斯含量反算结果表

地点	绝对瓦斯涌出量/(m^3/min)	瓦斯含量/(m^3/t)	地点	绝对瓦斯涌出量/(m^3/min)	瓦斯含量/(m^3/t)
5887	0.38	3.13	6185	0.23	3.05
5887	0.41	3.03	6185	1.30	3.09
5887	0.42	2.98	6185	1.23	4.50
5887	0.40	3.09	6185	1.23	5.13
5887	0.27	2.99	6185	0.26	3.59
5887	0.26	2.94	6185	0.25	2.91
5887	0.25	2.95	6185	0.37	2.92
6185	0.30	3.13	6385	2.14	3.67
6185	0.42	2.89	6385	2.65	4.05
6185	0.54	2.92	6385	1.35	3.48
6185	0.21	2.95	6385	2.61	3.84
6185	0.39	2.85	6385	2.12	3.87
6185	0.09	2.92	6385	2.29	3.88
6185	0.77	2.83	6385	0.87	3.31

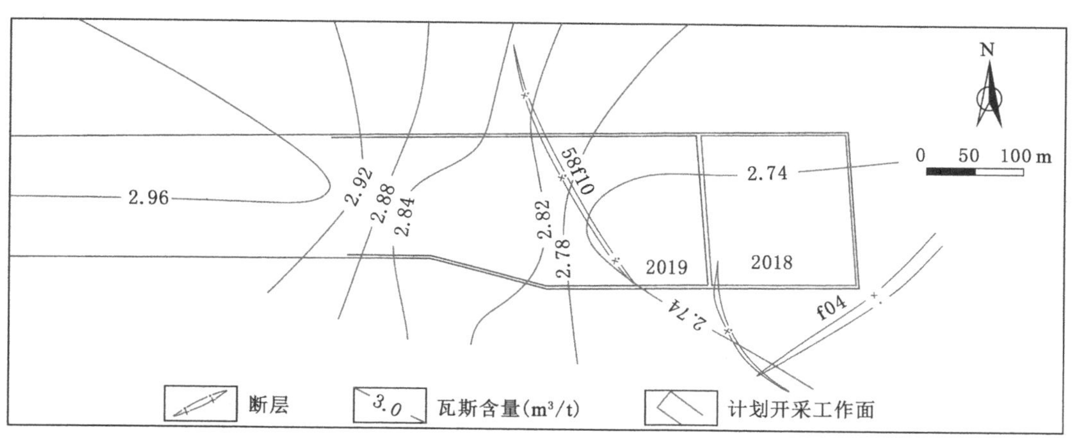

图 5-7 5887 工作面瓦斯含量等值线图

5887 工作面瓦斯含量变化较小，在 2.94～3.13 m^3/t 之间，平均为 3.02 m^3/t，且自东向西逐渐增大；6185 工作面瓦斯含量在 2.83～5.13 m^3/t 之间，平均为 3.26 m^3/t，基本呈由东西两端向中部逐渐增大的趋势；6385 工作面瓦斯含量在 3.31～4.05 m^3/t 之间，平均为 3.73 m^3/t，南北跨度相对较大，呈由南向北逐渐增大的趋势。且 8 煤层三个工作面除 6185 工作面外，断层均不甚发育。

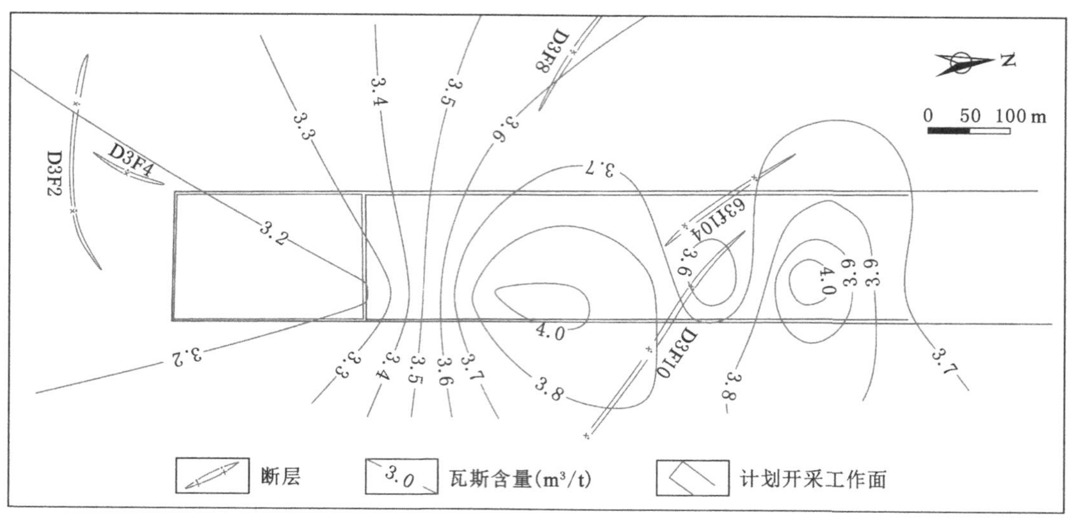

图 5-8 6385 工作面瓦斯含量等值线图

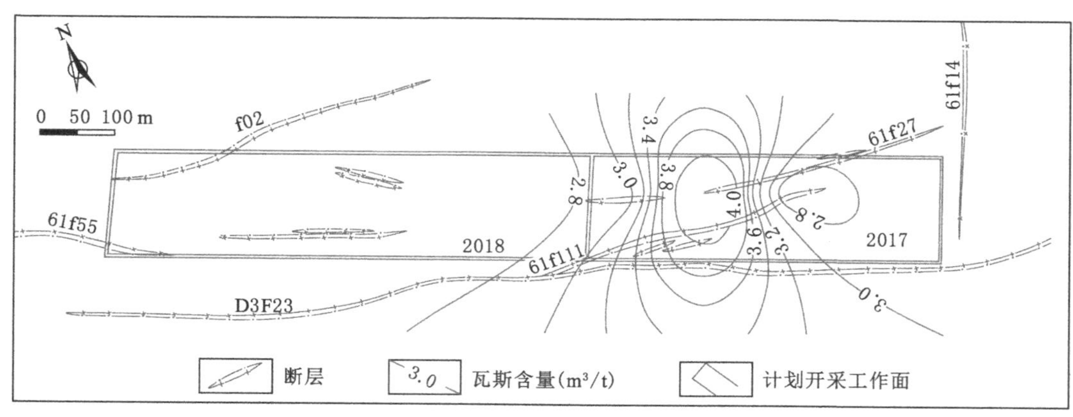

图 5-9 6185 工作面瓦斯含量等值线图

3. 9 煤层瓦斯含量特征

通过 9 煤层瓦斯含量反算结果(表 5-7),绘制 5496Y 工作面瓦斯含量等值线图(图 5-10)。5496Y 工作面瓦斯含量波动不大,在 2.96～3.21 m^3/t 之间,基本稳定在 3.0 m^3/t 左右,且呈由东西两端向中间逐渐增大的趋势,但增加幅度较小。同时,从图 5-10 中可以看出,5496Y 工作面断层密集发育,构造较为复杂,可能是制约该工作面瓦斯含量大小,造成瓦斯含量均匀分布的主要控制因素。

表 5-7 9 煤层瓦斯含量反算结果表

地点	绝对瓦斯涌出量/(m^3/min)	瓦斯含量/(m^3/t)	地点	绝对瓦斯涌出量/(m^3/min)	瓦斯含量/(m^3/t)
5496Y	0.31	3.02	5496Y	0.39	2.96

表 5-7(续)

地点	绝对瓦斯涌出量/(m^3/min)	瓦斯含量/(m^3/t)	地点	绝对瓦斯涌出量/(m^3/min)	瓦斯含量/(m^3/t)
5496Y	0.54	3.03	5496Y	0.38	3.05
5496Y	0.77	3.21			

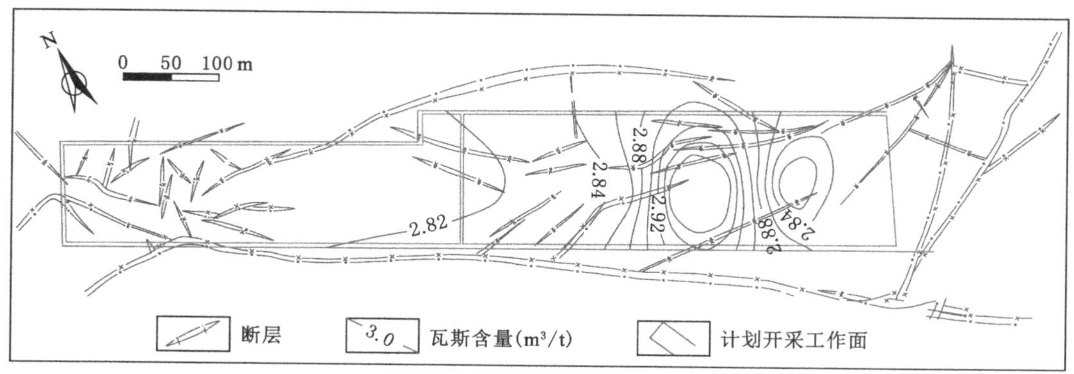

图 5-10 5496Y 工作面瓦斯含量等值线图

4. 12 煤层瓦斯含量特征

12 煤层瓦斯含量反算结果见表 5-8，12 煤层两个工作面瓦斯含量在 2.93～3.87 m^3/t 之间，平均为 3.10 m^3/t，其中 5825 工作面瓦斯含量波动较小，基本上分布在 2.9～3.0 m^3/t 之间，且呈自北向南逐渐减小的趋势，且减小幅度较小(图 5-11)。

表 5-8 12 煤层瓦斯含量反算结果表

地点	绝对瓦斯涌出量/(m^3/min)	瓦斯含量/(m^3/t)	地点	绝对瓦斯涌出量/(m^3/min)	瓦斯含量/(m^3/t)
5422Y	1.41	3.35	5825	0.35	2.97
5422Y	1.31	3.61	5825	0.27	2.94
5825	0.25	2.96	5825	0.27	2.97
5825	0.25	2.96	5825	0.28	3.87
5825	0.26	2.96	5825	0.27	3.02
5825	0.24	2.95	5825	0.27	2.98
5825	0.25	2.95	5825	0.38	3.01
5825	0.23	2.93			

矿井深部 7、8、9、12 煤层－800 m 水平以及－950 m 水平各工作面已采区瓦斯含量反算结果显示，各主采煤层已采区瓦斯含量较为相近，主要分布在 3～4 m^3/t 之间，其中以 7 煤层 6271 工作面，8 煤层 6185、6385 工作面瓦斯含量相对较大。同时可以看出构造发育对煤层瓦斯的赋存与分布具有一定程度的影响。

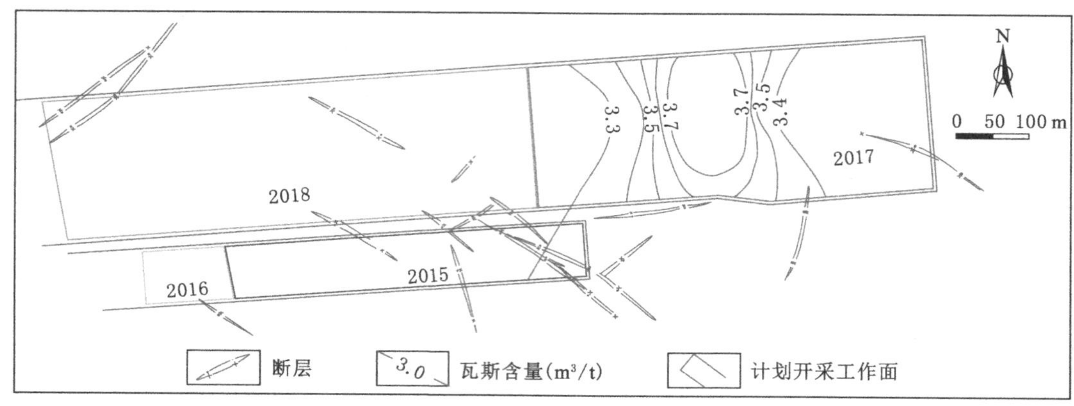

图 5-11 5825 工作面瓦斯含量等值线图

综合分析研究区已采区浅部和深部瓦斯含量赋存特征，虽然浅部各煤层最大瓦斯含量大于深部，但瓦斯含量分布不均匀，跨度相对较大，在 0～5 m^3/t 之间均有分布，但主要位于 2～3 m^3/t 之间。而深部各煤层瓦斯含量分布相对较为均匀，平均在 3.05～3.32 m^3/t 之间，整体上深部瓦斯含量略大于浅部。

第三节 已采区瓦斯涌出特征

矿井瓦斯涌出量是一个受多因素综合影响的参数，易受到煤层原始瓦斯含量、采掘以及其他因素的影响[125]。而对已开采工作面的瓦斯涌出情况进行一个详细的剖析对其他未开采工作面的设计、安全开采以及瓦斯涌出量的预测都具有一定的理论参考和指导意义。

为研究已采区煤层瓦斯涌出特征，分别统计了各主采煤层工作面平均标高与绝对瓦斯涌出量数据(表 5-9)，并依据前文对矿井深浅划分的界线，将深、浅工作面瓦斯涌出数据进行对比分析以找出二者之间的差异。

研究区浅部工作面绝对瓦斯涌出量平均值为 0.41 m^3/min，其中 7、8、9、12 煤层分别为 0.57 m^3/min、0.23 m^3/min、0.34 m^3/min 以及 0.57 m^3/min。

研究区深部工作面绝对瓦斯涌出量平均值为 1.01 m^3/min，其中 7、8、9、12 煤层分别为 1.08 m^3/min、0.68 m^3/min、1.04 m^3/min 以及 1.7 m^3/min。

对比矿井深部与浅部回采工作面瓦斯涌出量数据可以发现，浅部和深部各煤层平均绝对瓦斯涌出量均表现为 7 煤层和 12 煤层的绝对瓦斯涌出量大于 8 煤层和 9 煤层，且深部回采工作面各煤层绝对瓦斯涌出量基本上均大于浅部，表明矿井深部与浅部煤层瓦斯涌出特征存在一定的差异。

此外，为了解矿井深部与浅部各工作面瓦斯涌出量随开采时间的变化规律与特征，还收集了各主采煤层 2013 年以来各回采工作面包括相对瓦斯涌出量、绝对瓦斯涌出量以及工作面月产量等数据进行了统计和整理，其中，7 煤层 9 个工作面，工作面编号分别为 5876Y、5877、6271、6571、6377、6572、5476YD、6375、6270；8 煤层 6 个工作面，工作面编号分别为 5887、6183、6185、6187、6383、6385；9 煤层 4 个工作面，工作面编号分别为 5496、6191、

5491S、5492Y；12 煤层 6 个工作面，工作面编号分别为 5825、5422Y、5422Z、5424Z、5426Z、5825X。

表 5-9　矿井深部与浅部工作面平均标高与绝对瓦斯涌出量统计表

位置	所属煤层	工作面编号	绝对瓦斯涌出量/(m^3/min)	工作面平均标高/m
浅部	7 煤层	5476YD	0.64	−650
		5876Y	0.50	−685
	8 煤层	5884	0.37	−620
		5885	0.19	−640
		5886	0.15	−670
		5383	0.22	−660
	9 煤层	5491Y	0.39	−680
		5395	0.36	−660
		5496	0.33	−680
		5491S	0.26	−670
	12 煤层	5823	0.29	−520
		5426Z	0.80	−630
		5424Z	1.00	−651
		5825X	0.19	−570
深部	7 煤层	5877	0.35	−740
		6271	0.80	−810
		6270	0.71	−750
		6572	0.72	−820
		6571	1.61	−890
		6377	1.74	−920
		6375	1.65	−900
	8 煤层	5385	0.46	−730
		6185	0.89	−820
		6183	0.76	−770
		5887	0.22	−720
		6385	1.03	−850
		6187	0.69	−910
	9 煤层	6191	0.75	−748
		5492Y	1.73	−730
		5493	0.64	−720
	12 煤层	5825	0.26	−720
		5422Z	3.14	−700

1. 7 煤层瓦斯涌出特征

7 煤层相对瓦斯涌出量分布在 0.05～3.82 m^3/t 之间，平均为 0.52 m^3/t，最大值 3.82 m^3/t 出现在 6571 工作面，远大于 7 煤层其他工作面，对比其当月工作面产量数据发现，该工作面当月产量不到 5 000 t，远小于其余时间月产量，认为是当月相对瓦斯涌出量出现异常的主要原因。

7 煤层绝对瓦斯涌出量为 0.11～4.56 m^3/min，平均为 0.89 m^3/min。其中，5877 和 5876Y 工作面绝对瓦斯涌出量较低，最高仅 0.76 m^3/min，低于平均值，最低为 0.17 m^3/min；6377 和 6571 工作面瓦斯涌出量相对较高，最高为 4.56 m^3/min，最低为 0.54 m^3/min。且 7 煤层 9 个回采工作面中除 5877 工作面随开采时间的增长绝对瓦斯涌出量变化较为平稳之外，其余工作面瓦斯涌出量变化均较大。且 7 煤层深部工作面绝对瓦斯涌出量基本上均大于浅部工作面(图 5-12)。

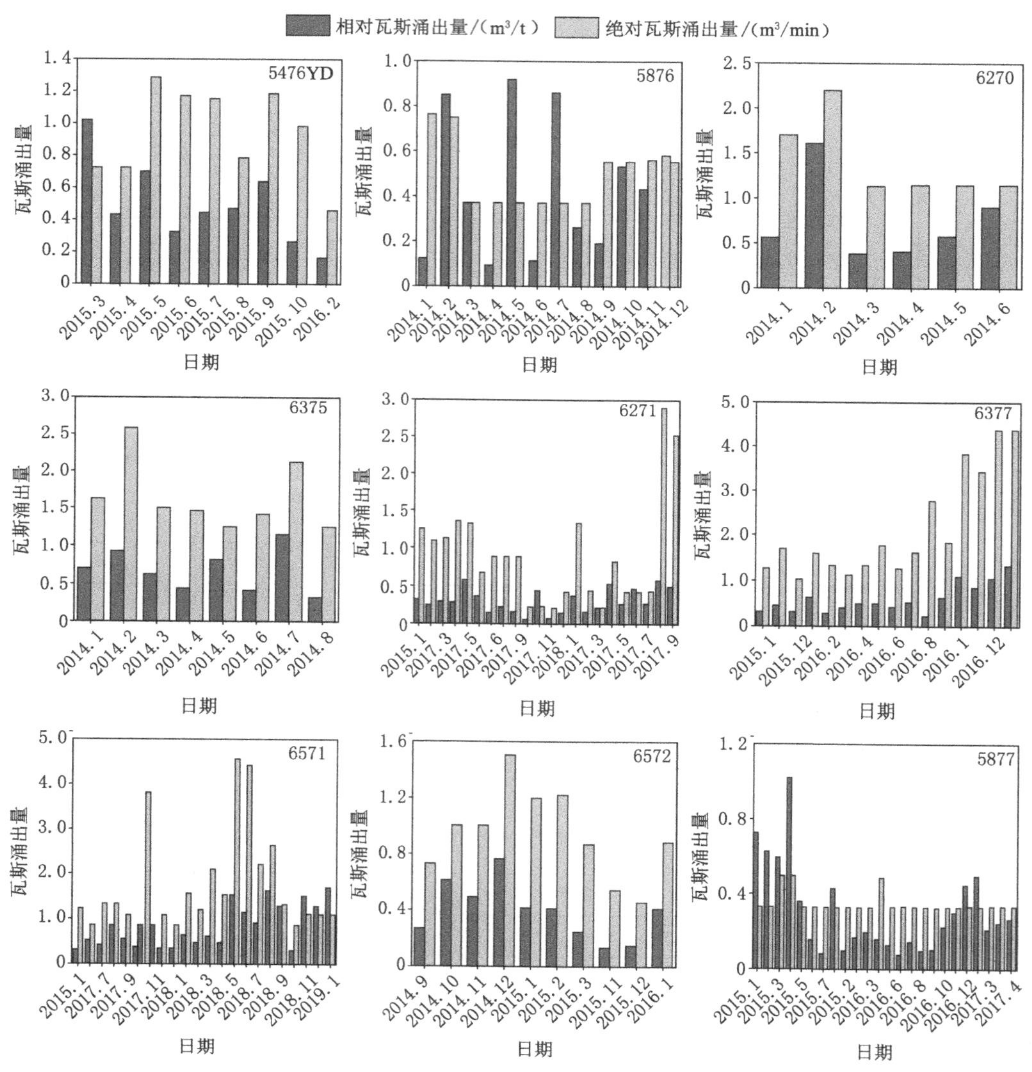

图 5-12　7 煤层回采工作面瓦斯涌出量直方图

7煤层绝对瓦斯涌出量主要集中在0～1 m^3/min区间内，占比超过了瓦斯涌出量实测数据总数的一半，并且0～2 m^3/min区间内的瓦斯涌出量占瓦斯涌出量实测数据总数的92.42%(图5-13)。

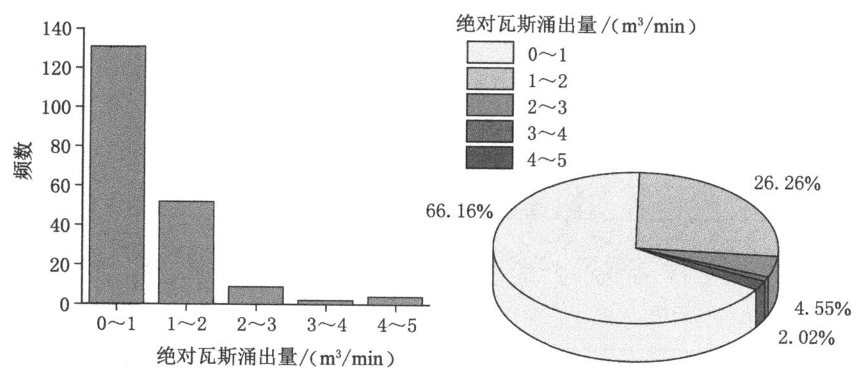

图5-13　7煤层绝对瓦斯涌出量频数分布图

7煤层相对瓦斯涌出量主要集中在0～1 m^3/t区间内，占比达到了瓦斯涌出量实测数据总数的88.46%，且除了有1个数据点位于3～4 m^3/t范围，7煤层相对瓦斯涌出量均集中在0～2 m^3/t区间内，占比达到了瓦斯涌出量实测数据总数的99.23%(图5-14)。

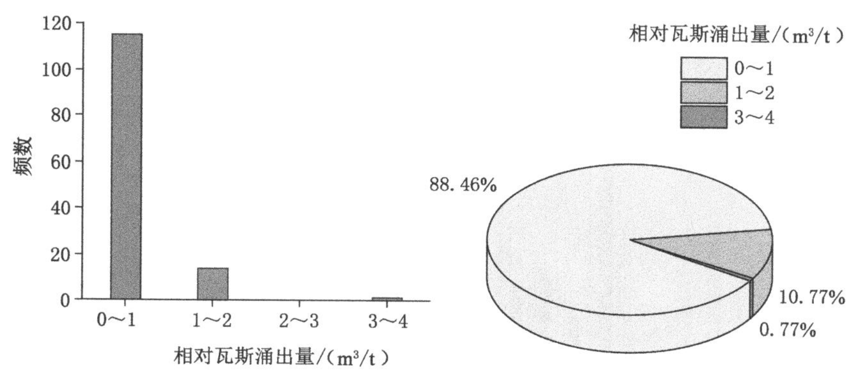

图5-14　7煤层相对瓦斯涌出量频数分布图

2. 8煤层瓦斯涌出特征

8煤层6个回采工作面瓦斯涌出数据统计结果见图5-15。8煤层浅部工作面由于开采时间较早，部分数据存在缺失，因此本次仅统计了8煤层深部回采工作面瓦斯涌出数据。

8煤层相对瓦斯涌出量数据较少，除6183以及6185工作面数据较为全面之外，其余工作面相对瓦斯涌出量数据均存在不同程度的缺失。仅就现有的数据来看，8煤层相对瓦斯涌出量分布在0.05～1.30 m^3/t之间，平均为0.47 m^3/t，且除6185工作面相对瓦斯涌出量数值变化较大，在0.06～1.30 m^3/t之间波动，其余工作面相对瓦斯涌出量数值均较为平稳。

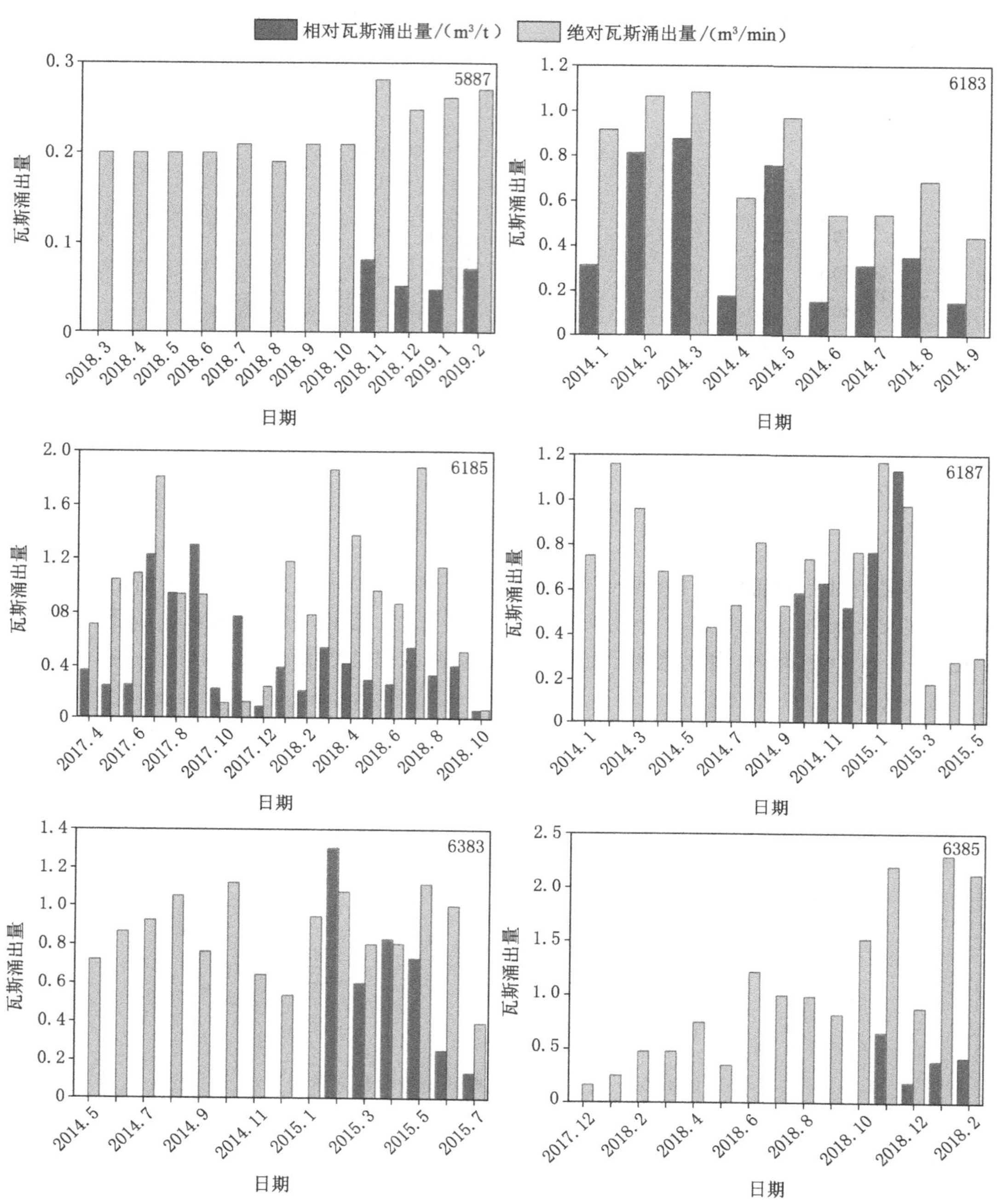

图 5-15　8 煤层回采工作面瓦斯涌出量直方图

各工作面绝对瓦斯涌出量最小为 0.07 m^3/min，最大为 2.29 m^3/min，平均为 0.77 m^3/min。5887 工作面绝对瓦斯涌出量相对较小，最高仅为 0.28 m^3/min，6185、6385 工作面绝对瓦斯涌出量相对较高，且变化较大，其余工作面变化较小。

8 煤层绝对瓦斯涌出量在 0～3 m^3/min 之间均有分布，但主要在 0～2 m^3/min 之间，占瓦斯涌出量实测数据总数的96.59%(图5-16)。

而8煤层相对瓦斯涌出量只在0～2 m^3/t范围内有分布，且主要集中在0～1 m^3/t区间范围内，占比高达91.49%(图5-17)。

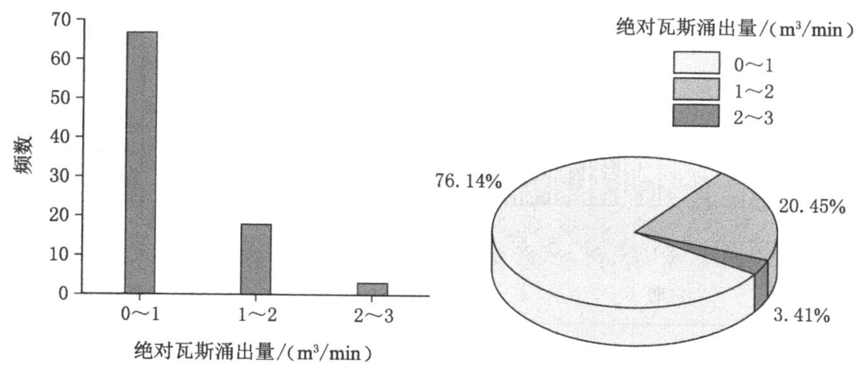

图5-16　8煤层绝对瓦斯涌出量频数分布图

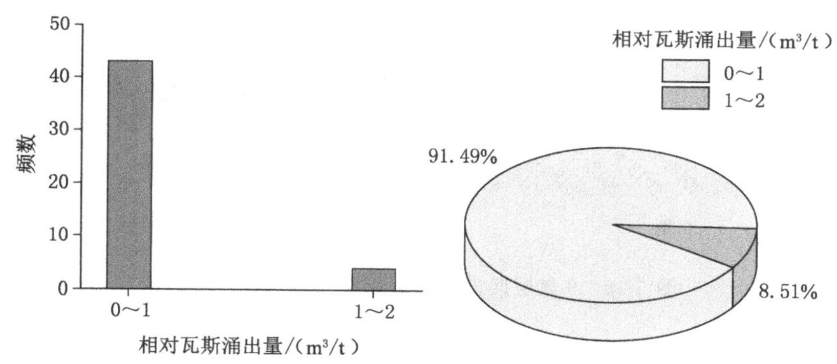

图5-17　8煤层相对瓦斯涌出量频数分布图

3. 9煤层瓦斯涌出特征

9煤层相对瓦斯涌出量数据也较少，仅6191工作面数据较为完整。对现有的9煤层相对瓦斯涌出量数据进行统计(图5-18)，9煤层相对瓦斯涌出量较低，最大为0.93 m^3/t，最小仅为0.07 m^3/t，平均为0.34 m^3/t。各工作面相对瓦斯涌出量数值变化均较小，且浅部工作面和深部工作面相对瓦斯涌出量数据较为接近。

9煤层绝对瓦斯涌出量最小为0.09 m^3/min，最大为4.07 m^3/min，平均为0.71 m^3/min。深部工作面绝对瓦斯涌出量高于浅部(5491S和5496工作面)，其中，5492Y工作面绝对瓦斯涌出量较高，且变化较大，在0.13～4.07 m^3/min之间均有分布，其余工作面绝对瓦斯涌出量数值变化均较为平稳，最大值仅为1.05 m^3/min。

9煤层绝对瓦斯涌出量分布范围相对较广，但主要集中在0～2 m^3/min区间内，占比达到瓦斯涌出量实测数据总数的92.42%，尤其是在0～1 m^3/min区间内的瓦斯涌出量，占总数的86.36%(图5-19)。9煤层相对瓦斯涌出量较为稳定，均处于0～1 m^3/t范围内。

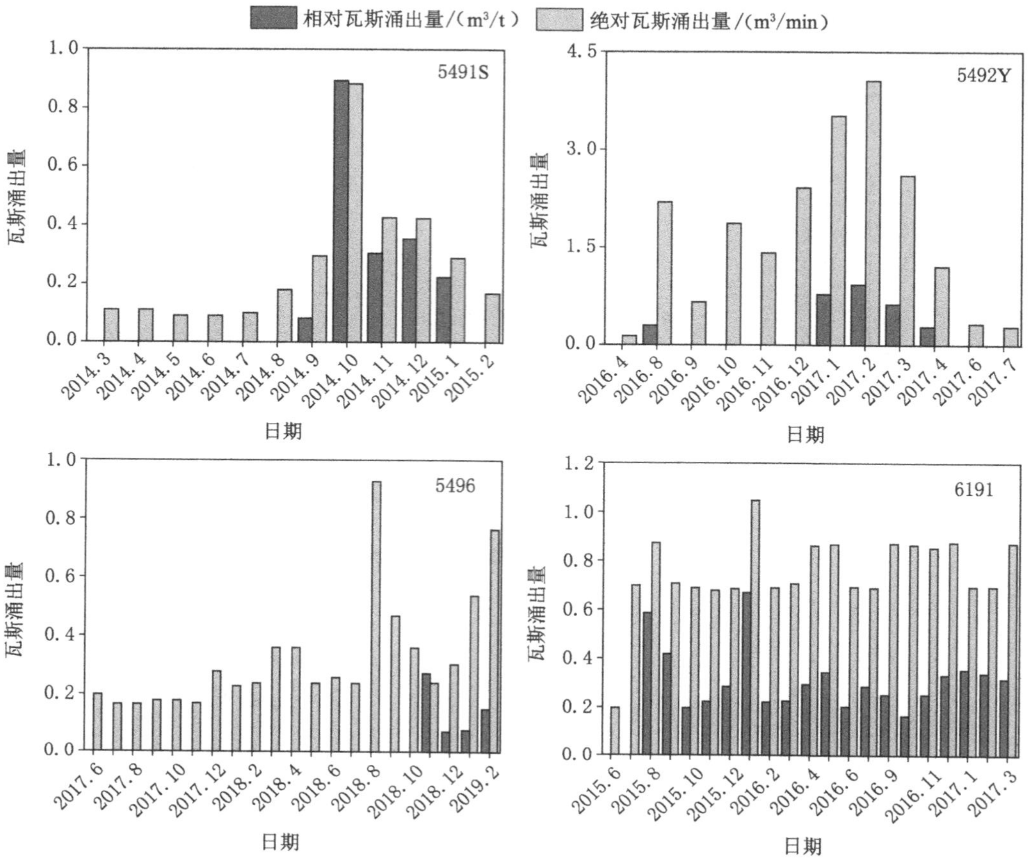

图 5-18　9 煤层回采工作面瓦斯涌出量直方图

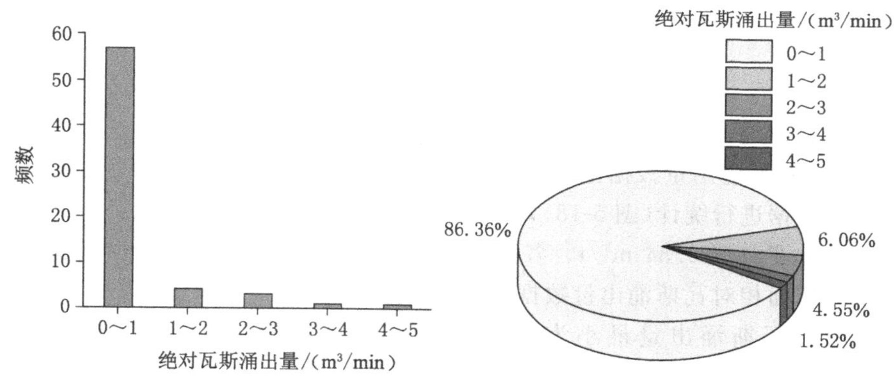

图 5-19　9 煤层绝对瓦斯涌出量频数分布图

4. 12 煤层瓦斯涌出特征

12 煤层 5422Y 工作面瓦斯涌出量数据较少，仅有 4 组。因此，对 12 煤层其余 5 个回采工作面瓦斯涌出数据的统计结果见图 5-20。

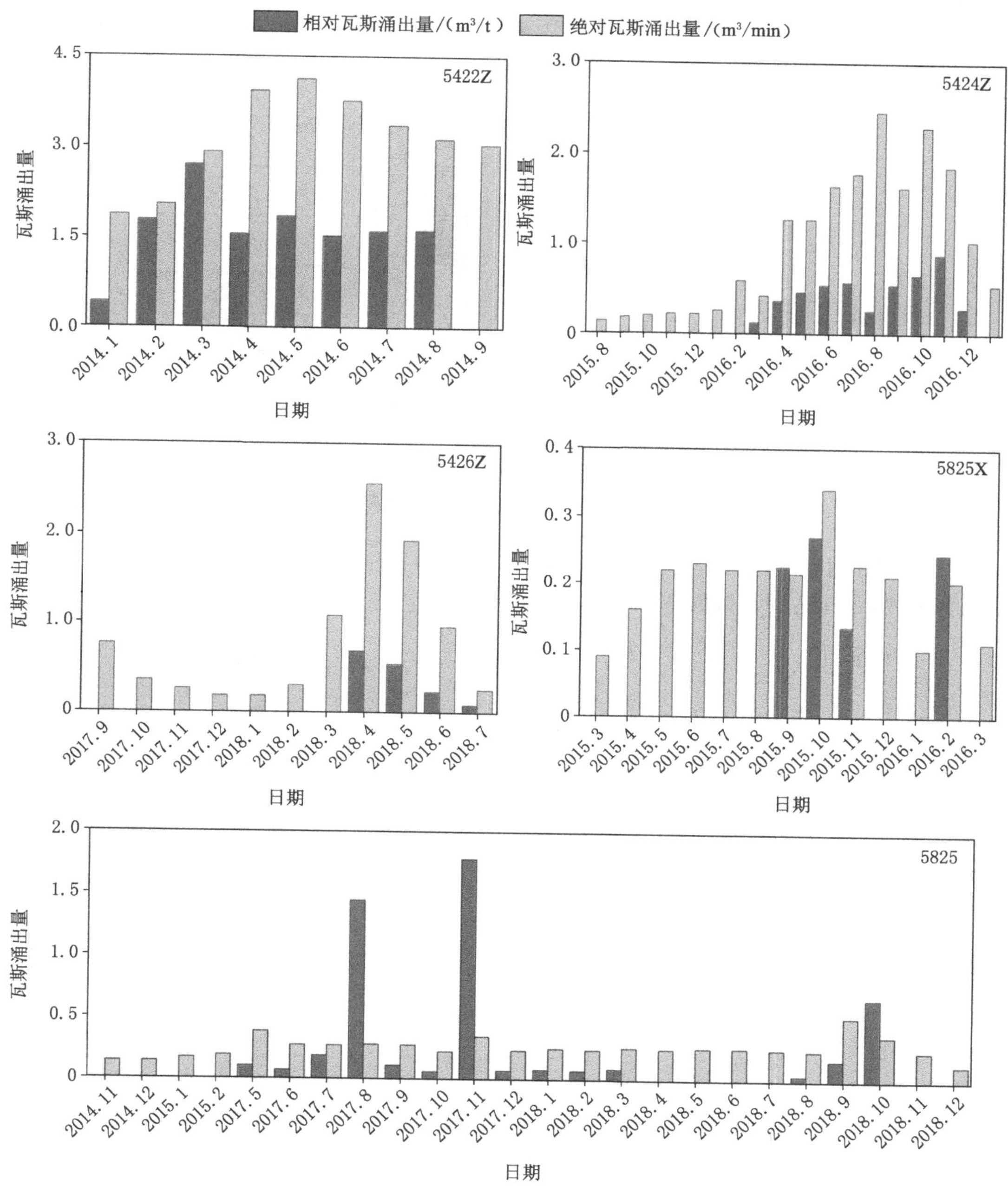

图 5-20　12 煤层回采工作面瓦斯涌出量直方图

12 煤层相对瓦斯涌出量介于 0.04～2.70 m^3/t，平均为 0.63 m^3/t，除 5825 工作面个别月份相对瓦斯涌出量数值出现较大波动外，其余工作面数值均较为平稳。

12 煤层绝对瓦斯涌出量介于 0.14～4.13 m^3/min 之间，平均为 0.82 m^3/min，最大值出现在深部工作面 5422Z，各回采工作面绝对瓦斯涌出量数值变化较为平稳，无较大波动，且深部和浅部工作面绝对瓦斯涌出量差距较小。

12 煤层绝对瓦斯涌出量分布范围较广，在 0～5 m^3/min 内均有分布，主要分布于 0～2 m^3/min（占比为 86.08%），3～5 m^3/min 区间范围内分布较少（图 5-21）。

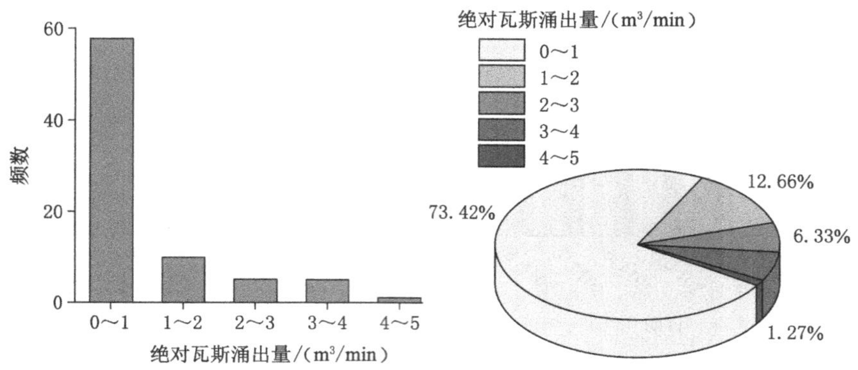

图 5-21　12 煤层绝对瓦斯涌出量频数分布图

12 煤层相对瓦斯涌出量分布范围较小，均在 0～3 m^3/t 之间，且主要集中在 0～2 m^3/t 区间范围内，占比达到总数的 97.5%（图 5-22）。

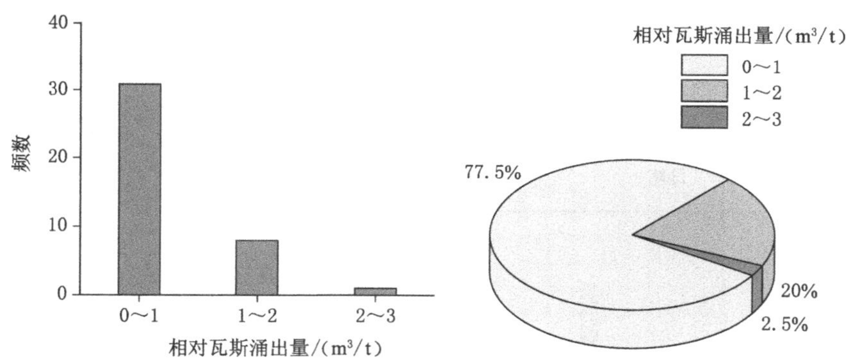

图 5-22　12 煤层相对瓦斯涌出量频数分布图

小　　结

（1）根据各煤层样品瓦斯化验结果，统计分析其瓦斯成分特征，综合评定认为吕家坨矿各主采煤层瓦斯风化带下限在 830 m 左右。

（2）分析了矿井浅部各主采煤层瓦斯含量赋存特征，并根据矿井深部工作面绝对瓦斯涌出量实测数据反算了矿井深部各主采煤层瓦斯含量，结果显示，浅部瓦斯含量分布跨度相对较大，平均在 2～3 m^3/t 之间，且平面展布趋势呈由东部向北、西、南三个方向逐渐增大；深部各主采煤层瓦斯含量相近，平均在 3.05～3.32 m^3/t 之间，且主要分布在 3～4 m^3/t 之间，相比于浅部更大，且构造发育对深部瓦斯含量的大小与分布具有一定程度的控制作用。

(3) 统计了吕家坨矿 7、8、9、12 煤层共 25 个回采工作面瓦斯涌出量数据，数据结果显示，各主采煤层瓦斯涌出量相对较小，且 7、12 煤层瓦斯涌出量略大于 8、9 煤层。其中，各煤层各工作面相对瓦斯涌出量变化较小，主要分布于 0～2 m^3/t 之间；绝对瓦斯涌出量分布范围较广，在 0～4.56 m^3/min 间均有分布，但主要位于 0～2 m^3/min 范围内，且整体上深部工作面绝对瓦斯涌出量要大于浅部。

第六章　深部瓦斯地质条件研究

在成煤过程中，随着煤层埋深不断增加，煤层受各种热源及不同地质应力的影响越来越大，会发生不同程度的变形，其结构形态随之发生明显的变化。而这种深部煤层煤变质引起的动力变质主要对构造发育区产生影响，构造运动所产生的构造应力与上覆地层的静压力构成了煤层所受的主要外力来源。构造煤受控于不同性质的构造运动，在断层和褶皱附近，构造煤最为发育。在不同变质变形环境下，不同类型构造煤的形成与控制机理各不相同，深部煤层煤岩的孔隙结构和渗透特性都会有所差别，而这些因素的差异对煤层内瓦斯的赋存及运移产生较大的影响。深部煤层煤岩结构和地质条件的变化将直接引起深部煤层的高地应力、高温度和高孔隙压力等现象，这些条件会造成深部煤层瓦斯赋存特征与浅部的较大差异。

从前文对研究区各煤层已采工作面瓦斯赋存情况的分析以及深部与浅部的划分可以发现，研究区瓦斯的赋存在深部与浅部确有差异，说明在划定的深部与浅部肯定有某些地质条件的差异才导致瓦斯赋存的这种变化，这也是煤炭深部开采中需要注意的。因此对比分析研究区深部与浅部地质条件的差异，对于深部瓦斯赋存的主控因素分析以及深部矿井开采的理论研究都至关重要。

第一节　煤储层特征对比

不同类型构造煤结构、构造存在着显著的差异，从而导致储层物性的不同，尤其对煤储层的孔隙率和渗透率这两个重要指标的影响更为显著。

糜棱煤类构造煤的煤质松软，煤层极为破碎，表面积增大，对煤层甲烷的吸附能力增强，煤层瓦斯含量较高。但由于微裂缝被碎粉煤所充填，孔隙率相对降低，煤层渗透率也大大降低。因此，糜棱煤类构造煤具有高的瓦斯含量及较好的封存条件，往往是矿井瓦斯突出的危险地带。

碎裂煤类构造煤，尤其是初碎裂煤和碎裂煤具有割理发育、瓦斯含量高、相对渗透率高和孔容较大等特征，该类构造煤一般发育于构造作用相对较弱的区域，或距强变形构造带有一定的距离，在伸展和挤压环境中都可以产生。在伸展作用下，碎裂煤的分布一般位于断裂构造的上盘，且变形带一般较窄，稳定性较差，瓦斯容易散失，常形成低瓦斯区。在挤压环境中，碎裂煤的分布较稳定，往往可以形成较厚的碎裂煤带，特别是层滑构造的下盘常可形成稳定的碎裂煤带，层滑面及其上的糜棱煤带的发育相对起到了封闭盖层的作用，有利于瓦斯的保存。在层滑构造的上盘，由于垂向分带较为显著，不同结构的构造煤在垂向上相继发育，煤层流变也相对较强，碎裂煤带较窄。碎斑煤和碎粒煤的储层物性介于以上两者之间，渗透率一般不高。

一、煤岩显微组分对比

从以往的资料分析得知，煤岩显微组分影响着煤层瓦斯含量。其原因为：一方面，煤岩显微组分影响着煤的产烃能力，其影响大小顺序是壳质组＞镜质组＞惰质组，在焦煤阶段其产出的总烃的比例是1.5∶1.0∶0.7；另一方面，煤岩显微组分影响着煤层瓦斯的吸附能力，其影响大小顺序是惰质组＞镜质组＞壳质组，且无机组分含量越高，煤体对瓦斯的吸附能力越低。从东欢坨矿、吕家坨矿、范各庄矿和林西矿四个煤矿主采煤层的煤岩显微组分可以看出，9煤层、11煤层和12煤层具有较高的生烃潜力。吕家坨矿的主采煤层的壳质组含量较高，降低了对瓦斯的吸附能力。林西矿主采煤层煤岩显微组分中的无机组分偏高，占据了较多的孔隙，降低了煤体吸附瓦斯的空间，也是降低瓦斯含量的因素（图6-1、表6-1）。

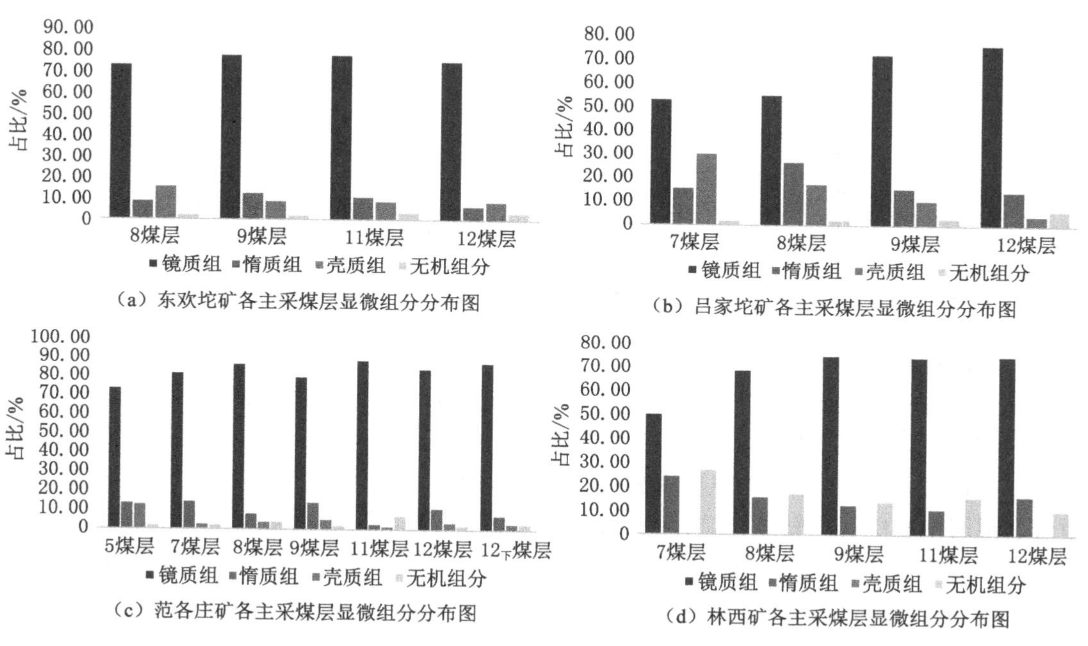

（a）东欢坨矿各主采煤层显微组分分布图

（b）吕家坨矿各主采煤层显微组分分布图

（c）范各庄矿各主采煤层显微组分分布图

（d）林西矿各主采煤层显微组分分布图

图6-1 开滦矿区各煤矿主采煤层显微组分分布图

表6-1 开滦矿区各煤矿主采煤层显微组分含量

煤矿	主采煤层	显微组分含量/%			
		镜质组	惰质组	壳质组	无机组分
东欢坨矿	8煤层	73.68	8.46	15.82	2.04
	9煤层	78.68	12.14	8.32	1.86
	11煤层	78.36	10.66	8.64	3.34
	12_{-1}煤层	75.76	6.67	8.64	3.34

表 6-1(续)

煤矿	主采煤层	显微组分含量/%			
		镜质组	惰质组	壳质组	无机组分
吕家坨矿	7 煤层	52.90	15.30	30.10	2.00
	8 煤层	55.00	26.00	17.00	2.00
	9 煤层	72.00	15.00	10.00	3.00
	12 煤层	76.00	14.00	4.00	6.00
范各庄矿	5 煤层	72.60	13.34	12.68	1.58
	7 煤层	80.64	14.20	2.78	2.38
	8 煤层	85.76	7.52	3.32	3.36
	9 煤层	78.60	14.06	5.38	1.96
	11 煤层	88.30	2.80	1.70	7.20
	12 煤层	83.40	10.90	3.58	2.06
	12 下煤层	86.76	6.86	3.12	3.26
林西矿	7 煤层	49.50	23.80	0	26.70
	8 煤层	67.80	15.20	0	17.00
	9 煤层	74.30	12.10	0	13.60
	11 煤层	73.80	10.60	0	15.60
	12 煤层	74.20	15.90	0	9.90

二、煤岩裂隙特征

煤是一种双孔隙的储层,除含有基质孔隙系统外,还含有割理裂隙网络系统。孔隙系统是甲烷的吸附储集结构单元,而裂隙网络系统往往则是甲烷气体的主要运移通道。当储层压力降低时,煤储层中的气体从煤基质微孔隙表面解吸、扩散出来,并以渗透流动的方式通过裂隙网络系统流入钻井,从而形成具有工业开采潜力的瓦斯气流。

煤中裂隙的分类一般从成因和形态两方面入手。前人根据成因将煤中裂隙分为 4 类,根据成因和形态细分为 7 组,最后根据形态与组合关系分为 17 型(表 6-2)。

外生裂隙是指煤层形成后受地质构造运动应力影响而形成的裂隙,其不但穿越煤层各种煤岩类型界面,而且能穿透煤层夹矸,甚至穿越顶、底板;内生裂隙是煤化作用过程中,煤中凝胶化组分由于多种压实作用,脱水、脱挥发分的收缩作用等综合因素作用下形成的裂隙,常见于光亮煤和半亮煤中;继承性裂隙实际上是先期形成割理的再改造,按其性质分为内生继承和外生继承;微裂隙是指光学显微镜下可见的裂隙。从宏观和微观两个层次上可以再次对煤层裂隙进行分类,将其分为宏观裂隙和微观裂隙两大类。多重构造作用或部分对孔隙结构产生影响和控制作用,且在不同的孔径阶段和孔容增幅方面各有差异。各种构造作用的影响程度、作用方式和作用孔径存在差异,总体来说构造作用的增强会使得微孔孔容降低。裂隙系统的性质、规模、连通性和发育程度决定了其渗透性,进而控制了煤层气开采的可行性和矿井瓦斯突出的可能性。

表 6-2 煤中裂隙的分类[126]

	类	组	型	
煤中孔隙	内生裂隙(割理)	面割理	网状	规则网格状
				不规则网格状
		端割理	孤立状	直线形
				S形
			叠加形	
	外生裂隙	张性外生裂隙	羽状	
			网状	
			树枝状	
			锯齿状	
			纵张裂隙	
		剪性外生裂隙	叠瓦状	
			阶梯状	
			X形	
			桥构造	
		张剪性外生裂隙		
		压剪性外生裂隙	辫状裂隙	
		劈理	褶劈理	
			流劈理	
	继承性裂隙			
	微裂隙			

(一) 宏观裂隙的发育特征

按其力学性质,可将外生裂隙进一步划分为张性外生裂隙、剪性外生裂隙、张剪性外生裂隙和压剪性外生裂隙等。本次以吕家坨－800 水平、－950 水平煤样为例进行介绍,样品均为构造煤,宏观裂隙发育。由于构造作用的破坏,煤体结构较为破碎,仅对其中大块煤进行观测,发现垂直于摩擦镜面的方向裂隙较发育,裂隙呈菱形、网状和平行状(图 6-2);平行于摩擦镜面的方向裂隙发育较少,由于煤层之间的挤压滑动,表面较为光滑,裂隙主要呈平行状(图 6-3)。

(二) 微观裂隙的发育特征

微观裂隙是指肉眼难以辨认的,必须借助光学显微镜或扫描电镜才能观察的线形空间。其发育尺度显著低于宏观裂隙。其可进一步分为两个不同尺度级次,即光学显微镜下可观测到的显微裂隙和仅扫描电镜观察到的超显微结构,多发育于镜煤与亮煤中。

在光学显微镜下构造煤条带状结构和层理构造已不显现,宏观煤岩组分(镜煤、亮煤、暗煤、丝炭)已不能辨别,光泽暗淡,没有方向性的裂隙发育。

两侧可能出现位移(微小断层),还可能显现揉皱的形迹(微小褶曲),甚至表现为纤维角砾岩化。有机显微组分常呈现出挤压变形、扭曲变形特征;受力严重时显微组分发生破

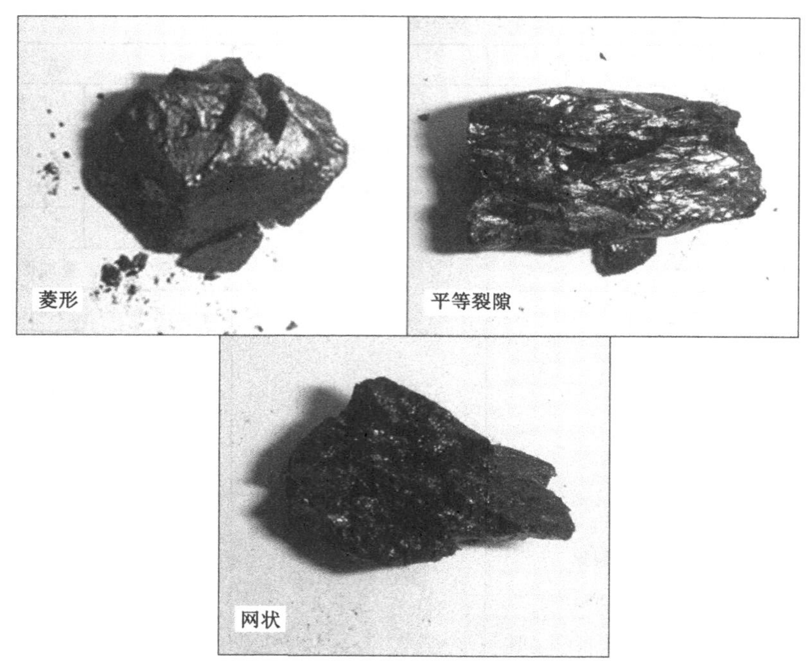

图 6-2 研究区煤样垂直于镜面方面裂隙发育特征

图 6-3 研究区煤样平行镜面方向裂隙发育特征

碎或发生位移，并常被重新胶结，构造滑面与塑性流变现象常见。

煤因性脆而裂隙发育，按其成因裂隙分内生裂隙和外生裂隙，由于受到构造应力等影响，显微裂隙形态和组态与宏观构造相似，单条裂隙呈直线状、锯齿状或折线状，多条裂隙可组成网络状裂隙，常见的裂隙网络有树枝状、矩形、菱形、三角形、“T”字形、“X”形、楔形、叠瓦形及不规则状等。

煤体如果受到更强的构造应力影响，煤体裂隙增大增多，裂隙两边发生相对位移，裂隙两边的颗粒排列也发生了一定的变化，从而出现了断裂。研究区吕家坨矿－800 水平煤样显微裂隙见图 6-4。

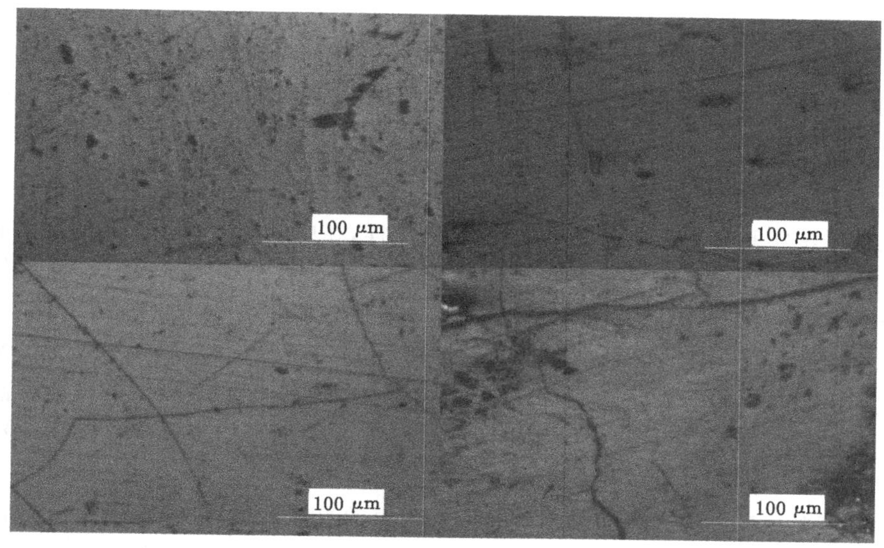

图 6-4　研究区吕家坨矿－800 水平煤样显微裂隙

三、煤岩孔隙特征

煤是一种复杂多孔性固体，煤中孔隙直接关系到煤的吸附性、解吸性和渗透性。煤的孔隙在成煤过程中形成。经地质构造作用的改造，部分煤遭到剧烈的破碎，扩展了孔隙数量和容积，改变了煤的孔隙结构。由于煤孔隙数量和结构的改变，煤的脆性、坚固性及机械物理性质发生改变。

具有煤与瓦斯突出危险的煤大多属于遭受严重构造破坏的煤，即构造煤。研究构造煤中孔隙数量和结构的变化，对于进一步探讨构造煤的形成和突出机理具有十分重要的意义。通常构造煤的瓦斯含量较大，瓦斯压力较高，而易发生瓦斯突出。影响瓦斯压力和瓦斯含量的因素很多，对比构造煤与非构造煤的含气性应该在其他因素相同或接近的条件下作对比性测试。但是一般情况下，难以直接实测相同条件的构造煤与非构造煤的瓦斯压力与含量，只能用间接方法讨论此问题。

煤的孔隙性质（包括孔隙大小、形态、连通性、孔容、比表面积等）是研究煤层瓦斯赋存状态、煤中气体（主要是甲烷）的吸附/解吸性能及其在煤层中运移的基础。煤的孔隙特征可以通过压汞实验进行描述。

（一）压汞实验原理

压汞法是分析煤孔隙的常用方法。压汞法测定介质的孔尺寸是基于汞在毛细管中的非润湿性进行的。由于表面张力的作用，一种液体不能自发地进入接触角大于 90°的小孔里去，但这种阻力可以通过施加压力予以克服，所需压力的大小与孔的尺寸有关，是孔径的函数，这种关系符合 Washburn 方程：

$$p \cdot r = 2\sigma\cos\theta$$

式中　r——孔半径；

σ——汞的表面张力；

θ——接触角；

p——施加的压力。

通过上式，可求出不同汞压力下煤的孔隙半径 r，并可得到各种孔隙半径在煤孔隙中所占的比例。由煤样的孔隙半径、实验过程中汞的侵入量的变化值可得到比表面积，进而进行煤层中孔隙分析。

（二）实验结果

本次压汞法实验分别选取研究区 25 个不同煤样，在中国矿业大学分析测试中心微结构分析实验室进行。采用美国麦克仪器公司 9310 型压汞微孔结构测试仪。仪器工作压力为 0.003 5～206.834 MPa，分辨率为 0.1 mm^3，粉末膨胀仪容积为 5.166 9 cm^3，测定下限为孔隙直径 8.2 nm。计算机程控点式测量，其中高压段（0.615 5 MPa$\leqslant p \leqslant$206.843 MPa），选取压力点 36 个，每点稳定时间 25 s，每个样品的测试重量为 39 g 左右，上机前样品置于烘箱中，在 70～88 ℃条件下恒温干燥 12 h，装入膨胀仪中抽真空至 $p<6.67$ Pa，然后进行测试。

煤的孔隙率是指煤中孔隙与裂隙的总体积与煤的总体积的百分比，其大小可说明煤储层储集气体能力的大小。据压汞法测试煤孔隙率原理，其所测得的孔隙率是指汞所能进入的有效孔隙的孔容（连通孔隙的孔容）与煤的总体积之比，故称其为“压汞孔隙率”。压汞孔隙率的大小，一方面反映煤储集气体能力的大小，另一方面也反映煤孔隙系统的渗透性好坏。相同的条件下，煤样进汞量越大，煤样的压汞孔隙率就越大，即煤中连通的孔隙越多，渗透性越好。当煤中孔隙各个孔径段孔径均发育非常好，并匹配合适的情况下，其值就等于煤的真实孔隙率。

研究区煤样的压汞孔隙率详见表 6-3。研究区 25 块样品的压汞孔隙率范围在 2.24%～8.07%之间，平均为 4.27%。其中样品 DHT-5 和 QJY-4 的孔隙率明显偏高。这说明在该水平上的东欢坨矿 11 煤层和钱家营矿 5 煤层可能发生构造变形，导致孔隙较为发育，孔容较大，理论上容易吸附瓦斯。

表 6-3　研究区煤储层压汞孔隙率数据

煤矿	样品编号	样品信息	孔隙率/%
东欢坨矿	DHT-1	北二二中　9 煤	4.99
	DHT-2	11 煤	4.47
	DHT-3	7 煤	3.87
	DHT-4	3088 采面　8 煤	4.69
	DHT-5	$2012_{上}$采面　11 煤	8.07
	DHT-6	$2089_{下}$采面　8 煤	4.35
	DHT-7	2022 采面　12_{-1}煤	4.63
吕家坨矿	LJT-1	−800 水平　7 煤	4.59
	LJT-2	−950 水平　7 煤	3.80
	LJT-3	−800 水平　8 煤	3.82
	LJT-4	−800 水平　9 煤	4.41
	LJT-5	−800 水平　12_{-1}煤	3.72

表 6-3(续)

煤矿	样品编号	样品信息	孔隙率/%
钱家营矿	QJY-1	−850 水平　6 煤	4.27
	QJY-2	−850 水平副石门　9 煤	3.98
	QJY-3	−600 水平　5 煤	5.31
	QJY-4	−850 水平　5 煤	7.29
林西矿	LX-1	8 煤	2.63
	LX-2	0093 上正眼　9 煤	4.12
	LX-3	9923 上风　12_{-1}煤	4.43
唐山矿	TS-1	埋深−561 m　5 煤	3.57
	TS-2	埋深−617 m　8 煤	3.14
	TS-3	埋深−576 m　9 煤	3.92
	TS-4	埋深−815 m　5 煤	3.06
	TS-5	埋深−817 m　8 煤	2.24
	TS-6	埋深−1 028 m　9 煤	3.38

据煤中孔隙开放性，可将其划分为开放孔、半封闭孔和封闭孔(图 6-5)，其中开放孔和半封闭孔为煤中的有效孔隙。根据压汞曲线“孔隙滞后环”特征，可对孔隙的连通性及其基本形态进行初步评价。开放孔具有压汞滞后环，半封闭孔由于退汞压力与进汞压力相等而不具有“滞后环”，但有一种特殊的半封闭孔，由于其瓶颈与瓶体的退汞压力不同，也可形成“突降”型滞后环的退汞曲线，如图 6-6 所示。

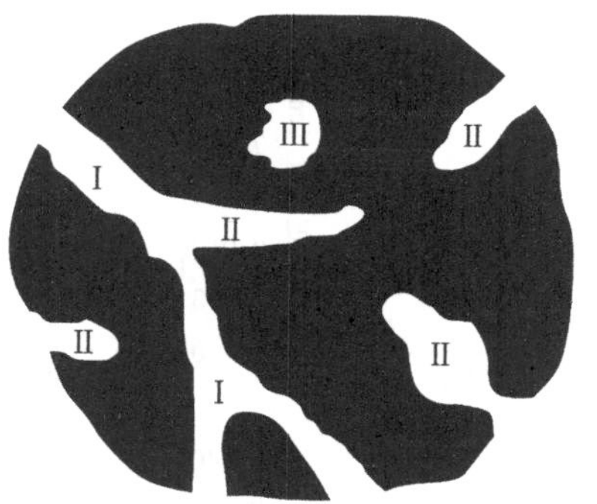

Ⅰ—开放孔；Ⅱ—半封闭孔；Ⅲ—封闭孔。

图 6-5　孔隙形态类型示意图

研究区煤储层煤样的进汞、退汞曲线如图 6-7 所示，可看出：区内煤储层压汞曲线具有一定的进汞、退汞体积差，滞后环窄小，孔隙多以开放孔(Ⅰ类孔)为主，但退汞曲线均呈下凹状，表明其中也包括相当数量的半封闭孔(Ⅱ类孔)，孔隙的连通性较差。

图 6-7 显示了东欢坨矿煤样在不同压力下进汞和退汞时的累积进泵量。图 6-8 显示了吕家坨矿煤样 LJT-2 和 LJT-5 在不同压力下进汞和退汞时的累积进泵量。图 6-9 显示了钱家营矿煤样 QJY-3 和 QJY-4 在不同压力下进汞和退汞时的累积进泵量。

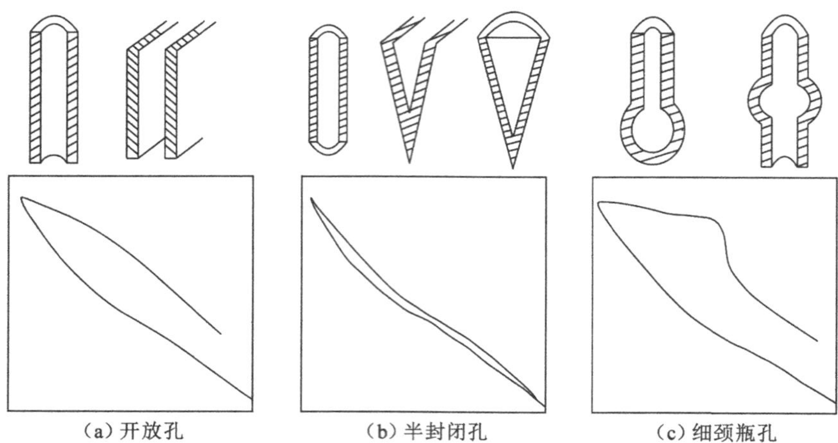

（a）开放孔　　（b）半封闭孔　　（c）细颈瓶孔

图 6-6　不同孔形与其对应的压汞曲线特征

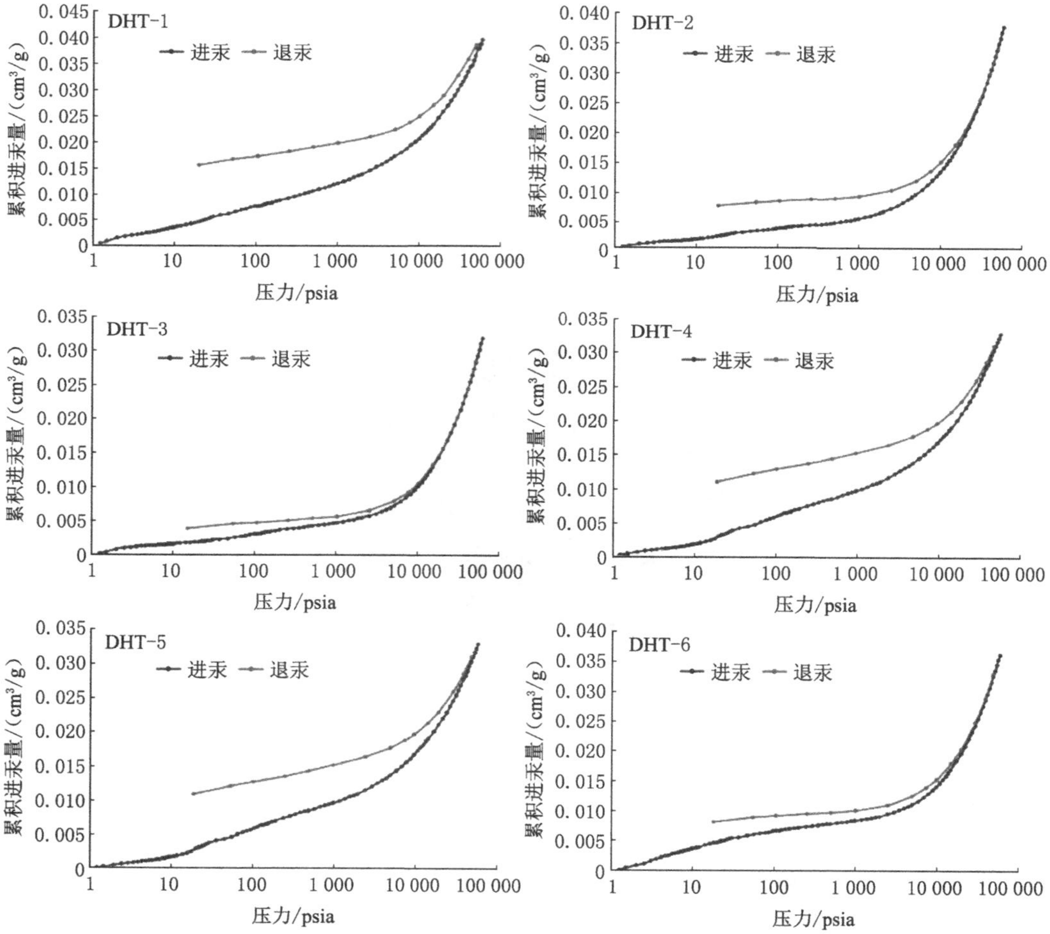

图 6-7　东欢坨矿煤样进退汞累积体积

（注：1 psia＝6.89 kPa）

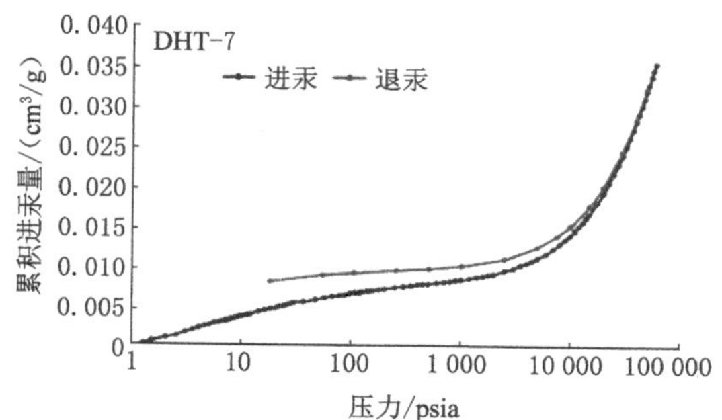

图 6-7(续)

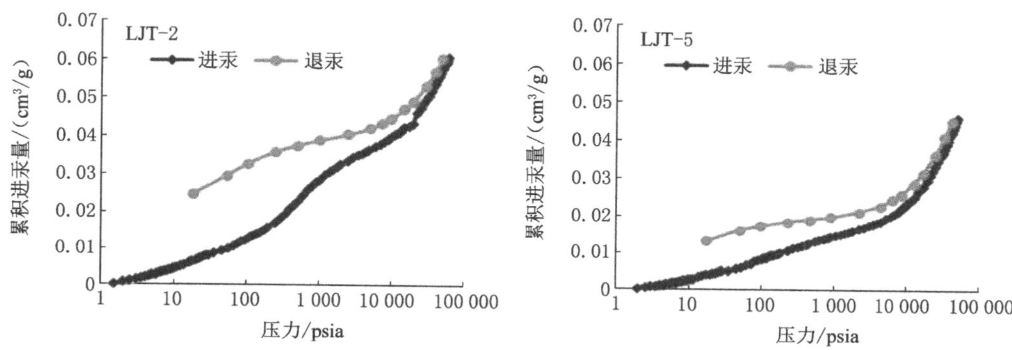

图 6-8　吕家坨矿煤样进退汞累积量

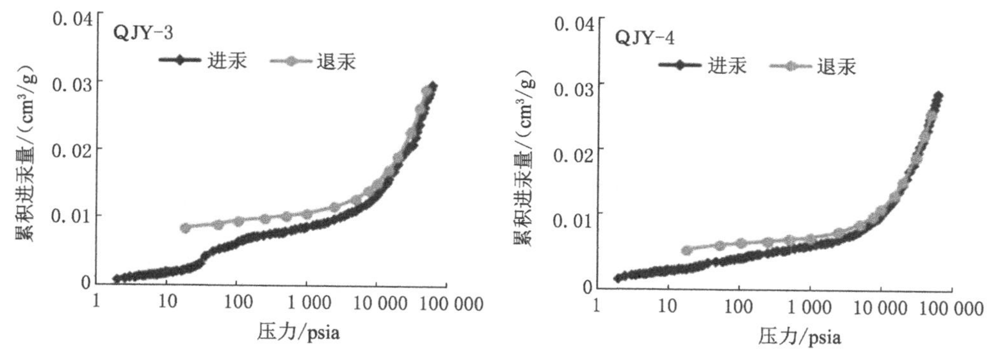

图 6-9　钱家营矿煤样进退汞累积量

从图 6-7 至图 6-9 可以看出：① 进汞与退汞曲线并不重合，存在明显的滞后现象；② 相同压力下进汞时测得的压入孔隙的汞量小于同压力下退汞时的汞量，即退汞曲线在进汞曲线的上部；③ 吕家坨矿−800 水平 7 煤的进汞量与−950 水平 7 煤的进汞量相差不大；④ 钱家营矿−850 水平 5 煤的进汞量明显大于−600 水平的进汞量，即反映出具有更多吸附甲烷的空间；⑤ 东欢坨 3088 采面 8 煤的进汞量与 $2089_{下}$ 采面 8 煤的进汞量相差不大，$2012_{上}$ 采面 11 煤的进汞量明显大于其余各煤样，存在更多吸附甲烷的空间。

煤基质的孔径分类一般采用霍多特孔隙分类方案。霍多特对煤的孔径结构划分是在工业吸附剂的基础上提出的，主要依据孔径与气体分子的相互作用特征。煤是复杂多孔介质，煤中孔隙是指煤体未被固体物(有机质和矿物质)填充的空间。霍多特为了便于研究瓦斯在煤层中的赋存与流动规律，按空间尺度将孔隙分为4类：① 微孔：直径<10 nm，它构成了煤中的吸附空间；② 过渡孔：直径10～100 nm，为毛细管凝结和瓦斯扩散空间；③ 中孔：直径100～1 000 nm，它构成了瓦斯缓慢层流渗透的区域；④ 大孔：直径>1 000 nm，它构成了强烈的层流渗透区间。

气体在大孔中主要以层流和紊流方式渗透，在微孔中以毛细管凝结、物理吸附及扩散现象等方式存在。考虑到瓦斯中主要成分甲烷分子的有效直径为0.38 nm的运移特征和分类影响范围等因素，研究者主要采用霍多特分类。本次研究采用霍多特(1961)分类标准。

图6-10为研究区不同矿区煤样在不同孔径条件下进汞和退汞时汞侵入体积变化量。由图6-10可以看出：

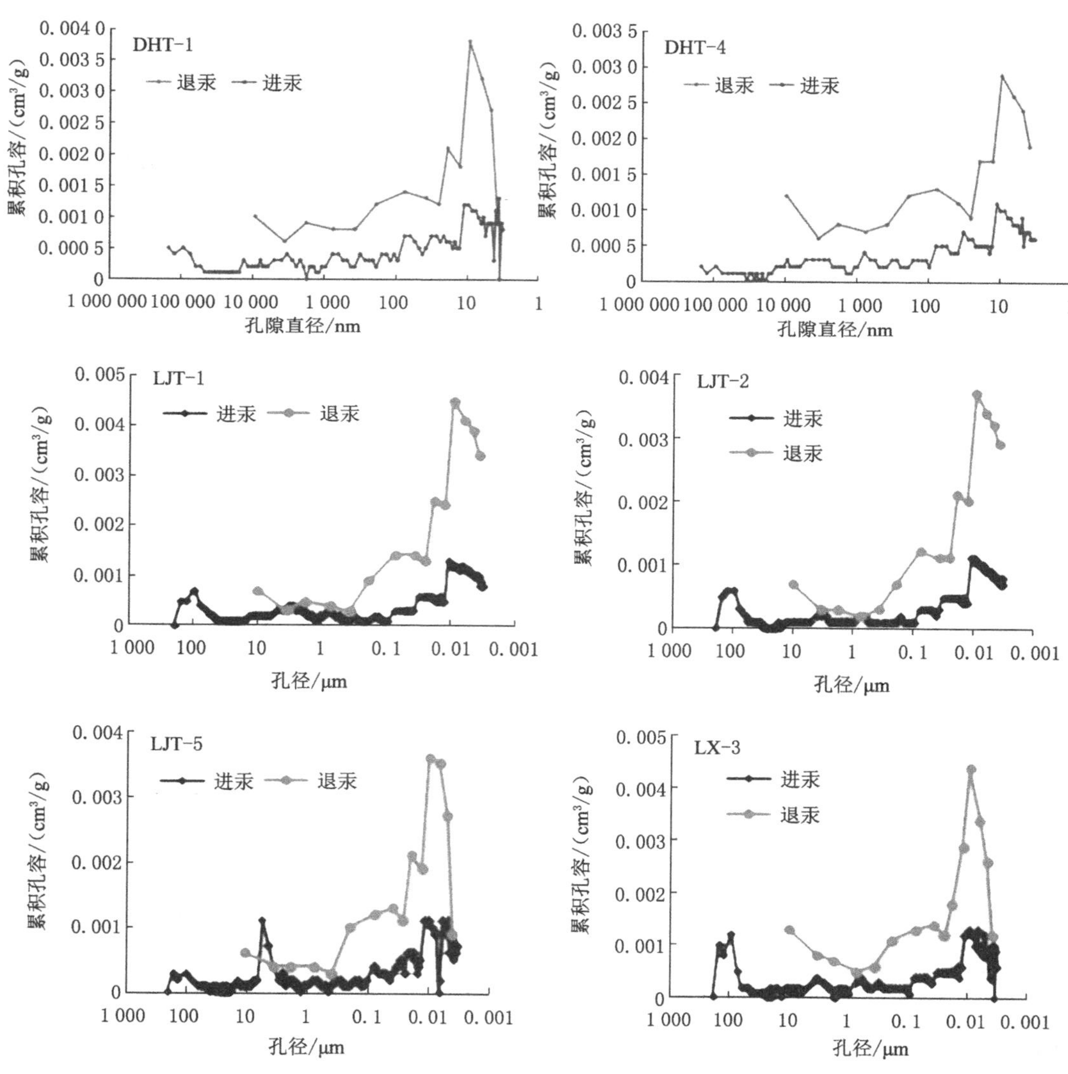

图6-10 研究区煤样孔径与孔容增量变化关系图

① 进汞时，在煤大孔中侵入汞量有明显的增量；

② 在进汞和退汞过程中，微孔中侵入汞量有明显的变化。

③ 一般来说，原生结构煤基本没有发生变形，孔容较小，一般在 0.03 cm^3/g 以下。

表 6-4 反映了研究区不同煤矿不同煤层不同孔径的孔容分布和孔容比，结果表明，研究区样品 DHT-1、DHT-5、QJY-3、QJY-4 可能受构造作用的影响发生变形，孔隙明显较发育，孔容较大，吸附甲烷能力较强。

表 6-4 研究区煤储层孔容数据

样品编号	煤层	孔容/(10^{-4} cm^3/g)					孔容比/%			
		V_1	V_2	V_3	V_4	V_t	V_1/V_t	V_2/V_t	V_3/V_t	V_4/V_t
DHT-1	9	89	48	110	149	396	22.47	12.12	28.78	38.63
DHT-2	11	38	24	118	197	377	10.08	6.29	31.3	52.25
DHT-3	7	37	18	88	175	318	11.73	5.57	28.67	55.03
DHT-4	8	69	39	93	127	328	21.04	11.89	28.35	38.72
DHT-5	11	148	46	101	188	483	30.64	9.52	20.91	38.92
DHT-6	8	71	19	90	178	358	19.83	5.31	25.14	49.72
DHT-7	12_{-1}	71	38	84	100	293	24.23	12.97	28.67	34.13
LJT-1	7	70	21	78	130	299	23.41	7.02	26.09	43.48
LJT-2	7	54	19	76	146	295	18.31	6.44	25.76	49.49
LJT-3	8	49	16	83	162	310	15.81	5.16	26.77	52.26
LJT-4	9	76	18	92	180	366	20.77	4.92	25.14	49.18
LJT-5	12_{-1}	95	24	88	175	382	24.87	6.28	23.04	45.81
QJY-1	6	73	19	88	167	347	21.04	5.48	25.36	48.13
QJY-2	9	60	23	82	151	316	18.99	7.28	25.95	47.78
QJY-3	5	99	60	111	193	463	21.38	12.96	23.97	41.68
QJY-4	5	151	170	109	180	610	24.75	27.87	17.87	29.51
LX-1	8	45	29	40	44	158	28.48	18.35	25.32	27.85
LX-2	9	67	16	84	170	337	19.88	4.75	24.93	50.44
LX-3	12_{-1}	95	36	86	152	369	25.75	9.76	23.31	41.19
TS-1	5	2.8	1.6	8.4	16.4	29.2	9.6	5.5	28.8	56.2
TS-2	8	0.7	0.9	8	14.9	24.5	2.9	3.7	32.7	60.8
TS-3	9	4	2	8.9	17.3	32.2	12.4	6.2	27.6	53.7
TS-4	5	1.6	1.2	7.8	14.7	25.3	6.3	4.7	30.8	58.1
TS-5	8	0.8	0.4	4.4	8.8	14.4	5.6	2.8	30.6	61.1
TS-6	9	2.6	1.3	8.1	15.3	27.3	9.5	4.8	29.7	56

注：V_1—大孔(ϕ>1 000 nm)；V_2—中孔(1 000 nm>ϕ>100 nm)；V_3—过渡孔(100 nm>ϕ>10 nm)；V_4—微孔(10 nm>ϕ>7.2 nm)，V_t—总孔容。

对比不同水平同一煤层的孔容发现，同一层煤的浅部煤样各阶段孔容基本均大于其深部煤样，但从深部与浅部煤岩各孔径段孔容所占比例可以看出，浅部煤岩的大孔、中孔孔容所占比例大于深部煤岩，而过渡孔、微孔孔容所占比例明显表现为深部煤岩大于浅部煤岩，表明浅部煤岩主要以大孔和中孔为主，过渡孔及微孔较少，深部煤岩则以过渡孔和微孔为主，说明深部煤岩较浅部煤岩具有更强的瓦斯吸附能力，而结合前面对煤岩显微裂隙的研究，认为浅部煤岩具有较多的瓦斯赋存空间（图 6-11）。相同水平各煤层中 12 煤层总孔容最大，且中孔孔容及微孔孔容均大于其余几层煤，表明 12 煤层相对其他煤层具有更大的瓦斯赋存空间。

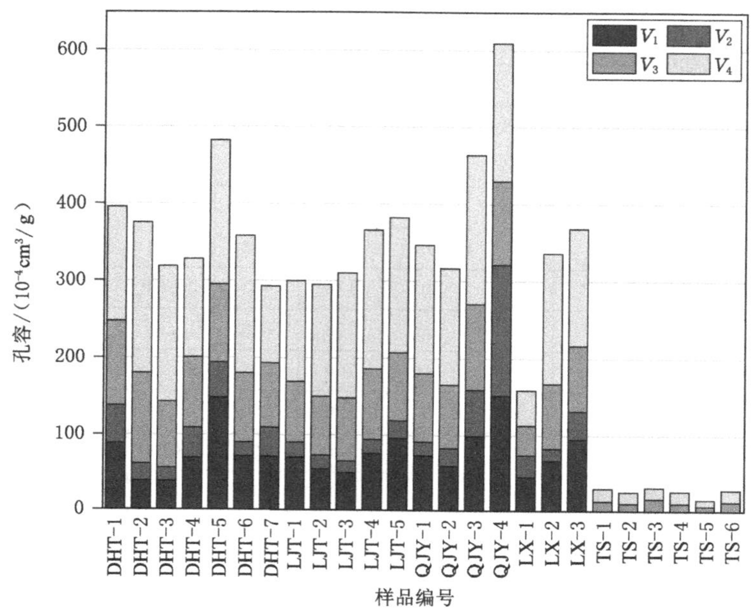

图 6-11　研究区各煤层不同孔径段孔容对比图

研究区内煤储层孔隙分布显示两极分布特征，这样的孔径分布其意义是：虽然该区微、小孔含量大且比表面积主要集中在微孔和小孔段（即小于 100 nm），导致煤层具有很强的吸附气能力，但是由于孔径的两极分布以及中孔含量相对较少，会导致孔径在中孔孔径段出现渗流瓶颈，从而降低孔隙的渗透性，同时，这样的孔隙分布也是导致孔隙率较小的主要原因。

四、煤岩吸附解吸特征对比

（一）煤岩吸附解吸原理

甲烷在煤中的吸附本质是煤基质表面与甲烷分子间的固-气作用力，为物理吸附[127-129]。对煤吸附甲烷特性的机理研究主要取决于两点：一是基于一些微观吸附假设（单层吸附理论、多层吸附理论及吸附势理论等），通过构建合理的吸附模型对甲烷在煤中的吸附行为进行解释；二是对吸附量的准确测定。当前，等温吸附实验与基于煤大分子结构构建的分子模拟是研究煤吸附特性的两种常用手段。煤中甲烷的吸附不仅受到压力、温度等外在因素的影响，也与样品煤级、显微组分、表面化学结构、煤体结构、孔隙性等内在因素有关。

根据吸附剂和吸附质之间的相互作用力的不同，将吸附分为物理吸附和化学吸附。物理吸附是由范德瓦耳斯引力作用所引起的吸附作用。由于范德瓦耳斯力存在于任何两个分子之间，所以物理吸附可以发生在任何固体表面上。物理吸附不需要活化能，吸附能很快达到平衡，而且过程是可逆的，物理吸附无选择性。由化学键相互作用引起的气体被固体吸附的现象称为化学吸附作用。产生化学吸附作用的是化学键力，在化学吸附过程中，可以发生电子的转移、原子的重排、化学键的破坏与形成等过程。此类吸附具有明显的选择性，并且需要活化能。吸附速度和解吸速度都较低，一般不易达到平衡状态。

在一个封闭的系统里，固相表面上同时进行着吸附和解吸两种互逆的过程，即有气体分子由于范德瓦耳斯力的吸引被吸附在固体表面；被吸附的气体分子在热运动或振动的作用下，当其运动能增大到足以摆脱范德瓦耳斯力的吸附时，就会脱离固相表面进入游离气相。当吸附与解吸作用的速度相同（即单位时间里被吸附的分子数与离开固相表面的分子数相同）时，在固相表面上的分子数维持一定的数目，此时称为吸附平衡。

达到吸附平衡时，吸附剂所吸附的气体量随气体的温度、压力而发生变化。因此，它是一种动态的平衡过程，即吸附剂的吸附量是温度和压力的函数，可表示为：

$$Q=F(T,p)$$

式中　Q——吸附气量，cm^3/g；

T——气体温度，℃；

p——平衡时游离气相的压力，MPa。

Langmuir 在研究低压下气体在金属表面上的吸附时，将所得数据进行处理后，并从动力学的观点出发，提出了固体对气体的吸附理论，即单分子层吸附理论。其基本要点是：

① 固体表面的吸附能力是因为其表面上的原子力场的不饱和性。当气体分子碰撞到固体表面时，其中一部分被吸附并放出热量，但是对气体分子的吸附只发生在固体表面空白处，当吸附的气体分子完全覆盖在固体表面时，也就是固体表面无空白位置可吸附气体分子后，力场即达到饱和状态，因此吸附为单分子层吸附。

② 固体表面是均匀的，各处的吸附能力是相同的，吸附热是个常数，不随覆盖度变化。

③ 已被吸附的分子，当其热运动的动能足以克服吸附剂引力场引力时又会重新回到气相，再回到气相的机会不受邻近其他吸附分子的影响，即吸附分子之间无作用力。

④ 吸附平衡是动态平衡，即在动态平衡时，吸附与解吸仍在进行，只是两种作用的速度相同而已，即动态平衡式为：

$$\text{气体分子（游离气相状态）} \underset{\text{解吸}}{\overset{\text{吸附}}{\rightleftharpoons}} \text{气体分子（吸附在固态表面）}$$

通常认为，瓦斯主要以物理吸附和承压游离两种状态赋存于煤体中，煤体对瓦斯物理吸附关系在目前开采深度条件下可认为近似服从 Langmuir 方程，承压游离状态的瓦斯可近似认为服从理想气体状态方程，吸附量和游离量之和即为煤层瓦斯含量。

（二）实验方法及原理

对研究区主采煤层不同水平 19 个煤样进行等温吸附实验，实验是在中国矿业大学分析测试中心进行的，采用仪器是美国 TERRATEK 公司生产的 SI-100 型气体等温吸附解吸仪。首先将所采集的煤样品各取 150 g，用碎样机将其破碎至 60 目以下，用小喷雾器向煤样喷洒蒸馏水，使其预湿，充分混合后，将预湿煤样铺在一个低平的敞口盘中，放在温度30 ℃、相对湿度为 97%～98%的恒温器中。样品每天进行称重，直到两天内样品的重量基本不变为止，制成平衡水样品。

制作平衡水样品的目的是精确测定煤样对气体的吸附量。因为煤中水分含量低于平衡水样品的水分含量时，对气体的吸附量随着水分的增加而降低，但当煤中水分含量大于或等于平衡水样品的水分含量时，其吸附量不再随着水分的增减而变化，且平衡水样品的等温吸附实验结果是在目前技术条件下最接近于原地层条件的实验结果。当每一种气体的吸附或解吸完成后，根据自由空间测定数据，计算样品室的自由空间体积。在参照室和样品室的自由空间体积已知，实验温度一定的条件下，根据吸附或解吸过程中每一点的实验压力，利用理想气体定律，分别计算注入气体的数量和样品中残余的游离气体数量。每一个压力点下吸附气的数量，即等于注入气与吸附气的数量差。每一个压力点的吸附量计算出来后，根据公式：

$$\frac{p}{V}=\frac{1}{bV_m}+\frac{p}{V_m}$$

利用 p/V 对 p 作图可得一条直线，从其截距和斜率可以求得 V_m 和 b 值。V_m 就是某一煤样对于该种气体的最大吸附量（或称 a 值），相当于 Langmuir 体积 V_L；b 值相当于 Langmuir 压力 p_L 的倒数（图 6-12，表 6-5），从而求得 Langmuir 等温吸附方程：

$$V=\frac{V_L p}{p_L+p}$$

表 6-5　研究区主采煤层 CH_4 吸附常数计算

样品编号	等温吸附常数 a	等温吸附常数 b
DHT-1	7.71	1.05
DHT-2	6.52	1.12
DHT-3	15.43	1.01
DHT-4	5.07	2.42
LJT-1	10.81	0.78
LJT-2	15.77	1.75
LJT-3	13.95	1.35
LJT-4	13.18	1.21
QJY-1	11.59	1.06
QJY-2	13.02	0.99
QJY-3	10.64	0.95
LX-1	8.22	1.87
LX-2	9.21	0.98
TS-1	20.78	6.09
TS-2	16.34	4.38
TS-3	13.33	4.77
TS-4	21.5	3.6
TS-5	18.89	3.69
TS-6	16.37	0.99

（三）实验结果分析

研究区不同矿区不同煤层进行的等温吸附实验结果表明(表 6-6,图 6-12 和图 6-13),不同矿区不同煤层吸附性能明显不同。

表 6-6　研究区主采煤层煤样 CH_4 吸附实验结果表

样品	项目						
DHT-1 $2089_{下}$采面 8 煤	压力/MPa	0.86	2.1	3.36	4.62	5.85	6.97
	吸附量/(cm^3/g)	3.62	5.28	6.05	6.44	6.64	6.75
DHT-2 北二二中 9 煤	压力/MPa	0.86	2.11	3.38	4.63	5.84	6.96
	吸附量/(cm^3/g)	3.19	4.54	5.18	5.5	5.67	5.75
DHT-3 $2012_{上}$采面 11 煤	压力/MPa	0.65	1.8	3.14	4.45	5.72	6.89
	吸附量/(cm^3/g)	6.1	9.92	11.74	12.74	13.21	13.43
DHT-4 2022 采面 12_{-1}煤	压力/MPa	0.85	2.14	3.41	4.65	5.84	6.96
	吸附量/(cm^3/g)	3.41	4.28	4.5	4.66	4.74	4.79
LJT-1 −800 水平 8 煤	压力/MPa	0.8	1.96	3.21	4.47	5.7	6.84
	吸附量/(cm^3/g)	4.03	6.47	7.91	8.51	8.82	9.02
LJT-2 −800 水平 12_{-1}煤	压力/MPa	0.52	1.75	3.14	4.48	5.75	6.92
	吸附量/(cm^3/g)	7.84	11.71	13.21	14	14.39	14.57
LJT-3 −800 水平 9 煤	压力/MPa	0.61	1.8	3.14	4.47	5.72	6.88
	吸附量/(cm^3/g)	6.32	9.8	11.29	11.97	12.38	12.55
LJT-4−950 水平 7 煤	压力/MPa	0.66	1.84	3.17	4.48	5.75	6.9
	吸附量/(cm^3/g)	5.77	9.05	10.52	11.21	11.56	11.7
QJY-1 −850 水平 7 煤	压力/MPa	0.69	1.8	3.26	4.64	5.95	7.13
	吸附量/(cm^3/g)	4.78	7.65	9.01	9.68	10.02	10.18
QJY-2 −850 水平 9 煤	压力/MPa	0.64	1.73	3.01	4.28	5.54	6.71
	吸附量/(cm^3/g)	4.97	8.25	9.76	10.61	11.04	11.26
QJY-3 −850 水平 12_{-1}煤	压力/MPa	0.73	1.89	3.19	4.48	5.73	6.88
	吸附量/(cm^3/g)	4.17	6.91	8.08	8.68	8.99	9.16
LX-1 0093 上正眼 9 煤	压力/MPa	0.28	2.05	3.33	4.59	5.82	6.95
	吸附量/(cm^3/g)	4.01	5.92	6.9	7.36	7.59	7.71
LX-2 9923 上风 12_{-1}煤	压力/MPa	0.81	2.04	3.31	4.57	5.8	6.94
	吸附量/(cm^3/g)	4.08	6.03	7.09	7.58	7.87	7.97
TS-1 埋深−754.8 m 9 煤	压力/MPa	2.44	3.83	6.28	9.59	13.39	15.75
	吸附量/(cm^3/g)	6	7.86	10.53	12.6	14.2	14.87
TS-2 埋深−745.7 m 8 煤	压力/MPa	2.58	3.89	6.38	9.27	13.30	15.79
	吸附量/(cm^3/g)	5.8	7.2	9.6	10.93	12.06	12.66
TS-3 埋深−690.7 m 5 煤	压力/MPa	2.32	3.98	6.74	9.23	13.71	15.61
	吸附量/(cm^3/g)	4.73	6.13	7.73	8.86	10	10.13

表 6-6(续)

TS-4 埋深－966.7 m 9 煤	压力/MPa	2.53	3.89	6.51	9.73	13.39	15.61
	吸附量/(cm^3/g)	9.98	12.5	15.41	17.38	18.79	19.36
TS-5 埋深－957.3 m 8 煤	压力/MPa	2.57	3.89	6.56	9.29	13.81	15.11
	吸附量/(cm^3/g)	7.71	9.39	12.03	13.72	14.94	15.03
TS-6 埋深－820 m 5 煤	压力/MPa	2.48	4.12	6.43	9.45	13.17	15.25
	吸附量/(cm^3/g)	11.93	13.25	14.19	14.75	15.13	15.51

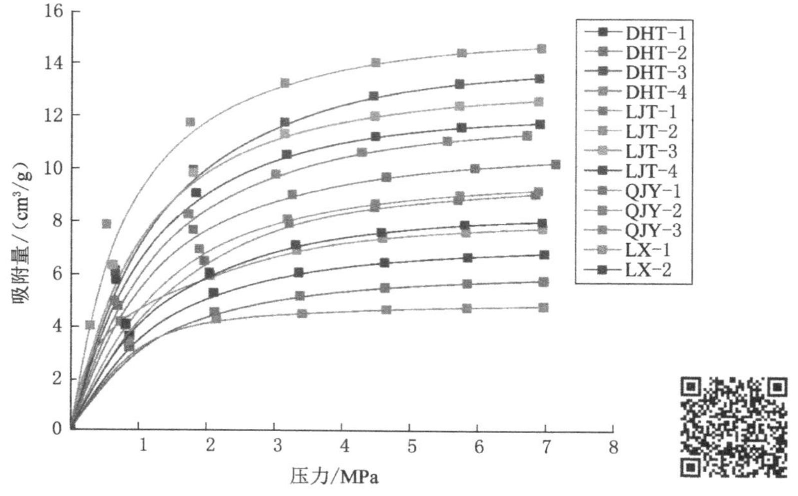

图 6-12　研究区不同矿区主采煤层煤样等温吸附曲线

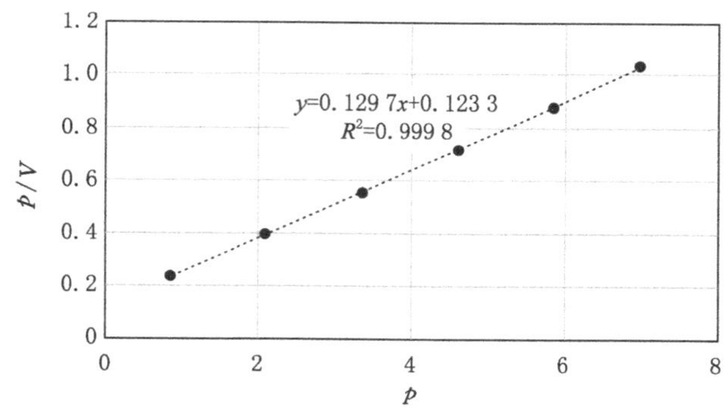

图 6-13　p 与 p/V 的线性方程

通过对比分析实验结果表明：

① 同一水平条件下，不同煤层的吸附性能明显不同。

② 主采煤层随着压力的增大吸附量呈现逐渐增大的趋势。

③ 在相同压力下煤层吸附量大致呈随埋深增大逐渐增大的趋势。

④ 同一煤层，在压力相同的情况下，不同矿井按吸附量大小依次为吕家坨矿＞钱家营矿＞林西矿＞东欢坨矿。

兰氏体积和兰氏压力与煤的吸附量密切相关，兰氏体积反映了煤岩的最大吸附能力，一般兰氏压力越小吸附量越大，反之则吸附量越小。这些变化与煤层本身特征有关，不同的煤层由于煤体结构、煤种、煤的显微组成的差异，表现出对瓦斯的不同吸附特征，同一煤层也会存在煤体结构不同，导致其最大吸附能力存在差异。煤层复杂的孔隙结构可能导致不同的吸附能力，而吸附能力越强代表其储集瓦斯的能力越强。在其他条件相同时，瓦斯涌出危险性也就越大，开采时应给予重视。瓦斯临界解吸压力也受到实测含气量、兰氏体积和兰氏压力的直接影响，进一步分析是受到沉积环境、构造地质条件、地下水动力条件、煤层埋深等宏观因素以及煤的物质组成、孔隙结构、煤化作用程度等微观因素的共同作用。

综合来看，唐山矿主采煤层的兰氏体积较大，即吸附能力较强，说明该区域煤孔隙较发育，导致煤同一煤层孔隙差异的内因包括煤体自身性质的差异，由于煤对温度、应力和应变环境十分敏感，不同位置可能由于形成沉积环境差异导致煤体孔隙结构差异，或者不同位置煤样水分、灰分及矿物含量的差异导致煤吸附能力不同等；外因包括煤层形成后受外部环境的影响，构造作用导致构造煤发育，相比于原生结构煤，煤体破坏后煤中的微孔、纳米级孔隙较发育，导致煤层吸附能力增强；另外构造变形使得煤的变质程度增加，大量研究已经证明，煤的生气量及吸附量随着煤变质程度的增加而增加。

第二节　地温场特征分析

影响矿井地温的因素有很多。地质构造对地温的影响表现为：同一水平上，背斜轴部和基地隆起部位的地温及增温率高于相邻的向斜和基地坳陷部位；开放性断层会引起其附近的地温降低，封闭性断层会阻止地温的逸散；岩浆岩侵入时的温度可高达千度以上，且经过漫长的地质年代后仍保留有一定的余热，可见岩浆岩对地温的影响也是不可忽视的。煤层上覆基岩厚度对地温的影响表现为：基岩薄有利于散热，其地温相对来说较低，基岩厚则会阻碍深部上导的热流向大气散发，而使热量积聚在煤系地层内，从而导致井田内地温增高。除此之外，由于煤的热导率要远低于其他沉积岩，煤层对地温也会产生一定的影响，表现为：当煤系地层含有较多煤层时，其对地下热的阻隔作用比一般不含煤的沉积盖层更加明显。

一、东欢坨矿

根据资料，东欢坨矿地温梯度为深度每增加 100 m，地温增加 0.2～0.8 ℃，平均 0.5 ℃，平均地温梯度较低，采掘中未发现高温带，本井田属于无热害地区。

随着矿井深度的加深，地温逐渐增加，煤体瓦斯的吸附解吸与温度变化有着直接的关系。温度的变化会使得煤体内的气体分子活泼性发生变化，当温度升高时，煤体内部的气体分子由于在高温下所拥有的势能增大使得煤体表面的分子无法捕获到瓦斯分子，从而使得煤体内的瓦斯分子大量的以游离态存在于煤体内的裂隙中，然而，当温度降低时，气体分子活泼性降低，大大增加了煤体表面分子的吸附能力。

在煤体随温度场变化中，郭立稳认为煤体在吸附不同的瓦斯气体时，煤体会释放出不同的热量[130]；刘保县等认为随着采深的增加，地温的升高，煤体中瓦斯的吸附量将降低，而煤体瓦斯的排放速度也呈现出减小的趋势[131]；许江等通过对含瓦斯煤进行三轴压缩试验后认为，随着温度的升高，煤基质的内部结构发生改变，降低了外部载荷对含瓦斯煤的破坏力，从而增大了游离瓦斯的含量[132]。

瓦斯在煤层中一般分为吸附和游离两种赋存状态。由于煤层瓦斯吸附解吸量对煤层瓦斯含量的影响较大，以往诸多学者对煤样吸附解吸量随吸附解吸温度、压力的变化得出的规律为：① 煤样的瓦斯解吸量随着解吸时间的延长呈单调递增函数曲线，随着解吸时间延长，解吸瓦斯总量趋于一个常数；② 在吸附平衡压力一定的前提下，解吸温度越高，煤样在相同时间段内的累计瓦斯解吸量越大，在开始解吸的 0～2 min 时间段内，煤样的瓦斯解吸增量较大，斜率也较大，随解吸时间延长而逐渐趋于平缓。即同等条件下吸附温度增高，瓦斯吸附量减少；解吸温度增高，瓦斯解吸量增多，所以温度对瓦斯含量的影响表现为：在不考虑其他因素影响的情况下，地层温度升高，对应深度的煤层瓦斯含量应呈逐渐降低趋势。但矿井地下情况一般较为复杂，受地质构造、煤层赋存条件、煤层上覆基岩厚度、瓦斯地质条件以及地应力等一种或多种因素的共同影响，地下深部区域可能会存在瓦斯含量异常区，导致其煤层瓦斯含量不符合一般规律，高于或低于正常值。所以在对煤层瓦斯赋存影响因素进行研究时应从多方面进行考虑，并通过实验验证，以得到正确规律。

二、吕家坨矿

通过对吕家坨近几年地温数据的统计(表 6-7 至表 6-11)，发现吕家坨的热源主要来自地球深部。随着深度加深，地温逐渐增大(图 6-13、图 6-14)，从图中可以看出，埋深 40 m 以浅时，其地温较大，超过 40 m 时，部分钻孔地温呈现突变性降低趋势，其原因可能是由于埋深较浅，受大气以及太阳辐射热量的影响，其地温较高并呈周期性变化。当埋深逐渐增大，其地应力、压实作用的增强导致其岩石热导率增加，加上受大地热流的影响，地温呈逐渐增大的趋势。

表 6-7　吕补 24 钻孔测温数据

点号	孔深/m	温度/℃	点号	孔深/m	温度/℃	点号	孔深/m	温度/℃
1	20	20.5	25	500	19.998	49	980	24.72
2	40	17.472	26	520	20.301	50	1 000	25.338
3	60	17.184	27	540	20.301	51	1 020	26.52
4	80	16.992	28	560	20.402	52	1 040	26.832
5	100	17.169	29	580	20.604	53	1 060	27.144
6	120	17.266	30	600	20.604	54	1 080	27.56
7	140	17.46	31	620	20.91	55	1 100	27.872
8	160	17.444	32	640	21.114	56	1 120	27.976
9	180	17.738	33	660	21.114	57	1 140	28.184
10	200	17.934	34	680	21.114	58	1 160	28.392
11	220	18.117	35	700	21.216	59	1 180	28.704
12	240	18.414	36	720	21.42	60	1 200	29.016
13	260	18.414	37	740	21.42	61	1 220	29.61
14	280	18.414	38	760	21.522	62	1 240	29.925
15	300	18.6	39	780	21.726	63	1 260	30.135

表 6-7(续)

点号	孔深/m	温度/℃	点号	孔深/m	温度/℃	点号	孔深/m	温度/℃
16	320	18.7	40	800	21.93	64	1 280	30.24
17	340	18.7	41	820	22.248	65	1 300	30.24
18	360	18.9	42	840	22.351	66	1 320	30.45
19	380	19.2	43	860	22.66	67	1 340	30.66
20	400	19.2	44	880	22.866	68	1 360	30.9
21	420	19.493	45	900	23.072	69	1 380	31
22	440	19.695	46	920	23.175	70	1 400	31.2
23	460	19.897	47	940	23.587	71	1 408	31.3
24	480	19.998	48	960	24.102			

表 6-8　吕补 25 钻孔测温数据

点号	孔深/m	温度/℃	点号	孔深/m	温度/℃	点号	孔深/m	温度/℃
1	20	3.3	18	360	14.4	35	700	18.1
2	40	10	19	380	14.6	36	720	18.3
3	60	11.2	20	400	14.9	37	740	18.5
4	80	11.6	21	420	15.2	38	760	18.7
5	100	11	22	440	15.4	39	780	19
6	120	11.3	23	460	15.5	40	800	19.2
7	140	11.5	24	480	15.7	41	820	19.4
8	160	11.7	25	500	15.8	42	840	19.7
9	180	12.3	26	520	16	43	860	20.1
10	200	12.6	27	540	16.3	44	880	20.5
11	220	12.7	28	560	16.5	45	900	21.1
12	240	13	29	580	16.6	46	920	21.5
13	260	13.2	30	600	16.8	47	940	21.8
14	280	13.5	31	620	17	48	960	22.2
15	300	13.8	32	640	17.2	49	980	22.6
16	320	14	33	660	17.7	50	1000	23.2
17	340	14.2	34	680	17.9			

表 6-9　吕补 26 钻孔测温数据

点号	孔深/m	温度/℃	点号	孔深/m	温度/℃	点号	孔深/m	温度/℃
1	20	3.8	20	400	15.7	39	780	18.2
2	40	4.3	21	420	15.8	40	800	18.5
3	60	5.3	22	440	16	41	820	18.7

表 6-9(续)

点号	孔深/m	温度/℃	点号	孔深/m	温度/℃	点号	孔深/m	温度/℃
4	80	13	23	460	16.2	42	840	19
5	100	13.4	24	480	16.3	43	860	19.3
6	120	13.5	25	500	16.5	44	880	19.5
7	140	13.5	26	520	16.6	45	900	19.7
8	160	13.6	27	540	16.7	46	920	20.1
9	180	13.6	28	560	16.7	47	940	20.7
10	200	13.7	29	580	16.9	48	960	21.1
11	220	13.9	30	600	17	49	980	21.1
12	240	14.4	31	620	17	50	1000	21.7
13	260	14.5	32	640	17.2	51	1020	21.9
14	280	14.5	33	660	17.4	52	1040	22.1
15	300	14.6	34	680	17.6	53	1060	22.4
16	320	14.9	35	700	17.8	54	1080	22.7
17	340	15.4	36	720	17.9	55	1100	23.3
18	360	15.6	37	740	17.9	56	1120	24.2
19	380	15.7	38	760	18.1			

表 6-10　吕补 27 钻孔测温数据

点号	孔深/m	温度/℃	点号	孔深/m	温度/℃	点号	孔深/m	温度/℃
1	20	16.9	19	380	16.5	37	740	17.6
2	40	16.5	20	400	16.5	38	760	17.7
3	60	16.3	21	420	16.4	39	780	17.8
4	80	15.3	22	440	16.5	40	800	18
5	100	15.7	23	460	16.6	41	820	18.1
6	120	16.2	24	480	16.7	42	840	18.2
7	140	16.6	25	500	16.8	43	860	18.3
8	160	16.9	26	520	16.8	44	880	18.4
9	180	16.9	27	540	16.9	45	900	18.5
10	200	16.6	28	560	16.9	46	920	18.6
11	220	16.7	29	580	17	47	940	18.9
12	240	16.6	30	600	17	48	960	19.1
13	260	16.6	31	620	17.1	49	980	19.5
14	280	16.5	32	640	17.1	50	1 000	19.7
15	300	16.5	33	660	17.2	51	1 020	20.1
16	320	16.5	34	680	17.4	52	1 040	20.3
17	340	16.5	35	700	17.5			
18	360	16.5	36	720	17.5			

表 6-11　吕补 29 钻孔测温数据

点号	孔深/m	温度/℃	点号	孔深/m	温度/℃	点号	孔深/m	温度/℃
1	20	18.1	25	500	15.3	49	980	19
2	40	12.4	26	520	15.5	50	1 000	19.3
3	60	12.2	27	540	15.6	51	1 020	19.3
4	80	12.2	28	560	16	52	1 040	19.3
5	100	12.3	29	580	16	53	1 060	20.1
6	120	12.5	30	600	16.2	54	1 080	20.4
7	140	12.5	31	620	16.6	55	1 100	20.6
8	160	12.7	32	640	16.5	56	1 120	21.2
9	180	12.8	33	660	16.6	57	1 140	21.5
10	200	12.9	34	680	16.7	58	1 160	21.5
11	220	13.1	35	700	16.9	59	1 180	21.5
12	240	13.3	36	720	17	60	1 200	21.8
13	260	13.4	37	740	17.1	61	1 220	22.1
14	280	13.6	38	760	17.2	62	1 240	22.5
15	300	13.8	39	780	17.2	63	1 260	22.5
16	320	13.9	40	800	17.3	64	1 280	22.2
17	340	14	41	820	17.6	65	1 300	22.2
18	360	14.2	42	840	17.8	66	1 320	22.1
19	380	14.3	43	860	17.9	67	1 340	21.8
20	400	14.3	44	880	18	68	1 360	22.1
21	420	14.6	45	900	18.2	69	1 380	22.6
22	440	14.9	46	920	18.4	70	1 400	22.1
23	460	15.2	47	940	18.5	71	1 408	23.6
24	480	15.2	48	960	18.7			

对比图 6-14、图 6-15 可以发现吕家坨矿近 5 年地层温度随埋深的变化趋势与 5 年前基本一致。为进一步探究吕家坨矿地层温度与埋深相关关系，分别将各钻孔埋深和对应地层温度在坐标系中描点，以埋深作为横坐标，地层温度作为纵坐标，利用最小二乘法进行线性回归，以吕补 24 钻孔以及吕补 29 钻孔测温数据为例，如图 6-15 所示。

吕补 29 钻孔地层温度与埋深相关关系为：

$$T = 0.007\,9H + 11.63(R^2 = 0.933\,1) \tag{6-1}$$

式中　T——地层温度，℃；

H——埋深，m。

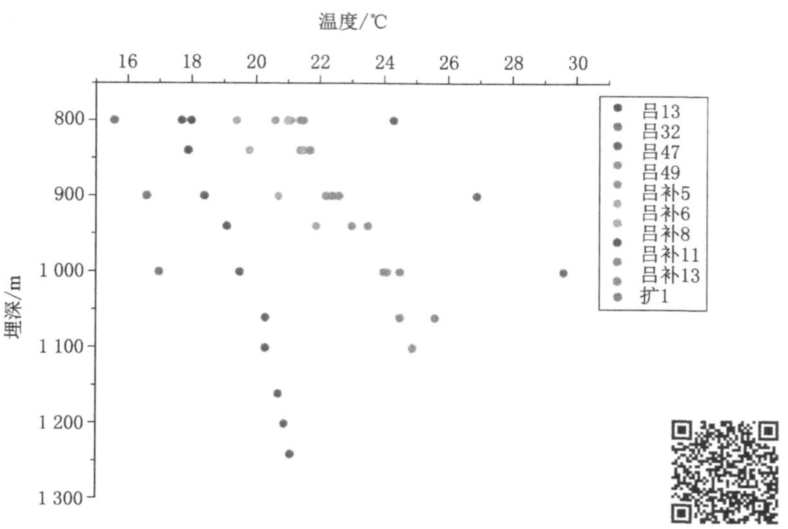

图 6-14　吕家坨矿 2014 年以前钻孔地层温度与埋深关系图

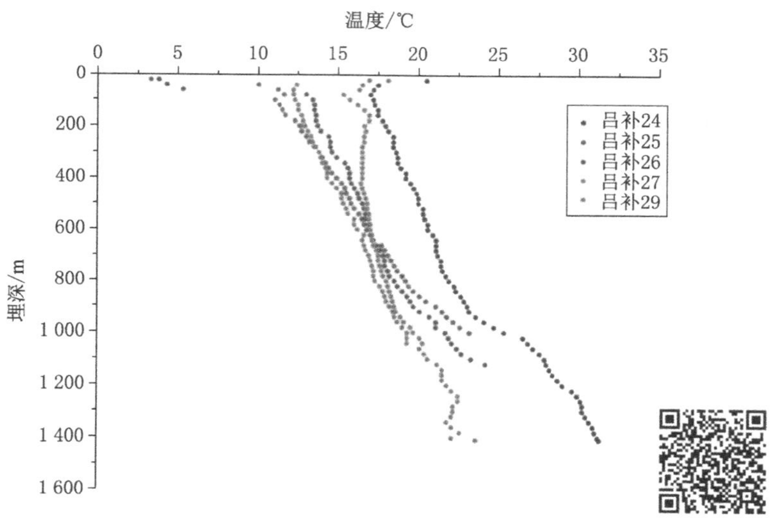

图 6-15　吕家坨矿 2014 年以后钻孔地层温度与埋深关系图

吕补 24 钻孔地层温度与埋深相关关系为：

$$T = 0.010\,7H + 15.236 (R^2 = 0.925\,7) \tag{6-2}$$

式中　T——地层温度，℃；

H——埋深，m。

式(6-1)、式(6-2)中相关性系数 R^2 均在 0.9 以上，显示吕家坨矿地层温度与埋深呈正相关关系，且具有较好的相关性，即随着埋深增加，地层温度逐渐升高，这也符合一般地温增温规律。

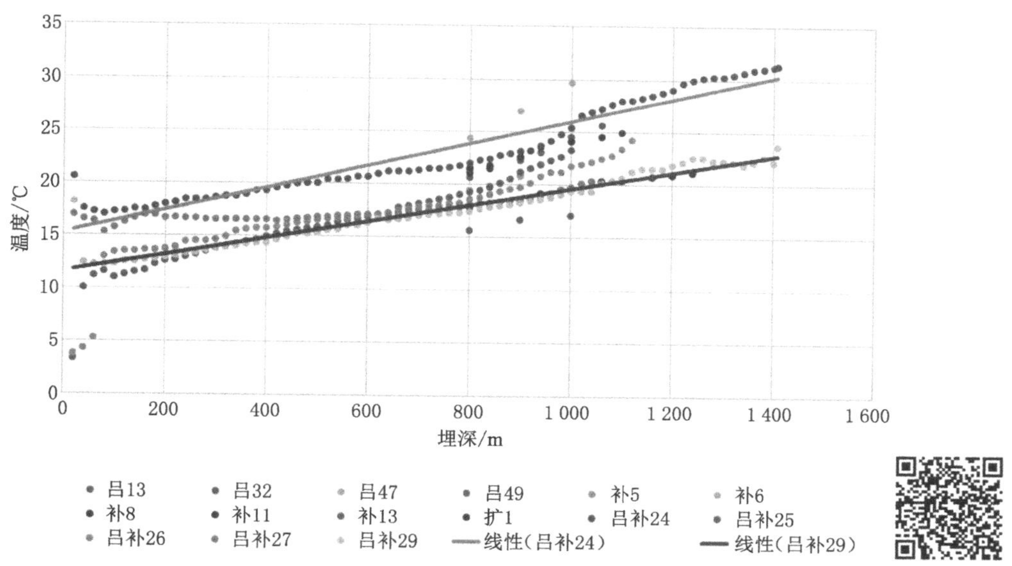

图 6-16　吕家坨矿埋深与地温相关性图

根据各钻孔地温资料与所绘相关图件,结合上式可知,吕家坨矿在 20～1 408 m 埋深范围内,地温为 3.3～31.3 ℃。吕家坨矿设计开采煤层有 6 层,即二叠系下统大苗庄组的 5、7、8、9 煤层和赵各庄组的 11、12 煤层,由于现有测温数据的钻孔 5 煤层埋深基本都在 800 m 以浅,为探究吕家坨矿地温对瓦斯赋存的影响,以 800 m 至测温最大深度 1 408 m 作为计算范围,得到吕家坨矿百米地温梯度在 1.04～1.54 ℃之间,最高温度出现在吕补 24 钻孔测温数据中,达到 31.3 ℃,埋深位于 1 400 m 以下。

随着矿区的开采,由东北向西南煤层埋深越来越大,温度也随着升高。为了更好地预测吕家坨高地温和地温异常区域,根据统计的钻孔煤层温度和煤层底板深度,做出各煤层温度等值线图,通过分析、比较下列温度等值线图,可以看出随着煤层深度的变化温度的变化趋势(图 6-17)。从各温度等值线图中,在吕家坨西南深部各煤层温度均达到最高值,从东北向西南各煤层深度逐渐增加,各煤层底板温度也逐渐增加。同时,吕家坨矿煤层在同一水平的温度亦由东南部向西北部呈增长趋势,表明除埋深外,地温还受到其他因素的影响,分析该区域的原始钻孔资料发现,12 煤层西部存在大面积岩浆岩,温度高值区距离岩浆岩发育区较为接近,推测认为,岩浆岩的存在可能是该孔温度较高的原因。此外,吕家坨矿南部与钱家营矿相接,通过观察钱家营矿的地温资料发现,钱家营矿存在较多地温异常区,区域内岩浆岩发育,钱家营矿－850 水平在临近吕家坨矿的附近存在地温异常点,可能是该区域温度较高的原因。

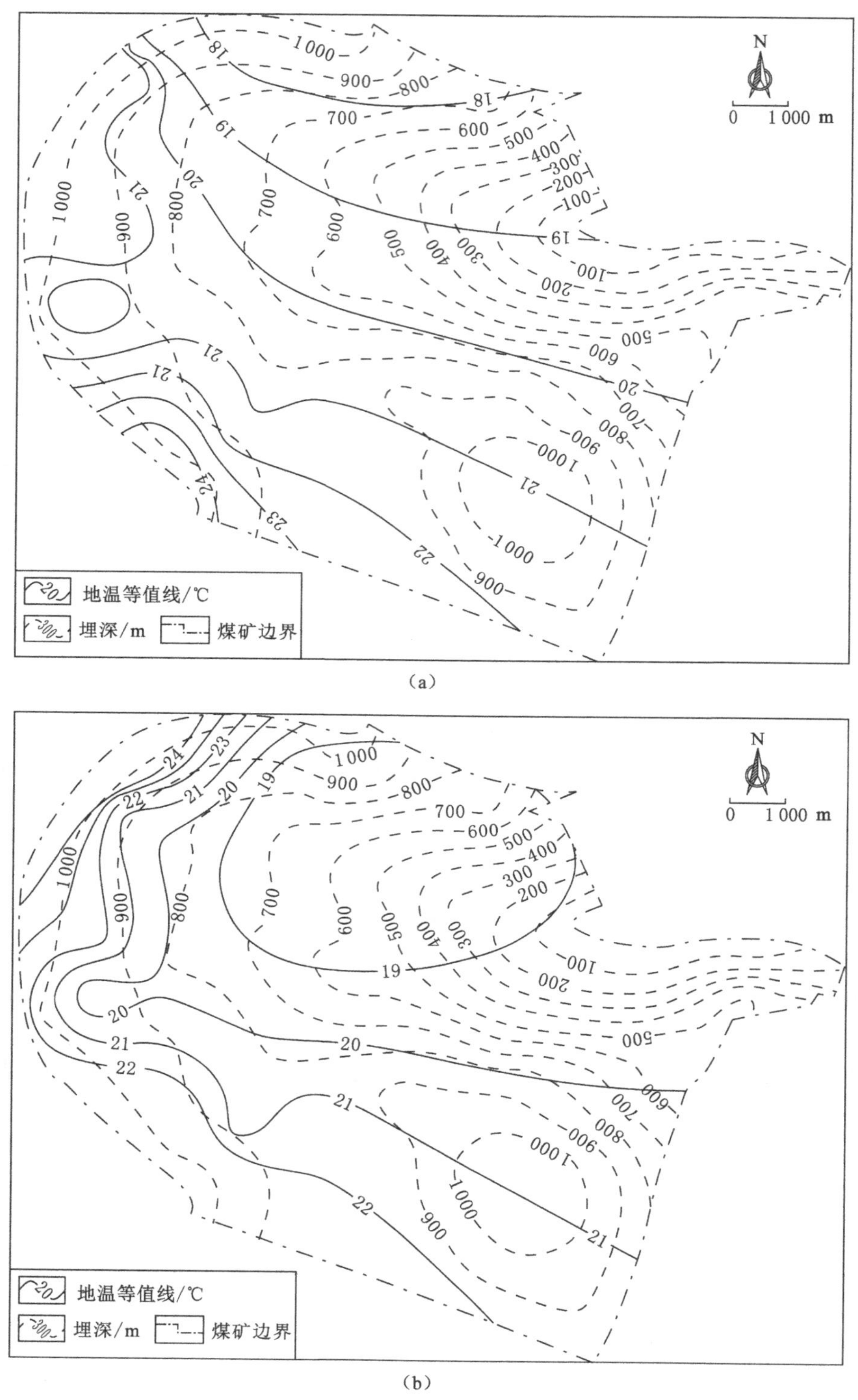

(a)

(b)

图 6-17 吕家坨矿主采煤层地温等值线图

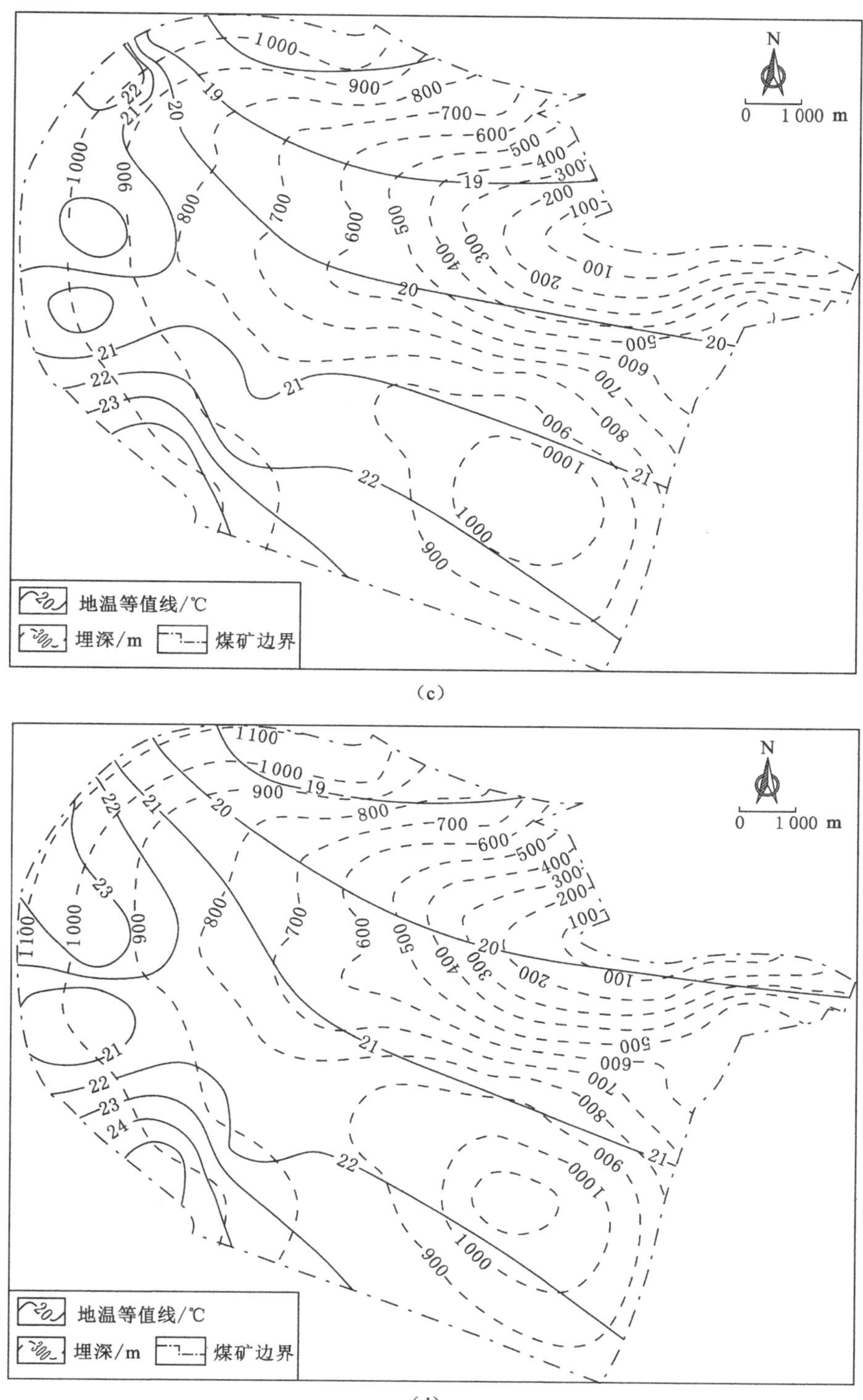

(c)

(d)

图 6-17(续)

三、范各庄矿

精查期间,对范 O19、范 O20、范 O21 和范 O22 进行井温监测,结果如表 6-12 至表 6-15 所示。对比数据可以看出,埋深是影响范各庄矿地温的主要因素,即随着埋深的增加,地温呈逐渐升高的趋势。以范 O19 钻孔为例,测得−400 m 的地温为 15.4 ℃,−800 m 的地温为 21.1 ℃,每 100 m 地温梯度为 1.425 ℃。

表 6-12　范 O19 钻孔测温数据

点号	孔深/m	温度/℃	点号	孔深/m	温度/℃	点号	孔深/m	温度/℃
1	20	18.5	21	420	15.7	41	820	21.7
2	40	13.4	22	440	15.8	42	840	22.2
3	60	13.2	23	460	15.7	43	860	22.2
4	80	13.2	24	480	16.2	44	880	22.8
5	100	13.2	25	500	16.3	45	896	23.4
6	120	13.5	26	520	16.7			
7	140	13.5	27	540	17			
8	160	13.7	28	560	17.4			
9	180	13.8	29	580	17.9			
10	200	13.9	30	600	18.3			
11	220	14.1	31	620	18.4			
12	240	14.9	32	640	19.8			
13	260	14.6	33	660	20			
14	280	14.7	34	680	20			
15	300	14.8	35	700	20.3			
16	320	15	36	720	20.6			
17	340	15	37	740	20.9			
18	360	15.1	38	760	21.1			
19	380	15.2	39	780	21.4			
20	400	15.4	40	800	21.1			

表 6-13　范 O20 钻孔测温数据

点号	孔深/m	温度/℃	点号	孔深/m	温度/℃	点号	孔深/m	温度/℃
1	20	12.3	21	420	13.5	41	820	18.9
2	40	10.9	22	440	13.6	42	840	19.2
3	60	10.7	23	460	13.9	43	860	19.4
4	80	10.5	24	480	14	44	880	19.9
5	100	10.7	25	500	14	45	900	20.3
6	120	11	26	520	14.1	46	920	20.7
7	140	11.1	27	540	14.6	47	940	20.9

表 6-13(续)

点号	孔深/m	温度/℃	点号	孔深/m	温度/℃	点号	孔深/m	温度/℃
8	160	11.3	28	560	14.7	48	960	21.2
9	180	11.5	29	580	14.9	49	980	21.3
10	200	11.6	30	600	15	50	1000	21.4
11	220	11.6	31	620	15	51	1020	22.2
12	240	11.8	32	640	15.5	52	1037	22.4
13	260	12	33	660	15.9			
14	280	12.3	34	680	16.2			
15	300	12.6	35	700	16.4			
16	320	12.8	36	720	16.8			
17	340	13.1	37	740	17.4			
18	360	13.1	38	760	17.6			
19	380	13.3	39	780	18.5			
20	400	13.4	40	800	18.9			

表 6-14　范 O21 钻孔测温数据

点号	孔深/m	温度/℃	点号	孔深/m	温度/℃	点号	孔深/m	温度/℃
1	20	13.4	21	420	19	41	820	28.9
2	40	14	22	440	19.4	42	840	29.6
3	60	13.9	23	460	19.5	43	860	29.9
4	80	13.8	24	480	19.7	44	880	30.3
5	100	14.1	25	500	20.5	45	896	30.9
6	120	14.4	26	520	21.1			
7	140	14.7	27	540	21.7			
8	160	15	28	560	22.3			
9	180	15.2	29	580	23			
10	200	15.5	30	600	23.7			
11	220	15.8	31	620	24.4			
12	240	16.1	32	640	25.2			
13	260	16.3	33	660	25.9			
14	280	16.5	34	680	26.4			
15	300	16.9	35	700	26.7			
16	320	17.3	36	720	27.1			
17	340	17.7	37	740	27.5			
18	360	18	38	760	28			
19	380	18.5	39	780	28.3			
20	400	18.7	40	800	28.6			

表 6-15　范 O22 钻孔测温数据

点号	孔深/m	温度/℃	点号	孔深/m	温度/℃	点号	孔深/m	温度/℃
1	20	16.3	21	420	20.8	41	820	28.9
2	40	16.6	22	440	21.2	42	840	29.3
3	60	16.1	23	460	21.6	43	860	29.8
4	80	16.2	24	480	21.9	44	880	30.3
5	100	16.4	25	500	22.3	45	900	31.2
6	120	16.8	26	520	22.5	46	920	31.5
7	140	17.1	27	540	22.9			
8	160	17.3	28	560	23.3			
9	180	17.5	29	580	23.8			
10	200	17.8	30	600	24.1			
11	220	17.9	31	620	24.5			
12	240	18.2	32	640	24.8			
13	260	18.6	33	660	25.3			
14	280	19	34	680	26.1			
15	300	19.2	35	700	26.7			
16	320	19.5	36	720	27.3			
17	340	19.8	37	740	27.7			
18	360	19.9	38	760	28.1			
19	380	20	39	780	28.3			
20	400	20.5	40	800	28.7			

随着矿区煤层进一步往深部开采，温度也随着升高。为了准确地预测范各庄矿深部区域温度和地温异常区，根据精查期间钻孔的测温数据以及各主采煤层的底板深度，绘制了范各庄矿主采煤层的温度等值线图(图 6-18)。通过分析图 6-18 可以看出，范各庄矿各煤层温度在南部达到最高值，但矿区井巷的温度全部小于 25 ℃，不存在地温威胁。

四、钱家营矿

对井田内共 105 个钻孔进行了地温测量，其中精查阶段 38 个，1978—2008 年间 18 个，2008—2013 年间 47 个，2014 年至今 2 个，钻孔统计分析表明，随着井田深度增加，地温梯度相对增加。井田西翼－600 水平以深属于高温区。

－600 水平：温度在 16.6～30.6 ℃之间变化，一般为 20～26.7 ℃。地温梯度在(0.55～3.5 ℃)/100 m，一般在(1.4～2.9 ℃)/100 m。

－850 水平：温度在 18.5～37.8 ℃之间变化，平均 24.5 ℃以上，西翼深部钻孔钱 56—钱 59—钱 65 一带为地温高梯度区(近 2 ℃/100 m)，呈条带状，与地层走向基本一致，钱 59 和钱 60 钻孔一带地温高达 30 ℃，向深部地温增加，向浅部地温减小。当前井田西翼－600 水平以深属于高温区。

－1 100 水平：地温总趋势为东低西高。具最高测温记录钻孔为钱 66 孔和钱 94 孔，分

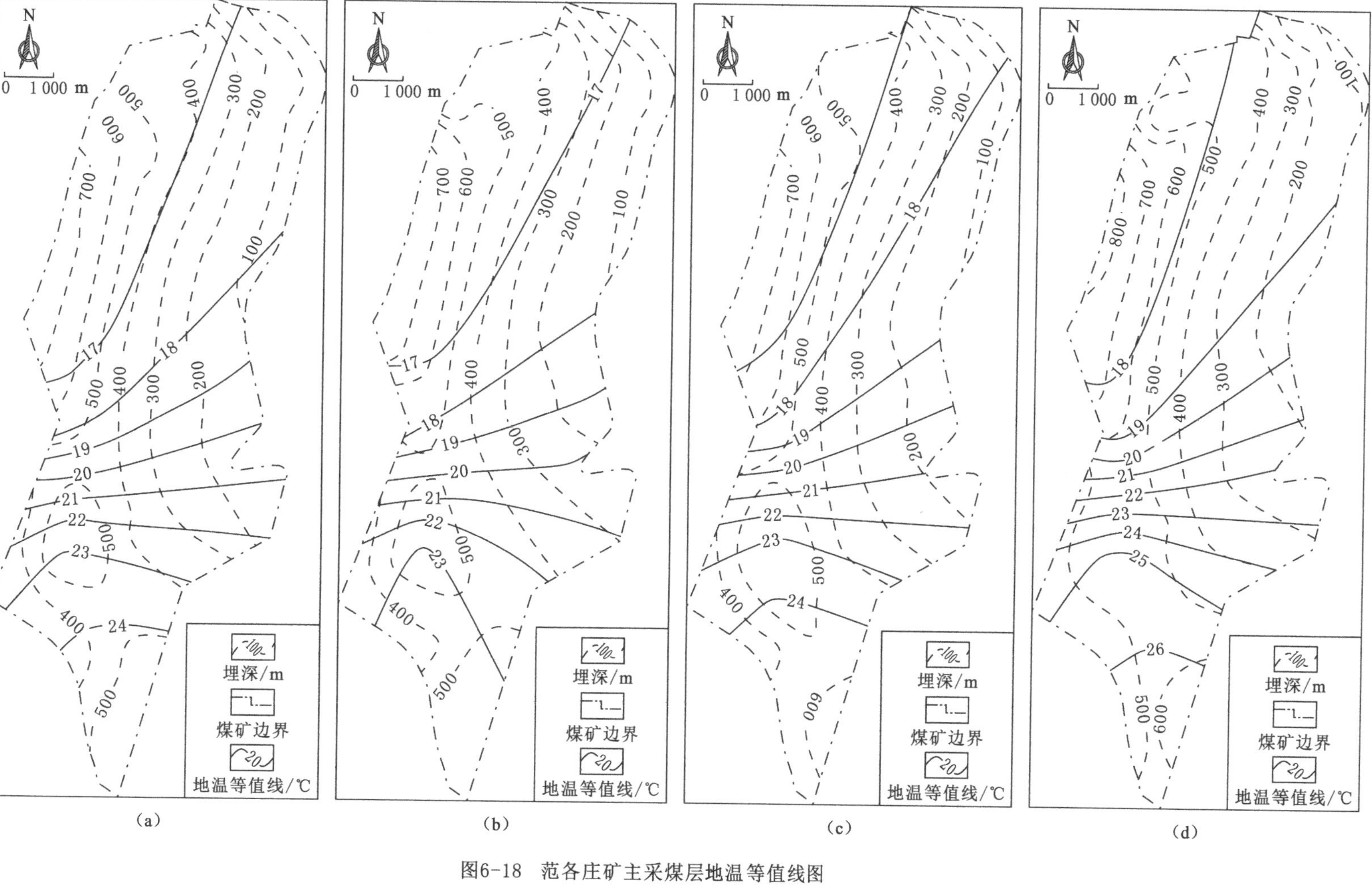

图6-18　范各庄矿主采煤层地温等值线图

别为 50.2 ℃(1 020 m)和 50.4 ℃(边界外,深度 1 120 m),地温梯度在 4.7 ℃/100 m 左右。预计三水平区域地温平均为 35.7 ℃。

井田范围内有 7 个孔出现了地温异常点,地温梯度达到了 3.3 ℃/100 m。钱 66 孔最高测温记录为 50.2 ℃(1 020 m),为地温最大异常点,其地温梯度在深度 920～1 000 m 间达到了(10～17 ℃)/100 m;在 800～920 m 间达到了(3.75～4.5 ℃)/100 m。其次是钱 60 和钱补 48 孔的地温梯度在孔深 800～1 000 m 间达到了(3.1～3.8 ℃)/100 m。再次是钱水 36、钱补 27、钱 61 和钱 81 孔在深度 1 000 m 左右的地温梯度在(2.7～3.3 ℃)/100 m,按照有关规程规定,地温梯度大于 3 ℃/100 m 为地温异常,所以以上各孔均为地温异常点。从平面上看,地温总趋势为东低西高,即深部偏高。

根据精查期间的钻孔测温资料以及各煤层的底板深部,绘制了钱家营矿主采煤层地温等值线图(图 6-19)。矿井 1 100 m 以上地温梯度主要分布在(1.5～2.7 ℃)/100 m 之间,随着深度的增加地温梯度逐渐增加,造成 1 100 m 以下的部分地温梯度达到(2.7～3.3 ℃)/100 m 之间,出现了局部地温异常现象。

本井田是开平煤田地温最高和水质出现异常的地区,对于产生的原因尚不能做出准确的评价,现对地温异常原因推测如下:

(1) 邻区的吕家坨矿、范各庄矿地温未超过 30 ℃,没有出现地温异常现象。钱家营井田未见地下溶洞和陷落柱,地下水位普遍下降,地下岩层裂隙含水层水活动缓慢,从而造成地热升高。分析可能由于地下水水位下降造成了地温的异常。

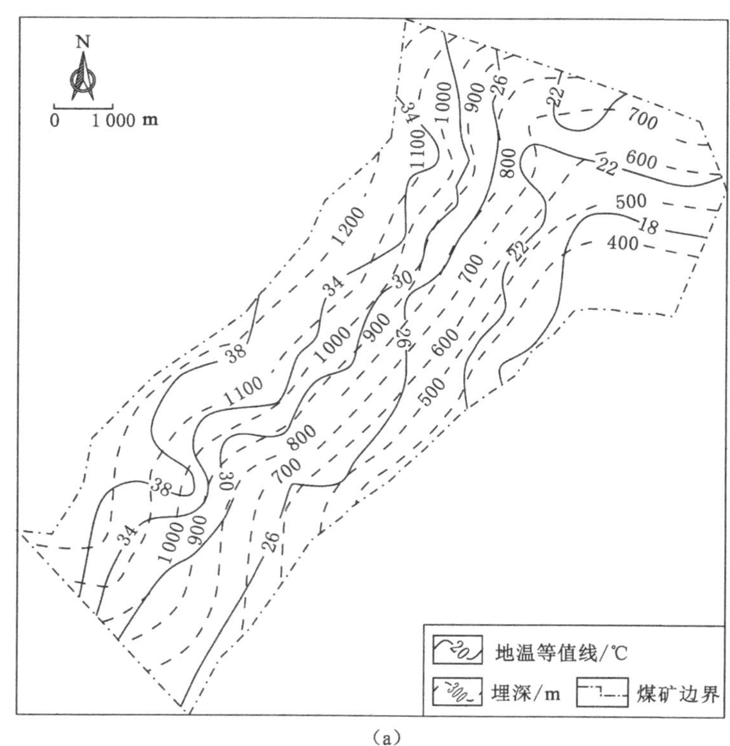

(a)

图 6-19　钱家营矿主采煤层地温等值线图

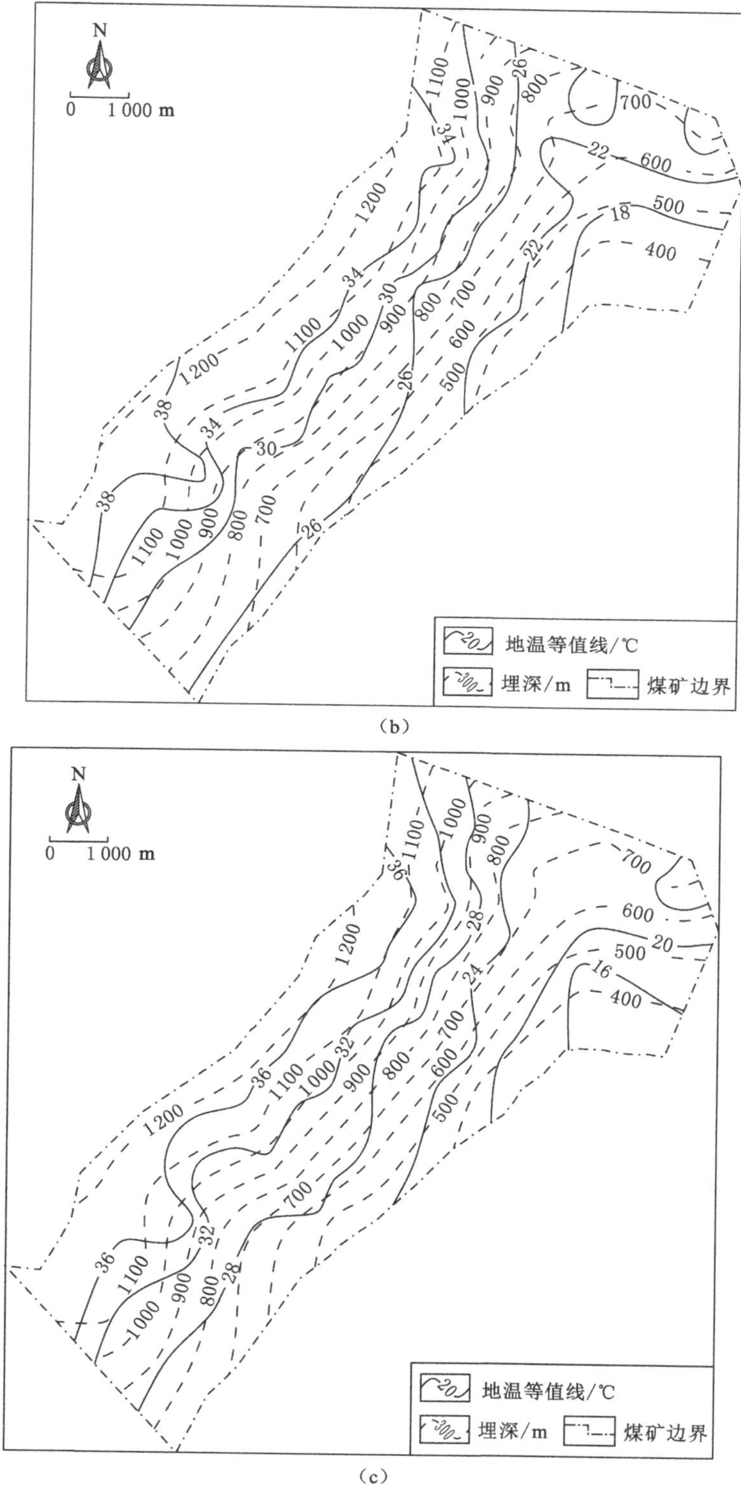

(b)

(c)

图 6-19(续)

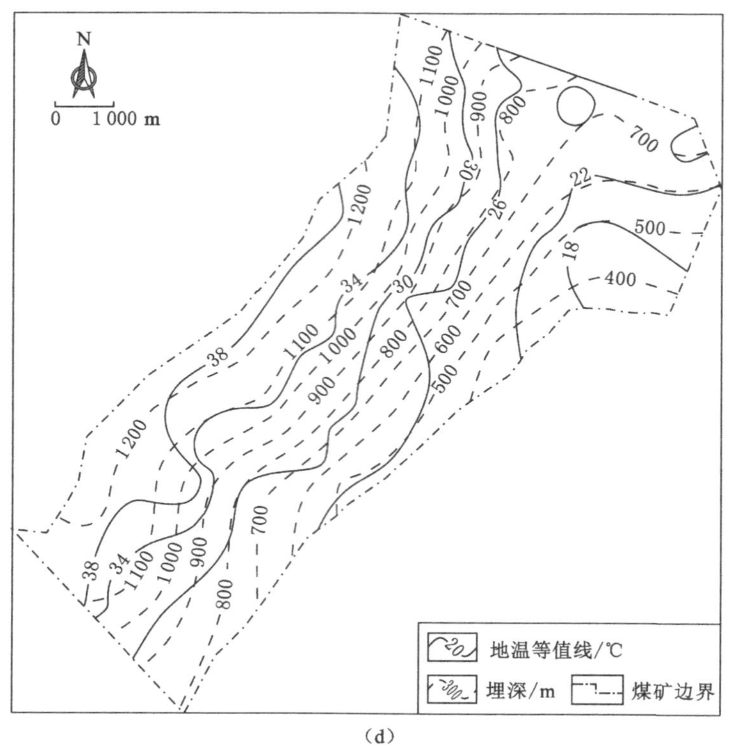

(d)

图 6-19(续)

(2) 从构造发育程度进行分析,在断层带附近、背斜隆起带附近,地温出现异常,说明地温异常与构造运动息息相关。

(3) 岩浆岩侵入体是地温偏高的主控因素,分析地温偏高与岩浆岩、热导体的存在有很大关系,这有待深入分析。

(4) 地温异常与深度有关。从地温等值线图上可以看出,如图 6-18 所示,600 m 地温主要为 22~32 ℃;800 m 地温主要为 24~36 ℃,且 850 m 以浅地温变化梯度小,到了 1 100 m 以后地温梯度变化大,地温主要为 30~48 ℃,较 850 m 有所增加。如钱深部孔钱深 4 于1 200 m地温为 31.6 ℃,1 400 m 地温为 38.1 ℃;钱深 6 于 1 200 m 地温为 38.2 ℃,1400 m 地温为 44.6 ℃。

五、林西矿

林西矿在林 112、林 113、林 114、林 115、林 116、林 117、林 118、开 1505、林 63、开 3 等 10 个钻孔中进行了地温测定。开 1505 孔孔深 1 600 m,其温度为 27.8 ℃,是本区最高温度。林 112 孔孔深 1 130 m,其温度为 12.7 ℃,是钻孔资料提供的最低温度。

矿井经过百年开采未发现高温带。综观通风瓦斯抽放等测温资料得知:矿井含水层的热传输作用并不明显。煤岩层埋藏深度是导致地温增减的主要因素。

地温梯度大致在 0.5~1 ℃/100 m。井田范围内至今尚未发现高温异常区,属无热害的矿井。

六、唐山矿

唐山矿井田范围内没有发现地热异常区,且由于下部奥陶系岩溶含水层的影响,地热梯度分布不明显，地热资源不丰富。

第三节　力学特征及冲击倾向性分析

一、煤层力学特征

岩石力学性质差异是导致变形行为和变形结果差异的内在因素。与其他岩层相比，煤层具有密度小、孔隙多、强度低的特点，根据构造变形的最小耗能原理，煤系中积累的应变能最容易通过煤层变形而释放。所以，煤层除与其他岩层一起发生褶皱断裂变动外，本身还会在顶、底板岩层之间发生各种流变现象。煤层厚度的次生(构造变形)变化，实质上就是煤层在应力降作用下，由高应力区向低应力区流变迁移的过程。

冲击地压是国内外煤矿开采中所发生的主要灾害之一。对于冲击地压的研究，国内外学者先后提出了强度理论、能量理论、冲击倾向性理论、刚度理论和失稳理论等。这些理论从不同的角度对冲击地压的发生机理及预测预报和防治措施提供了有力的理论基础。但是，由于冲击地压是受众多因素影响的复杂的动力过程，目前对于彻底地认识和掌握冲击地压的发生机理仍有相当大的差距。

(一) 冲击倾向性鉴定依据

煤层冲击倾向性为煤体所具有的积蓄变形能并产生冲击式破坏的内在性质。根据国家标准《冲击地压测定、监测与防治方法 第 2 部分：煤的冲击倾向性分类及指数的测定方法》(GB/T 25217.2—2010)的规定，煤层冲击倾向性的强弱，可用四个指数来衡量，即动态破坏时间 DT、弹性能量指数 W_{ET}、冲击能量指数 K_E 和单轴抗压强度 R_c。煤层冲击倾向性分类评判标准见表 6-16。

表 6-16　煤层冲击倾向性分类评判标准

类别		Ⅰ类	Ⅱ类	Ⅲ类
冲击倾向		无	弱	强
指数	动态破坏时间 DT	$DT>500$	$50<DT\leqslant500$	$DT\leqslant50$
	弹性能量指数 W_{ET}	$W_{ET}<2$	$2\leqslant W_{ET}<5$	$W_{ET}\geqslant5$
	冲击能量指数 K_E	$K_E<1.5$	$1.5\leqslant K_E<5$	$K_E\geqslant5$
	单轴抗压强度 R_c	$R_c<7$	$7\leqslant R_c<14$	$R_c>14$

(二) 煤冲击倾向性测定方法

1. 煤的动态破坏时间 DT 的测定方法

煤的动态破坏时间 DT 是指煤样在常规单轴抗压试验条件下，从极限载荷到完全破坏所经历的时间。

采用长方体标准试件，在常规单轴压缩试验条件下，测定煤样从极限载荷到完全破坏所经历的时间，绘制动态破坏时间曲线，计算单个试件的动态破坏时间和每组试件的动态破坏时间的算术平均值(图 6-20)。

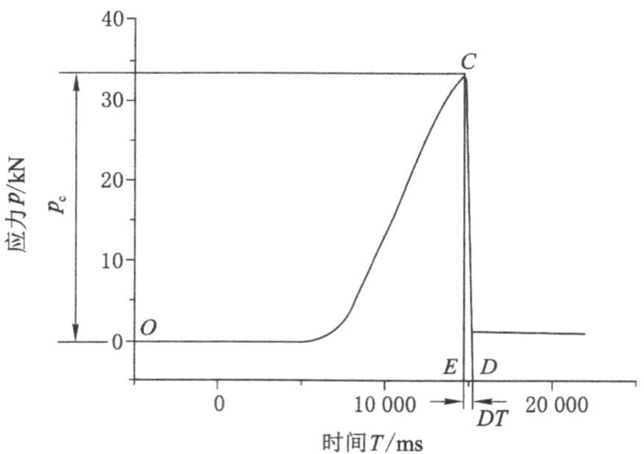

图 6-20 动态破坏时间示意图

2. 煤的弹性能量指数 W_{ET} 的测定方法

煤的弹性能量指数 W_{ET} 是指煤试件在单轴压缩状态下，受力达到破坏前某一值时卸载，其弹性能与塑性能之比。

采用长方体标准试件，在常规单轴压缩试验条件下，测定煤样破坏前所积蓄的变形能 Φ_{SE} 与产生塑性变形消耗的能量 Φ_{SP} 比值，计算单个试件和每组试件的弹性能量指数的算术平均值(图 6-21)。

$$W_{ET}=\frac{\Phi_{SE}}{\Phi_{SP}} \tag{6-3}$$

式中 W_{ET}——弹性能量指数；

Φ_{SE}——弹性应变能，即卸载曲线下的面积，mm^2；

Φ_{SP}——塑性应变能，其值为加载曲线和卸载曲线所包络的面积，mm^2。

3. 煤的冲击能量指数 K_E 的测定方法

煤的冲击能量指数 K_E 是指应力应变全过程曲线的上升段面积 A_S 与下降段面积 A_X 之比。

采用长方体标准试件，在常规单轴压缩试验条件下，测定煤样全应力应变曲线峰前所积聚的变形能与峰后所消耗的变形能之比值，计算单个试件和每组试件的冲击能量指数的算术平均值(图 6-22)。

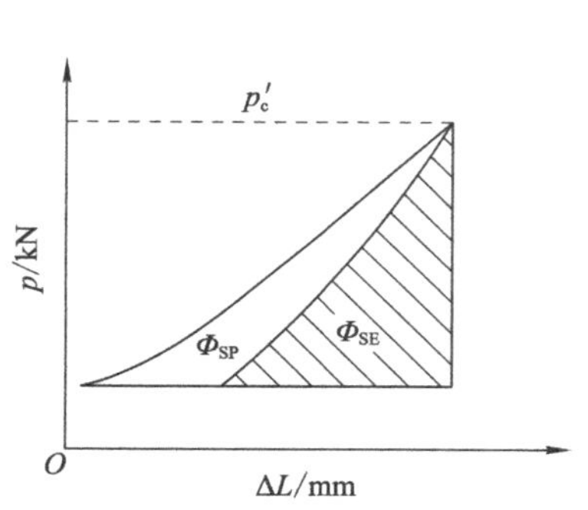

图 6-21 弹性能量指数计算示意图

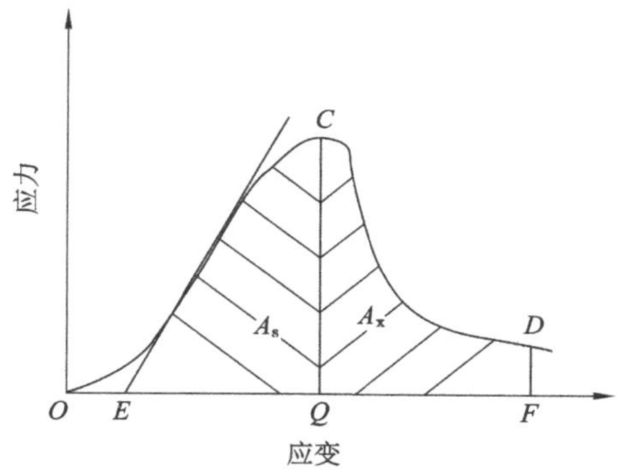

图 6-22 冲击能量指数计算示意图

$$K_E = \frac{A_s}{A_x} \tag{6-4}$$

式中　K_E——冲击能量指数；

A_s——峰前积聚变形能；

A_x——峰后积聚变形能。

4. 煤的单轴抗压的测定方法

煤的单轴抗压强度 R_c 是在实验室条件下，煤的标准试件在单轴压缩状态下承受的破坏载荷与承压面面积的比值。

$$R_c = \frac{P}{F} \times 10 \tag{6-5}$$

式中　R_c——试件单轴抗压强度，MPa；

P——试件破坏载荷，kN；

F——试件初始承压面积，cm^2。

（三）冲击倾向性模拟结果

当 DT、W_{ET}、K_E、R_c的测定值发生矛盾时，其分类可采用模糊综合评判方法，4 个指数的权重分别为 0.3、0.2、0.2、0.3。煤的冲击倾向性强弱采用综合判定方法判断，4 个指数共有 81 种测试结果，综合评判结果见表 6-17。表中综合评价结果：1—强冲击倾向；2—弱冲击倾向；3—无冲击倾向。有 8 种较难进行综合判定的情况，在表中“综合评判结果”列内用“＊”标出。出现此种测量结果，推荐采用对每个测试值与该指标所在类别临近界定值进行比较的方法综合判断冲击倾向性。

表 6-17　冲击倾向性综合评判结果表

序号	动态破坏时间	弹性能量指数	冲击能量指数	单轴抗压强度	综合评判结果	序号	动态破坏时间	弹性能量指数	冲击能量指数	单轴抗压强度	综合评判结果
1	1	1	1	1	1	42	2	2	2	3	2
2	1	1	1	2	1	43	2	2	3	1	2
3	1	1	1	3	1	44	2	2	3	2	2
4	1	1	2	1	1	45	2	2	3	3	*
5	1	1	2	2	*	46	2	3	1	1	1
6	1	1	2	3	2	47	2	3	1	2	2
7	1	1	3	1	1	48	2	3	1	3	3
8	1	1	3	2	1	49	2	3	2	1	2
9	1	1	3	3	2	50	2	3	2	2	2
10	1	2	1	1	1	51	2	3	2	3	*
11	1	2	1	2	*	52	2	3	3	1	3
12	1	2	1	3	1	53	2	3	3	2	2
13	1	2	2	1	1	54	2	3	3	3	3
14	1	2	2	2	2	55	3	1	1	1	1

表 6-17(续)

序号	动态破坏时间	弹性能量指数	冲击能量指数	单轴抗压强度	综合评判结果	序号	动态破坏时间	弹性能量指数	冲击能量指数	单轴抗压强度	综合评判结果
15	1	2	2	3	2	56	3	1	1	2	1
16	1	2	3	1	1	57	3	1	1	3	3
17	1	2	3	2	2	58	3	1	2	1	1
18	1	2	3	3	3	59	3	1	2	2	2
7	1	3	1	1	1	60	3	1	2	3	3
20	1	3	1	2	1	61	3	1	3	1	2
21	1	3	1	3	2	62	3	1	3	2	3
22	1	3	2	1	1	63	3	1	3	3	3
23	1	3	2	2	2	64	3	2	1	1	1
24	1	3	2	3	3	65	3	2	1	2	2
25	1	3	3	1	1	66	3	2	1	3	3
26	1	3	3	2	3	67	3	2	2	1	2
27	1	3	3	3	3	68	3	2	2	2	2
28	2	1	1	1	1	69	3	2	2	3	3
29	2	1	1	2	2	70	3	2	3	1	3
30	2	1	1	3	1	71	3	2	3	2	*
31	2	1	2	1	*	72	3	2	3	3	3
32	2	1	2	2	2	73	3	3	1	1	2
33	2	1	2	3	2	74	3	3	1	2	3
34	2	1	3	1	1	75	3	3	1	3	3
35	2	1	3	2	2	76	3	3	2	1	3
36	2	1	3	3	3	77	3	3	2	2	*
37	2	2	1	1	*	78	3	3	2	3	3
38	2	2	1	2	2	79	3	3	3	1	3
39	2	2	1	3	2	80	3	3	3	2	3
40	2	2	2	1	2	81	3	3	3	3	3
41	2	2	2	2	2						

基于对煤样的动态破坏时间、弹性能量指数、冲击能量指数和单轴抗压强度的测定结果，以及冲击倾向性评判方法(表 6-17)，可综合评判开滦矿区各煤矿煤层的冲击倾向性，如表 6-18 所示。

据表 6-18 综合分析可知，东欢坨矿、吕家坨矿、范各庄矿、钱家营矿和林西矿无冲击倾向性。唐山矿岳胥区 5 煤层具有弱冲击倾向性，铁三区的 8 煤层、$9_{上}$ 煤层、$9_{中}$ 煤层和 $9_{下}$ 煤层具有弱冲击倾向性。

表 6-18　冲击倾向性指数判断结果表

煤矿	煤层	冲击倾向			冲击倾向性类别	判别结果	最终结果
东欢坨矿	7	指数	动态破坏时间 DT	525	无	3	3
			弹性能量指数 W_{ET}	3.54	弱	2	
			冲击能量指数 K_E	1.175	无	3	
			单轴抗压强度 R_c	6.481	无	3	
	8	指数	动态破坏时间 DT	660	无	3	3
			弹性能量指数 W_{ET}	1.42	无	3	
			冲击能量指数 K_E	1.38	无	3	
			单轴抗压强度 R_c	5.22	无	3	
	11	指数	动态破坏时间 DT	741	无	3	3
			弹性能量指数 W_{ET}	0.747	无	3	
			冲击能量指数 K_E	1.05	无	3	
			单轴抗压强度 R_c	2.17	无	3	
	12_{-1}	指数	动态破坏时间 DT	641	无	3	3
			弹性能量指数 W_{ET}	3.83	弱	2	
			冲击能量指数 K_E	1.441	无	3	
			单轴抗压强度 R_c	6.93	无	3	
吕家坨矿	7	指数	动态破坏时间 DT	718	无	3	3
			弹性能量指数 W_{ET}	1.401	无	3	
			冲击能量指数 K_E	2.384	弱	2	
			单轴抗压强度 R_c	5.86	无	3	
	8	指数	动态破坏时间 DT	2274	无	3	3
			弹性能量指数 W_{ET}	0.484	无	3	
			冲击能量指数 K_E	2.726	弱	2	
			单轴抗压强度 R_c	3.382	无	3	
	11	指数	动态破坏时间 DT	2 036	无	3	3
			弹性能量指数 W_{ET}	0.892	无	3	
			冲击能量指数 K_E	2.368	弱	2	
			单轴抗压强度 R_c	4.252	无	3	
	12	指数	动态破坏时间 DT	2 234	无	3	3
			弹性能量指数 W_{ET}	0.472	无	3	
			冲击能量指数 K_E	2.291	弱	2	
			单轴抗压强度 R_c	3.737	无	3	
范各庄矿	5	指数	动态破坏时间 DT	1 073	无	3	3
			弹性能量指数 W_{ET}	1.782	弱	2	
			冲击能量指数 K_E	0.28	无	3	
			单轴抗压强度 R_c	0.209	无	3	

表 6-18(续)

煤矿	煤层	冲击倾向			冲击倾向性类别	判别结果	最终结果
范各庄矿	7	指数	动态破坏时间 DT	1 063	无	3	3
			弹性能量指数 W_{ET}	1.713	弱	2	
			冲击能量指数 K_E	0.63	无	3	
			单轴抗压强度 R_c	2.85	无	3	
	8	指数	动态破坏时间 DT	596	无	3	3
			弹性能量指数 W_{ET}	1.557	弱	2	
			冲击能量指数 K_E	0.991	无	3	
			单轴抗压强度 R_c	6.063	无	3	
	11	指数	动态破坏时间 DT	619	无	3	3
			弹性能量指数 W_{ET}	1.276	无	3	
			冲击能量指数 K_E	0.775	无	3	
			单轴抗压强度 R_c	5.15	无	3	
	12	指数	动态破坏时间 DT	329	弱	2	3
			弹性能量指数 W_{ET}	1.38	无	3	
			冲击能量指数 K_E	1.764	无	3	
			单轴抗压强度 R_c	3.428	无	3	
钱家营矿	5	指数	动态破坏时间 DT	714	无	3	3
			弹性能量指数 W_{ET}	1.59	无	3	
			冲击能量指数 K_E	1.79	弱	2	
			单轴抗压强度 R_c	2.84	无	3	
	7	指数	动态破坏时间 DT	668	无	3	3
			弹性能量指数 W_{ET}	2.144	弱	2	
			冲击能量指数 K_E	1.181	无	3	
			单轴抗压强度 R_c	5.333	无	3	
	8	指数	动态破坏时间 DT	767	无	3	3
			弹性能量指数 W_{ET}	3.084	弱	2	
			冲击能量指数 K_E	1.43	无	3	
			单轴抗压强度 R_c	6.648	无	3	
	9	指数	动态破坏时间 DT	711	无	3	3
			弹性能量指数 W_{ET}	0.44	无	3	
			冲击能量指数 K_E	1.69	弱	2	
			单轴抗压强度 R_c	3.76	无	3	
	12	指数	动态破坏时间 DT	435	弱	2	3
			弹性能量指数 W_{ET}	1.181	无	3	
			冲击能量指数 K_E	1.094	无	3	
			单轴抗压强度 R_c	4.682	无	3	

表 6-18(续)

煤矿	煤层	冲击倾向			冲击倾向性类别	判别结果	最终结果
林西矿	9	指数	动态破坏时间 DT	240	弱	2	3
			弹性能量指数 W_{ET}	0.208	无	3	
			冲击能量指数 K_E	1.319	无	3	
			单轴抗压强度 R_c	0.134	无	3	
	12	指数	动态破坏时间 DT	361	弱	2	3
			弹性能量指数 W_{ET}	0.26	无	3	
			冲击能量指数 K_E	0.811	无	3	
			单轴抗压强度 R_c	0.175	无	3	
唐山矿	5	指数	动态破坏时间 DT	250	弱	2	2
			弹性能量指数 W_{ET}	7.41	强	1	
			冲击能量指数 K_E	1.14	无	3	
			单轴抗压强度 R_c	11.43	弱	2	
	8	指数	动态破坏时间 DT	2 910	无	3	2
			弹性能量指数 W_{ET}	4.03	弱	2	
			冲击能量指数 K_E	1.67	弱	2	
			单轴抗压强度 R_c	9.66	弱	2	
	$9_{上}$	指数	动态破坏时间 DT	4 580	无	3	2
			弹性能量指数 W_{ET}	7.06	强	1	
			冲击能量指数 K_E	1.57	弱	2	
			单轴抗压强度 R_c	11.6	弱	2	
	$9_{中}$煤	指数	动态破坏时间 DT	2 840	无	3	2
			弹性能量指数 W_{ET}	11.32	强	1	
			冲击能量指数 K_E	1.63	弱	2	
			单轴抗压强度 R_c	10.84	弱	2	
	$9_{下}$煤	指数	动态破坏时间 DT	1 000	无	3	2
			弹性能量指数 W_{ET}	10.5	强	1	
			冲击能量指数 K_E	1.56	弱	2	
			单轴抗压强度 R_c	10.18	弱	2	

二、冲击地压与瓦斯突出

煤矿开采过程中，在高应力状态下积聚有大量弹性能的煤或岩体，在一定的条件下突然发生破坏、冒落或抛出，使能量突然释放，呈现声响、震动以及气浪等明显的动力效应，这些现象统称为煤矿动压现象。它具有突然爆发的特点，其效果有的如同大量炸药爆破，有的能形成强烈暴风，危害程度比一般矿山压力显现程度更为严重，在地下开采中易造成严重的自然灾害。

根据煤矿动压现象的一般成因和机理，可把它归纳为三种形式，即冲击地压、顶板大面积来压、煤与瓦斯突出。前两者完全属于矿山压力的研究范畴，而后者除矿山压力的作用外，还有承压瓦斯的动力作用。

煤与瓦斯突出是指瓦斯和煤同时向巷道内突出，它和冲击地压在表现形式上有类似性，发生时都出现煤体的破碎，在深部开采的突出矿井，两者有时会同时出现。但是，对冲击地压而言，弹性能的释放是首要因素，破坏较猛烈，震动更强烈，由已破裂的煤体中释放出瓦斯则是次要因素。煤与瓦斯突出则相反，瓦斯释放是第一位的首要因素，破坏较缓慢，震动也较弱，而煤岩抛出则是次要因素，突出后大部分煤体破坏成碎煤，且具筛选性。煤与瓦斯突出及冲击地压的发生机理各不相同，但可互为诱发因素，且都具有动力特征。

根据前人经验，瓦斯压力对煤岩体冲击倾向性指标的影响很大，而现行的冲击倾向性标准中没有考虑瓦斯因素。瓦斯对煤体的破坏作用，包括吸附瓦斯和游离瓦斯两者的共同作用。吸附瓦斯减少了煤体内部裂隙表面的张力，从而导致煤体颗粒间相互作用力减小，煤体被破坏时所需要的能量减小，同样也削弱了煤体的强度。游离瓦斯产生孔隙压力，随瓦斯含量增加，煤体中游离瓦斯量逐渐增加，孔隙压力随之增加，有效应力减小，使煤抵抗破坏的能力降低。在一定程度上，游离瓦斯促使煤体裂隙扩展，减弱了宏观裂缝面间的摩擦系数，也使得煤体强度降低。孔隙压力的变化不仅直接改变煤岩体的强度，而且引起煤体吸附瓦斯量的变化，同时，煤体吸附瓦斯量的变化又影响瓦斯的赋存形态，如此反复相互影响、相互作用，在瓦斯渗流与煤层变形共同作用下，煤体处于非稳定平衡状态，遇外部扰动时，煤体将会失稳而形成冲击地压与突出耦合型矿井灾害。

同时，冲击地压和突出的发生，都是由于积蓄能量的释放而导致煤岩体变形、破坏，煤岩平衡系统被破坏时，释放的能量大于所消耗的能量，剩余的能量转化为使煤岩抛出、围岩震动或瓦斯大量喷出的动能。就其主要特征而言，都是煤岩介质突然破坏引起的动力现象，是煤岩体在外界扰动下发生的动力破坏过程。

随着工作面的推进，井下煤层将经历由原岩应力状态进入应力升高与应力降低状态的过程，在这个过程中，煤体的透气性也将随之而发生变化。根据图 6-23 的模拟实验可知，当瓦斯压力不变时，随着围岩压力的增加，渗透率开始下降很快，但是，当围岩压力增至 6～7 MPa 时，渗透率下降非常缓慢。当围岩压力大于 10 MPa 时，煤样渗透率接近零。同时，从图 6-24 可以看出，煤样的渗透率并不是随围岩压力的降低而逐渐增加，而是当围岩压力下降到一定值时渗透率会急剧增加。由此可知，地应力对煤层的渗透率有较大影响，因此，为提高煤层渗透率，采用预抽煤层瓦斯、开采保护层等措施，使煤层充分卸压，可起到预防冲击与突出事故的效果。在地应力不变情况下，瓦斯压力和煤层透气性的关系如图 6-24 所示，根据实验室模拟研究结果可知，在围岩压力不变时，孔隙压力与煤样渗透率之间呈“V”字型关系。

前文研究表明瓦斯对煤岩的冲击倾向性具有一定的影响，瓦斯压力的存在对煤岩体具有破坏作用，使煤体强度降低。图 6-25 为瓦斯压力与冲击倾向性各因素间相关性图，由于实验样品采集于不同矿井、不同煤层，导致相关性不强，这可能由于各矿井间煤层存在差异。

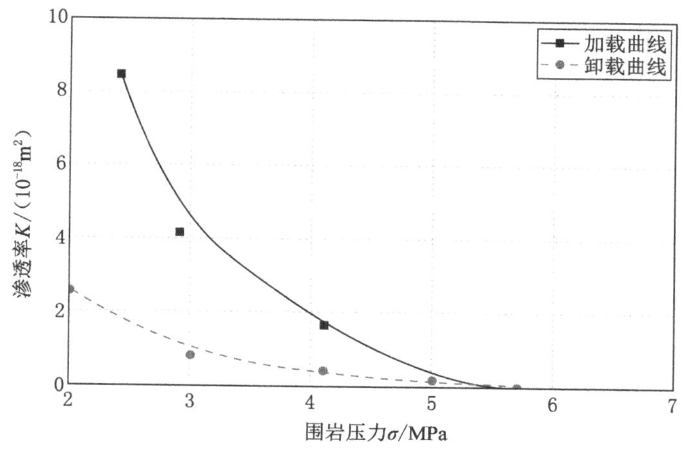

图 6-23　渗透率 K 随围岩压力 σ 的变化曲线

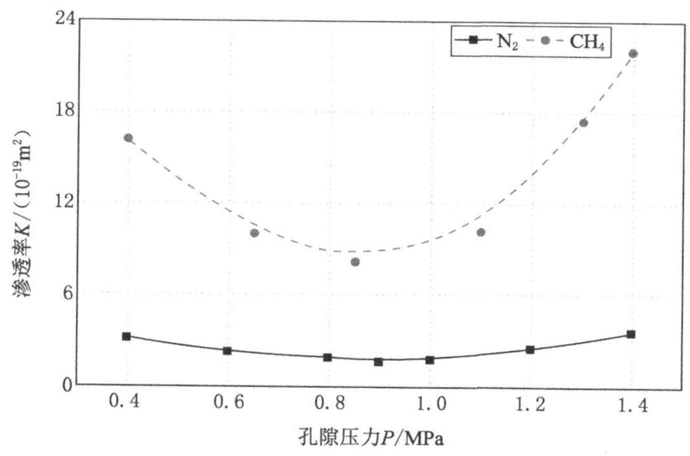

图 6-24　孔隙压力 P 随渗透率 K 的变化曲线

为进一步研究瓦斯压力与冲击倾向性因素的关系，对单一矿井进行分析更为准确，鉴于数据的完整性，此次以东欢坨矿及吕家坨矿为例，对其各煤层瓦斯压力与冲击倾向性因素相关性进行分析(图 6-26 至图 6-29)，结果显示随着瓦斯压力的增加，煤层动态破坏时间 DT 呈现增加的趋势，弹性能量指数 W_{ET} 逐渐减小，冲击能量指数 K_E 及单轴抗压强度 R_c 同样呈现逐渐减小的趋势，这表明随着瓦斯压力的增大，煤体更易被破坏。由于围岩的存在，高瓦斯压力和软弱煤体共存的形态被包裹，一旦围岩遭受破坏，其储存的高压气体将向外涌出造成气体压力的下降，并在这个过程中转移其储存的瓦斯膨胀能。瓦斯膨胀能的释放造成更大的顶底板压力直接作用于煤体上，增加了煤体储存的弹性势能，并作用于松散煤体，使之随气体同时喷出，加剧了煤与瓦斯突出的危险性。

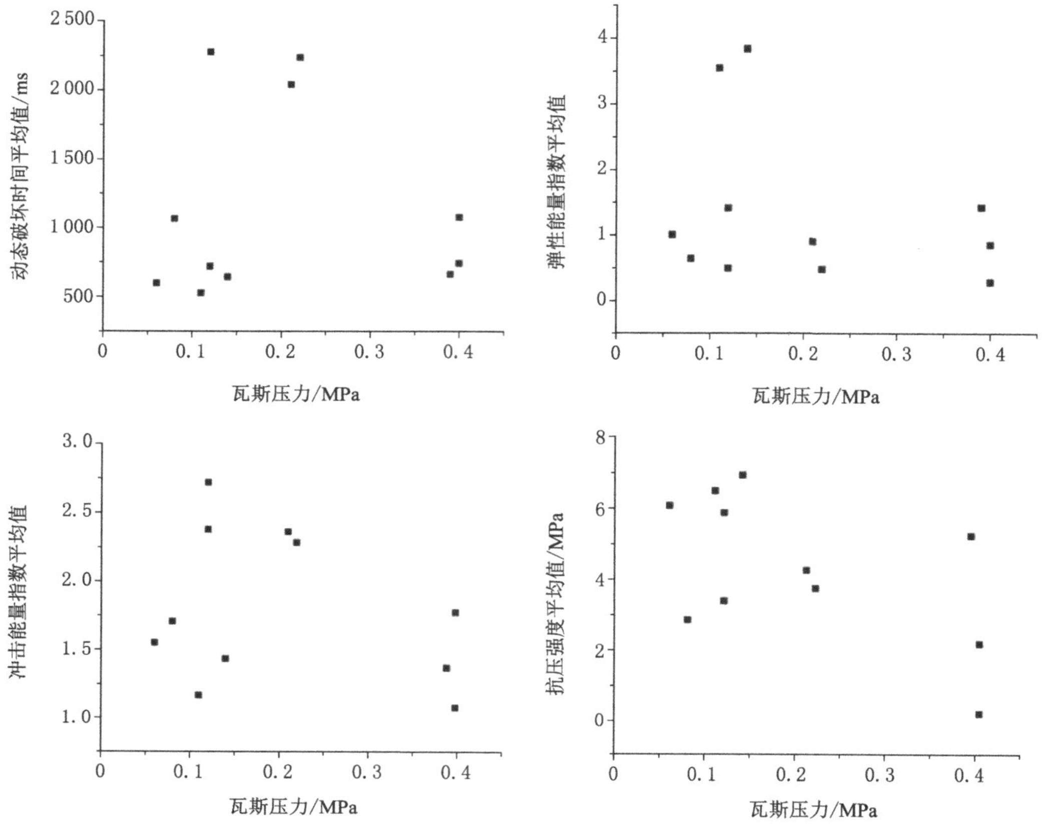

动态破坏时间平均值/ms
弹性能量指数平均值
冲击能量指数平均值
抗压强度平均值/MPa
瓦斯压力/MPa
瓦斯压力/MPa
瓦斯压力/MPa
瓦斯压力/MPa

图 6-25　瓦斯压力与冲击倾向性因素相关性

动态破坏时间平均值/ms
动态破坏时间平均值/ms
瓦斯压力/MPa
瓦斯压力/MPa

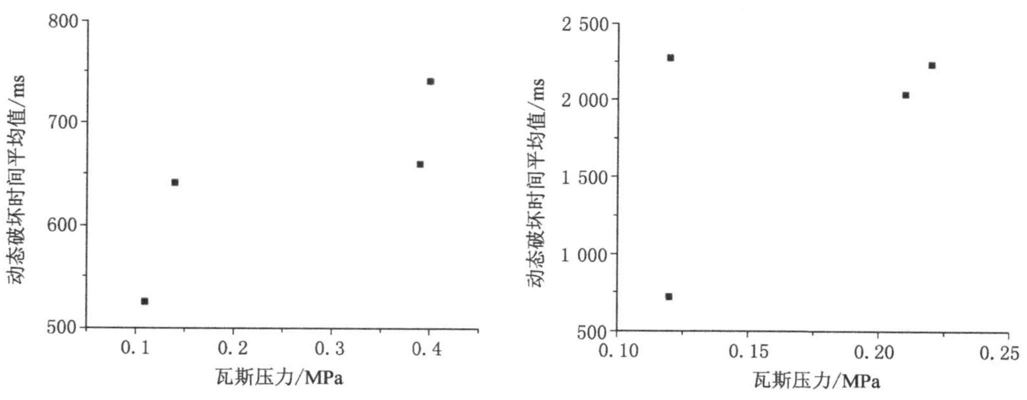

图 6-26　瓦斯压力与破坏时间相关性(左-东欢坨矿、右-吕家坨矿)

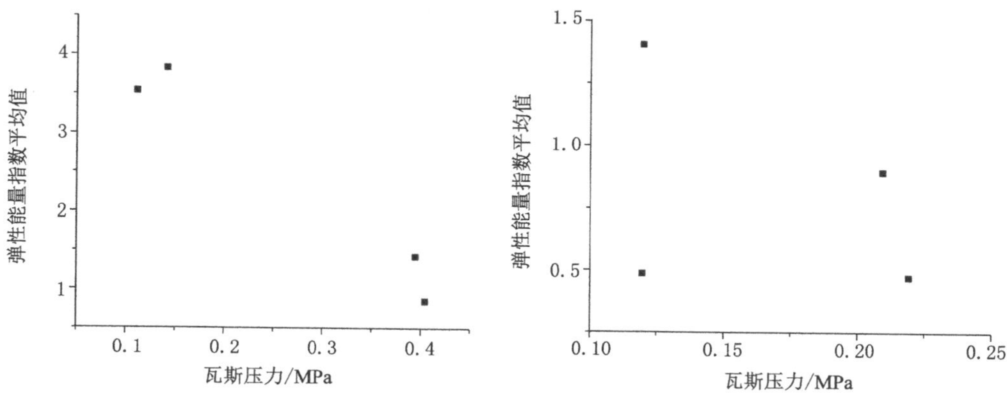

图 6-27　瓦斯压力与弹性能指数相关性(左-东欢坨矿、右-吕家坨矿)

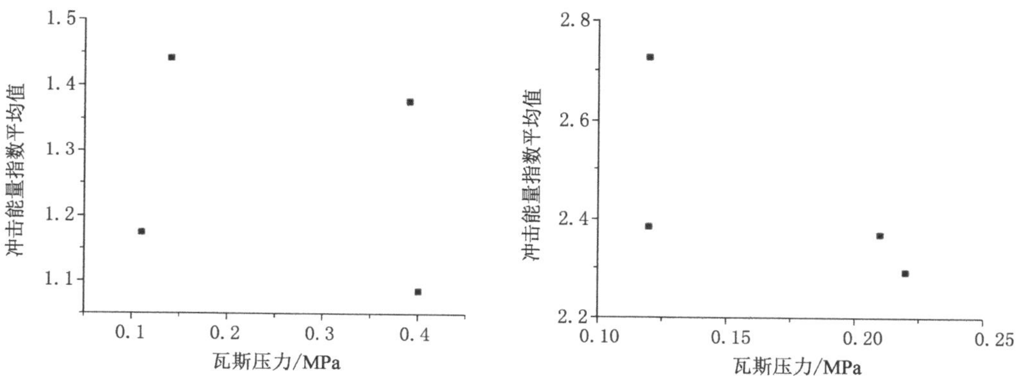

图 6-28　瓦斯压力与冲击能量指数相关性(左-东欢坨矿、右-吕家坨矿)

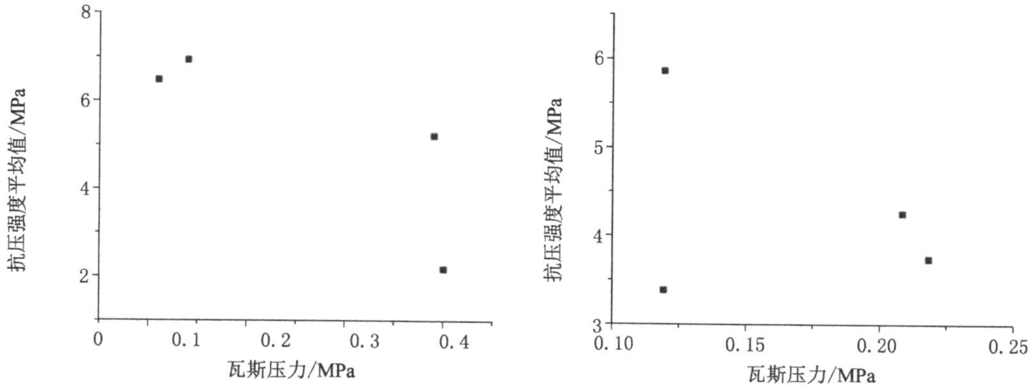

图 6-29　瓦斯压力与抗压强度相关性(左-东欢坨矿、右-吕家坨矿)

由于瓦斯压力数据较少,未能充分利用研究区内所有矿井资料,因此采用各矿井 2020 年绝对瓦斯涌出量数据与冲击倾向性各因素进行分析(图 6-30),研究表明绝对瓦斯涌出量与动态破坏时间 DT 相关性较弱,与弹性能量指数 W_{ET}、冲击能量指数 K_E 以及单轴抗压强

度 R_c 均基本呈现正相关关系，表明绝对瓦斯涌出量大的矿井其冲击地压也可能较大。

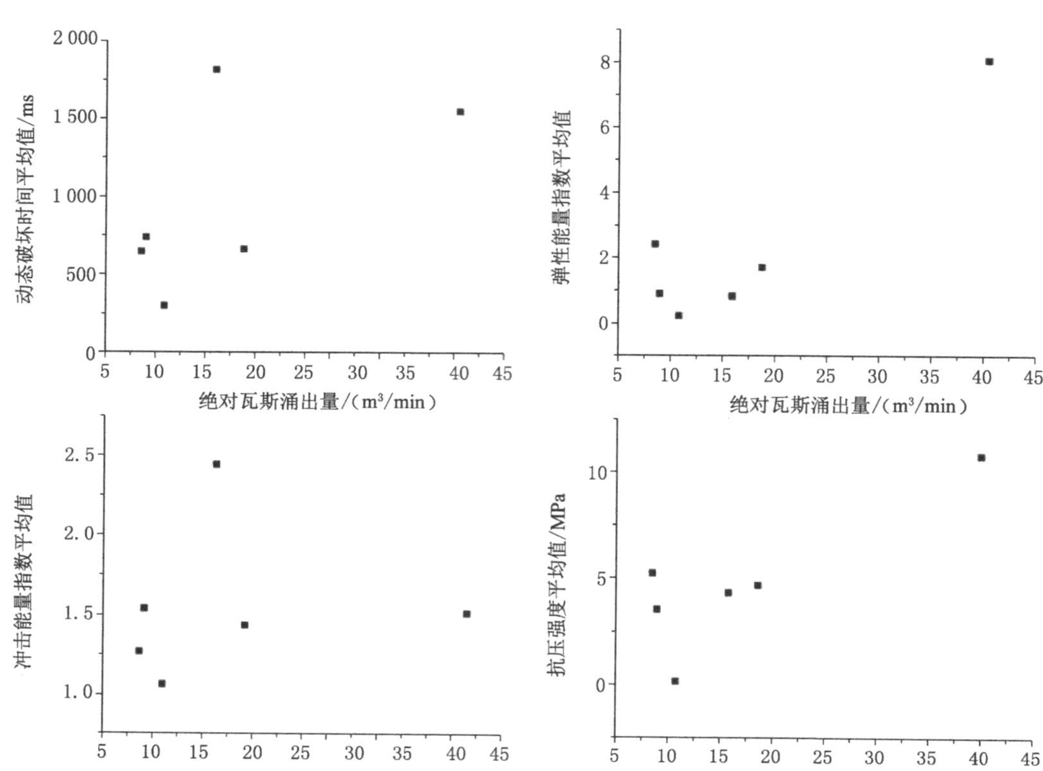

图 6-30 绝对瓦斯涌出量与冲击倾向性因素相关性

瓦斯压力的分布决定着发生瓦斯突出的可能性。瓦斯压力梯度的大小取决于瓦斯的流速和煤体的透气性，在同一流速条件下，煤体透气性越低，瓦斯压力梯度越大。如图 6-31 所示，在工作面前方，受地应力的作用，产生卸载区、弹塑性变形区和弹性区。在卸载区内，

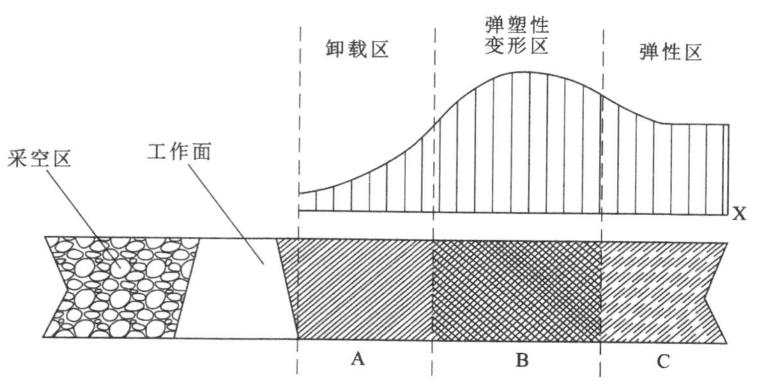

图 6-31 工作面前方煤体极限平衡状态[74]

瓦斯压力较低且梯度平缓；在弹塑性变形区内，瓦斯压力梯度显著增大。卸载区的作用相当于预防突出的缓冲区域，卸载区的宽度越小，则弹塑性变形区越靠近采掘空间，瓦斯压力梯度也越高，发生瓦斯突出的可能性就越大，因此，可以通过钻孔排放瓦斯、深孔松动爆破、开卸压槽等扩大卸压带的宽度从而达到防止瓦斯突出发生的目的。

在同时存在煤与瓦斯突出和冲击地压的非均质煤体中，一般存在软硬煤相间或者相互包裹的情况，在外界作用力扰动前，软硬煤组成一个相对平衡系统。一旦在外力的作用下系统失稳，一方面对处于煤与瓦斯突出危险的软煤产生附加应力和诱发作用，可能发生煤与瓦斯突出。另一方面，如果软煤发生煤与瓦斯突出，也将导致整个系统的平衡失稳，对处于冲击危险的硬煤产生附加应力和诱发作用，可能发生冲击地压。冲击与突出耦合发生关系如图 6-32 所示。

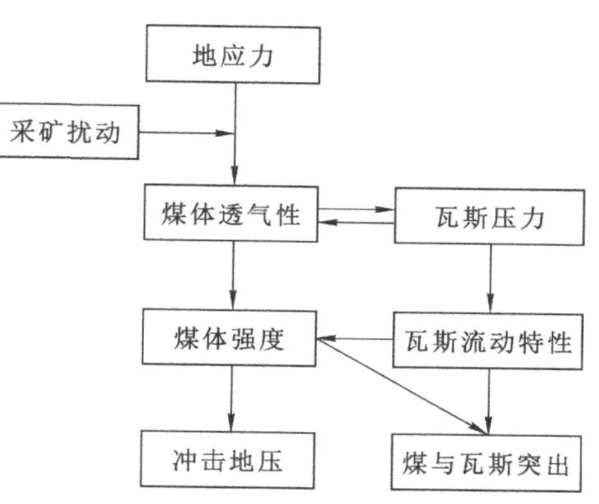

图 6-32　冲击与突出耦合关系

总之，冲击与突出耦合可以概括为以原岩应力为主，包括瓦斯作用力、构造应力和开采产生附加应力相互叠加诱发的煤岩体弹性能和瓦斯潜能共同参与的复合型矿井灾害。

依据现有数据绘制开滦矿区冲击倾向性分布图（图 6-33 至图 6-38），除未进行实验煤层外，唐山矿各煤层均呈现弱冲击倾向性，其余各矿各煤层无冲击倾向性，未发现强冲击倾向性煤层，对煤矿的安全开采相对有利，但随着煤层开采深度的增加，仍需注意对冲击倾向性的提前监测。

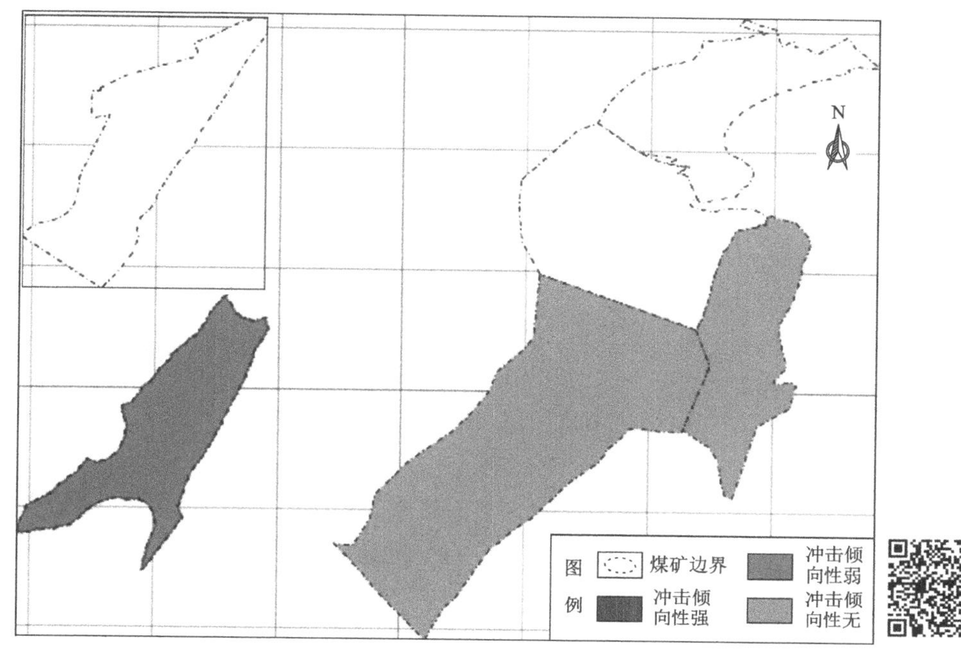

图 6-33　开滦矿区 5 煤层冲击倾向性分布图

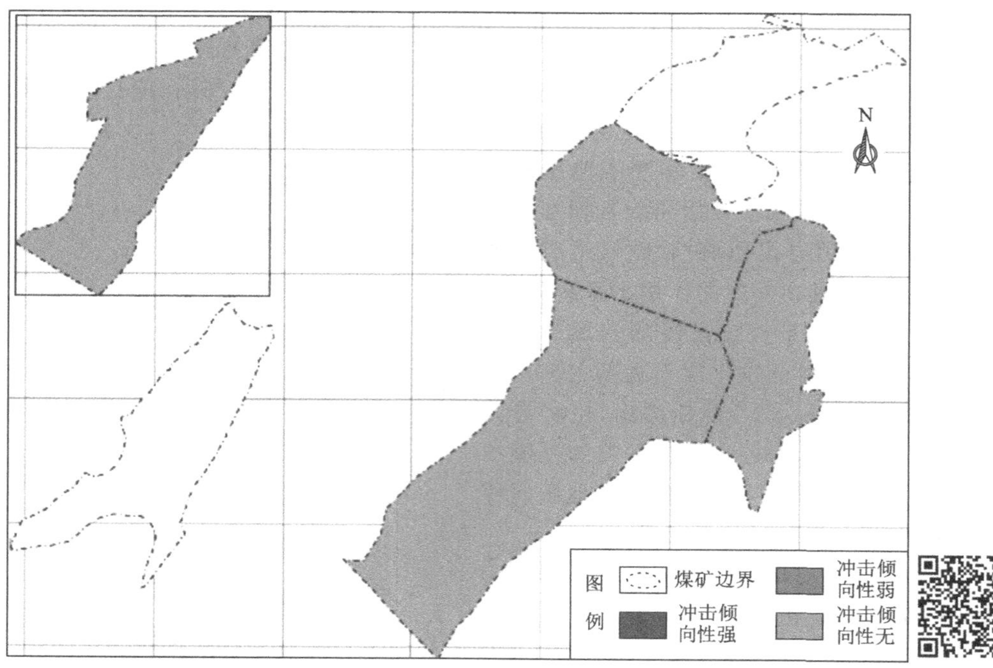

图 6-34 开滦矿区 7 煤层冲击倾向性分布图[74]

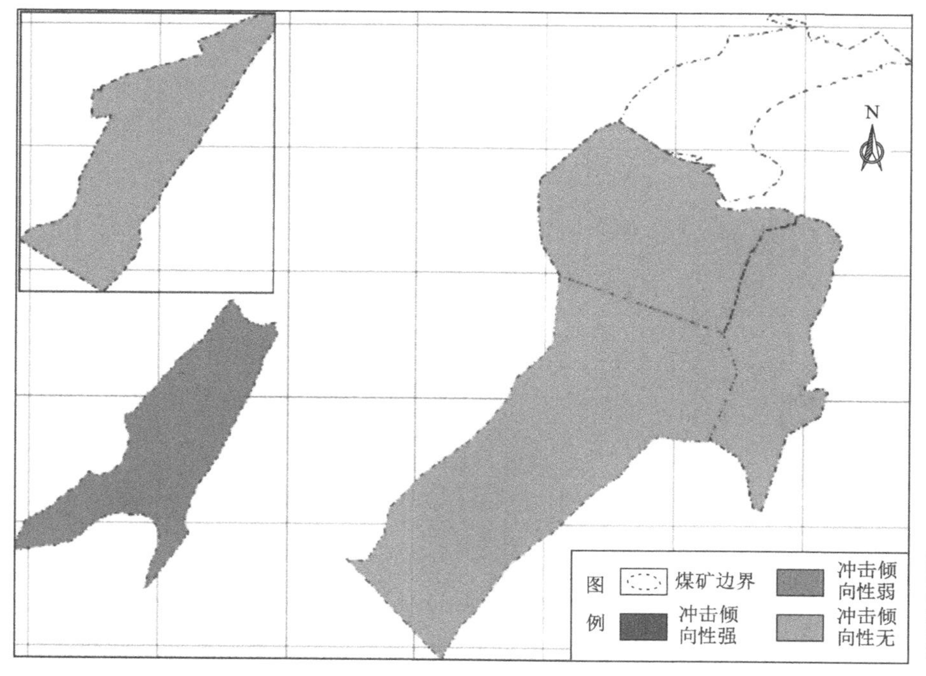

图 6-35 开滦矿区 8 煤层冲击倾向性分布图[74]

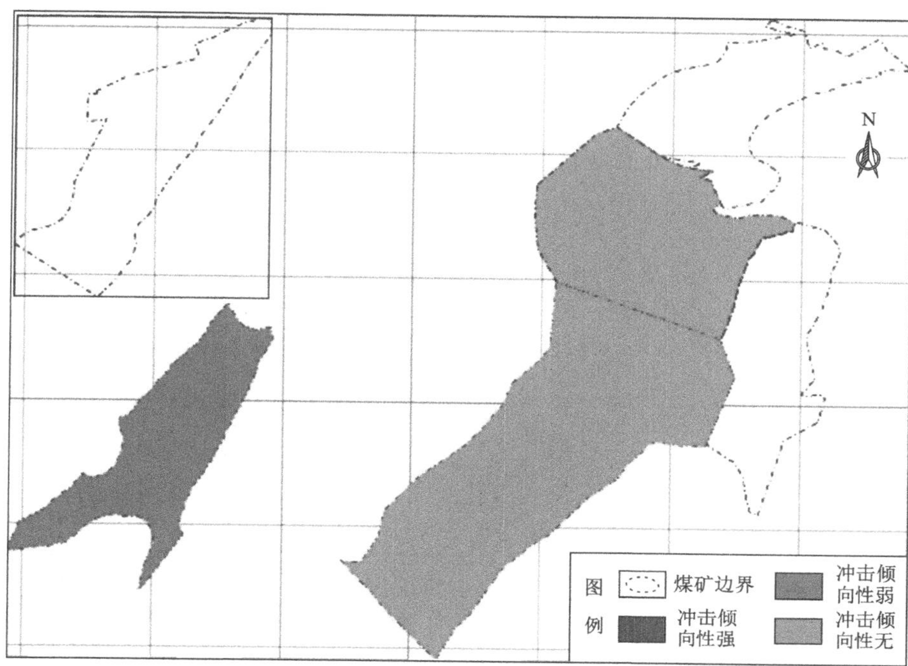

图 6-36 开滦矿区 9 煤层冲击倾向性分布图

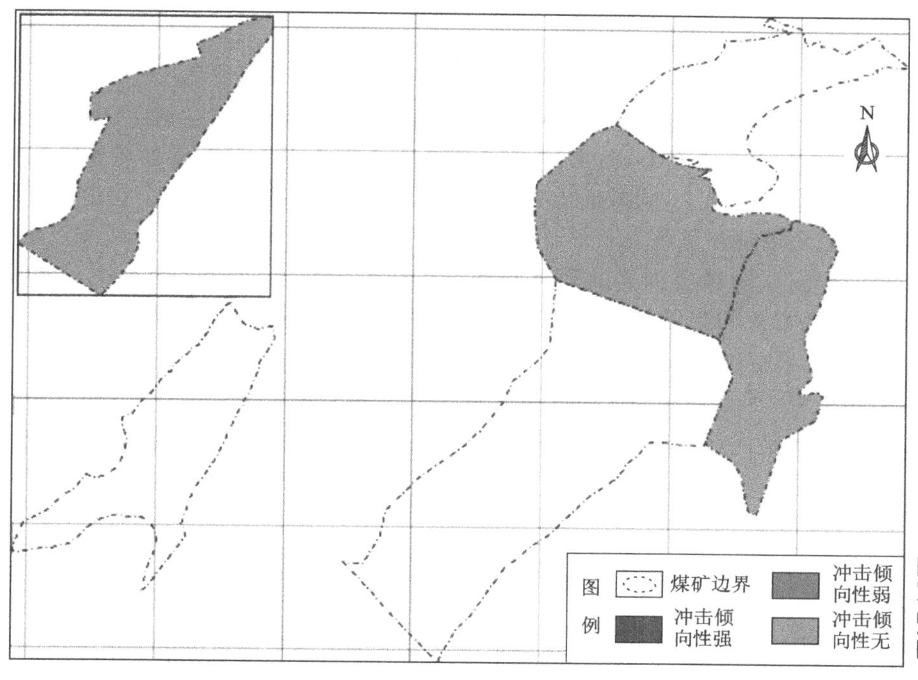

图 6-37 开滦矿区 11 煤层冲击倾向性分布图

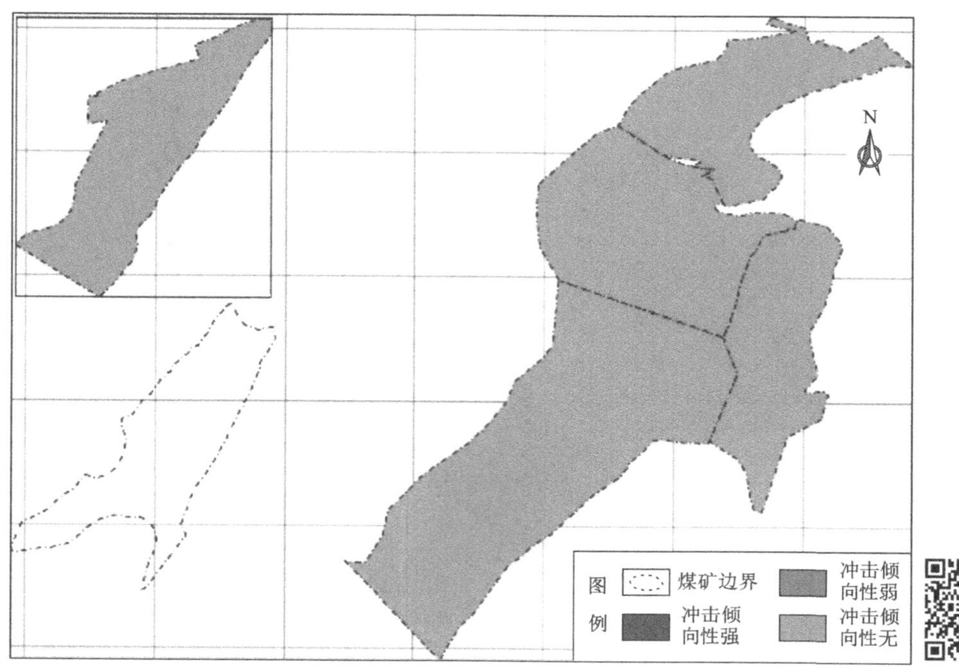

图 6-38 开滦矿区 12 煤层冲击倾向性分布图

三、煤岩与瓦斯联动突出分析

瓦斯突出现象往往并非简单的气体逸散，同时还伴随着煤体及岩体的喷出。瓦斯突出一般是指煤与瓦斯在一个很短的时间内突然、连续地自煤壁暴露面抛向巷道空间所引起的动力现象。在煤与瓦斯突出过程中，抛出的煤体有的只有几吨、几十吨，有的则达几百吨，大型的突出甚至高达几千吨以上，同时涌出大量的瓦斯(二氧化碳)，充斥整个巷道空间，而在煤壁上留下口小腔大的突出孔洞。

传统矿井地质研究认为煤层围岩的隔气和透气性仅影响到瓦斯的保存条件。煤层围岩是指煤层直接顶、基本顶和底板在内的一定厚度范围的层段。瓦斯之所以能够封存于煤层中的某一部位，并导致局部瓦斯涌出异常，与该地段煤层围岩透气性低，造成有利于封存瓦斯的条件有密切关系，因此，煤层围岩的隔气和透气性能直接影响到瓦斯的保存条件。顶板岩性及顶板砂岩比是间接反映煤层围岩透气性的一项瓦斯地质指标，是指煤层顶板一定厚度层段内砂岩厚度与统计厚度的比值。砂岩比越大，反映统计层段内砂质岩层厚度越大，越有利于煤层中瓦斯的逸散。

研究发现一般瓦斯突出事故发生后所测得的瓦斯逸散量往往远远超出煤体储存空间所能赋存的瓦斯量，关于这部分瓦斯量的来源研究不明，随着近年来煤系三气(煤层气、页岩气、致密砂岩气)的成功开采，为本次研究提供了新的思路，研究认为煤与瓦斯突出现象发生时的瓦斯逸散量除煤体本身瓦斯量外，同时有一些泥页岩、砂岩中赋存的瓦斯，因此，对围岩中所含瓦斯量的研究具有重要意义。

开滦矿区泥页岩样品测试显示，大苗庄组 7～9 煤层间泥页岩层的孔隙率介于 0.48%～2.01%，平均值为 1.15%，高值分布于黑色薄层状粉砂岩，低值分布于黑色厚层状泥岩，变化较大。赵各庄组 9～11 煤层间泥页岩层的孔隙率介于 0.35～3.41%，平均值为 1.54%。12 煤层周边泥页岩层 Y_6 的孔隙率介于 0.41%～1.10%，平均值为 0.65%。压汞试验结果表明研究区砂岩孔隙率为 0.34%～7.28%，平均值为 1.89%[133]。其中，微孔占比为 0～42.86%，平均 10.14%；小孔占比为 4.17%～71.74%，平均 28.39%；中孔占比为 8.93%～46.43%，平均 27.31%；大孔占比为 7.25%～61.54%，平均为 34.16%。小孔与中孔提供了较大的孔体积。

钱家营矿－850 m 水平主石门 5 煤层曾发生瓦斯动力现象，前人研究－850 m 水平主石门 5 煤层瓦斯动力异常区域的 20 m 内的泥岩厚度明显大于砂岩厚度，说明该地区的顶板透气性较差，形成良好的盖层，对瓦斯垂直逸散有良好的阻隔作用，利于瓦斯的富集。本次研究发现钱家营矿－850 m 水平主石门煤层顶板约 15 m 之内主要以泥质粉砂岩或粉砂岩为主，底板 10～15 m 之内岩性主要以粉砂岩为主，且砂岩孔隙率较大(表 6-19)，为瓦斯的储存提供了足够的空间，当煤体受外力破坏时，不仅煤体内的瓦斯伴随煤体一起突出，赋存在砂岩中的瓦斯同样随着逸散通道快速喷出，加剧了煤与瓦斯突出的破坏程度及瓦斯逸散量。

表 6-19　－850 m 水平主石门区域钻孔揭露的 5 煤层顶底板特征

钻孔	顶　板	底　板
钱补 48	灰黑色粉砂岩，厚 12.38 m	黑色泥岩，厚 11.25 m
钱补 35	深灰色粉砂岩，底部为黑色碳质泥岩，厚 3.64 m	黑灰色粉砂岩，厚 8.1 m
钱补 33	深灰色泥岩，厚 8.02 m	泥岩与粉细砂岩互层，厚 13.4 m
钱井 4	深灰色粉细砂岩，底部为黑灰色泥岩，厚 12.4 m	泥岩与粉细砂岩互层，厚 11 m
钱井 5	深灰色粉砂岩，厚 3.96 m	深灰色粉砂岩，厚 9.22 m
钱补 36	深灰色粉砂与泥岩互层，厚 13.1 m	粉细砂岩与泥岩互层，厚 11.1 m
钱 51	深灰色粉砂岩，厚 10.57 m	灰黑色粉砂岩，厚 13.6 m
钱补 32	深灰色粉砂岩，厚 11.94 m	深灰色粉细砂岩，厚 10.35 m
钱 55	粉砂岩，厚 5.9 m	灰色中粒砂岩与粉砂岩互层，厚 10.37 m
钱 63	深灰色粉细砂岩与中砂岩互层，厚 0.54 m	深灰色粉细砂岩，厚 9.89 m

小　　结

(1) 开滦矿区由于构造作用的破坏，煤体结构较为破碎，仅对其中大块煤的观测发现，垂直于摩擦镜面的方向裂隙较发育，裂隙呈菱形、网状和平行状。平行于摩擦镜面的方向裂隙发育较少，由于煤层之间的挤压滑动，表面较为光滑，裂隙主要呈平行状。研究区内煤储层孔隙分布特征显示出两极分布，该区微、小孔含量大且比表面积主要集中在微孔和小孔段(即小于 100 nm)，煤层具有很强的吸附气能力，中孔相对较少，导致孔径在中孔孔径段出现渗流瓶颈，从而降低孔隙的渗透性。同时，这样的孔隙分布也是导致孔隙率较小的主要原因。研究区构造变形使得煤的变质程度增加，大量研究已经证明，煤的生气量及吸附量随着煤变质程度的增加而增加。

(2) 开滦矿区除钱家营矿外没有发现地热异常区，且由于下部奥陶系岩溶含水层的影响，地热梯度分布不明显，地热资源不丰富。

(3) 东欢坨矿、吕家坨矿、范各庄矿、钱家营矿和林西矿无冲击倾向性。唐山矿岳胥区5煤层具有弱冲击倾向性，铁三区的8煤层、$9_{上}$煤层、$9_{中}$煤层和$9_{下}$煤层具有弱冲击倾向性。瓦斯压力增大，煤体更易被破坏，由于围岩的存在，高瓦斯压力和软弱煤体共存的形态被包裹，一旦围岩遭受破坏，其储存的高压气体将向外涌出造成气体压力的下降，并在这个过程中转移其储存的瓦斯膨胀能。瓦斯膨胀能的释放造成更大的顶底板压力直接作用于煤体上，增加了煤体储存的弹性势能，并作用于松散煤体，随气体同时喷出，加剧了煤与瓦斯突出的危险性。同时泥页岩、砂岩会为瓦斯提供一定的储存空间，加大瓦斯突出的喷出量。

第七章　深部瓦斯聚集的地质控因

煤层瓦斯的形成、保存、运移、富集与地质条件有密切关系，瓦斯赋存条件的差异导致瓦斯赋存状态、赋存量的不均衡性。地质条件制约着瓦斯含量及赋存，类似于煤层煤质、煤层埋藏深度、矿井构造、煤层顶底板岩性等因素，均在不同程度上影响着瓦斯的赋存。对一个具体的矿井而言，诸多影响因素中既有主导因素控制瓦斯含量的总体变化趋势，也有其他地质因素影响煤层瓦斯含量的差异性变化。瓦斯异常的发生可能是个别地质因素的突变造成的，也可能与某个因素并无明显的相关性，其发生异常是诸因素相互作用的结果。通过分析开滦矿区已采区瓦斯异常的原因，以此来推测矿井深部可能发生瓦斯异常的区域，对矿井的安全生产具有指导意义。

研究区工作面在开采过程中对瓦斯涌出情况进行了系统监测，煤层瓦斯含量的实测数据较少，而瓦斯涌出量主要决定于煤层瓦斯含量，瓦斯涌出量的大小能够反映煤层中瓦斯的赋存状况。因此，在前文对研究区工作面瓦斯涌出特征分析的基础上，从构造、埋深、顶底板岩性、水文地质条件、地应力特征以及地温特征等方面，对研究区影响瓦斯赋存的地质因素进行分析。

第一节　地质构造对瓦斯聚集的影响

我国煤矿瓦斯分布和赋存区域主要经历了印支运动、燕山运动、喜马拉雅运动和现代地球构造应力场演化的综合作用，这些作用本质上都可归结为挤压剪切活动或拉张裂陷构造活动的结果。瓦斯赋存地质构造逐级控制理论认为：我国煤矿瓦斯赋存区域地质构造控制规律包含区域地质构造挤压隆起控制、区域地质构造挤压坳陷控制、造山带挤压作用控制、逆冲推覆构造控制、区域岩浆作用控制、克拉通岩石圈控制、区域地质构造隆起剥蚀控制、区域地质构造拉张裂陷控制、区域水文地质作用控制和低变质煤控制等 10 种类型。我国华北地区（主要开采石炭系-二叠纪煤层）的煤系地层，在印支期受扬子板块由南向北和西伯利亚板块由北向南的相互挤压作用，在燕山早、中期受太平洋库拉板块俯冲碰撞作用，分别形成了近东西向宽缓褶皱和断裂、北北东和北东向的大规模隆起及坳陷；此外由于受岩浆活动影响，华北地区煤层褶皱和断裂及其叠加和复合构造较为发育。

前人研究成果表明：板缘构造带、板内造山带、深层构造陡变带、深层活动断裂带、推覆构造带和强变形带是控制煤与瓦斯突出矿区分布的敏感地带[133]。从总体上来看，地质板块和地壳运动是形成地质构造带的根源，煤与瓦斯突出矿区分布与地质构造挤压剪切带关系密切。地质构造运动始终未停止过，实际上任何矿区的煤系地层自其形成以来，均经历了多次不同形式的板块构造运动作用，严格意义上来说，任何矿区、任何矿井都存在着不同级别的构造挤压剪切区，这些区域只要具备圈闭瓦斯的环境，就会存在潜在的煤与瓦斯突出风险。

在煤与瓦斯动力现象的影响因素中，地质构造的控制作用是显著的。在煤化变质作用过程中，构造运动可以促进瓦斯的生成；构造作用破坏了煤体的结构，有利于煤与瓦斯动力现象的发生；构造运动可以形成有利于瓦斯聚集的封闭构造。地质构造对瓦斯赋存的影响包括两个方面：一方面造成了瓦斯分布的不均衡，另一方面形成了有利于瓦斯赋存或有利于瓦斯排放的条件。封闭性地质构造有利于赋存瓦斯，开放性地质构造有利于排放瓦斯，这也是瓦斯分布不均衡和出现异常的重要原因。

一、开平向斜瓦斯分布特征的构造控制

基于大量的瓦斯资料统计，开平向斜整体范围瓦斯含量为 0～12 m^3/t，但向斜两翼瓦斯含量与梯度都存在明显差异，表现为北西翼瓦斯含量高、瓦斯梯度大，南东翼瓦斯含量偏小，瓦斯梯度小的格局。研究表明，开平向斜的瓦斯赋存特征明显受控于整体构造格局与局部构造分布（图 7-1）。

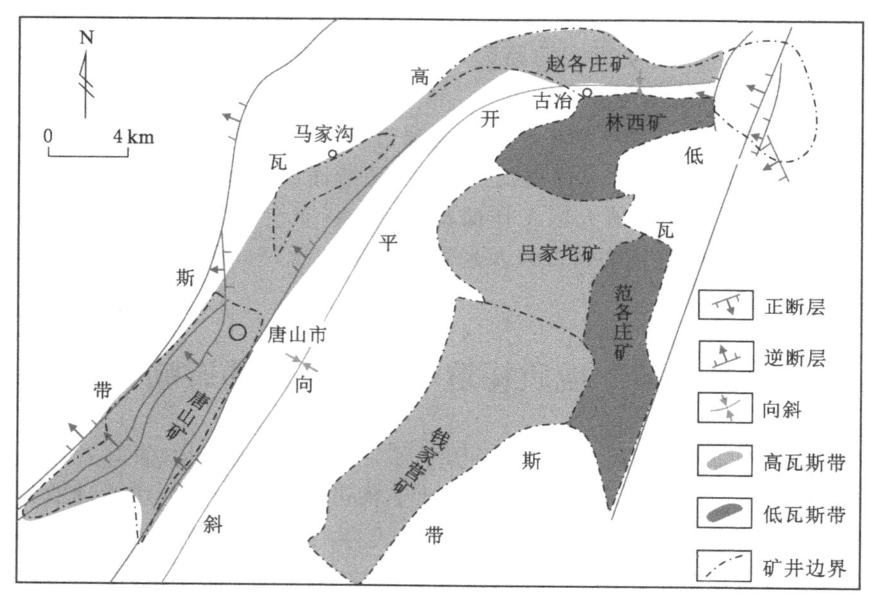

图 7-1 开平向斜矿井瓦斯分布示意图

1. 向斜轴控制区域瓦斯分布

研究表明，受开平向斜构造发育特征的影响，两翼的瓦斯赋存明显存在差异。开平向斜是一不对称向斜，北西翼地层倾角大、陡；南东翼倾角小、缓，这种构造特征导致沿向斜轴两侧瓦斯赋存的不均一性，直接影响到矿井的瓦斯状态，形成目前开平向斜两侧瓦斯格局的差异（图 7-1）：北西翼为高瓦斯带，分布高瓦斯矿井（唐山矿）和煤与瓦斯突出矿井（马家沟矿与赵各庄矿）。由于唐山矿的地层倾角相对较小，瓦斯含量也偏小，均小于 8 m^3/t，统计表明，在－600 m 以下的瓦斯含量将超过 6 m^3/t（图 7-2），井下实测瓦斯压力均小于 0.7 MPa。而马家沟矿与赵各庄矿的瓦斯含量相对较高，最大可以超过 11 m^3/t，；而南东翼则形成低瓦斯带，目前开采的林西矿、范各庄矿均为低瓦斯矿井，而最新鉴定成果显示吕家坨矿为高瓦斯矿井，钱家营矿在－850 m水平主石门发生瓦斯突出现象，为煤与瓦斯突出矿井。

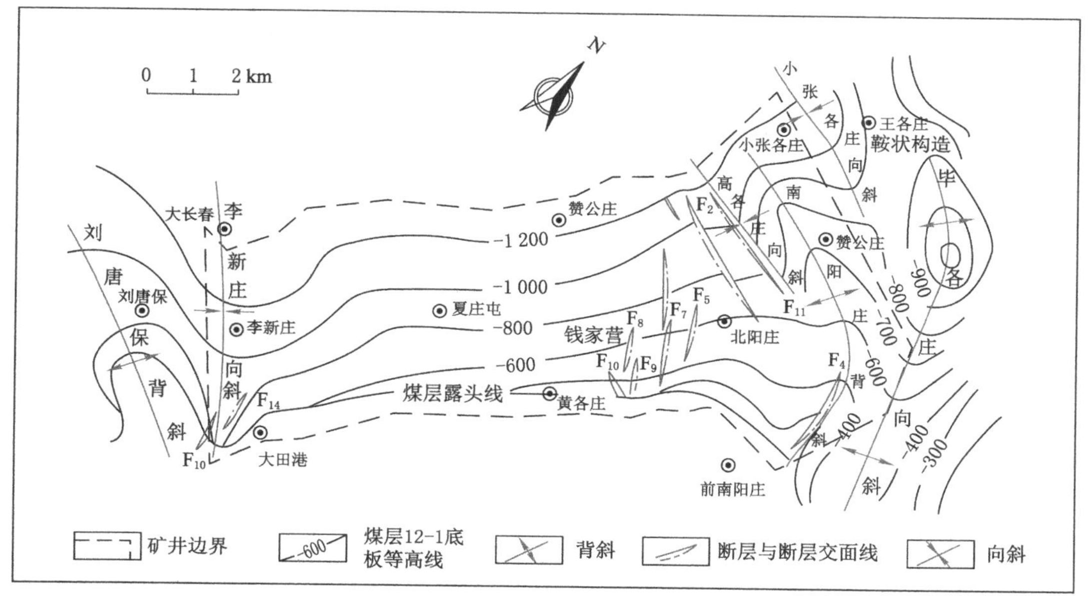

图 7-2　钱家营矿井田构造略图

2. 局部构造控制瓦斯分布

即使在同一构造带上，由于局部构造的不同，瓦斯赋存特征也存在差异。如同样处于北西翼的唐山矿、马家沟矿和赵各庄矿，瓦斯赋存存在明显的差异。唐山矿是被推覆构造复杂化的矿井，其煤层倾角相对较小，瓦斯含量也比其他矿井小，但由于其上的外推覆体的覆盖，唐山矿井下瓦斯涌出量明显增加，虽瓦斯压力没有超过0.74 MPa，但一直以来就是高瓦斯矿井；而马家沟矿—赵各庄矿一带地层倾角较陡，甚至倒转，瓦斯逸散通道不畅，瓦斯含量明显偏高，赵各庄矿深部最大已超过11 m^3/t，属于煤与瓦斯突出矿井。

3. 矿井范围内瓦斯差异

就矿井而言，井田构造是区内瓦斯赋存的主控因素。地质构造的封闭与否，直接控制瓦斯的赋存情况，不同构造部位(如褶曲、断层、岩浆岩)，瓦斯赋存也不同。

钱家营矿虽是煤与瓦斯突出矿井，但并不是全矿井范围均有突出危险。该矿井瓦斯涌出与构造关系明显，井田东北部受构造影响较大，以高各庄向斜与南阳庄背斜轴部交汇部位，表现得尤为突出，瓦斯涌出量存在高值区。由于矿井主要受伸展构造作用，煤层顶、底板裂隙发育，瓦斯逸散较容易，煤层瓦斯含量较低，其他受褶皱控制的部位瓦斯分布特征不是特别明显，但仍具有向斜相对偏高，背斜相对较低的特征。瓦斯风化带以下，瓦斯规律性明显。

二、断层对瓦斯赋存的控制

断层破坏了煤层的连续性和完整性，使煤层瓦斯赋存和排放条件发生了变化。可能形成有利瓦斯排放的条件，也可能形成瓦斯逸散的屏障，这要取决于断层的力学性质。一般来说，逆断层、压性走滑断层或发生反转的正断层由于受到挤压作用，断裂面紧密贴合，或构造带内岩石、煤体严重破坏，瓦斯很难透过断层面运移散失。加之，在断层面附近往往构造煤发育、构造应力相对集中，构造煤的孔隙率较高，能为更多瓦斯的聚集提供空间，构造应力集中可加大煤层瓦斯压力，使煤层吸附瓦斯能力增强、煤层瓦斯含量相对升高。正断层、拉张走滑断层或发生反转的逆断层，因断层面为开放性，往往成为瓦斯运移逸散的极好通道。另外，在这些断层面附近，由于构造应力释放而成为低压区，煤层瓦斯大量解吸，并从断层面逸散，煤层瓦斯含量急剧下降。但在远离断层面的两侧往往会形成对称的条带状构造应力高压区，煤层瓦斯含量相对升高，高压区过后仍为原压带，煤层瓦斯含量正常。

断层对瓦斯含量的影响比较复杂，不仅要看断层的性质，而且还要看与煤层接触的对盘岩层的透气性。有的断层有利于瓦斯排放，不论其与地表是否直接接触，都会引起断层附近的瓦斯含量减小，当与煤层接触的对盘岩层透气性大时，瓦斯含量减小得越剧烈，此类断层称为开放性断层(图 7-3)。开放性断层一般为张性、张扭性或导水断层。相反，一些断层现在仍受挤压，处于封闭状态，并且与煤层接触的对盘岩层的透气性低时，煤岩层封闭瓦斯的能力增强，瓦斯含量增加，这类断层称为封闭性断层(图 7-3)。封闭性断层一般为压性、压扭性、不导水断层。

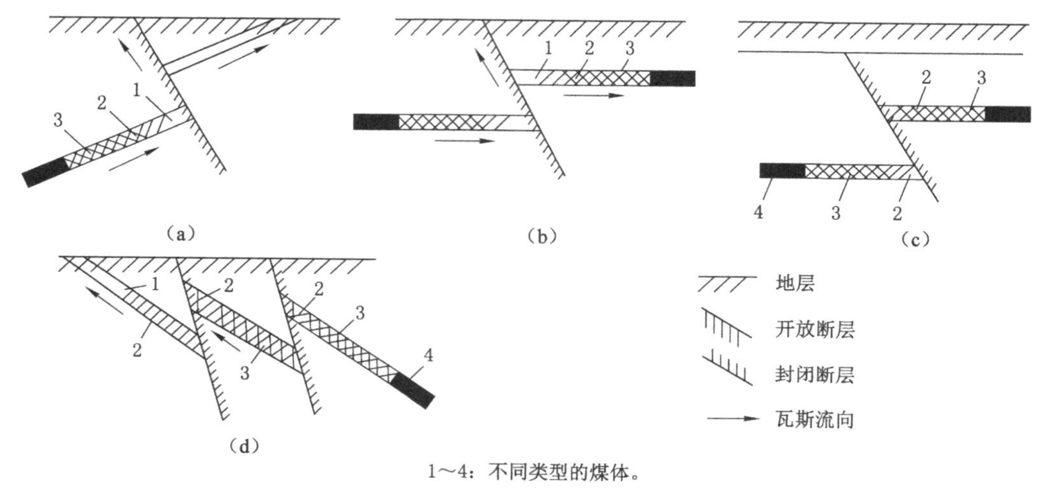

1～4：不同类型的煤体。

图 7-3　断层对瓦斯含量的影响[53]

例如东欢坨矿断层发育，且以正断层为主，逆断层较少(图 7-4)，构造形成过程中有利于瓦斯的逸散，使得整个矿井瓦斯含量相对较低。矿井边界断层规模大，多与第四纪砂砾层接触，一般为开放断层，有利于瓦斯的排放。受印支运动影响所形成的东西向断层，属于活动期限较长、规模较大的区域构造，在后来的燕山运动中又受到张性断裂作用或张扭性断裂作用，在缓倾斜翼多形成张性、张扭性等开放性的高角度倾斜或斜交断层，对瓦斯逸散提供了有利条件；而在急倾斜翼形成的走向压性逆断层多为封闭断层，其封闭性相对较好，对瓦斯的保存相对有利，对于以吸附瓦斯为主的高瓦斯或煤与瓦斯突出矿井而言，其瓦斯含量可能相对较高。

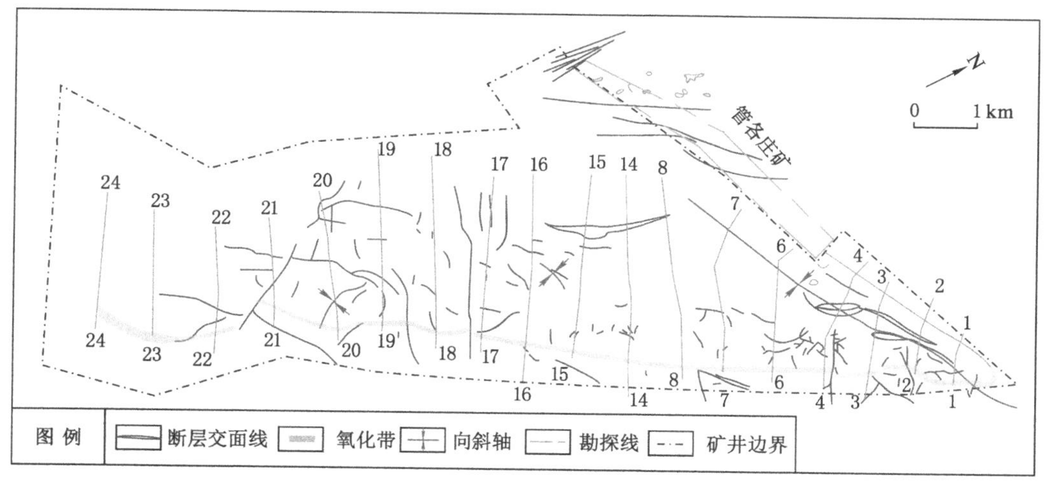

图 7-4　东欢坨矿断层发育情况

三、褶皱对瓦斯赋存的控制

根据前人对瓦斯分布及瓦斯动力现象发生的可能性分布规律研究，瓦斯分布与褶皱有着密切的关系。褶皱的发育影响到煤层的厚度，褶皱变形可能使得含煤地层产生裂隙，提供良好的瓦斯运移通道。当煤层顶板岩石的透气性差，且没有遭受到构造作用的破坏时，闭合而完整的背斜或弯窿构造并且覆盖不透气的地层是良好的瓦斯储存构造，在倾伏背斜的轴部，通常比相同埋深的翼部瓦斯含量高，在其轴部煤层内往往积存高压瓦斯，形成“气顶”。但是当背斜轴的顶部岩层为透气性较好的岩层或因张力形成连通地面的裂隙时，瓦斯会大量流失，轴部瓦斯含量反而比翼部少。

向斜的中和面以上受挤压作用，具有较明显的应力集中现象，为高压区；中和面以下处于拉伸作用区，可形成开放性的裂隙，为相对低压区。因此向斜中和面以上的构造有利于瓦斯聚集，往往导致瓦斯含量较高。向斜构造一般轴部的瓦斯含量比两翼高，这是因为轴部岩层受到强力挤压，围岩的透气性会变得更低，因此有利于在向斜的轴部地区封存较多的瓦斯。向斜在顶板透气性差时，瓦斯不易沿垂直地层方向上方运移，瓦斯会沿向斜两翼运移，如在向斜边缘地区含煤地层封闭条件好则有利于瓦斯赋存，瓦斯含量较高，否则便于瓦斯排放，瓦斯含量低，但在开采高透气性煤层时，褶皱作用使得顶板裂隙更加发育，在向斜轴部相对瓦斯涌出量反而比翼部低。

董盆构造区和马鞍型构造区位于吕家坨矿井南部，区内主要发育 5 条大型褶皱构造，其中南阳庄-岭上背斜发育于马鞍型构造区，毕各庄向斜发育于董盆构造区内，且两个褶皱构造几近平行发育(图 7-5)。瓦斯含量呈现出自南阳庄-岭上背斜轴部向东西方向逐渐增大，自毕各庄向斜轴部向东西方向逐渐减小的趋势，即瓦斯在毕各庄向斜轴部聚集，自南阳庄-岭上背斜轴部向外逸散，表明研究区褶皱构造的发育对煤层瓦斯含量的聚集与分布起到一定程度的控制作用，但由于该构造区除褶皱外，中、小型断层也较为发育，若张性断层切穿煤层则会造成原本瓦斯较为富集的煤层瓦斯发生逸散，导致瓦斯含量降低。

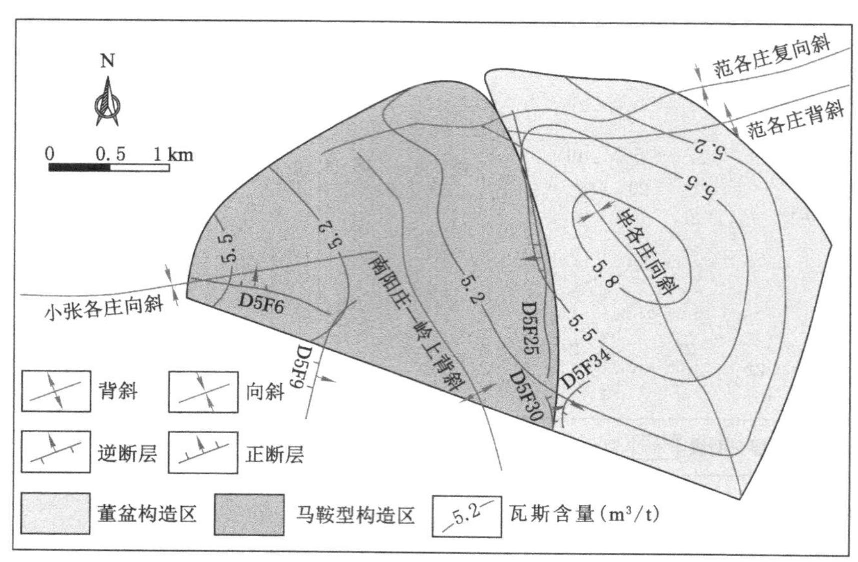

图 7-5 董盆及马鞍型构造区褶皱与瓦斯含量关系图

第二节 埋深对瓦斯聚集的影响

瓦斯涌出量与煤层埋藏深度有非常重要的联系，主要表现为煤化作用的程度与煤层埋藏深度密切相关，而成岩过程中瓦斯的生成和逸散也与煤层埋藏深度有关[134]。煤层赋存深度对瓦斯涌出量的影响具体表现在：煤层埋深对瓦斯的总体分布起控制作用，煤层埋深的增加，导致瓦斯含量的增大。开采到瓦斯带后，随开采深度的增加，瓦斯涌出量也会有规律地增加，整个煤田埋藏深度控制了瓦斯涌出量。埋深增加的影响体现在两方面，其一是随着煤层埋藏深度的不断增加，地层压力、瓦斯压力也会不断增加，从而致使煤岩层渗透性下降，进而封闭性增加，不利于瓦斯释放；另外随着埋深增加，煤层中的挥发分逐渐减少，煤的变质程度提高，微孔隙增多，煤层吸附瓦斯的能力提高，从而导致深部煤层瓦斯含量的增大。煤层埋藏深度的增加不仅会因为地应力增高而使煤层和围岩的透气性降低，而且瓦斯向地表运移的距离也增大，两者的变化均朝着有利于瓦斯封存而不利于放散瓦斯方向发展[135]。

煤层中瓦斯气体能否很好的保存，取决于上覆地层厚度，即埋藏深度。通常情况下煤储层上覆地层有效厚度越大，保存条件越好；地层有效厚度越薄，表明构造抬升、剥蚀越强烈，储层泄压，瓦斯解吸逸散[136]。煤层埋深增加，瓦斯的保存能力不断增强，瓦斯含量也随之增加。但根据以往经验表明，瓦斯含量随深度增大而增高，但到一定深度时，深度继续增大而瓦斯含量增加甚小。

受开平向斜的影响，分布于南东翼和北西翼的矿井的瓦斯涌出特征并不一致，但均与煤层埋深有良好的相关性，表现为埋深增加，瓦斯含量增大。由于收集到的唐山矿的瓦斯含量点周边的构造条件相对简单，故其表现出的规律性与理论分析更贴近。钱家营矿虽表现出一定的规律性，但由于其瓦斯地质条件的复杂性，钱家营矿瓦斯含量与煤层埋深的相关性较唐山矿更低(图 7-6 和图 7-7)。

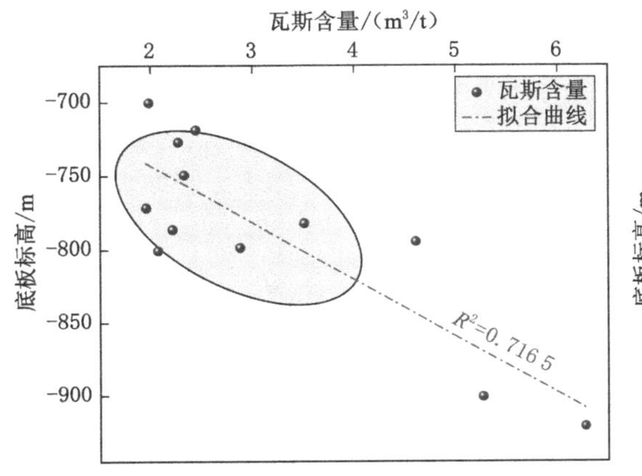

图 7-6　唐山矿 9 煤层瓦斯含量与埋深相关性

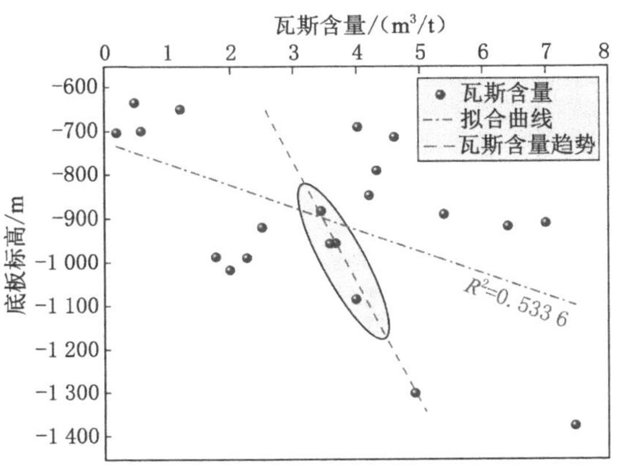

图 7-7　钱家营矿 9 煤层瓦斯含量与埋深相关性

第三节　顶底板岩性特征对瓦斯聚集的影响

瓦斯保存的另外一个重要地质条件是煤层的围岩特征，煤层围岩指的是煤层直接顶板、煤层基本顶以及底板在内的一定厚度范围的层段。煤层围岩对煤层瓦斯的保存能力取决于其透气性。前人研究表明，如果煤层顶底板是封闭性好的泥岩、页岩等，则不利于瓦斯的逸散，因此易造成瓦斯的聚集，导致瓦斯含量增大；但如果煤层顶底板岩性是孔隙较为发育、透气性较好的砂岩、砾岩等，对煤层瓦斯封闭性较差，则有利于瓦斯的运移及逸散[137]。

在研究围岩对瓦斯赋存的影响中，煤层顶板的岩性以及顶板含泥率是能够间接反映煤层围岩透气性的重要指标，而顶板含泥率则是指煤层顶板一定厚度范围内，岩层段内泥岩厚度与统计的地层总厚度的比值。顶板含泥率越大，反映统计层段内泥岩层厚度越大，越有利于煤层中瓦斯的赋存。

为了验证一般规律对研究区的适用性，以唐山矿为例，统计了唐山矿各煤层顶板含泥率与实测瓦斯含量数据，并绘制瓦斯含量与煤层顶板含泥率相关性图(图 7-8)。从现有数据绘制出的图件可以看出研究区瓦斯含量基本表现为随着煤层顶板含泥率的增大而增大，表明研究区煤层顶板含泥率对瓦斯的聚集与逸散具有一定的控制作用，这与前人所总结的一般规律较为一致。对唐山矿 5 煤层瓦斯涌出量监测点所对应的相对瓦斯涌出量进行统计，发现相对瓦斯涌出量与其顶板含泥率相关性好(图 7-9)，表现为顶板含泥率越大，则相对瓦斯涌出量越大，说明顶板含泥率对煤层瓦斯的赋存具有较强的影响。

研究区各煤层顶底板主要岩性为砂岩和泥岩，本次研究统计了唐山矿各钻孔 8、9、11 煤层顶板以上 40 m 内含泥率，并绘制了含泥率等值线图(图 7-10 至图 7-12)。

8 煤层和 9 煤层顶板含泥率分布大致相同，且顶板含泥率较小，基本小于 0.5，仅在唐山矿中部区域顶板含泥率较大，说明 8 煤层和 9 煤层的顶板以砂岩为主。在相同条件下，顶板含泥率较大的区域对煤层瓦斯的保存有利，瓦斯含量一般较大。

11 煤层顶板含泥率较 8 煤层、9 煤层大，整个煤层顶板含泥率基本上在 0.5 以上，且东

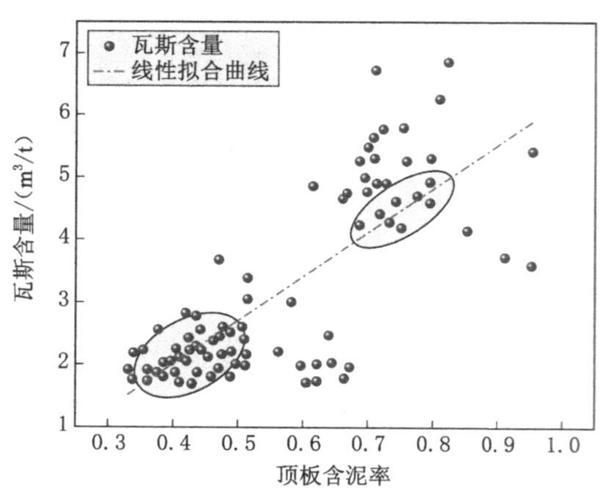

图 7-8 煤层顶板含泥率与瓦斯含量的关系

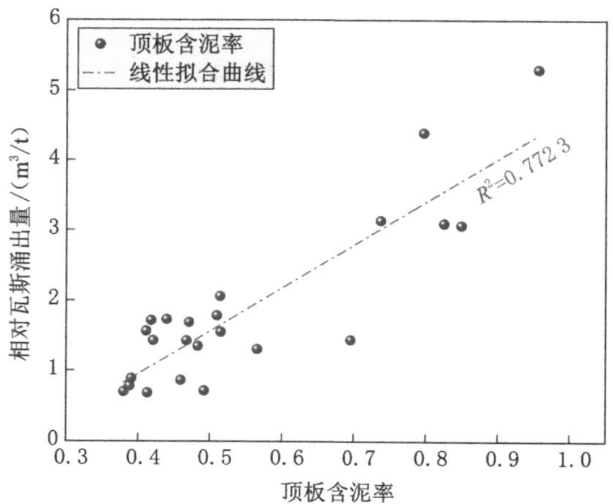

图 7-9 顶板含泥率与相对瓦斯涌出量的关系

北部区域的顶板含泥率均大于 0.7。11 煤层顶板含泥率特征表明，11 煤层顶板具有较强的瓦斯保存能力，瓦斯不易通过顶板逸散，瓦斯含量高。

从以上三煤层顶板含泥率的统计对比分析中可以看出 11 煤层顶板含泥率较其他两层大，表明其顶板瓦斯保存能力优于其他两层煤的。

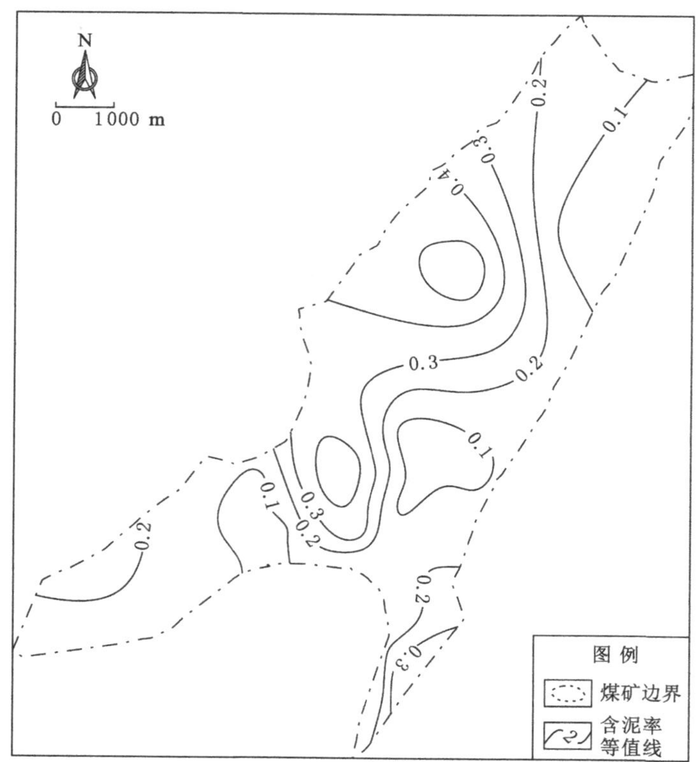

图 7-10 唐山矿 8 煤层顶板含泥率等值线图

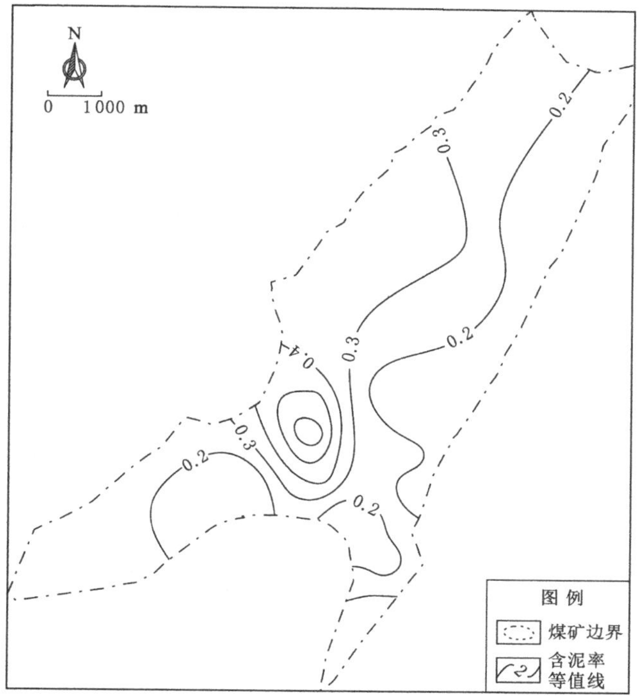

图 7-11　唐山矿 9 煤层顶板含泥率等值线图

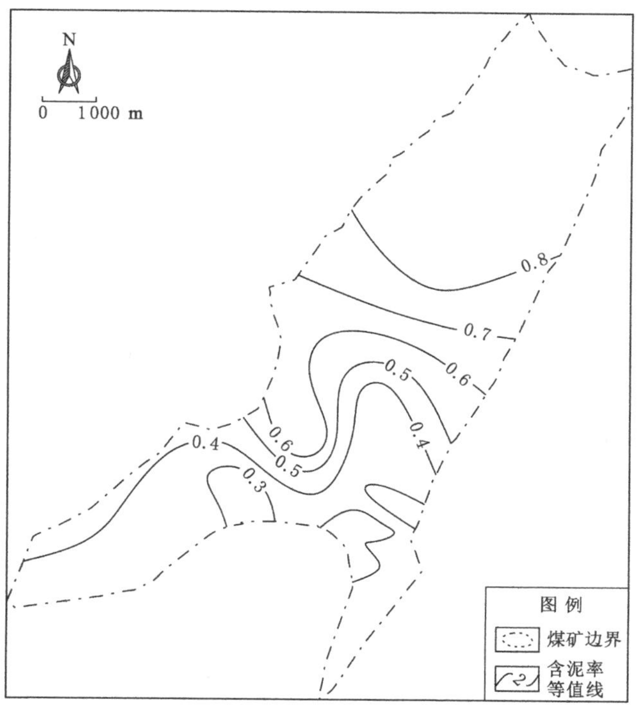

图 7-12　唐山矿 11 煤层顶板含泥率等值线图

第四节 其他地质条件对瓦斯聚集的影响

一、煤厚对瓦斯赋存的影响

瓦斯逸散方式主要为扩散，瓦斯从煤层中一点扩散至另一点，其动力主要来自两点间的瓦斯浓度梯度值。当煤层其他初始条件接近时，如果煤层厚度大，那么会导致达到扩散终止这一状态需要更长的时间[138]。部分地区煤层中瓦斯含量与煤层厚度呈正相关关系，其本质原因在于：煤储层本身为一种致密性较高、渗透率较低的岩层，其上下分层对中间分层起到极好的封盖作用。因而煤储层厚度越大，中间部分的瓦斯要扩散到顶底板所需要的距离越大，扩散阻力越大，越有利于煤储层中瓦斯的保存。对于薄煤层来说，煤层瓦斯直接向围岩逸散，全层瓦斯含量降低，以致煤层不具备发生煤与瓦斯突出的基本瓦斯条件，这是因为煤厚变化破坏了瓦斯在煤层中的均衡状态，从而促进了瓦斯的运移和变化（图 7-13）。

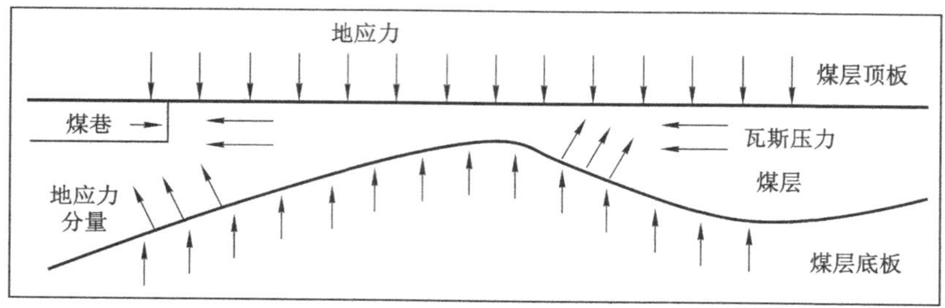

图 7-13 煤厚变化对瓦斯动力特征的控制机理图[53]

相对于煤厚变化大的煤层，尤其是因构造导致煤厚异常增大的区域，将会成为瓦斯分布不均衡的一个重要原因。同时，煤厚变化处通常也是地应力发生变化和集中的地方，而地应力分布与瓦斯分布极为密切。煤厚变化对瓦斯突出的控制机理是：当煤层由厚急剧变薄时，瓦斯含量和瓦斯压力减小，但水平地应力增大，最容易出现压出，压出过程中地应力起着比较重要的作用；当煤层由薄急剧变厚时，地应力作用的水平分量指向巷道里端，其趋势是不利于瓦斯突出，但瓦斯含量和瓦斯压力不断增大，容易发生突出，突出中瓦斯起着比较重要的作用。

为探究研究区煤层厚度对瓦斯赋存的影响，本次统计了吕家坨矿工作面绝对瓦斯涌出量与平均煤厚数据（表 7-1），并绘制相关性图（图 7-14 与图 7-15）。如图所示，不论是深部还是浅部绝对瓦斯涌出量均随着煤厚的增大而增大，但深部绝对瓦斯涌出量与煤厚的相关性明显比浅部的差，因此认为开采煤层的厚度在一定程度上控制着煤层瓦斯涌出特征，尤其是在煤厚变化稳定时，绝对瓦斯涌出量趋于稳定。

表 7-1 吕家坨矿工作面煤厚与绝对瓦斯涌出量

工作面编号	X	Y	煤厚/m	绝对瓦斯涌出量/(m^3/min)
5476YD	487910	4392326	3.818	0.64
5876Y	490316	4394339	2.719	0.5
6179	491771	4390105	3.668	4.03

表 7-1(续)

工作面编号	X	Y	煤厚/m	绝对瓦斯涌出量/(m^3/min)
6373	492213	4389324	3.412	3.44
5877	489609	4394393	2.254	0.35
6271	488476	4390882	3.639	0.8
6270	488722	4391309	3.5	0.71
6572	490075	4388902	3.721	0.72
6571	490484	4388722	3.514	1.61
6377	491841	4389003	3.696	1.74
6375	492008	4389002	3.571	1.65
5884	490793	4394129	2.362 9	0.37
5885	489748	4394182	1.900 3	0.19
5886	490871	4394233	2.333 1	0.15
5383	491940	4390874	1.761 3	0.22
5385	492076	4390584	1.836 2	0.46
6185	491992	4390292	1.944 7	0.89
6385	492032	4388874	1.706 4	1.03
5887	490334	4394311	2.183 7	0.22
5491Y	488483	4391824	2.180 6	0.39
5496	487863	4392354	1.613 4	0.33
5491S	488473	4392168	1.645 4	0.26
6191	492094	4390555	1.758 6	0.75
5493	487981	4393787	1.542 4	0.64
5426Z	488621	4393280	2.285 4	0.8
5825X	489858	4393935	1.431 1	0.19
5825	489974	4394044	1.555 1	0.26

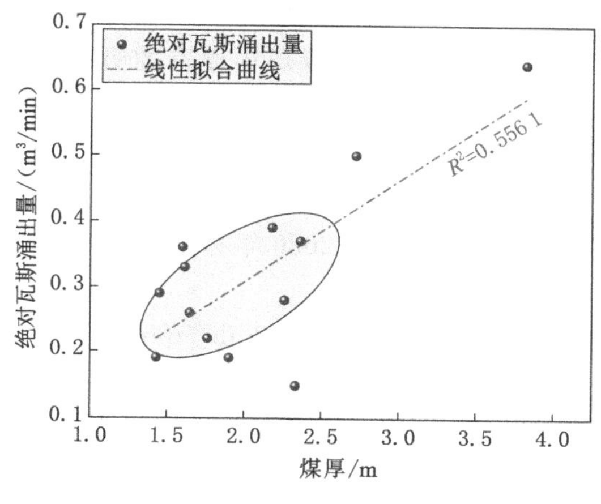

图 7-14 浅部瓦斯涌出量与煤厚相关性

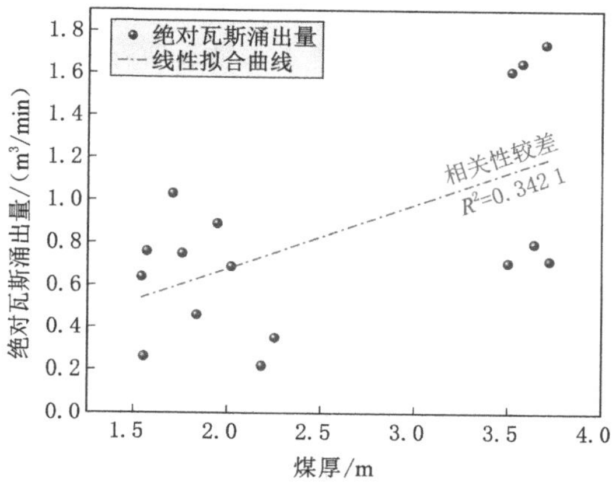

图 7-15 深部瓦斯涌出量与煤厚相关性

上述分析表明，在瓦斯保存良好的条件下，厚煤带一般是局部瓦斯富集带；而煤厚变化大的区域，往往是瓦斯赋存及瓦斯涌出的突变点，采掘经过时应引起注意[139]。可见煤厚在浅部是决定瓦斯含量及瓦斯涌出量的主要因素，但在深部瓦斯保存条件才是决定瓦斯含量及瓦斯涌出量的最主要因素。

二、水文地质条件对瓦斯赋存的影响

水文地质条件，包括含水层特征及各含水层的水力联系与补径排关系，对煤层瓦斯的赋存均影响很大。水文地质条件的不同能使相同其他地质条件下的煤层瓦斯存在较大差异，它既可以造成瓦斯的逸散，也可以为瓦斯的保存提供有利条件，因此其也是煤层瓦斯聚集的控制因素之一。

研究区各含水层水主要以层间流动为主，很少出现含水层间的越流补给，仅在隔水层尖灭处水力联系紧密，很少发现导水断层。在研究区内共有 7 层含水层，分别为：奥陶系中统巨厚层碳酸盐岩充水含水层（Ⅰ含水层）、14 煤层—G 层铝土质泥岩含水层（Ⅱ含水层）、12—14 煤层间含水层（Ⅲ含水层）、5—12 煤层间含水层（Ⅳ含水层）、A 层铝土质泥岩—5 煤层含水层（Ⅴ含水层）、基岩面—A 层铝质泥岩含水层（Ⅵ含水层）、第四系松散孔隙充水含水层组（Ⅶ含水层），其中Ⅱ—Ⅵ均为煤系地层含水层（各含水层特征与位置关系见图7-16）。Ⅰ含水层、Ⅲ含水层、Ⅴ含水层和Ⅶ含水层为主要含水层，Ⅱ含水层、Ⅳ含水层和Ⅵ含水层为次要含水层。其中，Ⅲ含水层和Ⅴ含水层为直接充水含水层，Ⅰ含水层和Ⅶ含水层为间接充水含水层，即水源含水层。

瓦斯在水中的溶解作用是一个动态平衡作用，压力增大则瓦斯溶解度增大，压力降低则瓦斯溶解度降低。储集层压力的变化是影响煤层瓦斯运移的重要因素，地下水的运移方向直接影响煤层瓦斯的含量。

第四系含水层是开平煤田的主要含水层，直接接受大气降水和地表径流补给，而开平向斜两翼西北翼岩层露头高于东南翼，因此，第四系地下水从西北翼的岩层露头顺层补给石炭系-二叠系和奥陶系，顺层流动，从较低的东南翼露头流出（图 7-17）。因为煤层瓦斯运移方向是沿两翼顺层向上，在西北翼是逆煤层倾向向北西方向朝上运移，而在向斜东南翼则是向东南朝上运移。第四系含水层的水从西北翼的高处补给，从东南翼低处流出，因此西北翼煤层中的瓦斯与地下水流动的方向相反，地下水阻碍了瓦斯静压力作用下的顺层运移，对煤层瓦斯起到了保护作用。而向斜东南翼的煤层瓦斯运移方向与地下水相同，地下水溶解了大量瓦斯，并加速了瓦斯的运移，打破了煤层中原有的吸附平衡作用，使煤层的吸附作用大大减弱，煤层瓦斯被地下水带走泄出，使开平向斜东南翼成为相对瓦斯贫乏区。

统计表明，研究区内各矿井的涌水量大小存在明显差别。林西矿和范各庄矿矿井涌水量较大，其次为唐山矿、钱家营矿和吕家坨矿。本次统计了 2012—2020 年林西矿、唐山矿和吕家坨矿的矿井涌水量（图 7-18）。

林西矿的矿井涌水量较大，整体呈减小的趋势，由 2013 年的 28.71 m^3/min 逐渐降到 21.89 m^3/min，唐山矿的矿井涌水量基本稳定在 23 m^3/min 左右，其涌水量比林西矿低。一般而言，矿井涌水量大瓦斯含量低，与瓦斯涌出量的规律一致，说明水文地质条件对研究区的瓦斯赋存有一定影响。

对比位于开平向斜两侧的吕家坨矿和唐山矿的矿井涌水量可知，吕家坨矿的涌水量远

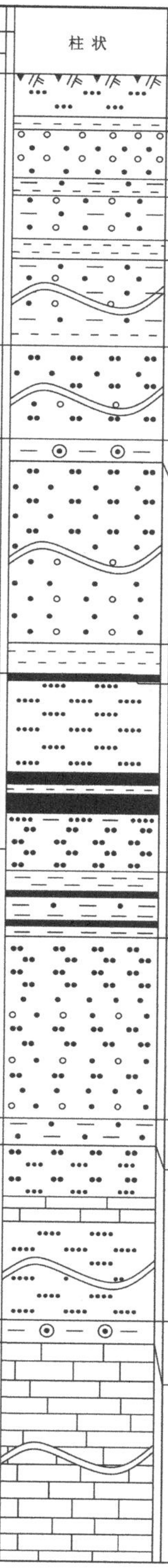

地层单位				地层厚度	柱状	含(隔)水层			含(隔)水层特征描述
界	系	统	组	最大—最小/平均值/m		编号	名称	厚度/m	
新生界	第四系			0—622.2/311.1		ⅦD	第四系松散孔隙充水含水层组	0—622.2/311.1	岩性为砾卵石层，局部地区顶部含薄砂层，砾、卵石层成分主要为燧石及石英，磨圆度好
						ⅦC			由黄白色不同颗粒砂与砂砾层组成。局部地段含薄层砾、卵石层。单位涌水量为0.271 L/(s·m)，渗透系数为4.277 m/d
						ⅦB			岩性主要以浅黄或黄白色不同颗粒的砂或中、粗砂含砾石组成，单位涌水量为0.174～0.925L/(s·m)，渗透系数为3.19～3.892 m/d
						ⅦA			岩性以黄色细砂为主，局部含中砂。单位涌水量为0.0729～0.894 L/(s·m)，渗透系数为1.28～9.129 m/d
上古生界	二叠系	中统	古冶组	约300		Ⅵ	基岩面—A层铝质泥岩含水层	21.43—264.47/135.44	上部为灰白-紫色中粗砂岩，坚硬泥质硅质裂隙或胶结，中部为厚层状紫色中粗砂岩，下部为A层顶板青灰白色巨厚砂岩，含砾粗砂岩。单位涌水量为0.00023～0.239 L/(s·m)，渗透系数为0.0005～1.225 m/d，水质类型为重碳酸钠型
			唐家庄组	约300			A层铝质泥岩隔水层	1.51—2.4/1.95	岩性为铝土质泥岩，顶部浅灰色，有滑面，中部杂色呈斑状。含少量黄铁矿小结核，紫色部分含铁量较高
						Ⅴ	A层铝土质泥岩—5煤层含水层	15.85—179/97.41	上部青灰色中粒砂岩与含砾粗砂岩较多，主要成分为石英，含风化长石，硅泥质胶结。中部3煤层顶板为浅灰色中粗粒砂岩，3—4煤层间为灰色中粒砂岩，以石英为主，含暗色矿物，硅泥质胶结，裂隙比较发育。下部以浅灰色中粒砂岩或灰色条带状细砂岩为主，泥硅质胶结具裂隙。水质类型为重碳酸钠型或重碳酸钙型。单位涌水量为0.0028～0.474 L/(s·m)，渗透系数为0.0007～3.64 m/d
							5煤顶板黏土岩隔水层		
		下统	大苗庄组	70—90/80		Ⅳ	5—12煤层间含水层	7.01—20.20/14.94	上部为5煤层底板，以灰色条带状细砂岩为主。硅质胶结，下部以8煤层顶板白色砂岩为主。水质类型为重碳酸钠型或重碳酸钙型。单位涌水量为0.0375 L/(s·m)，渗透系数为0.586 m/d
	石炭系	上统	赵各庄组	70—160/115			泥岩、砂质泥岩隔水层	平均9.34	上部泥岩段砂量随间距增大而增多，为砂质泥岩、粉砂岩并含云母碎屑；下部砂质泥岩、细砂岩段为硅质成分，含砂量随深度增加而增加，由粉砂岩过渡到细砂岩
						Ⅲ	12—14煤层间含水层	29.83—76.84/51.47	灰色中粒砂岩，泥质胶结，中部12_{-2}煤层底板以下为灰白中粒或含砾粗砂岩，分选磨圆度不好，硅质胶结，裂隙发育。本层涌水量为0.01781～0.27955 L/(s·m)，渗透系数为0.0995～4.066 m/d，水质为硫酸重碳酸钙型或重碳酸钠型
			开平组	60—70/65			深灰色砂质泥岩隔水层	7.27—16.25/12.5	岩性为深灰色砂质泥岩，近灰岩部分组织致密，性质脆。含大量黄铁矿晶粒和菱铁质结核的砂质泥岩和泥岩，顶部局部有薄层石灰岩(K4)
			唐山组	60—70/65		Ⅱ	14煤层—G层铝土质泥岩含水层	43.15—53.45/51.86	上部岩性以灰色细中砂岩为主，中部浅灰色-灰色唐山灰岩硅质胶结，坚硬，性脆，沉积稳定，具裂隙和水溶现象，为本主要含水段，下部为灰绿-灰色粉细砂岩。水质类型为重碳酸钙型。单位涌水量为0.002 31～0.587 L/(s·m)，渗透系数为0.0389～2.38 m/d
							G层铝土质泥岩隔水层	0.72—4.62/3.19	岩性为杂灰色铝土质泥岩，G层铝土岩含A1203较丰富，呈致密块状，比重较大，不显层理。部分呈鲕状，底部颗粒较粗
下古生界	奥陶系	中统	马家沟组			Ⅰ	奥陶系灰岩含水层	约800	含水层中上部以豹皮状灰岩为主，发育岩溶裂隙，局部呈蜂窝状，水质类型为重碳酸钙镁型或硫酸重碳酸钙镁型

图 7-16　研究区水文地质综合柱状图

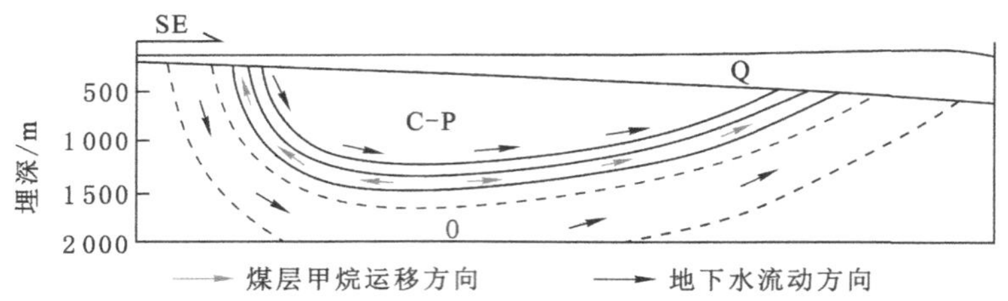

图 7-17 开平向斜地质剖面示意图

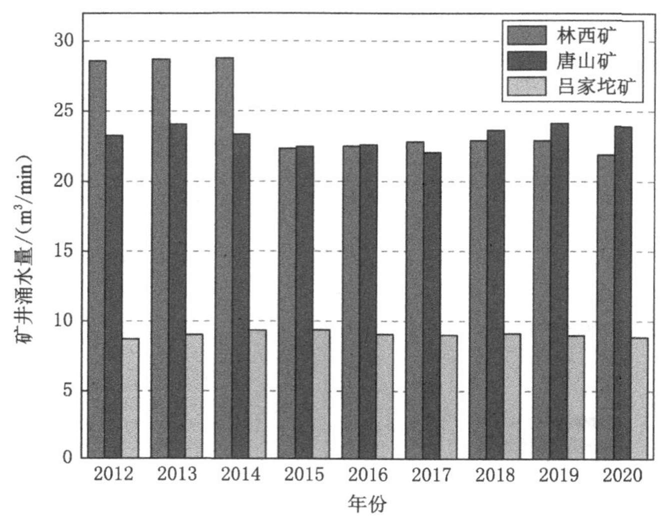

图 7-18 研究区矿井涌水量统计

小于唐山矿，按“水大瓦斯小”的规律，吕家坨矿的瓦斯涌出量应远大于唐山矿，但唐山矿是高瓦斯矿井，吕家坨矿是低瓦斯矿井，与事实不符。这是由于地质构造对该地区瓦斯赋存的控制作用较强。因此，水文地质条件对该地区的瓦斯赋存有一定影响，但不是主控因素。

三、地应力对瓦斯赋存的影响

大量的煤与瓦斯突出事故等动力异常现象充分说明瓦斯动力异常是地应力、瓦斯、煤体结构等诸因素综合作用的结果，且地质构造起主导控制作用。事实上地应力是突出的主要动力来源。地应力一般分为原岩自重应力和构造应力，二者都是随着开采深度的增加而增大的，现代构造应力场作用特征及其与古构造的配置关系是导致局部地应力异常的重要因素，应力异常主要体现在应力作用的方向、性质和大小。国内外学者均认为：三个方向的主应力均随埋深的增加而增大。

构造应力场控制了瓦斯的运移，这是发生瓦斯动力现象的重要因素。瓦斯总是从流体势高处向低处流动，而瓦斯流体势的大小主要取决于地应力大小，所以控制瓦斯运移的决定性因素是包含构造应力在内的地应力场。构造活动较强的地区构造应力普遍大于岩层自重应力，实际上就是构造应力决定了瓦斯流体势的大小，也就决定了瓦斯的运移方向和轨迹。瓦斯运移的方向是从高应力区到低应力区；瓦斯位移场应当与构造应力的应力差梯度场相一致。不同类型地质构造在其形成过程中由于构造应力及其内部应力状态的不同，煤层及其盖层的产状、结构、物性、裂隙发育状况和地下水径流条件等出现差异,从而影响煤层瓦斯的保存。

单一地应力作用会改变含煤地层微观结构,较大的地应力能使煤系地层内部细微裂隙闭合,影响瓦斯的运移,对瓦斯的保存有利。瓦斯的运移、赋存空间等均受到应力状态的影响,地应力对储层孔裂隙结构的改造控制煤层瓦斯的赋存空间,同时地应力影响煤层压力,影响煤层瓦斯的赋存状态。地应力是煤与瓦斯突出的动力来源,而对于煤层瓦斯涌出量,地应力也起着关键作用。

引起煤与瓦斯动力现象的决定性因素是静压力,当静压力达到一定值后,就可能发生煤与瓦斯的突出、压突,或由于某种扰动引起突出。随着采深增加,地应力增大,瓦斯主要以吸附态存在于煤储层中。在地应力相对集中区域,煤层一旦受外界采动影响,应力条件改变,瓦斯迅速解吸,形成强大的瓦斯压力,可能造成瓦斯动力现象。在地应力相对较低、达不到瓦斯动力现象的形成条件时,应力的大小也会对该区域瓦斯涌出量造成影响。

图 7-19 是应力影响煤层储层结构的示意图。在地层浅部,地层的自重应力(垂直应力)σ_V 较小,如图 7-19(a)所示,而受构造作用水平应力 σ_H 相对较大,在此应力状态下,煤层原有的层间顺层裂隙得以扩展,发育近水平的顺层裂隙。同时在水平构造应力作用下,不同岩层力学性质的差异,必然会在煤层中引起剪切应力,造成煤层的剪切、流变,破坏煤体结构,使煤层的坚固性降低,也形成更多裂隙结构,有利于煤层瓦斯的赋存。

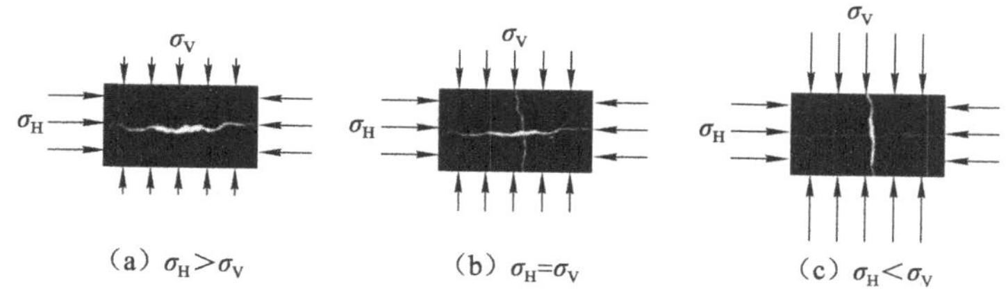

图 7-19　煤岩裂隙与应力关系示意图

除了地质因素及采矿因素外,深度也是影响地应力的一个主要因素。随着埋藏深度的增大,地层的垂直应力与水平应力不断增加,而垂直应力增加较快,至某一深度,两者大小基本相等,如图 7-19(b)所示,在这一过程中,由于垂直应力的快速增大,受水平应力作用发育的顺层裂隙逐渐闭合,同时在垂直应力的作用下煤层发育垂直于煤层的垂向裂隙,此时煤层裂隙开合程度降低,瓦斯赋存空间减少。但由于应力的增加,煤层压力增加,有利于煤层瓦斯的吸附。

进一步向深部发展,应力状态则变为以垂直应力为主,水平应力为辅,地层的垂直应力大于水平应力,如图 7-19(c)所示,在此应力状态下,煤层的顺层裂隙逐渐被压紧,垂向的裂隙逐步得到扩展,同时深部水平应力与垂直应力均得到加强,煤层坚固性增强。在研究应力对煤与瓦斯突出作用中通过对煤层的应力试验发现,在应力大于 1 MPa 的煤与瓦斯突出过程中,应力对瓦斯的突出起双重作用,一方面应力增加了煤体的坚固性,即增强了其抗破坏的能力,另一方面,产生对煤体结构的破坏,当发生煤与瓦斯突出时,应力的这种作用更加明显,成为煤与瓦斯突出的主导。因此,在未达到煤与瓦斯突出的条件时,地应力的增大,增强了煤体的强度。而水平应力与垂直应力的进一步增大,也使得煤层压力增加,煤层的吸附瓦斯量不断增加。

近年来，随着矿井资源开采相继进入深部状态，地应力对煤矿灾害的影响越来越大。基于对矿井安全生产的考虑，唐山矿采用应力解除法对现场地应力进行测试，并对实测数据进行分析，测试地点见图 7-20、图 7-21 及表 7-2。

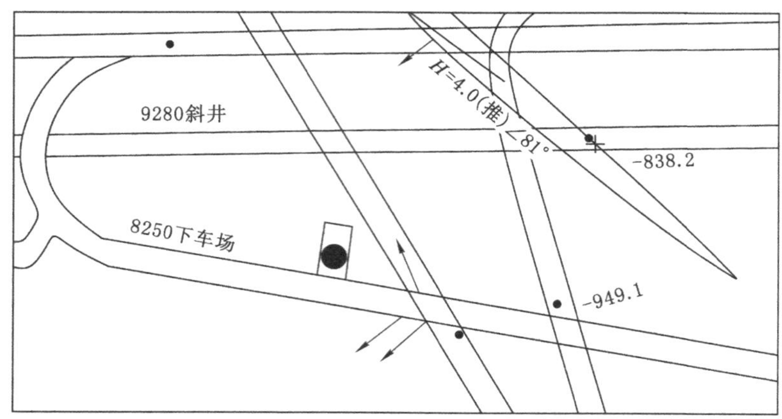

图 7-20　唐山矿 8250 下车场地应力测点平面图

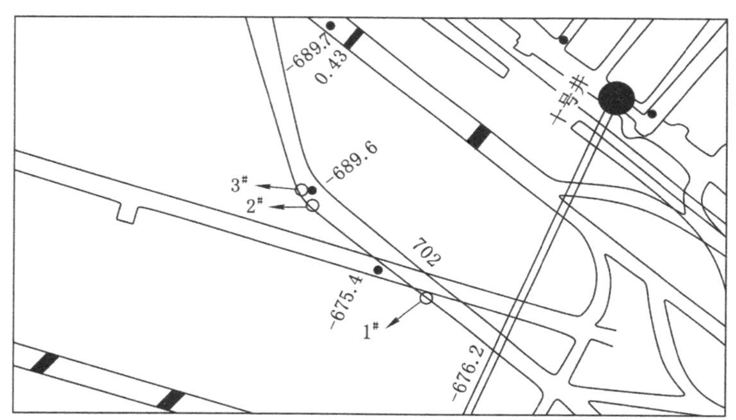

图 7-21　唐山矿 10# 车场地应力测点平面图

表 7-2　唐山矿地应力测点信息表

测点位置		测点深度/m	孔深/m	方位角/(°)	倾角/(°)	测量日期
8250 下车场	1	800.3	9.20	N281°	5	2019.8.25
	2	800.3	9.30	N170°	4	2019.8.29
	3	800.3	9.50	N173°	5	2019.9.1
10# 井车场	1	706.2	8.6	N255°	7	2019.9.2
	2	706.2	8.3	N260°	7	2019.9.8
	3	706.2	8.3	N275°	7	2019.9.10

应力解除法建立在弹性理论的基础上，认为测定岩体区域是一个连续、均质的弹性体。通过人为地剥离测定区域处某个岩体单元让其产生弹性变形，并应用测量仪器测定岩体单元恢复到原有弹性应变值时的应力值，即可获得原岩应力。这个过程可以归纳为：破坏联系，解除应力；弹性恢复，测出变形；根据变形，转求应力。

将观测的数据、钻孔方位、应变片安装角、弹性模量、泊松比等数据输入空心包体应变计法地应力测量计算程序中，计算得出唐山矿 6 个观测点的主应力参数和分量值，见表7-3、表 7-4。

表 7-3　唐山矿实测地应力表

测量地点	测孔号	主应力类别	主应力值/MPa	方位角/(°)	倾角/(°)
8250 下车场（埋深 800.3 m）	1	最大主应力 σ_1	33.00	259.30	2.01
		中间主应力 σ_2	22.09	−18.57	−75.60
		最小主应力 σ_3	19.60	169.81	−14.25
	2	最大主应力 σ_1	33.33	264.57	0.86
		中间主应力 σ_2	22.19	−1.11	78.76
		最小主应力 σ_3	21.47	174.40	11.21
	3	岩石破碎，解除数据作废			
10# 井车场（埋深 706.2 m）	1	最大主应力 σ_1	31.73	255.14	2.10
		中间主应力 σ_2	20.48	−8.76	70.92
		最小主应力 σ_3	19.83	164.42	18.95
	2	最大主应力 σ_1	31.33	256.10	0.53
		中间主应力 σ_2	21.22	−12.39	69.72
		最小主应力 σ_3	20.55	165.99	20.27
	3	最大主应力 σ_1	31.30	266.90	3.49
		中间主应力 σ_2	21.04	4.26	64.54
		最小主应力 σ_3	20.05	175.26	25.18

表 7-4　唐山矿实测地应力分量表

测试地点	测孔号	地应力分量/MPa					
		σ_x	σ_y	σ_z	τ_{xy}	τ_{yz}	τ_{xz}
8250 下车场（埋深 800.3 m）	1	32.55	20.20	21.96	2.40	−0.66	−0.27
	2	33.22	21.60	22.17	1.12	0.12	−0.18
	3	岩石破碎，解除数据作废					
10# 井车场（埋深 706.2 m）	1	30.94	20.69	20.43	2.93	0.09	−0.45
	2	30.72	21.25	21.15	2.48	0.18	−0.14
	3	31.23	20.26	20.90	0.62	0.34	−0.65

备注：地应力分量取地理坐标系，其坐标轴为 X 轴指向东，Y 轴指向北，Z 轴向上，取压应力为正。

同时，唐山矿于 1998 年、2012 年分别进行了两次地应力测量，测试地点信息见表 7-5，测试结果见表 7-6。

表 7-5 唐山矿地应力测试地点信息

序号	测点位置	测点深度/m	孔深/m	方位角/(°)	倾角/(°)	测量日期
1	801 大巷	830	9.5	42	5	1998.7.8
2	801 绕道	830	10.2	130	5	
3	Y257 运输顺槽	690	8.27	54	8	2012.3.4
4	$T_3$281 回风绕道	758	10.00	129	15	

表 7-6 唐山矿实测地应力值

孔号	测点位置	应力类别	主应力值/MPa	方位角/(°)	倾角/(°)
1	801 大巷	最大主应力 σ_1	29.5	131	2.8
		中间主应力 σ_2	21.3		78
		最小主应力 σ_3	12	41	11.2
2	801 绕道	最大主应力 σ_1	33.3	148	8.7
		中间主应力 σ_2	20.2		58.5
		最小主应力 σ_3	18.5	53	29.9
3	Y257 运输顺槽	最大主应力 σ_1	33.63	239.74	13.79
		中间主应力 σ_2	17.94	−58.23	−62.38
		最小主应力 σ_3	16.15	155.84	−23.43

结合各测点的地应力值和方向，唐山矿地应力分布特征分析如下：

(1) 各测点的最大主应力方位为 255.14°～266.90°，即北东东—南西西方向，倾角近水平(0.86°～3.49°)。

(2) 中间主应力倾角接近于垂直(64.54°～78.76°)，最小主应力倾角也近于水平(11.21°～25.18°)，即最大、最小主应力为水平主应力，中间主应力为垂直应力，确定唐山矿的应力场类型为大地动力型(压缩区)。

(3) 各测点最大水平主应力都大于垂直应力，最大主应力约为自重应力的 1.5 倍，因此可以看出唐山矿的地应力场是以水平应力场为主导的。

(4) 埋深为 706.2 m 处的测点最大主应力为 31.30～31.73 MPa，平均为 31.52 MPa；垂直应力为 20.48～21.22 MPa，平均为 20.85 MPa。

(5) 埋深为 800.3 m 处的测点最大主应力为 33.00～33.33 MPa，平均为 33.17 MPa；垂直应力为 22.09～22.19 MPa，平均为 22.14 MPa。

(6) 最大主应力的应力梯度平均为 4.30 MPa/100 m，垂直应力的应力梯度平均为2.86 MPa/100 m。

程远平对我国主要产煤矿区水平应力进行统计分析，发现我国煤系地层最大水平主应力 $\sigma_{h,max}$ 和最小水平主应力 $\sigma_{h,min}$ 近似满足与埋深 H 的线性变化，见式(7-1)和式(7-2)[140]。唐山矿区水平主应力实测值和预测值的计算结果见表 7-7。

$$\sigma_{h,max} = 0.027\,2H + 2.900 \tag{7-1}$$

$$\sigma_{h,min} = 0.017\,9H + 1.312 \tag{7-2}$$

由表7-7可以看出，唐山矿区最大水平主应力实测值要大于主要产煤矿区地应力预测值，平均值为预测值的1.5倍。说明唐山矿区极强的地质构造改造作用影响了地应力的分布，而最小水平主应力和预测值相差不大。

表7-7 唐山矿水平主应力实测值和预测值验证表

埋深/m	$\sigma_{h,max}$/MPa	$\sigma_{h,max}$预测值/MPa	$\sigma_{h,min}$/MPa	$\sigma_{h,min}$预测值/MPa
690	33.63	21.668	16.15	13.663
706	31.73	22.103 2	19.83	13.949 4
800	33.33	24.66	19.6	15.632
830	33.3	25.476	12	16.169
830	29.5	25.476	18.5	16.169

从前文对研究区地应力的研究中发现，最大水平主应力和最小水平主应力数据分散度均较高(图7-22)。各区域应力分布不均匀，受地质构造演化影响较大，但整体仍呈现出随深度增加而增加的趋势，特别是垂直应力，线性增加明显。

在浅部区域，水平应力明显大于垂直应力，从－800 m以上，地应力逐渐发生转变，由以水平应力为主逐渐转化为以垂直应力为主，而该深度也与本次研究所划分的瓦斯涌出量特征发生变化的深度近似，即深部与浅部界线－750 m近似，这说明，地应力状态的改变与瓦斯涌出特征的变化存在一定的联系。

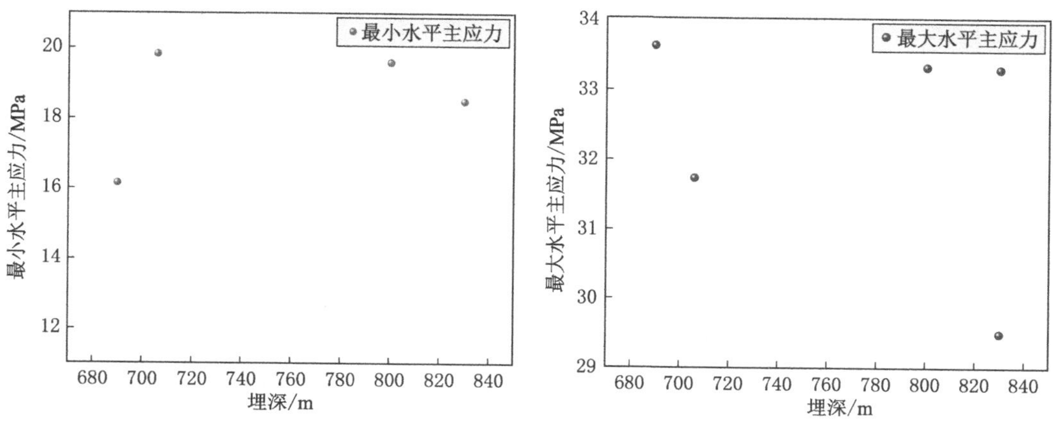

图7-22 水平主应力随深度变化趋势图

在全区瓦斯涌出量的统计分析中发现，浅部瓦斯涌出量与埋深相关性比较差，表现出涌出量差异性大，而深部线性规律明显，认为出现这种特征是由地应力的差异造成的。浅部水平应力相对较大，特别是在构造部位，水平应力集中，造成煤层裂隙发育，为瓦斯提供更多的赋存空间，煤层瓦斯更多地以游离态存在于煤层中，并在适宜的构造与围岩条件下聚集，导致局部区域瓦斯含量高，其他区域则相对较低，造成开采时瓦斯涌出量大小差异大;而对于深部,地应力不断增加,深部以垂直应力为主,一方面裂隙多受应力作用处于闭合状态,另一方面由于应力状态的差异,裂隙远不及浅部发育,瓦斯多以吸附状态赋存于煤层中,开采过程中,受采动影响,应力得以缓慢释放,瓦斯逐渐解吸涌入井巷工程,同时受埋深影响,随埋深增大瓦斯涌出量也是逐步增大,突增现象较少。所以出现浅部瓦斯涌出量大小相差较大,与埋深相关性差,而深部瓦斯涌出量则随埋深增加而逐渐增大的现象。

四、地温场特征对瓦斯赋存的影响

瓦斯赋存状态与温度密切相关,温度升高,瓦斯的热动能就越大,越易从吸附态转化为游离态。图 7-23 是不同温度下气煤与焦煤煤样的等温吸附曲线,从图中可以看出,随着温度升高,煤样的瓦斯吸附量逐渐减小,说明温度对煤层瓦斯的脱附起着活化作用。

据前人研究,温度升高 1 ℃,干燥煤样对瓦斯的吸附量就减少 0.1～0.3 cm^3/g,且不同的温度段煤样受温度影响对瓦斯吸附量的减小程度也有所不同[141]。30～40 ℃温度段,每升高 1 ℃,吸附量减少 0.11～0.29 cm^3/g;40～50 ℃温度段,升高 1 ℃则吸附量减少0.03～0.15 cm^3/g。也就是说,温度升高对煤层瓦斯吸附量减小的影响是随着温度升高而减小(图 7-23),说明随着埋深的增加、地温的升高,地温对煤层瓦斯的吸附影响越来越小。

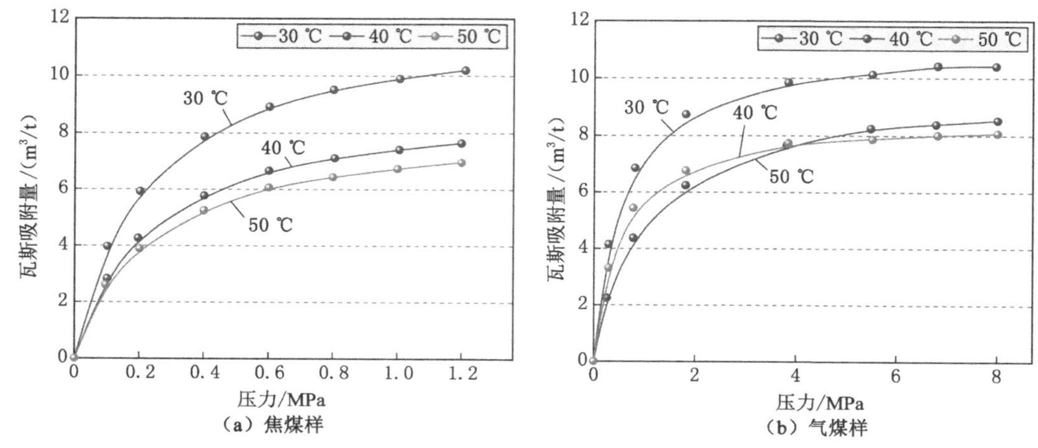

图 7-23 不同温度下煤样的等温吸附曲线

前文对研究区南东翼吕家坨矿地温场特征的研究表明,研究区各煤层埋深自东向西逐渐增大,各煤层温度自北东向南西方向逐渐增大,且在吕家坨矿西南深部各煤层温度均达到最高值,温度与埋深增大趋势较为相似,具有良好的相关性(图 7-24)。同时,吕家坨矿地温还受到其他因素影响,通过分析原始钻孔资料以及相邻矿井地温资料,发现位于矿井南西方向的钱家营矿岩浆岩较为发育,且在临近研究区的位置存在较多地温异常点。同时矿井北西方向的局部地温异常区被大面积的岩浆岩侵入,因此认为除埋深外,岩浆岩侵入也是影响研究区地温变化的主要因素之一。

为探究吕家坨矿煤层温度对瓦斯聚集的影响,统计了各测温钻孔煤层瓦斯含量与温度数据(表 7-8),并绘制相关性图(图 7-25)。

如图 7-25 所示,煤层瓦斯含量与温度无明显相关性,存在较多瓦斯异常点,但总体上仍表现为随着煤层温度的升高瓦斯含量逐渐降低的趋势。由于瓦斯本身就是一种复杂的地质体,且井下地质情况较为多变,瓦斯含量易受多重地质因素共同作用或影响,因此数据点较为分散，但仍比较符合一般规律。

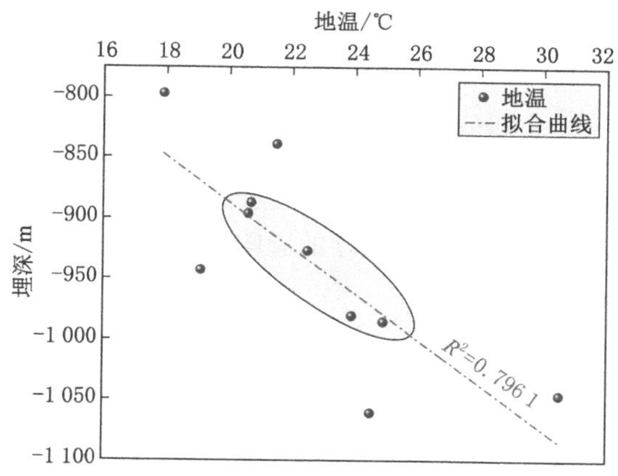

图 7-24　吕家坨矿埋深与地温的关系

表 7-8　煤层实测瓦斯含量与测温数据表

采样深度/m	地温/℃	瓦斯含量/(mL/g)	采样深度/m	地温/℃	瓦斯含量/(mL/g)
819	26.0	2.93	962	22.2	8.38
830	26.2	4.11	980	21.1	4.25
841	26.3	5.63	1 005	21.7	7.73
853	26.5	2.12	1 017	21.8	9.58
865	26.6	4.60	1 031	22.0	1.87
837	19.7	6.36	1 069	22.3	4.00
879	20.5	2.91	980	19.5	2.41
886	20.8	3.37	990	19.6	3.18
913	21.3	1.88	992	19.6	2.53
938	21.7	3.34			

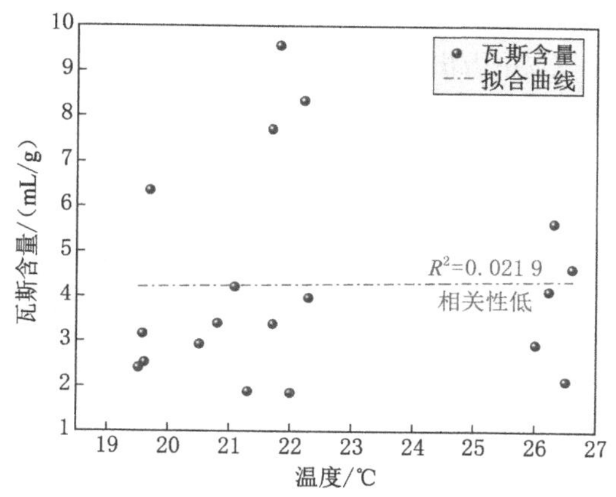

图 7-25　地温与瓦斯含量关系图

同时，对研究区北西翼唐山矿地温场的研究表明，井底地温度变化介于 21.2～28.88 ℃，最深为 1 174.5 m。进一步分析深部与浅部的地温特征(图 7-26)，发现浅部地温与埋深的线性关系明显，而深部则表现相对离散，但均较浅部地温高，在整体上表现为地温随埋深的增加而升高。

结合温度对瓦斯赋存的影响可知，唐山矿浅部较低的温度与较大的地温梯度使得瓦斯的赋存受地温的影响较大，而唐山矿深部受奥灰水的热导流作用，虽然地温较浅部有所增加，但深部地温梯度小，温度升高对瓦斯赋存的影响较小。

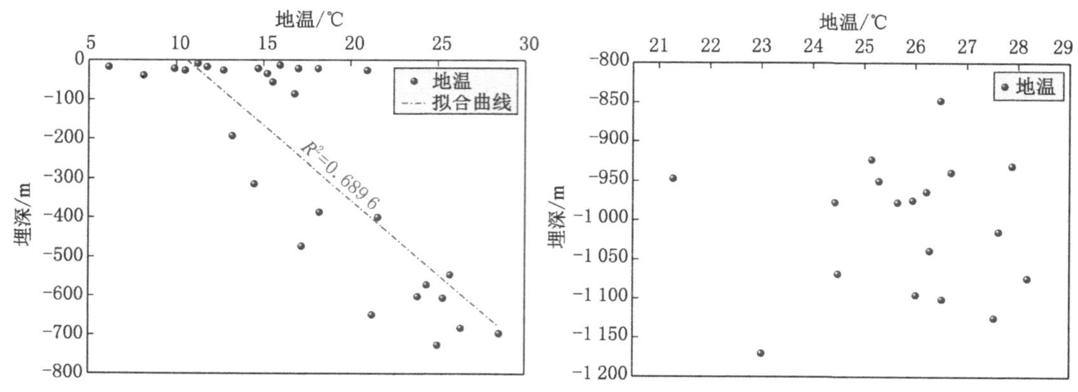

图 7-26　唐山矿浅部(左)与深部(右)地温特征

综上所述，认为随埋深增大，温度对煤层瓦斯的脱附作用的影响逐渐减小，而研究区浅部地温梯度大、温度低，在浅部，温度对煤层瓦斯赋存的影响较大，而深部温度高、地温梯度小，相对浅部，温度对煤层瓦斯赋存影响小。

第五节　矿区深部煤层瓦斯聚集主控因素

关于深部的概念与内涵目前还没有统一共识。大多数专家结合我国的客观实际，认为中国深部煤矿的深度可界定为 800～1 500 m[142]。谢和平院士提出了亚临界深度、临界深度、超临界深度等概念和定义，并指出“深部”不是深度，而是一种由地应力水平、采动应力状态和围岩属性共同决定的力学状态，通过力学分析可给出定量化表征[143]。秦勇通过研究地应力的分布规律以及煤层气含量临界深度的出现时，提出了用侧压系数和含气量反转来表征临界深度[144]。可以看出，有关深部界定主要采用以地应力、采动应力、围岩属性为主的量化指标，从煤岩体力学性质角度进行研究。对于深部煤层瓦斯而言，单一的力学体系已不能完全反映瓦斯赋存的真实状态，涵盖应力之外的渗流扩散、吸附解吸、孔隙特性、地温变化等因素构成的应力场、温度场、流体场等多物理耦合环境才是研究深部煤层瓦斯赋存机制的客观条件。

从浅部到深部，煤层瓦斯赋存环境发生显著变化，高地应力、高地温、高瓦斯压力、低渗透率的“三高一低”特征决定煤储层的受力状态、孔隙率和渗透率，进而影响着煤层瓦斯赋存、吸附解析平衡及煤在储层中的扩散和渗流。

从上文分析可知，开滦矿区瓦斯赋存主要受到构造条件、煤层埋深、煤厚、围岩条件、水文地质、地应力条件以及地温场条件的影响(图7-27),各因素对矿井煤层瓦斯的聚集都起到一定的影响,但影响程度存在差异。水文地质条件虽然是研究煤层瓦斯赋存的重要条件,但由于研究区地质条件的复杂性,水文地质条件对该区瓦斯赋存影响较小;高地温对煤层瓦斯赋存有重要影响,但研究区深部的地温梯度小,对瓦斯的脱附影响也就相对较小,所以地温对深部瓦斯的赋存影响较小;煤厚特征对浅部瓦斯赋存影响明显,深部瓦斯赋存主要受到保存条件的控制。

因此,在前文研究与分析的基础上,认为研究区浅部主要受地温场、煤层顶板含泥率以及构造条件影响,深部则主要受到埋深、构造、围岩条件、地应力条件的影响。

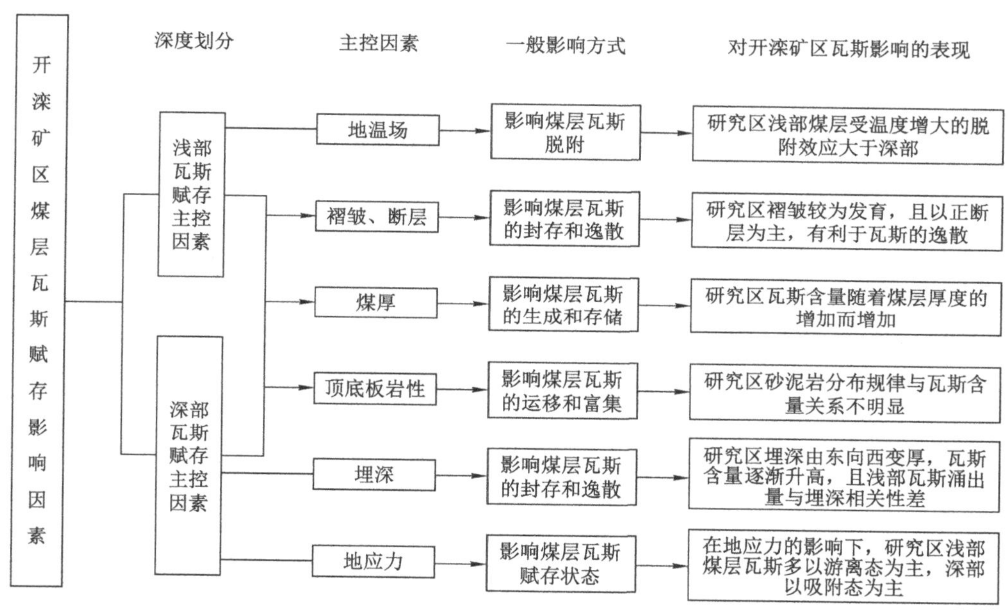

图7-27　开滦矿区瓦斯赋存规律对比模式图

第六节　研究区瓦斯成藏过程

"三史"恢复过程即对含油气盆地地质历史过程中构造背景下的盆地升降运动进行模拟(盆地模拟即以石油地质的物理化学机理为起始),建立适用于研究区构造背景的地质模型,并基于此完成配套的数学建模,最后以软件定量模拟为实现手段,继以在二维空间或三维空间内重建盆地的形成和演化过程。主要包括剥蚀厚度恢复、埋藏史恢复、热演化史恢复和生烃作用史恢复几个过程。

一、"三史"模拟方法与原理

(一)构造-埋藏史恢复方法及原理

埋藏史是指某一沉积单元或一系列单元(层序或地层)自沉积开始至今或某一地质时期的埋藏深度变化情况,反映了地层在历次构造运动中的抬升剥蚀与沉降埋藏特征。某一地质时期地层埋藏史的演化过程,体现了沉积压实和构造沉降作用对有机质成熟及生烃等过程的作用。埋藏史恢复最基础的原理是在沉积压实过程中，沉积物的骨架厚度一般认为是不变的，孔隙率随埋深加大而降低，地层温度随埋深加大而升高，且受控于古热流与岩石热导率的大小。埋藏史恢复过程中必须考虑的地质因素包括沉降、压实、矿物充填、矿物压溶和隆起剥蚀等，恢复埋藏史的主要方法有地层对比法、沉积速率法、测井曲线法、镜质体反射率法、孢粉法、地温法、波动分析法及压实曲线法(声波时差法)等。

埋藏史的恢复可用正演模拟法和反演模拟法两种方法，其中正演模拟法是指从古至今模拟埋藏过程并恢复地层沉积过程的方法，例如在超压技术中应用到的沉积速率法，就是先通过地层的原始孔隙率和现今地层厚度，计算得到原始地层厚度；然后结合沉降时间与原始厚度，求出对应时间段的地层沉降速率。从古至今重建地层埋藏史，即以地层原始的骨架厚度为基础，按沉降速率随时间的变化进行沉降厚度推测，同时按照孔隙率随深度变化的曲线进行地层厚度的压缩模拟，但这种方法的缺点是累积误差导致与现今地层实测厚度不相符。因此需多次进行参数的调整计算，直到符合标准误差为止。

反演模拟法是指由现今的盆地地层追溯到早期的盆地地层从而恢复盆地埋藏史的方法，地层回剥属于反演模拟法的范畴。反演模拟法需要遵从质量守恒原理，并局限于正常压实情况下的地层。地层埋深随着地层厚度的减小而增加，但地层的骨架厚度是一直不改变的。以目前盆地地层状况为根本，根据地质年代然后逐层剥去，直至上覆地层完全剥完。压实、岩性、剥蚀等因素对地层厚度的影响是反演模拟法需要考虑的关键问题。这种技术计算精确度高，与现今状况吻合程度高，不需要反复计算，速度快，因此该方法是恢复埋藏史最主流的技术。

回剥法采用地层骨架厚度不变压实模型，即在地层的沉积压缩过程中，压实只是导致孔隙率减小，而骨架体积不变，随着埋藏深度的增加，地层的上覆盖层也增加，导致孔隙率变小，地层体积减小。使用该模型恢复地层的沉降史，实质上是恢复地层中的孔隙率演化过程，因此可以借助孔-深关系来恢复古厚度。可以假定地层的横向位置在沉降过程中不变，仅是纵向位置变化。因此，地层体积变小归结为地层厚度变小。在正常压实情况下，孔隙率和深度关系服从指数分布：

$$\Phi = \Phi_0 \mathrm{e}^{-cz} \tag{7-3}$$

式中：Φ 是深度为 z 时的孔隙率，Φ_0 是地表孔隙率，c 是压实系数，z 是孔隙率 Φ 所对应的深度。通过地表孔隙率 Φ_0 和任意深度 z 以及其对应的孔隙率 Φ 即可算出该井处的压实系数 c。

利用压实系数和现今各地层顶底板深度可以得到各地层矿物岩石骨架的厚度。

$$H_s = (z_2 - z_1) - \frac{\Phi_0}{c}\left[\mathrm{e}^{-cz_1} - \mathrm{e}^{-cz_2}\right] \tag{7-4}$$

式中：H_s 为矿物岩石骨架的厚度，z_1 和 z_2 分别为现今各地层顶板和底板的深度。

$$z_2 = (H_s + z_1) + \frac{\Phi_0}{c}\left[\mathrm{e}^{-cz_1} - \mathrm{e}^{-cz_2}\right] \tag{7-5}$$

通过上述步骤，并依据现今各地层厚度计算骨架厚度，按照地质年代由新到老的顺序逐层回剥，每剥一层重新计算一遍所有的地层厚度，最终推算出各地层在各个地质时期的厚度，从而完成埋藏史的恢复。

(二) 热史及成熟度演化史恢复方法

热史是指古地温史、古地温梯度史和古热流史，是有机质在热解产生油气过程中的决定性因素。古温标法(古温度计法)根据地层中的矿物成分、有机质等物质所记录下的盆地古地温,从上至下、从今至古反演盆地热史,建立热演化数学模型,选取参数并调整计算,最终得到误差允许范围内的盆地古地温梯度、古地温、古热流。

目前最常用的热史数值模拟法有两种,分别是 TTI 法和 Easy%R_o 法。因为 R_o 在盆地中易于获得,分布广,研究成熟且资料丰富,因此镜质组反射率法(R_o 属于温度-时间的函数)是热史模拟中最常使用的方法。本次进行热史模拟所用的 Petromod 软件其内部进行热史恢复的模型也是 Easy%R_o 模型。该模型是 1990 年 Sweeney 和 Bumhma 提出的一种简化实用数学模型,简称为"Easy%R_o"模型,此模型不仅考虑了众多一级平行化学反应及其相应的反应活化能,还考虑了加热速率。此外,该模型适用于较大变化范围的温度和加热速率,但 R_o 处于 0.3%～4.4%时精度较高,对于中、高热演化程度则更为精确。计算公式如下:

$$R_o = \exp(-1.6 + 3.7F_k)(k = 1,2,3\cdots) \tag{7-6}$$

式中,R_o 为镜质体反射率,%;F_k 为某井某地层底界的第 k 个埋藏点的化学动力学反应程度。

EASY%R_o 法模拟有机质成熟史的流程为:① 建立模拟剖面的埋藏史;② 建立古地温场模型,即温度场随地质历史演化模型;③ 根据埋藏史和古地温场模型,以及岩石热导率、比热、密度等参数,采用 EASY%R_o 法计算剖面各地层在上述假设下的理论 R_o 值;④ 对比同深度实测 R_o 与计算 R_o 值,若两者相符,则认为第①、②步建立的埋藏史和古地温场模型与实际地质情况接近,结果可靠;若两者不相符,则不断修改埋藏史或古地温场进行迭代模拟,直至计算的 R_o 与实测 R_o 值一致。

二、关键参数优选

(一) 地质年代与地层

地层的底界年龄可通过大量的碳同位素和古生物资料来进行确定,进而建立准确的地质年代表。在缺乏相关资料情况下,既可参考前人的研究成果,也可以根据地层的沉积旋回、基准面升降变化来估算地层的绝对年龄。由于目前暂无研究区碳同位素和古生物资料,只能通过地层的沉积特征,再结合区域地质志,对地层进行划分。

根据地表和钻孔揭露,开滦矿区属于华北型沉积,古生代地层分布广泛,煤系属晚古生代石炭系-二叠系含煤建造,煤系基底为寒武系-奥陶系,上覆盖层为二叠系及新生界。研究区地层缺失上奥陶统、志留系、泥盆系以及下石炭统,使中石炭统唐山组地层与下伏中奥陶统马家沟灰岩相接处,形成平行不整合接触,各系、统间多以整合或假整合接触。

(二) 剥蚀厚度恢复

地层剥蚀量是埋藏史研究过程中的关键影响因素。目前,剥蚀量的恢复有许多种方法,但各种方法都有局限性,在恢复剥蚀量前应根据所掌握的研究区地质资料,选取最适宜的剥蚀量恢复方法,并根据全区的地质构造运动概略估算整个区域的剥蚀厚度,结合二者相互验证使得恢复结果更可靠真实。通过地层回剥法与区域地质志相结合,得到地层剥蚀厚度数据。

前寒武纪末华北盆地受蓟县运动作用构造抬升,后经历长期的风化剥蚀作用,早寒武世早期沉积地层区域性缺失。早寒武世中期,华北盆地南北海槽扩张,发生海侵,沉积下寒武统府君山组海相沉积,厚达 1 500 m,沉积富含有机质的海相碳酸盐岩,为典型陆表海沉积环境。早古生代中期,华北板块南、北被动大陆边缘相继转化为主动大陆边缘[145]。早奥陶世开始的加里东运动一直持续到泥盆纪早期，使盆地发生构造抬升，区域缺失上奥陶统-下石炭统大套沉积，剥蚀厚度超 1 000 m。

早石炭世开始的海西运动，区域拉伸背景下发生整体构造沉降。晚石炭世华北盆地沉积上石炭统、二叠系及下、中三叠统地层，沉积环境从浅海演变为海陆过渡相，发育富含有机质的石炭纪-二叠纪海陆过渡相煤系地层，为一套优质生气源岩，沉积厚度 3 000～3 500 m。

晚古生代-中生代，华北板块与南部华南板块和北部西伯利亚板块发生碰撞，区域主要受南北向构造挤压应力控制，在华北板块南、北边缘形成逆冲推覆构造，一直影响到板块内部，板内变形较边缘弱。渤海湾盆地内中、下侏罗统地层普遍缺失，三叠系遭受强烈剥蚀，剥蚀厚度约 2 000 m。

渐新世末期受区域构造应力作用裂陷作用停止，继而发生抬升而使湖盆逐渐缩小，早期沉积地层遭到风化剥蚀，剥蚀厚度约 200 m。新近纪后，盆地受热沉降控制进入凹陷阶段，沉积第四系地层。

（三）热史及成熟度演化史模拟参数

古水深、古热流是热史及成熟度演化史过程中的关键参数。大地热流是指地球内部的热量以热传导的方式在单位时间内通过单位面积散发到地表的热量，其分布受岩石圈的热状态控制，并与地质构造及地壳活动有着密切的关系。在构造运动强烈的拉张期，具有较高的大地热流值；在构造运动不频繁的时期，大地热流值相对较低。古热流的确定主要参考前人对各组古地理和各个阶段古地温场的研究成果。

燕山造山带南侧至华北-下辽河裂谷盆地的大地热流值等值线如图 7-28 所示。华北盆

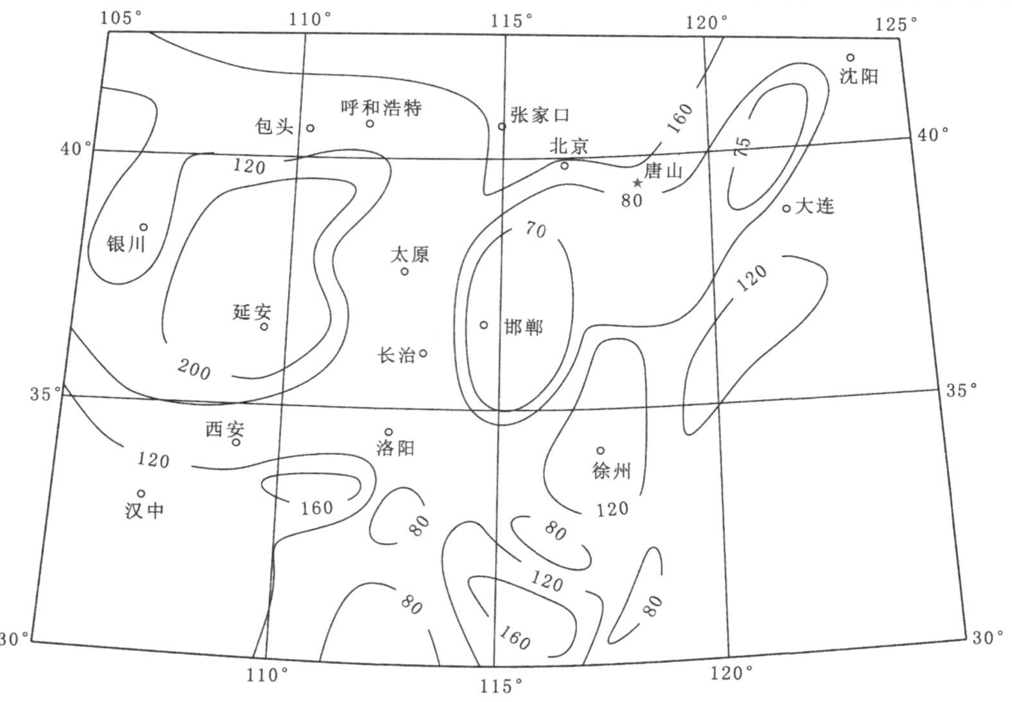

图 7-28　华北大地热流值等值线图[146]

地热流值总平均值达 68.4 mW/m²，其中凹陷区为 61～65 mW/m²，凸起区达到 70.0～80.0 mW/m²，最高达到 105 mW/m²。下辽河盆地中 37 个热流值的平均值为 63.21 mW/m²，最高可达 83.14 mW/m²。华北-下辽河裂谷盆地新生代裂谷作用明显，伴随着裂陷伸展作用与带桥厚度减薄，盆地之下存在着热地幔底辟作用，造成较广幔源基性火山活动，并出现地温梯度较大和大地热流值偏高的现象，说明华北-下辽河裂谷盆地目前仍是具有一定活性的"热"盆地[147]。

古水深在不同地质年代的变化较大，构造沉降量也需要通过古水深来校正。因此，古水深恢复非常重要，参考古水深的变化能使埋藏史的模拟研究结果更准确地反映实际埋藏过程。

三、模拟初始边界条件

基于对研究区地质背景的调研，结合前人对该地区沉积演化的分析结果，设置 0 Ma、84 Ma、87.5 Ma、100 Ma 和 116 Ma 所对应的古水深条件为 0 m、42.5 m、22.5 m、32.5 m 和 17.5 m(表 7-9)，设置 4 Ma、25 Ma、50 Ma、70 Ma、100 Ma、210 Ma 和 300 Ma 所对应的古热流条件为 63 mW/m²、80 mW/m²、80 mW/m²、50 mW/m²、50 mW/m²、40 mW/m²、40 mW/m²(表 7-10)，简要地反映了研究区从石炭纪末期到第四纪的沉积演化特征(图 7-29)。

表 7-9　唐山地区古水深变化

时间/Ma	0	84	87.5	100	116
水深/m	0	42.5	22.5	32.5	17.5

表 7-10　唐山地区古热流变化

时间/Ma	0	11.5	39.4	77.7	163.5	183.9	217.3	266.58	281
热流量/(mW/m²)	48.3	72.6	90.4	72.6	126.6	72.6	78.7	69.4	70.5

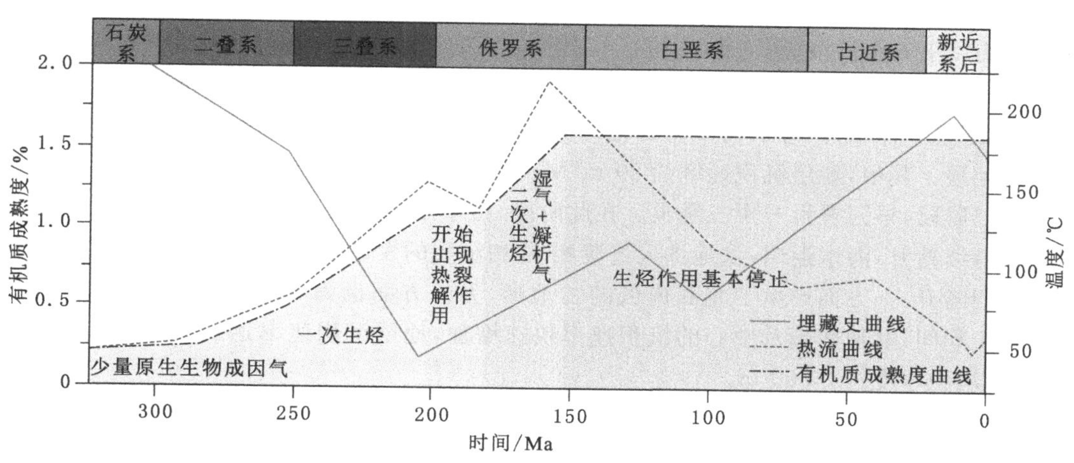

图 7-29　"三史"边界条件设定

研究区属于北半球东亚39°～40°带，沉积水体表面温度SWIT自动拟合(图7-30)。研究区经历了正常地温场—异常高地温场—正常地温场的变化过程，其热流值在古近系受岩浆活动的影响，出现异常高值，地温迅速升高到80 ℃，岩浆活动结束后温度再次降到30～50 ℃，热流值维持在45～60 mW/m^2。

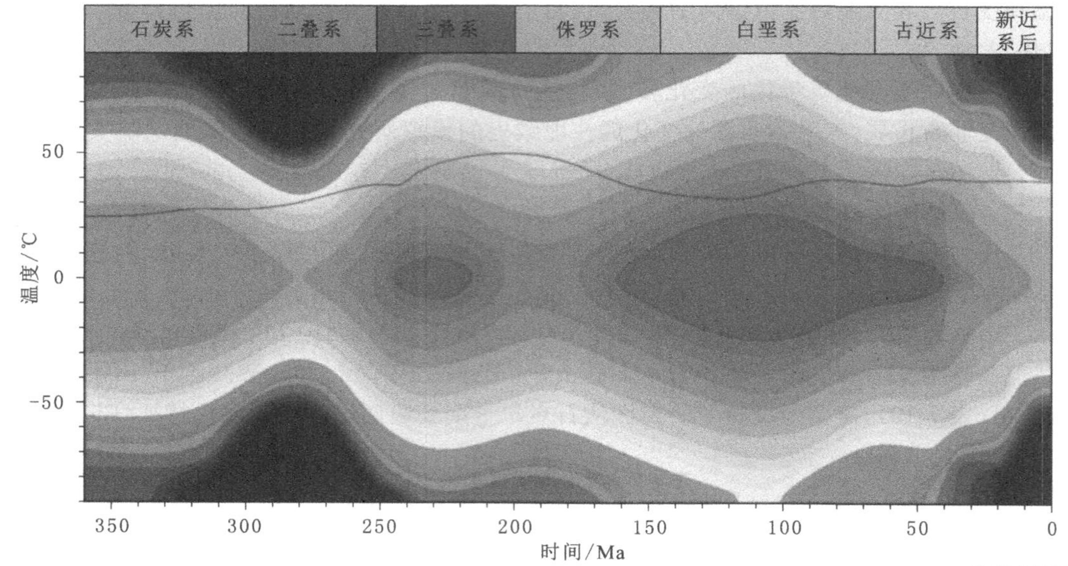

图7-30　唐山地区平均地表温度

四、模拟结果分析

(一) 构造-埋藏史

开滦矿区埋藏史模拟结果揭示，该处地层整体上自晚石炭世开始经历了四次沉降、二次抬升的演化过程。根据研究区资料和模拟结果显示，总体上可将开滦矿区的埋藏史分为以下6个阶段(图7-31)。

第一阶段，晚石炭世—晚二叠世。该阶段的华北板块受到扬子板块近南北向碰撞挤压，华北地区整体抬升，海水向东南部退缩，开滦矿区处于海陆交互相发展阶段，开始沉积二叠系地层。其中，地层沉积速率约20 m/Ma，沉积地层厚度约800 m。

第二阶段，早三叠世—中三叠世。在此阶段，由于华北板块南北部挤压应力的加强，华北板块持续抬升，海水退出，盆地进入过渡相-陆相沉积的发展阶段。此时，由于华北板块北部的强烈隆升，一方面产生了北高南低的古地形，另一方面也为华北盆地提供了丰富的沉积物源。期间，盆地两端及中心的沉积速率快速增加，地层沉积速率达到166 m/Ma，到中三叠世，沉积厚度约2 500 m。

第三阶段，晚三叠世—早白垩世。晚三叠世的印支运动对华北地区的沉积格局产生重大影响，扬子板块与华北板块发生自东向西的剪刀式碰撞拼接，造成华北地区东部抬升早、剧烈，西部抬升晚、幅度小，直到早-中侏罗世的燕山回旋早期，扬子板块与华北板块的碰撞挤压才逐渐减弱，因此研究区在该时期并未沉积晚三叠统与早-中侏罗统地层。进入晚侏罗世-早白垩世，古太平洋板块对中国陆块东部的强烈北北东-北东向斜向俯冲，使华北地块主

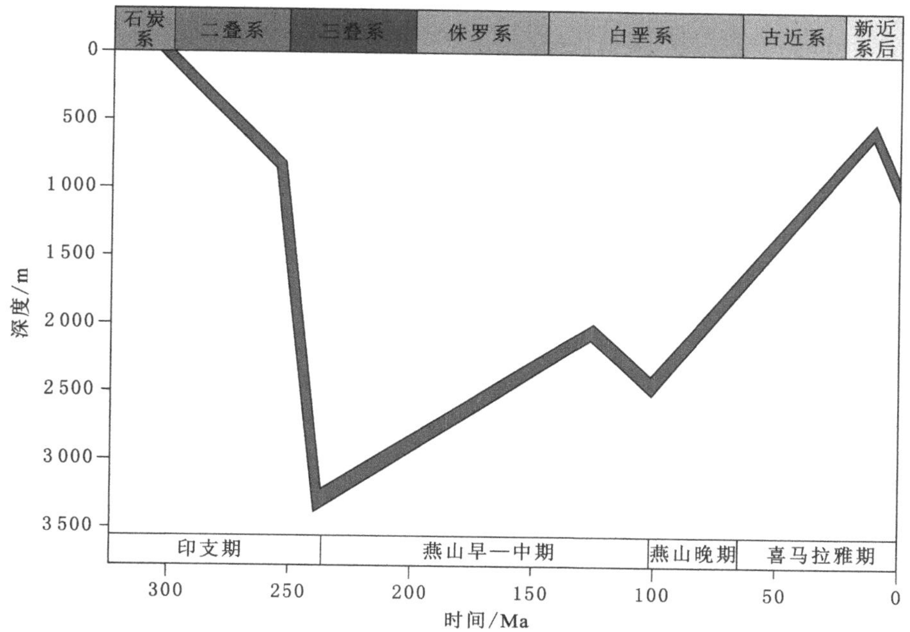

图 7-31　开滦矿区沉积-埋藏史

应力方向由早-中侏罗世近南北向转变为北西-北西西向，地层持续抬升剥蚀。其中剥蚀地层厚度约 1 300 m，地层抬升速率约 12 m/Ma。

第四阶段，早白垩世—中白垩世。自侏罗纪末期开始，我国东部进入燕山运动Ⅱ幕阶段，西太平洋板块的活动成为我国东部盆地演化的主控因素。该阶段，开滦矿区经历拉张作用发生断陷沉降，但沉降作用较弱，期间沉积一套陆相含煤泥岩。沉积地层厚度较薄，约为 400 m，地层沉积速率约 16 m/Ma。

第五阶段，晚白垩世—古近纪。受燕山运动的影响，区域应力场发生变化，地层持续抬升剥蚀，埋深减小。从东到西，地壳抬升接受剥蚀的程度有增大的趋势。该阶段剥蚀地层厚度约 2 100 m，地层抬升速率约 23 m/Ma。

第六阶段，自新近纪起至今。整个华北板块处于区域沉降背景下，接受新生代以来的沉积。其中新生代沉积厚度约 600 m，地层沉积速率约为 60 m/Ma。

（二）热演化史

热演化史恢复的目的在于重建含油气盆地的源岩的地温、地温随时间的演化特征和各时期地温的空间分布特征。煤系地层的受热条件与其成熟演化特征密切相关。受区域构造作用和岩浆活动的影响，开滦矿区煤系地层的受热增温过程呈“锯齿状”变化。由于不同地段海退时间、沉降速度的差异，烃源岩的热演化也有所不同。总体上，开滦矿区随着沉积速度的变化，其煤系地层的热演化史可分为以下几个阶段(图 7-32、图 7-33)。

第一阶段为晚古生代埋藏缓慢增温阶段，发生在石炭系-二叠系地层初次连续沉降埋藏时期。早二叠世，总体上华北地区向东南部发生海退，地层相对缓慢沉积，地层最大温度为 50 ℃，烃源岩成熟度很低。

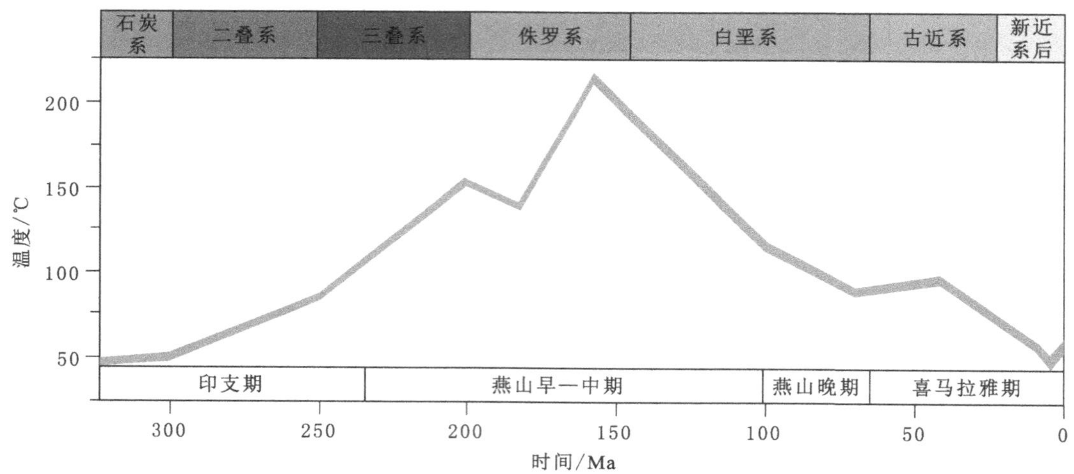

图 7-32 开滦矿区热演化史

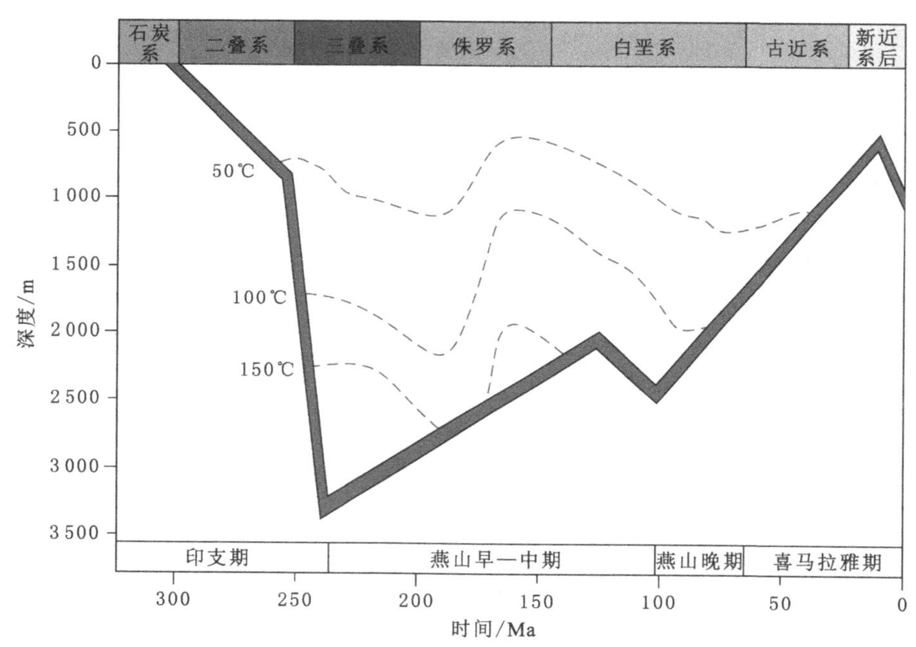

图 7-33 开滦矿区热演化史

第二阶段为晚二叠世—三叠世快速增温阶段。此阶段对应构造-埋藏史的快速沉降阶段，经历了二叠纪和三叠纪的演化。中二叠纪后，随着埋深的增加，开滦矿区的地层温度逐渐增大。二叠纪末期，研究区地层沉积速度加快，地温、地层压力急剧增大，地层最高温度约 150 ℃。

第三阶段为晚三叠世—侏罗世地壳抬升降温阶段。早-中三叠纪以后，由于扬子板块对华北板块的挤压碰撞，地层整体抬升，期间沉积作用和岩浆活动较弱，地层受到剥蚀，地层开始降温，热演化停止。

第四阶段为中侏罗世构造热增温阶段，相当于沉降史第三阶段的中期。由于华北板块与扬子板块在南北方向的俯冲、碰撞、缩短和折返，华北板块北部岩石圈变薄，同时伴随着地幔热流上涌，形成高地温场，地层温度达到 210 ℃。

第五阶段为晚侏罗世—新近纪地壳抬升降温阶段，相当于沉降史第五阶段。该阶段，开滦矿区地层持续抬升，燕山期岩浆活动停止，沉积作用减弱，主要以强烈剥蚀为主。随着地层的抬升，开滦矿区地层温度降低，达到正常古地温状态，总体上处于区域抬升降温阶段。

第六阶段新近纪埋藏地温回升阶段。自新近纪起至今，在华北盆地区域沉降背景下，开滦矿区及其周边整体沉降，接受新生代以来的沉积。地温始终保持正常状态，并小于煤系热演化经受的最大温度。

（三）生烃史

通过有机质成熟度的恢复，能够确定源岩进入生油门限、生油高峰、生油死限和生气高峰等重要时期所对应的时间点，为重塑气藏的形成过程和后文计算气藏运移过程提供重要参数，也是热成熟度实验测试的对比和验证。

根据研究区古地热场演化特征及有机质成熟度演化特征的研究结果(图 7-34)，可将研究区的成熟度演化史划分为以下阶段，各阶段演化特征如下：

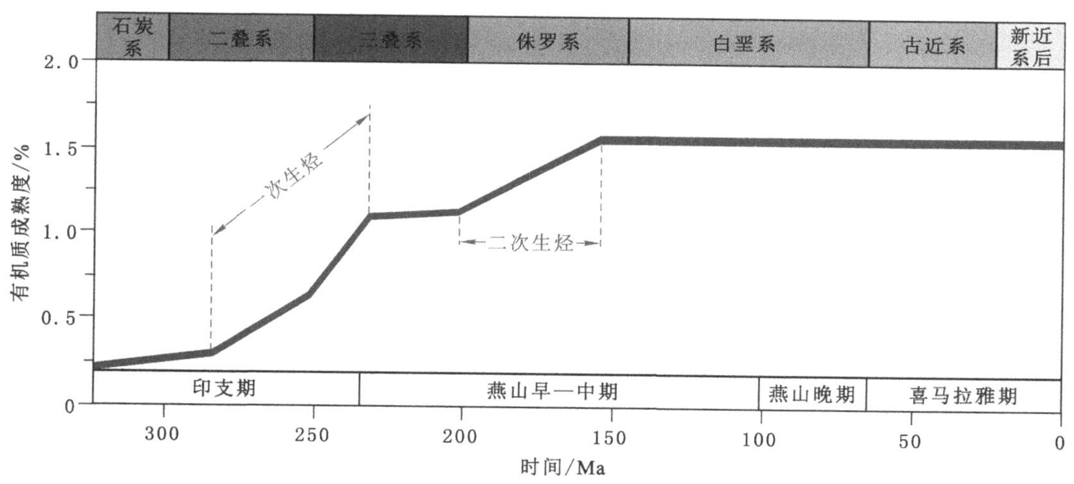

图 7-34　开滦矿区有机质成熟度演化史

第一阶段，晚石炭世—二叠世。该阶段早期，地层沉降缓慢，地温增加较慢，有机质热演化作用基本处于停滞状态，此时生烃主要来自生物成因气，煤岩变质程度低，处于软褐煤阶段；中二叠世，地层快速沉降，地温急剧升高，热演化程度明显增加，跨过了生油门限($R_{o,max}$=0.5)，进入生气窗，开始有湿气形成，热成因气逐渐占主导地位，煤岩进入长焰煤阶段。

第二阶段，三叠世。到中三叠世煤系温度最大达到 140～150 ℃，煤系烃源岩进入成熟-高成熟阶段，研究区煤系烃源岩 $R_{o,max}$ 达到 1.2%，煤岩进入气煤阶段。中三叠世后，地层抬升，地层温度下降，$R_{o,max}$ 增加微弱，阶段生烃量很低。

第三阶段，侏罗世—白垩世。由于华北板块北部岩石圈变薄和地幔热流上涌，研究区形成高地温场，煤系地层温度再次升高，最高地层温度约 200 ℃，热演化程度快速增加，有机质成熟度由原来的成熟阶段过渡到高成熟阶段，生烃强度明显增大，导致大量烃类气体的生成，形成二次生烃。

第四阶段，新生代。在此阶段，研究区地层温度逐渐冷却，古地热场逐步恢复正常，有机质热演化进程和有机质生烃基本停滞，最终有机质最大反射率定格在 1.5%左右，煤岩处于焦煤阶段。

五、"三史"配置关系

煤系地层构造-埋藏史、热演化史、生烃史等演化历程和后期的保存条件决定了最终气藏的形成。通过剖析研究区含煤岩系地层组合形式、煤层及顶底板岩层特征、"三史"演化特征等，定量分析煤系瓦斯的生成、赋存、运移的动态变化过程，分析其成藏地质控制机理，形成了对本区煤系非常规天然气成藏过程的认识(图 7-35)。

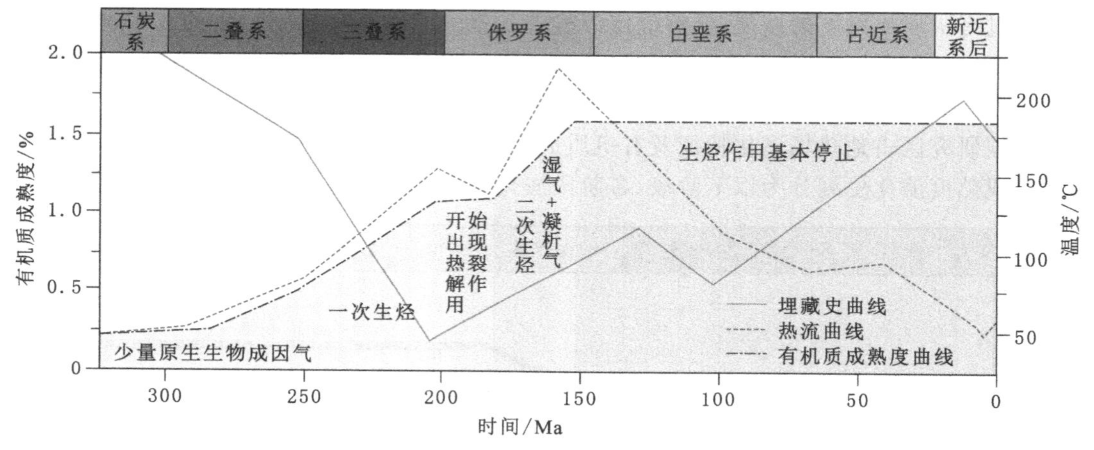

图 7-35　开滦矿区"三史"配置关系图

第一阶段，晚石炭世—早三叠世。该阶段先后经历了海西运动和印支运动两个构造运动期。海西运动期研究区显示出典型的地台型沉积特征，构造运动表现为地壳整体缓慢沉降，接受沉积，形成包括煤系在内的上古生界地层，地层厚度在区域上表现稳定。有利的海陆交互相沉积环境形成了厚度较大、连续性好的煤层，与煤系中广泛发育的暗色泥岩、碳质泥岩等一起构成了煤系气富集成藏的物质基础。至早三叠世，煤系地层呈整体慢速沉降状态，有机质成熟度低，未进入热成因气阶段，基本未生气，各类储层中仅有少量原生生物成因气，煤层和各类储层中的生成、运移和聚散作用均不发育。本阶段又可称为成藏初始阶段。

第二阶段，三叠世。印支运动使地壳持续沉降，形成厚度为 3 000～4 000 m 的三叠系地层，煤系地层埋深急剧增大，阶段末期煤系埋深达到最大值。本阶段为煤系快速埋藏阶段。在正常古地温场条件下，煤系最高受热温度约 150 ℃，沉积有机质发生深埋变质作用，煤级缓慢增高。煤系有机质缓慢进入成熟阶段，发生第一次生烃作用，煤储层中瓦斯含量逐渐升高，并向其他相邻储层扩散运移。本阶段又可称为深埋成藏阶段。

第三阶段，晚三叠世—早侏罗世。本阶段发生在燕山运动早期。地壳在相对稳定的背景下有所波动，是煤系温度和埋藏深度的波动期，古地热场仍为正常，地层温度有所下降，有机质生烃演化基本停止。由于煤层的生烃能力和吸附能力较强，生成的少量煤系气大多保存在煤层中，只有少量瓦斯扩散到邻近岩层。同时，本阶段地层整体处于抬升-剥蚀阶段，生成的气体很难保存，大部分逸散掉，含气量极少。由于本阶段基本处于散失状态，本阶段又称为成藏停滞-散失阶段。

第四阶段，中侏罗世—白垩世。本阶段属燕山运动中晚期。煤系地层处于构造隆升状态，埋深逐渐减小。强烈的构造热事件形成高异常古地热场，导致煤系进入二次生烃阶段并大规模产气。此阶段生成大量煤系气，并向顶底板扩散，因此也可称为煤系气全面高强度聚集成藏阶段。

第五阶段，晚白垩世—新生代。本阶段对应燕山晚期-喜马拉雅地层差异抬升期。一方面煤层埋深变浅，煤系上覆地层遭受剥蚀，另一方面盆地逐渐冷却，古地温梯度趋于正常，煤系生烃作用趋于停止。随着地层抬升、埋深变浅，煤岩吸附气解吸、溶解气脱溶，煤系气进一步排出，扩散到邻近岩层中。但是，在总体抬升的构造背景下，煤系裂隙处于拉张状态，因此各类储层在宏观上处于散失状态，气体持续保持以扩散为主的方式向上运移至上覆地层或逸入大气。根据上述特征，可将本阶段称为煤系气散失阶段。

小　　结

(1) 构造条件、埋藏深度、水文地质条件、围岩特征、地层温度以及地应力场条件均对瓦斯的赋存有一定程度的影响。构造条件、水文地质条件、顶底板特征对煤层瓦斯赋存的影响具有分区性，即受到不同区域的影响，而埋深条件、地层温度以及地应力场条件对煤层瓦斯的影响则表现出分层性，即在研究区深部与浅部表现出差异性，表现为研究区浅部受地温影响较深部大，且以水平应力为主，而深部由于地温梯度变小，对瓦斯赋存的影响不及浅部。同时在向深部发展过程中，地应力由以水平应力为主转变为以垂直应力为主，导致煤层裂隙的发育程度及展布方向发生改变，影响煤层瓦斯的赋存。

(2) 研究区深部瓦斯赋存主要受埋藏深度、构造条件、围岩特征、地应力条件控制，而研究区浅部则主要受地温场、构造条件以及煤层顶部含泥率影响。

(3) 研究区埋藏史可分为六个阶段。晚石炭世-晚二叠世的华北地区整体抬升，开始沉积二叠纪地层；早-中三叠世的华北板块持续抬升，盆地进入过渡相-陆相沉积的发展阶段；进入侏罗世-早白垩世，古太平洋板块对中国陆块东部的强烈俯冲，使华北地块主应力方向发生改变，地层持续抬升剥蚀；早-中白垩世，华北地区经历拉张作用发生断陷沉降，期间沉积一套陆相含煤泥岩；晚白垩世-古近纪，受燕山运动的影响，地壳抬升接受剥蚀的程度从东到西有增大的趋势；自新近纪起至今，整个华北板块处于区域沉降背景下，接受新生代以来的沉积。

(4) 研究区的热演化史呈“锯齿形”变化，可分为晚古生代埋藏缓慢增温阶段、晚二叠世-三叠世快速增温阶段、晚三叠世-侏罗世地壳抬升降温阶段、中侏罗世构造热增温阶段、晚侏罗世-新近纪地壳抬升降温阶段、新近纪埋藏地温回升阶段六个阶段。

晚古生代地层缓慢埋藏，地温增长缓慢；晚二叠世-三叠世地层快速沉降，地温快速增加；晚三叠世-侏罗世地层整体抬升，地温开始下降；中侏罗世由于扬子板块与华北板块的俯冲、碰撞、缩短和折返，研究区岩石圈变薄、地幔热流上涌，地温再次升高；晚侏罗世-新近纪地壳持续抬升，地温下降；新近纪地层再次埋藏，地温再次回升。

（5）研究区有机质成熟呈“阶梯状”递进增加。缓慢沉积阶段，烃源岩未发育成熟，相当于褐煤阶段；快速埋藏阶段，烃源岩发育成熟并进行一次生烃，热成因气占主导地位，进入长焰煤阶段；中三叠世，受地层抬升和地温下降的影响，有机质成熟度变化较小；晚三叠世后，岩石圈变薄，地幔上涌，有机质进一步发育，进行二次生烃，进入气煤、肥煤阶段，部分地区进入焦煤阶段；新生代的有机质热演化进程和有机质生烃基本停滞。

第八章　瓦斯分子动力学分析

煤层气(瓦斯)主要以吸附态的方式赋存在煤储层中[148,149]。有关对煤吸附甲烷是煤层气地质及煤矿安全开采领域的关键性问题之一[150,151],其直接关系到煤层气资源的准确评估、煤层气开发方案设计、矿井瓦斯地质灾害防治、井下瓦斯抽采等科学技术难题,一直以来是相关领域研究的热点与难点。甲烷在煤中的吸附为物理吸附,其本质是甲烷分子与煤大分子之间的相互作用,其中孔隙表面为吸附的载体[152,153]。随着研究的不断深入,当前煤吸附甲烷方面的研究已逐渐拓展到了分子级水平[154,155],以获得更为精确的煤吸附甲烷机理。物理和化学结构的深入研究可以充分认识煤对甲烷的吸附性能,其意义重大。前人研究结果表明,煤交联的有机大分子网状结构是甲烷吸附的主体,大分子结构中芳香结构的吸附能力要显著大于脂肪结构,且官能团之间的吸附能力存在差异性。因此,从分子动力学的角度研究煤中瓦斯的赋存和聚集规律是可行且必要的。

第一节　煤分子结构的表征

煤分子结构既提供甲烷吸附的表面势能,又影响着甲烷吸附位置(孔隙表面)[156]。煤结构演化研究的关键在于煤分子结构表征,在煤大分子结构研究早期,所采用的方法主要有水解方法、热解方法、官能团分析等,通过产物的研究来分析推断煤的分子结构[157]。但由于煤结构的复杂性,早期方法只能了解煤结构的部分信息[158]。随后碳核磁共振谱(^{13}C-NMR)、傅立叶变换红外光谱(FTIR)、X 射线衍射(XRD)等测试方法的引入使得对煤大分子结构的认识上了一个新的台阶,这也是目前研究煤大分子结构的主要方法[159-161]。研究者们借助计算机在煤二维结构模型之上基于分子力学等理论使其能量最小化,以获得稳定的三维空间结构,进而建立煤大分子的三维结构模型。煤三维大分子结构模型的建立对进一步认识煤的性质具有重要意义,特别是煤中微孔-超微孔特征、煤吸附甲烷机理等方面,三维大分子模型的建立是这些方面研究的基础[162]。

本次研究选用范各庄矿烟煤作为研究对象,通过^{13}C-NMR、FTIR 等测试建立煤的大分子模型,借助高压压汞实验、低温氮气吸附实验定量表征样品宏孔、介孔、微孔特征,依据分子力学、分子动力学、量子力学相关理论,分析计算瓦斯与煤大分子的相互作用,分析瓦斯的聚集和赋存规律,从分子层面阐明瓦斯吸附的作用机理。

一、工业分析和元素分析

范各庄矿烟煤工业分析和元素分析结果见表 8-1,工业分析测定出煤中的水分、灰分、挥发分以及发热量四个指标,通过元素分析可以对测定的四种元素逐一进行归一化处理。

通过元素分析中各元素的占比，可以推算出各类原子的原子比，煤样的原子比是构建煤大分子结构的重要依据。其样品原子比见表 8-2。

表 8-1 范各庄矿烟煤分析结果

样品	$R_{o,max}$/%	工业分析			元素分析				
		M_{ad}/%	A_d/%	V_{daf}/%	Q/(MJ/kg)	C_{daf}/%	H_{daf}/%	O_{daf}/%	N_{daf}/%
范各庄矿	1.592	2.34	31.09	29.86	25.00	87.73	5.02	4.96	1.71

表 8-2 开滦矿区烟煤样品原子比

样品	H/C	O/C	N/C
范各庄矿	0.74	0.046	0.017

煤储层中水分对甲烷吸附的影响已取得共识。水分会使煤吸附甲烷的能力明显降低，且水分含量愈高，甲烷吸附量愈低(图 8-1)，甚至水分含量的稍微变化，将造成甲烷吸附量的急剧减少[163-165]。Levy 等以实验的方法研究了 30 ℃、5 MPa 下不同含水量煤样中的甲烷吸附量，结果表明随水分含量的增大甲烷吸附量呈线性减小[163]。

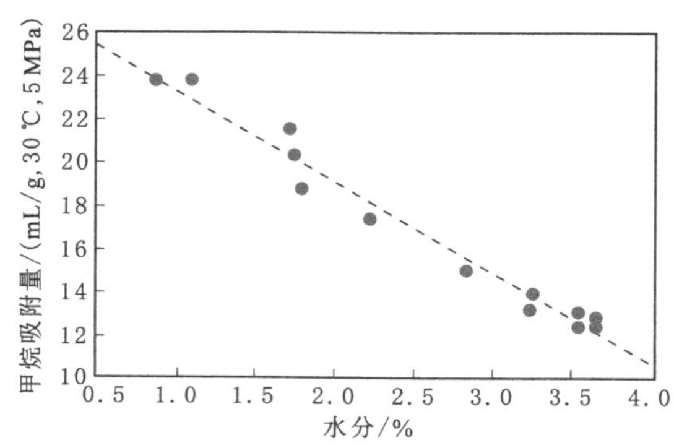

图 8-1 水分与甲烷吸附量之间的关系[163]

一般认为灰分(矿物质)在煤储层中主要起到稀释的作用，其本身对甲烷的吸附能力几乎没有贡献[166,167]。如图 8-2 所示，随灰分的增大，煤吸附甲烷的能力呈下降趋势，且灰分增大至 100%时，储层的 Langmuir 吸附量趋近于 0[163]。Deng 等在研究煤中矿物含量对甲烷吸附能力影响时发现，煤中矿物质对气体吸附能力的影响主要受控于矿物质含量、赋存形式与矿物组成三个方面，其中黏土矿物的存在可以增大煤样总比表面积及甲烷的吸附能力[168]。

煤样中 H/C 原子比的高低是判断生物产气潜力的重要指标。陈山来研究发现，煤中各显微组成按 H/C 原子比大小顺序依次为镜质组＞原煤＞惰质组[169]。煤中各显微组分生物产气按照产气总量、CH_4 生成量和 CH_4 浓度排序为镜质组＞原煤＞惰质组，两者具有一致性[170]。因此，H/C 原子比越高，生物产气时 CH_4 生成量和产气总量越大，生成气体中的 CH_4 浓度越高，煤储层中的瓦斯含量也就越高。

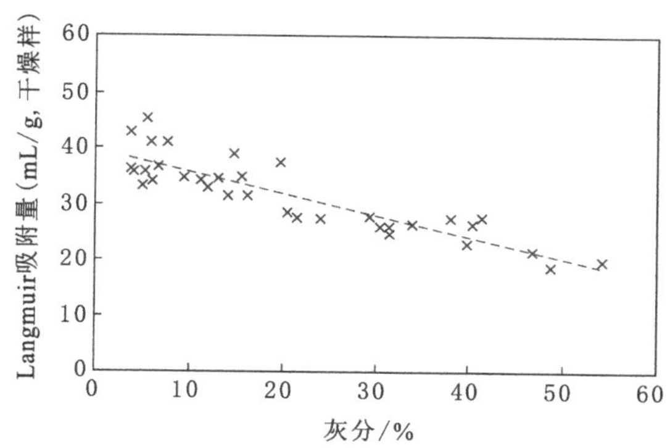

图 8-2　灰分与甲烷吸附能力关系[164]

二、傅立叶变换红外光谱分析

傅立叶变换红外光谱分析主要利用样品吸收红外辐射的物理性质，以研究其官能团特征。对煤的红外吸收曲线的研究，可结合主要官能团的吸收峰位置将其进行归属，根据红外谱图上几个特征峰面积的差异以确定物质性质[171]。

研究 FTIR 谱图中红外吸收峰的位置和相对强度是确定干酪根中化学基团的组成、键合性质和相对丰度的有力手段。不同基团的不同振动方式会产生不同的吸收峰，而且总是出现在一定的波段范围内；而不同峰的位置、强度和形状指示着不同的分子结构。

依据分类标准，煤样的 FTIR 谱图可以分为 4 个吸收带（图 8-3），其中 3 600～3 000 cm^{-1}波段称为羟基吸收带，3 000～2 800 cm^{-1}波段称为脂肪烃吸收带，1 800～1 000 cm^{-1}波段是含氧官能团和部分脂肪烃吸收带，900～700 cm^{-1}波段称为芳香烃吸收带[172]。在获得样品谱图的基础上，运用 Origin7.5 软件对各吸收带的红外光谱进行分峰处理并展开详细分析。

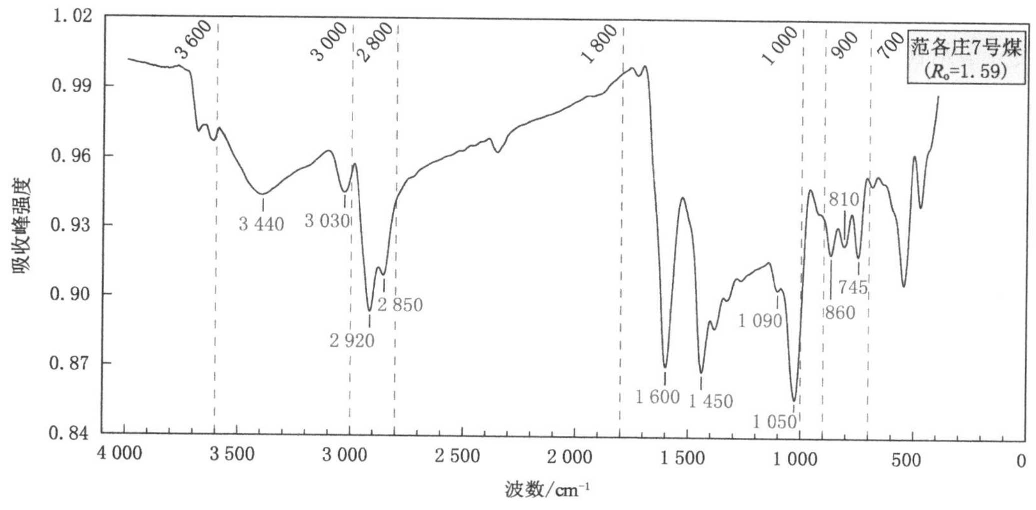

图 8-3　煤样的傅立叶变换红外光谱图

样品的红外光谱在3 440 cm^{-1}、3 030 cm^{-1}、2 920 cm^{-1}、2 850 cm^{-1}、1 600 cm^{-1}、1 450 cm^{-1}、1 090 cm^{-1}、1 050 cm^{-1}、860 cm^{-1}、810 cm^{-1}、745 cm^{-1}等处有着较为明显的吸收峰，其中3 440 cm^{-1}处对应基团为氢键，2 920 cm^{-1}、2 850 cm^{-1}处对应基团为脂肪侧链，1 600 cm^{-1}处对应基团为芳香环，143 cm^{-1}处对应基团为脂肪侧链，1 090 cm^{-1}、1 050 cm^{-1}处对应基团为含氧官能团，860 cm^{-1}、810 cm^{-1}、745 cm^{-1}处对应基团为芳香性 C—H 结构。

煤的红外光谱吸收峰与各基团的对应见表8-3。

表8-3　煤的红外光谱吸收峰与各基团对应表

波数/cm^{-1}	对应基团
3 300	氢键
3 030	芳香—C—H—
2 950	—CH_3
1 735,1 690～1 720,1 650～1 630	C=O
1 600,1 560～1 590	
2 920,2 850	脂肪—CH—,—CH_2—,—CH_3
1 600	芳香环伸缩振动
1 490	芳香环伸缩振动
1 450	—CH_2—和 CH_3—弯曲振动
1 375	—CH_3
1 300～1 110	苯氧基、醚键中 C—O 伸缩振动、O—H 弯曲振动
1 100～1 000	脂肪族醚类，醇类
700～900	芳香 C—H 面外弯曲振动

羟基是煤中形成氢键的重要原因，而氢键则是大分子结构中一种非常重要的次级键，对大分子结构网络的缔合和破坏具有极其重要的作用[173]。通过对羟基吸收带中氢键的分析可以更深入地了解地质构造作用对煤化学结构的影响。煤样3 600～3 000 cm^{-1}波段红外光谱分峰拟合结果如图8-4(a)所示，该波段可以分为7个峰，峰位分别为3 030.95 cm^{-1}、3 196.91 cm^{-1}、3 294.63 cm^{-1}、3 408.82 cm^{-1}、3 501.77 cm^{-1}、3 596.35 cm^{-1}、3 624.14 cm^{-1}，不同峰位置的归属情况表明羟基结构主要包含羟基—氮氢键、环状氢键、羟基—醚氢键、羟基—羟基氢键和羟基—π 氢键等，其中主要以羟基—醚氢键、羟基—羟基氢键和羟基—π 氢键为主。

煤样3 000～2 800 cm^{-1}波段红外光谱分峰拟合结果如图8-4(b)所示，该波段红外光谱包含4个主要吸收峰，峰位分别为2 848 cm^{-1}、2 875 cm^{-1}、2 914 cm^{-1}、2 943 cm^{-1}，峰位2 848 cm^{-1}归属于对称的 CH_2 伸缩振动，峰位2 875 cm^{-1}归属于对称的 CH_3 伸缩振动，峰位2 914 cm^{-1}归属于反对称的 CH_2 伸缩振动，峰位2 943 cm^{-1}归属于反对称的 CH_3 伸缩振动。

1 800～1 000 cm^{-1}波段红外光谱是含氧官能团和部分脂肪烃吸收带，煤中氧的存在可分为两类：一类为含氧官能团，主要包括甲氧基、酚羟基、羧基和羰基；另一类为醚键和呋喃，主要存在于煤化程度较高的煤中。甲氧基在早期阶段就已经消失，羧基主要存在于褐煤中，羟基和羰基的含量逐渐减小，在无烟煤中也普遍存在。煤样1 800～1 000 cm^{-1}波段

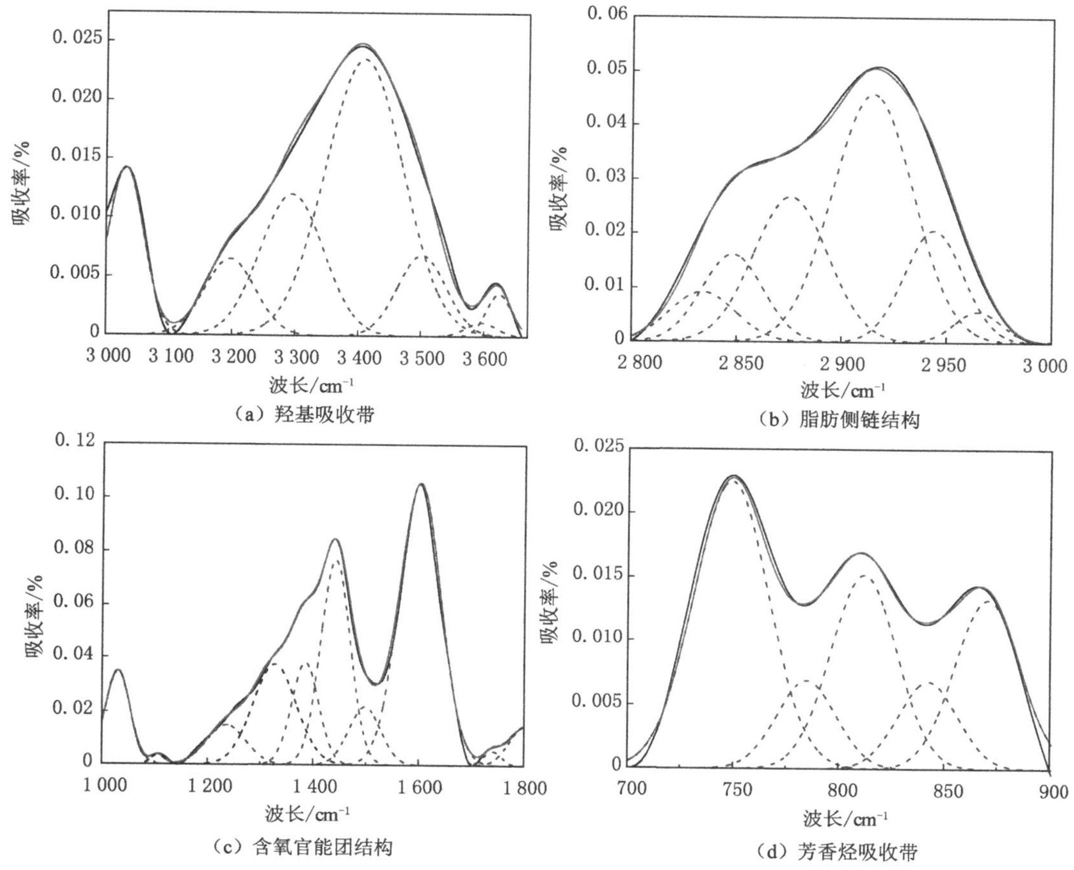

图 8-4　煤样红外光谱图分峰拟合结果

红外光谱分峰拟合结果如图 8-4(c)所示，该波段拟合分为 8 个峰，主要归属于 C—O—C 伸缩振动，醚的 C—O 振动，芳基醚的 C—O 振动，CH_3—、CH_2—的反对称变形振动，芳香烃的 C ═C 双键振动，不饱和羧酸的 C ═O 伸缩振动等。

煤的芳香结构是吸附瓦斯的主体，对芳香结构的研究可以用于探讨煤吸附瓦斯能力的差异性，同时也为分子模型的构建和吸附模拟提供理论基础。900～700 cm^{-1}是芳香烃吸收带，其红外光谱分峰拟合结果如图 8-4(d)所示。分析结果表明煤中芳香结构的主要吸收峰位置在 750 cm^{-1}、800 cm^{-1}和 870 cm^{-1}附近，煤样的苯环氢原子主要以苯环二取代、苯环三取代、苯环五取代为主[174,175]。

三、碳核磁共振分析(^{13}C-NMR)

^{13}C-NMR 可以定量和定性分析有机材料的结构组成，其谱图通常为简单的单峰，峰的位置决定了对应的化学位移，不同的化学位移可以提供碳、氢和氧等官能团的结构信息。煤大分子结构中碳原子构成了煤大分子骨架，其他各基团通过不同方式连接在碳原子骨架之上，碳原子的类型不同(脂肪碳、芳香碳等)或与之相连的基团类型不同，其对应的^{13}C-NMR 谱峰的化学位移有着较大的不同，由此可以根据^{13}C-NMR 谱图分析煤中各基团，进而研究煤的大分子结构特征[176,177]。碳原子化学位移的结构归属如表 8-4 所示。

表 8-4 碳原子化学位移的结构归属[178]

NMR 碳化学位移值(ppm)	结构归属	符号	NMR 碳化学位移值(ppm)	结构归属	符号
0～22	甲基碳	$f_{al}{}^{*}$	148～165	氧取代芳碳	$f_{a}{}^{P}$
22～50	亚甲基、次甲基碳	$f_{al}{}^{H}$	129～165	非质子化芳碳	$f_{a}{}^{N}$
50～90	与氧连接脂肪碳	$f_{al}{}^{O}$	165～240	羧基羰基碳	$f_{a}{}^{C}$
90～129	质子化芳碳	$f_{a}{}^{H}$	0～90	脂肪碳	f_{al}
129～137	桥接芳碳	$f_{a}{}^{B}$	90～220	总芳碳	f_{a}
137～148	烷基取代芳碳	$f_{a}{}^{S}$	90～165	芳碳率	f'_{a}

煤大分子结构主要有芳香结构(f'_{a})和脂肪结构(f_{al})组成($f'_{a}+f_{al}=1$)，芳香部分主要由羰基-羰基(f_{ac})部分和芳环部分(f_{a-c})构成($f'_{a}=f_{ac}+f_{a-c}$)。芳环部分(f_{a-c})又由质子化芳碳($f_{a}{}^{H}$)和非质子化芳碳($f_{a}{}^{N}$)两部分构成($f_{a-c}=f_{a}{}^{H}+f_{a}{}^{N}$)。非质子化芳碳($f_{a}{}^{N}$)主要由烷基取代芳碳($f_{a}{}^{S}$)、芳香桥碳($f_{a}{}^{B}$)和羟基—醚氧碳($f_{a}{}^{P}$)三部分构成($f_{a}{}^{N}=f_{a}{}^{P}+f_{a}{}^{S}+f_{a}{}^{B}$)。脂肪部分($f_{al}$)由甲基碳($f_{al}{}^{*}$)、亚甲基碳和季碳($f_{al}{}^{H}$)以及氧接脂肪碳($f_{al}{}^{O}$)三部分构成($f_{al}=f_{al}{}^{*}+f_{al}{}^{H}+f_{al}{}^{O}$)。样品的^{13}C-NMR 谱图如图 8-5 所示，主要分为三个部分，脂肪结构部分(0～90 ppm)、芳香结构部分(100～150 ppm)和羰基、羧基等部分(150～240 ppm)。核磁共振图谱主要有 3 个吸收峰：0～25 ppm 的甲基、亚甲基峰，25～60 ppm 的季碳和次甲基峰，90～165 ppm 的芳香碳峰。90～165 ppm 的芳香碳峰的吸收强度明显大于脂肪碳峰，表明芳香碳占据主导地位，脂肪碳则起到连接芳香环的作用，符合该成熟度煤样品的一般规律。芳香结构是导致煤吸附能力差异的主要原因。

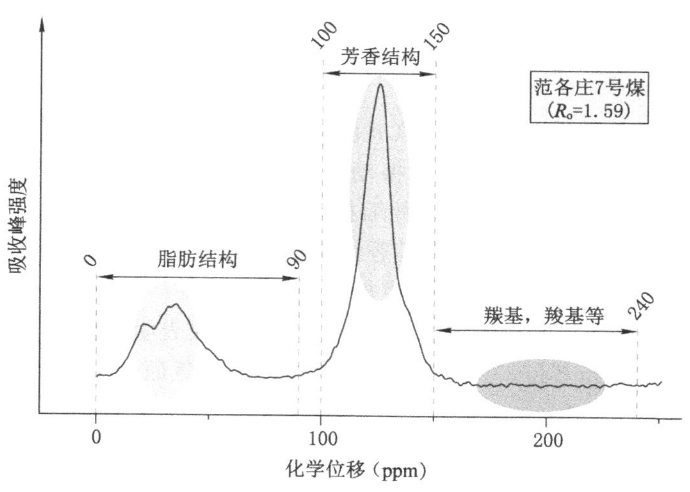

图 8-5 样品的^{13}C 核磁共振谱图

由于煤具有复杂的结构，不同化学位移峰会表现出相互叠加特征。参照表 8-4 中碳原子化学位移的结构归属，同样使用 Origin7.5 分峰拟合软件得到煤样的分峰谱图信息，结果如图 8-6 所示。在分峰拟合的基础上，计算并分析了煤样核磁共振谱图的各吸收峰

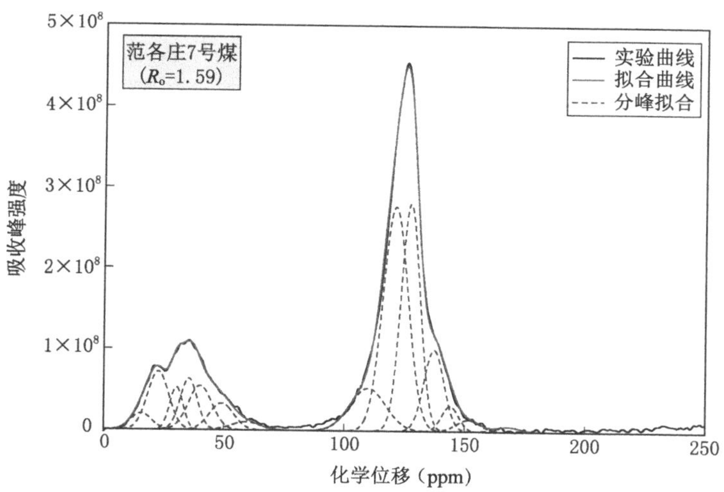

图 8-6　煤样的[13]C-NMR 分峰谱图

参数，如表 8-5 所示。

表 8-5　煤样[13]C-NMR 分峰谱图各吸收峰参数

样品编号	编号	化学位移(ppm)	半峰宽	相对面积/%	碳原子归属
范各庄矿 7 号煤	1	15.60	10.08	0.018	甲基碳
	2	22.64	10.41	0.066	亚甲基
	3	30.22	6.49	0.030	与脂甲基相连的亚甲基
	4	35.38	8.44	0.047	亚甲基
	5	40.16	11.71	0.056	次甲基
	6	49.11	11.71	0.034	次甲基碳
	7	59.03	13.94	0.012	氧接次甲基碳
	8	109.88	17.40	0.081	质子化芳碳
	9	121.05	12.13	0.296	质子化芳碳
	10	127.28	9.20	0.228	质子化芳碳
	11	137.19	9.76	0.086	桥接芳碳
	12	143.98	8.24	0.023	烷基取代芳碳
	13	151.60	11.71	0.015	烷基取代芳碳
	14	167.93	11.71	0.006	羧基碳

根据表 8-4 中不同化学位移对应的碳原子归属和图 8-6 分峰谱图中吸收峰面积，分析计算了煤样的 12 个化学结构参数，结果如表 8-6 所示。

煤的芳碳率与煤性质和演化有直接关系，是反映煤有机结构的重要参数之一，其大小为 90～165 ppm 对应的吸收峰面积与 90～240 ppm 对应的吸收峰面积之比，即芳香碳含量与总有机碳含量面积之比。煤的芳碳率和变质程度呈现出如下关系：碳含量在 80%以下的煤，f'_a 在 0.5～0.7 之间；碳含量在 80%～90%之间的煤，f'_a 在 0.71～0.85 左右；碳含量在 90%以上的煤，f'_a 会急速增加，当碳含量达到 95%时，f'_a 接近 1 或等于 1。由表 8-6 可知，煤样的芳碳率为 0.735，芳环部分对芳香碳的贡献显著高于羧基羰基碳。其中，质子化芳碳的贡献率最高，表明芳香碳主要由芳环部分组成，羧基羰基碳占比很小。脂肪碳含量为0.264，脂肪结构主要由甲基碳、亚甲基碳和次甲基碳及氧接脂碳构成。

表 8-6　煤样的^{13}C NMR 结构参数

样品编号	f_{al}^*	f_{al}^H	f_{al}^O	f_a^H	f_a^B	f_a^S
范各庄矿 7 号煤	0.084	0.168	0.012	0.378	0.228	0.086
	f_a^P	f_a^N	f_a^C	f_{al}	f_a	f'_a
	0.022	0.015	0.001	0.264	0.736	0.735

第二节　煤大分子结构的构建

煤三维大分子结构模型的构建是分子层面研究甲烷吸附和扩散的基础及微观层面对宏观层面的特征反映。本节在元素分析、FTIR 和^{13}C-NMR 的研究基础上，以范各庄矿烟煤为实验样品，分别构建了煤的三维大分子结构模型，并进行了最小能量构型和最优几何构型的分析。

一、煤大分子模型的构建方法

目前，国内外存在两种综合建立煤三维大分子结构模型的方法：第一种方法是应用元素分析、FTIR、XRD 和^{13}C-NMR 的实验结果构建煤三维大分子结构模型[179]；第二种方法是基于元素分析、^{13}C-NMR、FTIR 和 HRTEM 的测试结果，进行煤三维大分子结构建模。第二种方法主要是应用 HRTEM 的测试结果，选取芳香片层为建模基础，将其划分成堆叠、线性奇异分子和弯曲晶格条纹等，然后将获得的条纹置于一定尺度的立方体内，进而获得煤三维大分子结构模型。本节选取第一种构建方法，该方法能够适用的前提在于大分子二维化学平面结构模型的确定。当二维化学平面结构模型构建完成后，即可采用 Materials Studio 软件将二维结构转化为三维结构，进而得到煤的三维大分子结构模型。

煤二维大分子化学平面结构模型详细的构建方法可概述为以下几点：

(1) 进行元素分析、FTIR 和^{13}C-NMR 实验并获得煤样对应的谱图信息；

(2) 针对 FTIR 和^{13}C-NMR 谱图进行分峰拟合处理，获得不同波长和化学位移下的吸收峰强度，然后计算对应的官能团含量；

(3) 进行芳香结构单元组合、脂肪碳结构和杂原子结构的确定，使用 ACD/ChemSketch 软件初步建立煤的二维大分子化学平面结构模型；

(4) 采用 ACD/ChemSketch 计算平面结构模型的化学位移；

(5) 将^{13}C-NMR 化学位移导入 gNMR 软件建立平面模型的核磁共振谱图；

(6) 对煤样的核磁共振谱图与构建的平面模型的核磁共振谱图进行对比；

(7) 若实验谱图与构建模型谱图基本一致，则认为大分子二维化学平面结构模型为最终的结构模型；否则，重复步骤(3)～(5)，直至获得最终的结构模型。

二维化学平面模型的构建需要用到 ACD/Lals C-NMR Predictor 软件，但该软件仅能计算小于 255 个碳原子的分子。在此基础上，依据芳香结构的类型和数量可以计算出范各庄矿 7 号煤的芳香碳原子个数为 141，其芳碳率为 0.735，进而计算出范各庄矿 7 号煤模型中碳原子总数为 192。基于此，可以得到其脂肪碳原子数为 51。烷基侧链、环烷烃和氢化芳环是煤中脂肪结构的主要存在形式。芳香结构吸收波段红外光谱分峰结果显示范各庄矿 7 号煤的芳香环以苯环二取代、苯环三取代和苯环五取代为主，说明煤中芳香结构中连接有更多的亚甲基和甲基。脂肪侧链吸收波段红外光谱分峰结果显示煤中脂肪碳主要为甲基和亚甲基。同时，脂肪碳结构形式的确定还需要结合 ^{13}C-NMR 中不同化学位移对应的碳原子归属结果，表 8-6 的结果表明范各庄矿 7 号煤的亚甲基和次甲基的含量高于甲基含量。

二、平面分子结构模型的构建

依据煤大分子二维化学平面结构模型的构建方法，并结合确定的脂肪碳结构、芳香结构单元组合和杂原子结构建立了范各庄矿 7 号煤的大分子二维结构模型，如图 8-7 所示，其分子式为 $C_{192}H_{174}N_2O_2S$。将样品大分子模型计算的 ^{13}C-NMR 谱图与 ^{13}C-NMR 实验测试谱图结果进行对比，如图 8-8 所示。谱图对比结果表明，本次所建立的煤样大分子二维化学平面结构模型 ^{13}C-NMR 谱图与 ^{13}C-NMR 实验测试谱图一致性较好，能够反映出研究煤样的大分子结构。

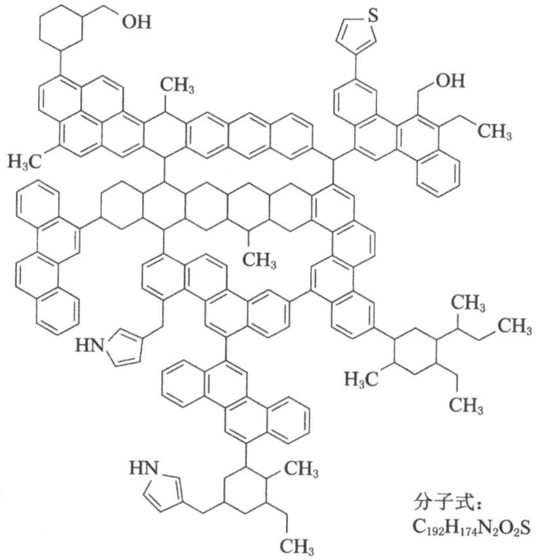

图 8-7 煤样的大分子平面结构模型

获得较为准确的大分子二维化学平面结构模型后，需要对各模型的元素含量进行反向计算，计算结果如表 8-7 所示。范各庄矿 7 号煤模型的分子式为 $C_{192}H_{174}N_2O_2S$，其中氢元素的含量为 6.77%，略高于元素分析结果，对应值为 5.02%，这可能是氢元素具有比较活跃的性质，很容易受外界影响。

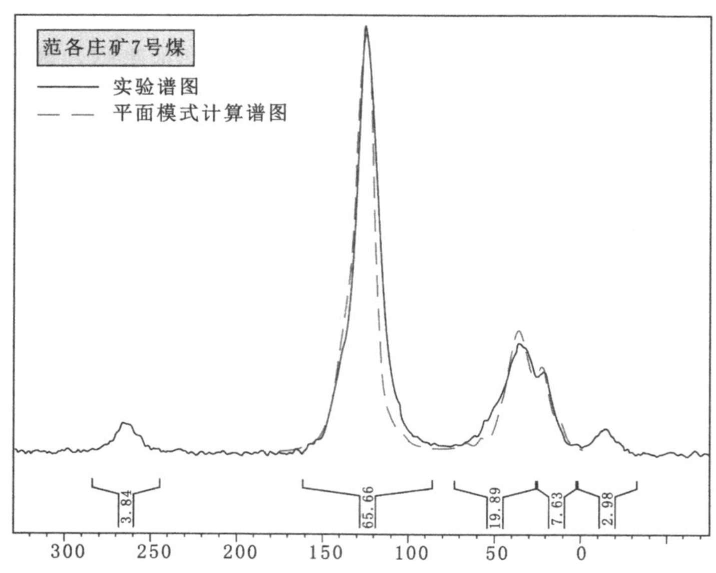

图 8-8 ^{13}C-NMR 实验谱图与模型谱图对比

表 8-7 范各庄矿原始煤样与分子模型元素含量对比

编号	分子式	元素含量/%			
		C	H	O	N
原始煤样	$C_{192}H_{174}N_2O_2S$	87.73	5.02	4.96	1.71
分子模型		89.64	6.77	1.25	0.93

三、立体结构模型的构建

将 ACD/ChemSketch 软件构建的煤样的大分子二维化学平面结构模型导入 Materials Studio 8.0 中，进行加氢饱和处理，并使用 Clean 插件对模型进行初步结构优化，获得煤样的初始立体结构模型（图 8-9）。调用 Modules 工具 Forcite 模块中的 Geometry Optimization 任务进行分子力学模拟。理论认为经分子力学模拟后的模型会受到温度的影响导致其中仍有剩余能量的作用，因此，继续调用 Forcite 模块中的 Anneal 任务对经分子力学模拟后的模型开展分子动力学模拟，进而获得能量最小构型，即为煤的大分子结构模型。煤样的大分子二维化学平面结构模型经分子力学和分子动力学模拟后的立体结构模型如图 8-10 所示。

煤样模型的化学键均有明显的弯曲、扭转现象，芳香层片的立体感更强，优化后的整体大分子结构的立体感要明显优于煤样的初始立体结构模型，预示着优化后的模型抵抗外力强度要高于原始模型。

对模型进行几何优化和分子动力学模拟时，采用的是 Dreiding 力场，该力场的总势能 E_{total}包括价电子能 E_V 和非成键能 E_N。价电子能由键伸缩能 E_B、扭转能 E_T、键角能 E_A 和反转能 E_I组成；非成键能则由范德瓦耳斯能 E_{van}、氢键能 E_H和库伦能 E_E组成。表 8-8 给出了范各庄矿 7 号煤分子模拟前后的能量变化。

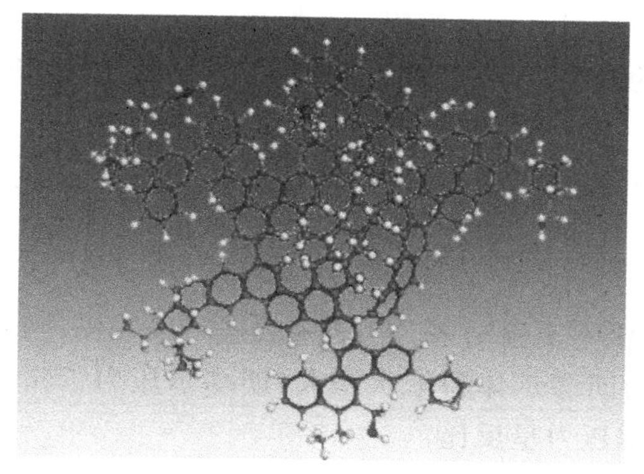

图 8-9　煤样初始立体结构模型

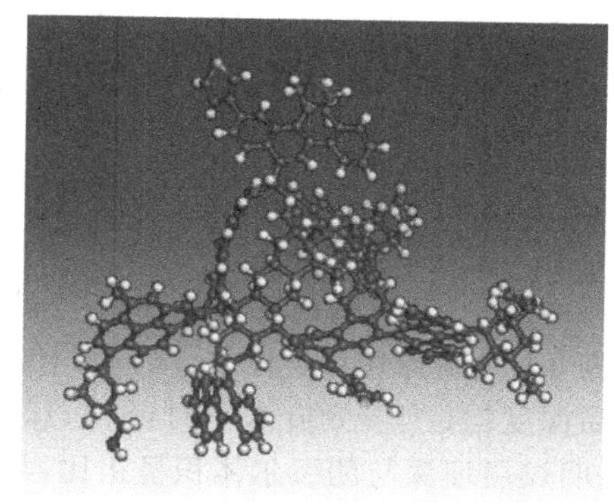

图 8-10　煤样的能量最小构型

表 8-8　范各庄矿 7 号煤分子模拟前后能量

优化条件	E_{total}/(kcal/mol)	E_V/(kcal/mol)			E_N/(kcal/mol)	
		E_B	E_A	E_T	E_I	E_{VAN}
初始条件	23 016.17	2 376.35	95.64	80.98	3.24	20 459.96
分子力学优化	926.19	125.54	164.58	151.53	3.72	480.82
分子动力学优化	1 850.25	322.06	312.49	248.52	33.09	524.99

注：1 cal=4.186 J。

第三节　煤中瓦斯吸附特性

煤作为一种复杂的多孔介质材料，内部具有极为发育的孔裂隙结构。研究表明，煤中80%～90%的瓦斯以吸附状态赋存，10%～20%的瓦斯以游离状态赋存。前人一致认为煤的孔隙结构越发育，相应的瓦斯吸附量越大。不同煤样的孔隙结构具有较大的差异性，进而可能会对煤的吸附和解吸瓦斯性能产生很大影响。瓦斯与煤之间的相互作用力受控于煤中发育的孔隙结构及大分子结构。在煤分子结构和储层孔隙结构的研究基础上，探究并分析了不同孔隙结构条件下的大分子结构对瓦斯吸附特性的影响。

一、煤的瓦斯吸附实验

等温吸附实验是在中国矿业大学分析测试中心进行的。采用的仪器是美国 TERRA-TEK 公司生产的 SI-100 型气体等温吸附解吸仪，首先将所采集的煤样品各取 150 g，用碎样机将其破碎至 60 目以下，用小喷雾器向煤样喷洒蒸馏水，使其预湿、充分混合后，将预湿煤样铺在一个低平的敞口盘中，放在温度为 30 ℃，相对湿度为 97%～98%的恒温器中，每天对样品进行称重，直到两天内样品的重量基本不变为止，制成平衡水样品。

煤对瓦斯的吸附通常采用吸附等温线进行表示，其意义是在某一固定温度下，煤的瓦斯吸附量随平衡压力变化的曲线。煤对瓦斯的吸附能力常用可燃基的极限瓦斯吸附量表征，大量的理论和实验研究已经证实，煤对瓦斯的吸附符合朗缪尔(Langmuir)方程：

$$Q=\frac{abp}{1+bp}$$

式中 Q——温度恒定时，吸附压力为 p 时，单位质量可燃基吸附的瓦斯量，m^3/t；

a——吸附常数，表征单位质量可燃基的极限瓦斯吸附量，也称之为朗缪尔体积，m^3/t；

b——吸附常数，表征达到极限吸附量一半时对应的压力倒数，也称之为朗缪尔压力倒数，MPa^{-1}；

p——吸附平衡时的瓦斯压力，MPa。

表 8-9 为吕家坨矿 7、8、9、12 煤层样品等温吸附实验结果。从表中数据可以看出，当煤层样品深度均位于－800 水平时，8、9、12 煤层的朗缪尔体积依次增大，朗缪尔压力依次减小，表明煤层埋深与朗缪尔体积呈正比，与朗缪尔压力呈反比。

表 8-9　吕家坨矿各主采煤层等温吸附实验结果

序号	所属煤层	水平深度/m	$V_L/(m^3/t)$	P_L/MPa	R^2
1	7 煤层	－950	13.01	0.81	0.999 36
2	8 煤层	－800	10.76	1.28	0.998 00
3	9 煤层	－800	14.19	0.76	0.999 73
4	12 煤层	－800	15.61	0.56	0.999 67

注：朗缪尔方程：$V=V_L \cdot P/(P_L+P)$，式中：V_L为 Langmuir 体积；P_L为 Langmuir 压力。

从各主采煤层等温吸附曲线(图 8-11)可以看出，各主采煤层样品吸附量随着压力的增大而增大，且增加速度逐渐减小。吸附量以 12 煤层最大，8 煤层最小，9 煤层略大于 7 煤层，基本上呈现出随煤层埋深的增大，煤层瓦斯吸附量逐渐增大的趋势。

同时统计了吕家坨矿周边矿井钱家营矿和林西矿等温吸附数据(图 8-12)，将吕家坨矿等温吸附曲线与周围矿井等温吸附曲线进行对比，发现各矿井等温吸附曲线形态相似，在相同压力下，吕家坨矿 7、9、12 煤层瓦斯吸附量明显要大于相邻矿井煤层瓦斯吸附量，表明相比于邻近矿井，吕家坨矿煤层瓦斯吸附能力更强，进一步说明吕家坨矿煤层相对于相邻矿井具有更为复杂的孔隙结构。

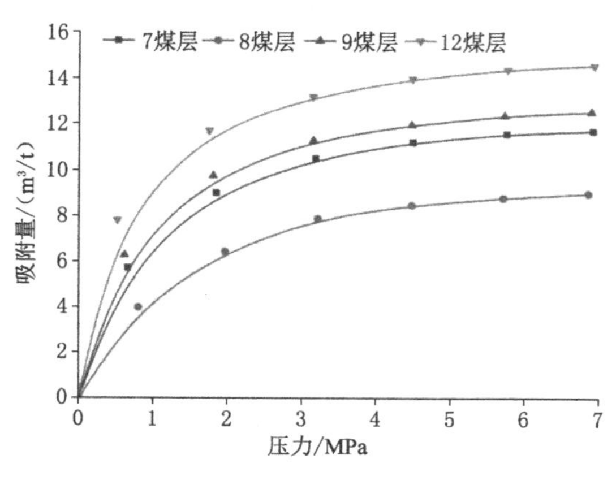

图 8-11　吕家坨矿主采煤层等温吸附曲线

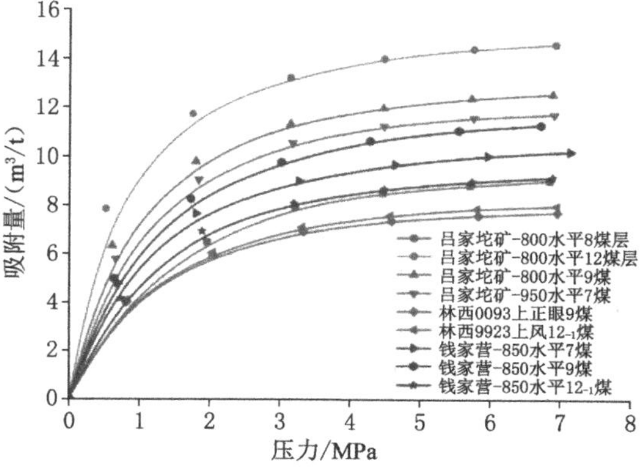

图 8-12　吕家坨矿及相邻矿煤层等温吸附曲线

二、孔隙结构与瓦斯吸附特性的内在关系

大量的研究结果已经证实，微孔是煤吸附瓦斯的主要空间，瓦斯的吸附能力主要取决于微孔孔容，尤其是比表面积的大小[180,181]。结合前文的孔隙的研究结果，本节着重分析了孔容和比表面积对瓦斯吸附特性的影响。基于低温液氮吸附实验的结果，首先分析比较了BET 比表面积与极限瓦斯吸附量之间的关系，如图 8-13 所示，发现 BET 比表面积与极限瓦斯吸附量之间并无直接关系，也并未发现二者之间存在指数、幂函数或对数等关系，与前人研究成果一致，从而认为 BET 比表面积并不是控制甲烷吸附能力的主要因素[182,183]。BET 比表面积是包含外表面和所有通孔的内比表面积在内的总表面积，不包括微孔填充对应的比表面积[184]，因而不能单一地描述具体孔径内的比表面积，这可能是导致和极限瓦斯吸附量相关性差的原因之一。

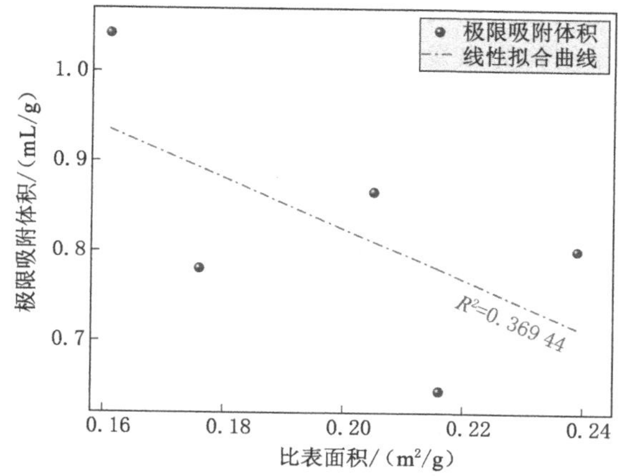

图 8-13　煤样的 BET 比表面积与极限瓦斯吸附量的关系

基于液氮吸附实验中微孔参数结果，继续探讨微孔孔容和比表面积与极限瓦斯吸附量之间的关系，结果如图 8-14 所示。

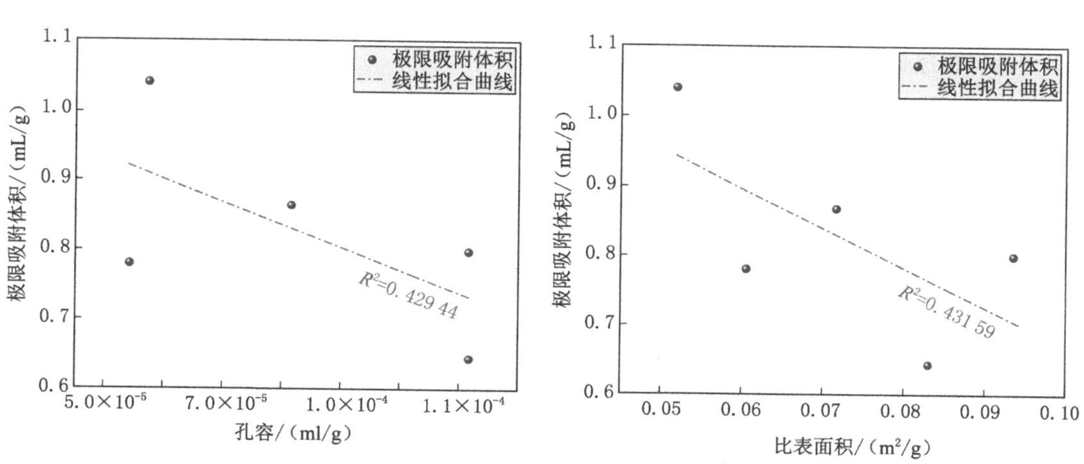

图 8-14　煤样的微孔结构与极限瓦斯吸附量的关系

通过分析发现微孔孔容和比表面积与极限瓦斯吸附量的相关性也不高，分别为0.429 44和0.431 59，二者相关度极为接近。这与前人研究结论存在分歧，可能是实验原因导致的，低温氮气吸附实验更适用于检测介孔和宏孔，对于2 nm以下孔隙的检测误差较大，而前人是通过低温CO_2吸附实验得出的结论，该实验对于微孔的检测更为精确。Hu等通过理论与实验相结合的方法得出煤中微孔比表面积占总比表面积的90.39%～99.58%，微孔孔容占总孔容的75.61%～96.55%，微孔内以填充形式吸附的瓦斯量占总吸附量的74%～99%，且38%～55%的瓦斯吸附在0.38～0.76 nm的微孔范围内。总的来说，微孔的孔容和比表面积对瓦斯吸附能力均有影响，共同控制着瓦斯的吸附能力，微孔结构越发育，瓦斯吸附能力越强。

三、基于周期性边界条件下大分子结构的吸附特性分析

煤的孔隙结构尤其是微孔结构的发育程度直接决定了瓦斯的吸附能力。本节以周期性边界条件下的煤大分子结构为出发点分析其吸附特性，在煤样大分子结构的基础上，经过密度矫正、分子力学模拟和孔隙矫正建立了周期性边界条件下的三维大分子结构模型，建模步骤及主要参数设置如下。

（一）密度矫正

调用Materials studio8.0软件中的Amorphous Cell Calculation模块，在Setup界面中Task项选择Construction，在Quality项选择Medium，Density分别按照煤样的密度进行设置，同时分别加载煤的三维大分子结构模型，文件格式类型.xsd；在Energy界面中的Forcefiled项选择COMPASS力场，Charges项选择Forcefield assigned，Quality项选择Medium，密度矫正是为了将大分子结构的密度和煤的真实密度相对应，进而使得到的周期性边界条件下的大分子结构更能反映真实的情况。

（二）分子力学模拟

分子力学模拟和密度矫正同步进行，在Amorphous Cell Options中勾选Optimize geometry，Algorithm项选择Smart，Quality项选择Medium，Energy和Force项分别设置为0.001 kcal/mol和0.1 kcal/mol/Å，Max. interations设置为50000。

（三）孔隙矫正

孔隙矫正调用的是Atom Volumes&Surfaces模块，在Setup界面中Task项选择Both，Grid resolution参数项选择Coarse，vdW scale factor设置为1，Max. solvent radius设置为2.0Å。

以单个大分子结构为基础，基于上述建模的3个步骤，分别构建了周期性边界条件下煤的三维大分子结构模型，如图8-15所示。该模型由5个煤分子组成，分子式为$C_{960}H_{870}N_{10}O_{10}S_5$。

经孔隙矫正后大分子结构中微孔的分布情况如图8-16所示，需要说明的是模拟得到的微孔由可测孔和不可测孔共同组成。根据大分子结构中微孔的分布结果可以看出，样品的孔隙多以较大孔为主，且含有较多孔尺寸比较小的不可测孔。通过对比分析还可以看出，孔容越小，内部含有的不可测孔的比例越高。

众多学者通过小角度X射线衍射、低压N_2吸附和低压CO_2吸附等实验证实了煤中确实含有不可测孔[185,186]。Alexeev等认为不可测孔对煤中总孔隙率的贡献超过60%，且突

图 8-15　周期性边界条件下煤的大分子结构模型

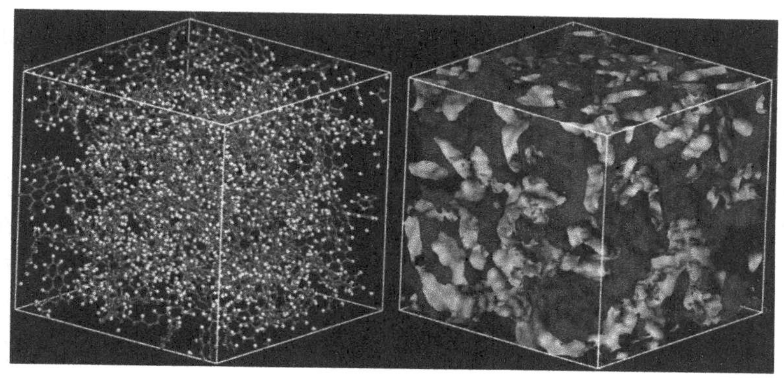

图 8-16　煤大分子结构中微孔分布

出煤不可测孔的孔容更高[187]。有学者通过研究得出高阶煤不可测孔的孔隙率一般不小于体积孔隙率的40%，中、低阶煤不可测孔的孔隙率一般不小于体积孔隙率的30%，均证实了不可测孔的存在[188]。

业界普遍认为微孔是煤吸附瓦斯的主要空间。前人研究表明，在利用煤大分子模型进行吸附模拟时，低压状态下取得较大吸附量（图 8-17），其主要原因是煤大分子结构微孔内部各处受到的煤大分子作用力较大，特别是在较小的孔隙或大孔隙的边缘角落处，甲烷分子的存在会较大程度上降低体系的能量，当考虑甲烷脱附与扩散时，由于非常低的压力下有较多的甲烷吸附在分子内部，很难脱附出来，由此使得实际煤样中一直存在着一定量的吸附态甲烷气体，而在分子模拟过程中未考虑这部分甲烷的存在，使得模拟的甲烷吸附曲线在低压时即达到较高的吸附量。在进行等温吸附实验测试时，由于这些甲烷气体占据了相关吸附位置，实验所测甲烷等温吸附曲线在低压时吸附量较低。

当孔隙孔径大于 2 nm 后，单位比表面积上的甲烷吸附量与孔隙孔径无关，此时单位比表面积甲烷吸附量仅取决于孔隙表面特性。因此在考虑介孔与宏孔吸附量时，主要考虑介孔与宏孔总比表面积及孔隙表面特征。

图 8-18 为介孔＋宏孔中甲烷总吸附量与介孔＋宏孔总比表面积关系图。由图可知，整体上样品的总比表面积与总吸附量呈正相关，即比表面积越大，吸附量越大。

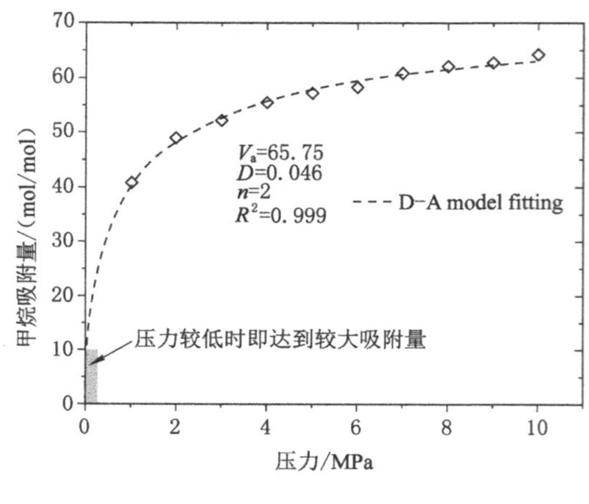

图 8-17　甲烷在大分子结构微孔中的吸附特征[27]

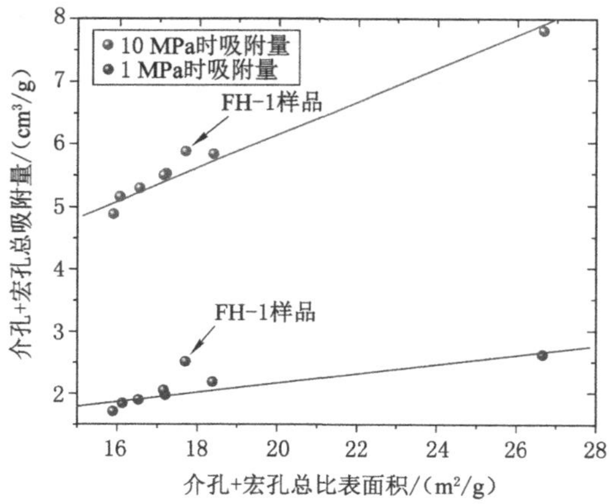

图 8-18　介孔＋宏孔总吸附量与总比表面积关系图

吸附态为瓦斯的主要赋存状态，本次研究主要探究煤镜质组结构演化对甲烷吸附的分子级作用机理，研究从大分子结构的角度出发，探明了甲烷吸附的分子级作用机理，发现微孔（＜2 nm）是甲烷吸附的主要场所，甲烷在微孔中主要呈微孔充填状态，而在介孔与宏孔中主要呈现为孔壁表面的两层吸附状态。对于煤层气勘探开发及瓦斯抽采而言，探明甲烷与煤分子结构与甲烷吸附的相互作用及甲烷吸附的位置，可更好地评定煤层气（瓦斯）资源含量及其控制因素，如根据孔隙结构来分析其吸附甲烷能力，依据煤级特征分析其孔隙结构特征、分子结构特征以及分子结构与孔隙结构控制下的吸附气含量特征。与此同时，亦可针对甲烷赋存位置及甲烷与煤层气的相互作用特征进一步设计煤层气开发及瓦斯抽采方案。

第四节　煤与瓦斯突出分子动力学研究

煤储层具有复杂的孔隙结构，含有大量吸附态瓦斯。煤孔隙结构是影响煤层气开采及瓦斯运移的主要因素之一，而煤层瓦斯的赋存与运移和煤与瓦斯突出密切相关。深部煤层瓦斯赋存与煤的孔隙结构和周围环境条件密切相关，尤其是周围环境温度、压力以及煤质条件对深部煤层瓦斯赋存影响较大。本节基于前文对研究区煤储层孔隙特征的研究，以及现场的实测瓦斯含量，结合该区域瓦斯分子动力学模拟，探讨瓦斯分子动力学对瓦斯突出的指示关系。

一、煤岩孔隙特征对比分析

煤是一种复杂多孔的有机岩体，煤中的孔隙是煤空间结构的要素之一，按类型可分为原生孔、变质孔、外生孔和矿物质孔。这些孔隙在成煤过程中形成。经地质构造作用的改造，部分煤岩遭到剧烈的破碎，扩展了孔隙数量和容积，改变了孔隙结构，而孔隙是煤层瓦斯的主要赋存场所，孔隙结构、大小、孔喉分布对于瓦斯赋存都具有重要影响。因此，对比分析不同深度煤层孔隙结构特征是研究深部瓦斯赋存聚集的基础。

前文利用压汞实验对研究区唐山矿 5、8、9 浅部与深部煤层的孔隙特征进行研究。煤的孔隙率是指煤中孔隙与裂隙的总体积与煤的总体积之百分比，其大小可以说明煤储层储集气体能力的大小。压汞孔隙率是压汞实验的一项重要参数，压汞孔隙率的大小，一方面可以反映煤储集气体能力的大小，另一方面也反映煤孔隙系统的渗透性好坏。相同的条件下，煤样进汞量越大，煤样的压汞孔隙率就越大，即煤中连通的孔隙越多，渗透性越好。当煤中各个孔径段孔隙均发育非常好，并匹配合适的情况下，其值就等于煤的真实孔隙率。

研究区唐山矿 6 块煤样的压汞孔隙率及渗透率见表 8-10。对比相同煤层的深部与浅部测试结果可以发现，各煤层孔隙率均表现为深部小于浅部，渗透率也有随着深度增加而减小的趋势。该研究结果表明深部煤层的连通性较差，不易造成瓦斯逸散，与前人研究结果一致。

表 8-10　唐山矿深部与浅部煤层压汞孔隙率、渗透率

分带	样品编号	煤层	采样点埋深/m	压汞孔隙度/%	渗透率/md
浅部	TS-1	5 煤	−561	3.57	4.08
	TS-2	8 煤	−617	3.14	5.35
	TS-3	9 煤	−576	3.92	2.24
深部	TS-4	5 煤	−815	3.06	1.92
	TS-5	8 煤	−817	2.24	2.48
	TS-6	9 煤	−1028	3.38	3.58

图 8-19、图 8-20、图 8-21 分别是 5 煤层、8 煤层、9 煤层浅部与深部煤样压汞实验累计孔容（即累计的进汞量）随压力的变化关系。从煤样的压汞曲线形态可以看出，三组煤样的进汞曲线均表现为曲线斜率随压力增大而增大，并且进汞曲线与退汞曲线并不重合，有一定的进退汞体积差，存在滞后环，同时未出现退汞曲线突降的现象，且同一煤层深部煤样的滞后环较浅部窄小，浅部滞后环相对宽大，表明煤岩中孔型可能不存在或很少存在细颈瓶孔，主要为开放孔与半封闭孔，且浅部与深部相比孔型以开放孔为主，深部半封闭孔比例增大。

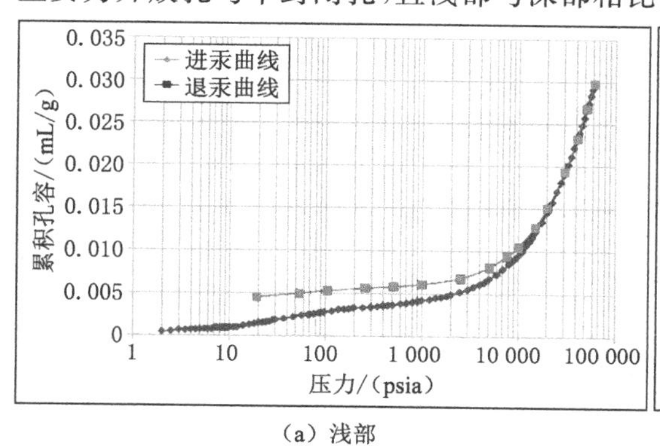

(a) 浅部

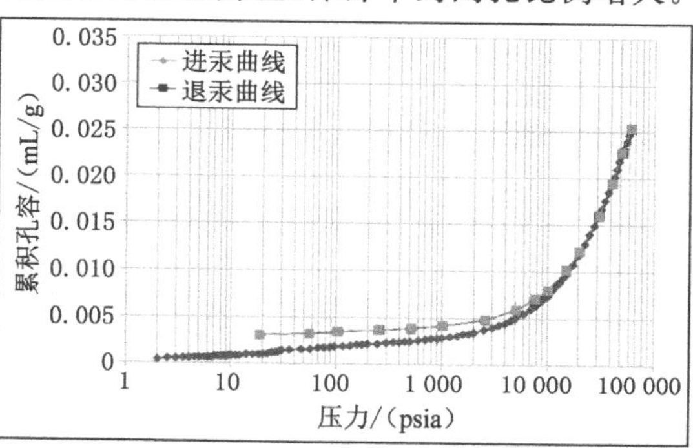

(b) 深部

图 8-19　5 煤层浅部与深部煤样累积孔容与压力关系

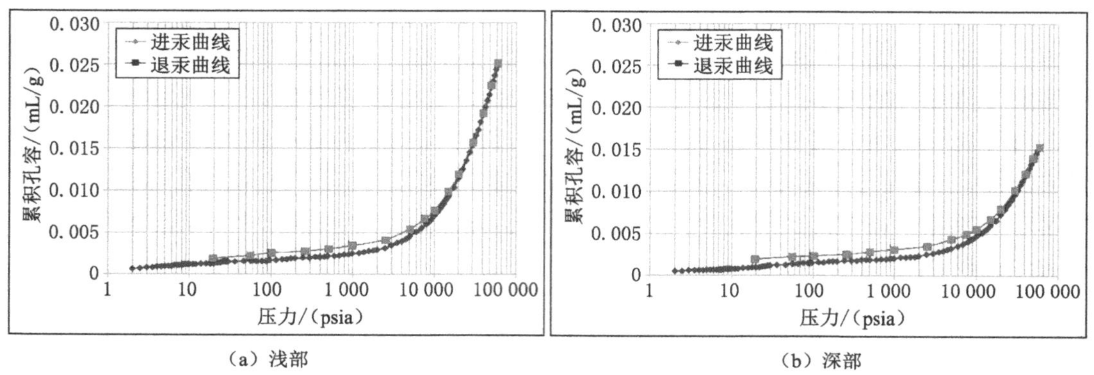

（a）浅部　（b）深部

图 8-20　8 煤层浅部与深部煤样累积孔容与压力关系

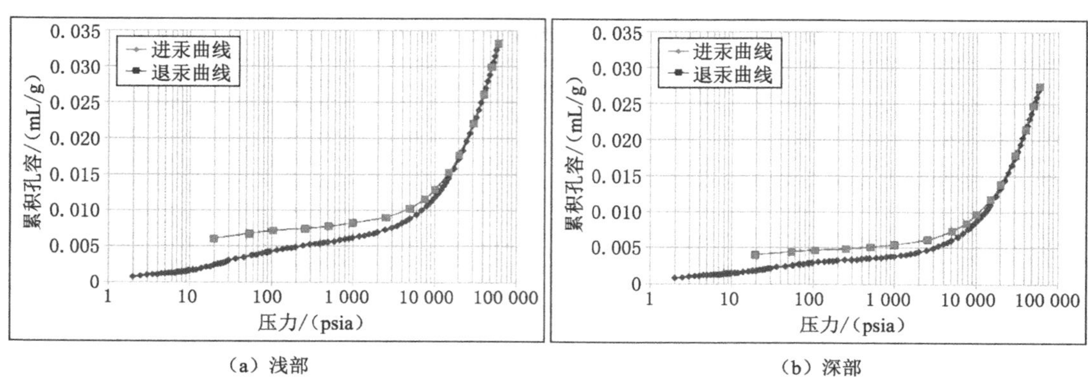

（a）浅部　（b）深部

图 8-21　9 煤层浅部与深部煤样累积孔容与压力关系

图 8-22、图 8-23、图 8-24 为各煤层煤样的孔径与孔容增量的关系，从中可以分析不同孔径阶段的孔容增量（即阶段进汞量），从而判断煤样孔径的主要分布范围。从孔径和孔容增量的关系可以发现，同一煤层深部与浅部的共性是孔容增量基本上都是从孔径为 100 nm 时出现增大趋势，从孔径小于 10 nm 处开始孔容增量大幅增加；不同之处表现为浅部孔容

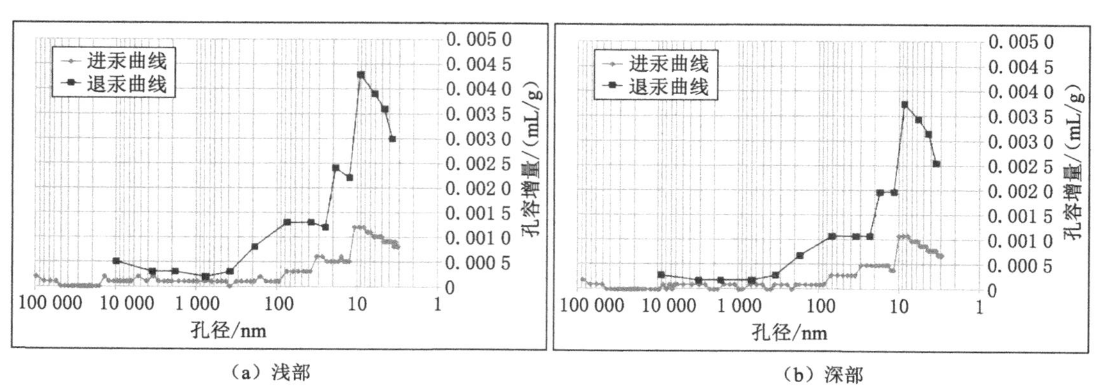

（a）浅部　（b）深部

图 8-22　5 煤层浅部与深部煤样孔容增量与孔径的关系

增量最大值较深部大。孔容增量随孔径的这种变化规律说明，同一煤层，深部与浅部煤岩的孔隙大小均主要集中于孔径 100 nm 下，且以 10 nm 以下为最多，即煤样中大孔比较少，孔隙主要为过渡孔和微孔。

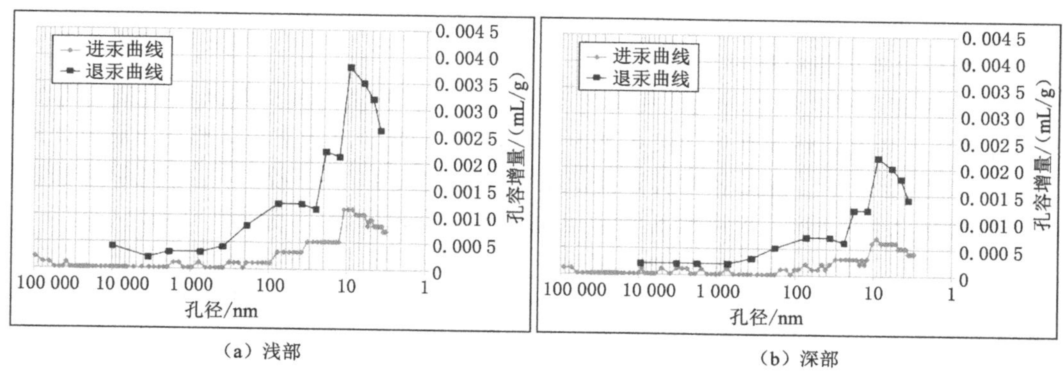

图 8-23　5 煤层浅部与深部煤样孔容增量与孔径的关系

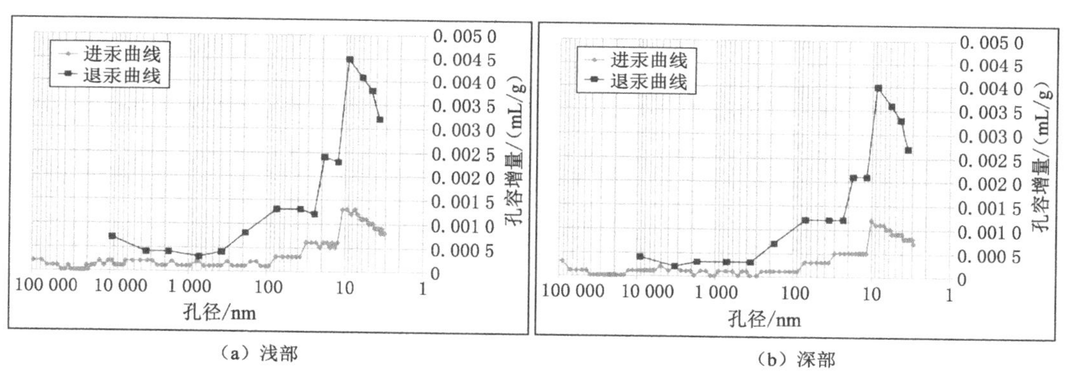

图 8-24　5 煤层浅部与深部煤样孔容增量与孔径的关系

表 8-11 是唐山矿各煤样深部与浅部不同孔径段按孔容的对比，可以发现各煤样深部与浅部不同孔径段按孔隙含量的排序均为微孔>过渡孔>大孔>中孔，表明研究区煤层对瓦斯的吸附空间较大，但由于中孔含量较少，可能会造成瓦斯渗流瓶颈，导致孔隙的渗透性降低。

表 8-11　不同孔径段孔容对比表

样品编号	煤层	孔容/(10^{-4} cm³/g)					孔容比/%			
		V_1	V_2	V_3	V_4	V_t	V_1/V_t	V_2/V_t	V_3/V_t	V_4/V_t
TS-1	5	2.8	1.6	8.4	16.4	29.2	9.6	5.5	28.8	56.2
TS-2	8	0.7	0.9	8	14.9	24.5	2.9	3.7	32.7	60.8
TS-3	9	4	2	8.9	17.3	32.2	12.4	6.2	27.6	53.7
TS-4	5	1.6	1.2	7.8	14.7	25.3	6.3	4.7	30.8	58.1
TS-5	8	0.8	0.4	4.4	8.8	14.4	5.6	2.8	30.6	61.1
TS-6	9	2.6	1.3	8.1	15.3	27.3	9.5	4.8	29.7	56

注：V_1、V_2、V_3、V_4 和 V_t 分别代表大孔、中孔、过渡孔、微孔的孔容以及总孔容。

对比深部与浅部，可以发现同一煤层的浅部煤样各阶段孔容均大于其深部煤样，但从深部与浅部煤岩各孔径段孔容所占比例可以看出，浅部煤岩的大孔、中孔所占比例大于深部的，而过渡孔、微孔孔容所占比例明显表现为深部煤岩大于浅部煤岩，表明浅部煤岩主要以大孔和中孔为主，过渡孔及微孔较少，深部则以过渡孔和微孔为主。

二、煤层瓦斯含量特征对比分析

本次收集整理并统计了研究区唐山矿 5、8、9 煤三层开采过程中瓦斯涌出量的监测数据，对各煤层瓦斯涌出量与深度的关系进行分析，对比瓦斯涌出特征在深部与浅部的差异。

图 8-25 为统计的 5 煤层相对瓦斯涌出量与埋深的关系，可以看出：相对瓦斯涌出量整体上与深度的关系不明显，规律性不强，涌出量大小分布范围较广，最大可 7 m^3/t 左右。进一步分析，发现瓦斯涌出量数据大约在埋深 −750 m 以上分布范围较大，−610～−750 m 间瓦斯涌出量变化大且与深度基本没有相关性；而在 −750 m 以下，瓦斯涌出量数据相对较小，主要集中于 0～3 m^3/t，但随深度增加呈现较为明显的增大趋势

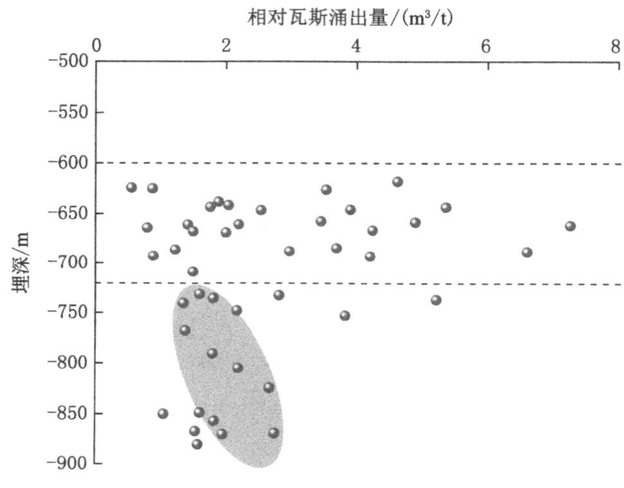

图 8-25 唐山矿 5 煤层瓦斯涌出特征

唐山矿 8 煤层大部分与 9 煤层合并，监测到的 8 煤层瓦斯涌出量数据相对较少，但从仅有的 8 煤层瓦斯涌出数据(图 8-26)可以看出：8 煤层相对瓦斯涌出量数据整体上杂乱无章，与埋深的相关性差，但依然可以发现 8 煤层相对瓦斯涌出量约在 −760 m 以上分布范围较大，在 −660～−750 m 间变化剧烈，表现为随深度增大，相对瓦斯涌出量呈无规律变化，最大约 15 m^3/t；在 −750 m 以下，由于瓦斯数据少，看不出明显的规律性，但参考上文 5 煤层的分析，发现其也存在微弱的规律性，即随埋深增大，瓦斯涌出量表现出增大趋势。

唐山矿 9 煤层全区广泛分布，瓦斯监测数据较多，从 9 煤层瓦斯涌出特征图(图 8-27)可以看出，9 煤层相对瓦斯涌出量数据存在两个明显的趋势，即在埋深 −560～−690 m 之间，相对瓦斯涌出量大小变化较大，与埋深关系不明显，而在 −690 m 以下，相对瓦斯涌出量与埋深表现出明显的相关性，且线性拟合的结果也显示相对瓦斯涌出量与埋深的相关性较好，规律明显，即随埋深增加相对瓦斯涌出量增大。

从上面对唐山矿三煤层瓦斯涌出特征及含量特征的分析发现：三煤层瓦斯涌出量数据

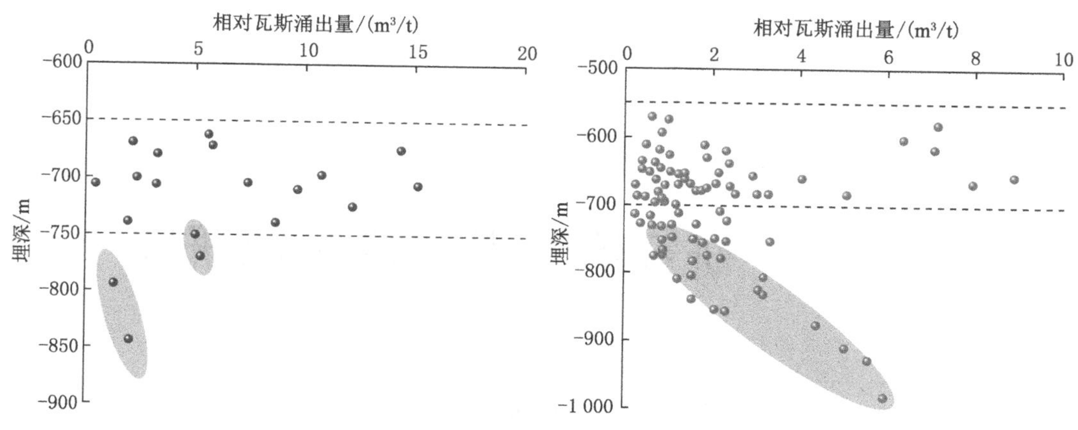

图 8-26 唐山矿 8 煤层瓦斯涌出特征

图 8-27 唐山矿 9 煤层瓦斯涌出特征

均表现出在浅部变化大，规律性差，向深部则表现出与埋深相关性好的共性，而瓦斯含量也表现出极为相近的特征，因此认为，随开采深度的逐渐增大，深部区域更易发生瓦斯突出现象。

三、煤分子结构对瓦斯突出的指示关系

前文研究表明，随着埋藏深度的增加，孔隙受地应力变化明显，煤层受挤压的程度越来越大，造成了深部煤层中大孔减少而微孔增加的现象。基于周期性边界条件下大分子结构的吸附特性分析可知，微孔是煤中瓦斯吸附的主要空间，且瓦斯主要以微孔填充的形式赋存，其对总吸附量的贡献大于介孔和宏孔。因此，深部煤层中的吸附态瓦斯含量远远高于浅部煤层，且随着埋深的增加，吸附态瓦斯含量有进一步升高的趋势，这与唐山矿 5、8、9 三个煤层在浅部与深部的瓦斯含量规律一致。所以，瓦斯分子动力学的研究认为，深部区域受吸附态瓦斯的影响，在开采过程中更易发生瓦斯突出现象。

小　结

(1) 利用红外光谱、^{13}C-NMR 等手段，建立了煤的大分子结构模型，并对其官能团分布、脂肪结构、芳香结构等参数进行讨论。

(2) 根据建立的周期性边界条件下煤的三维大分子结构模型可以看出，煤中的孔隙包括可测孔和不可测孔，大分子结构模型中的微孔分布极为不均匀，大部分孔隙由更小尺寸的孔隙喉道连接形成，组成了不规则孔隙，少部分孔隙独立存在，大分子结构中孔隙可视为由孔结构较为简单的近似球形孔和较为复杂的近似墨水瓶状孔组成。

(3) 微孔是镜质组中甲烷吸附量的主要贡献者，其对总吸附量的贡献大于介孔＋宏孔，在介孔和宏孔吸附甲烷中，孔隙表面分子结构组成对甲烷吸附量有一定影响，但影响较小，介孔和宏孔中甲烷吸附量主要取决于其比表面积。

(4) 基于瓦斯分子动力学、煤储层特征研究表明，随深度的增加，煤储层受地应力影响，微孔增多，渗透性变差，对瓦斯吸附能力增加，容易发生瓦斯突出现象，唐山矿浅部与深度的瓦斯赋存规律对比从侧面印证了该结论。

第九章　研究区瓦斯聚集规律研究

第一节　瓦斯含量预测

一、基于地质因素数值化的深部瓦斯含量预测模型

（一）数据准备

对研究区瓦斯含量利用数学方法进行预测，将瓦斯含量的各控制因素定量化表征。在前面的研究过程中，对研究区构造复杂程度利用分形分维进行了量化表征，对顶板封盖性能也依据前人经验通过对煤层顶板 40 m 内泥岩的统计进行了表征，本次还考虑了埋深对瓦斯含量的影响以及煤层厚度对瓦斯含量的影响。

据统计的深部瓦斯含量信息，统计其相应的埋深、构造分维值、顶板含泥率以及煤厚。

（二）多元线性回归预测模型建立

回归分析是确定两种或两种以上变量间相互依赖的定量关系的一种统计分析方法，在实际问题中应用广泛。回归分析的基本思想是：虽然自变量和因变量之间没有严格的、确定性的函数关系，但可以设法找出最能代表它们之间关系的数学表达形式，一般假定满足下式：

$$y=\beta_0+\beta_1 x_1+\beta_2 x_2+\cdots+\beta_n x_n+\varepsilon \tag{9-1}$$

式中，y 为随机变量，受 $x_1,x_2,\cdots,x_n$ 个自变量的影响；β_0 为常数项；$\beta_1,\beta_2,\cdots,\beta_n$ 为回归系数；ε 为随机误差，$\varepsilon\sim N(0,\sigma^2)$。则 y 关于 $x_1,x_2,\cdots,x_n$ 的回归函数为：

$$y=\beta_0+\beta_1 x_1+\beta_2 x_2+\cdots+\beta_n x_n \tag{9-2}$$

对 y 及 $x_1,x_2,\cdots,x_n$ 做 p 次独立观察，满足：

$$y_i=\beta_0+\beta_1 x_{i1}+\beta_2 x_{i2}+\cdots+\beta_n x_{in}+\varepsilon_i, i=1,2,\cdots,p \tag{9-3}$$

式中，$\varepsilon_i\sim N(0,\sigma^2)$，$i=1,2,\cdots,p$，且相互独立。

二、瓦斯含量预测

（一）东欢坨矿瓦斯含量预测

在本次多元回归模型建立中，$n=4$，$p=85$，由于自变量个数多，计算比较麻烦，一般在实际应用时都要借助统计软件，本次利用 Matlab 软件对东欢坨矿各主采煤层已采区瓦斯含量反算数据进行多元线性回归分析，建立深部瓦斯各主控地质因素与瓦斯含量间的回归方程。

其中 8 煤层回归方程为：

$$Y_{8煤}=0.5726X_1+0.0047X_2-0.3039X_3-4.6032 \quad (9\text{-}4)$$

式中，$Y_{8煤}$为8煤层瓦斯含量预测值，X_1、X_2、X_3分别为8煤层煤厚、8煤层埋深、构造分维值。相关系数R^2为0.880 0，认为预测方程显著，可以进行预测。

9煤层回归方程为：

$$Y_{9煤}=-15.5486+0.1698X_1+0.0072X_2+8.0292X_3 \quad (9\text{-}5)$$

式中，$Y_{9煤}$为9煤层瓦斯含量预测值，X_1、X_2、X_3分别为9煤层煤厚、9煤层埋深、构造分维值。相关系数R^2接近1，认为预测方程显著，可以进行预测。

11煤层回归方程为：

$$Y_{11煤}=-5.3041+0.6014X_1+0.0041X_2+1.9083X_3 \quad (9\text{-}9)$$

式中，$Y_{11煤}$为11煤层瓦斯含量预测值，X_1、X_2、X_3分别为11煤层煤厚、11煤层埋深、构造分维值。相关系数R^2为0.968 0，认为预测方程显著，可以进行预测。

12_{-1}煤层回归方程为：

$$Y_{12_{-1}煤}=3.8916-0.6158X_1+0.00088X_2-1.7619X_3 \quad (9\text{-}7)$$

式中：$Y_{12_{-1}煤}$为12_{-1}煤层瓦斯含量预测值，X_1、X_2、X_3分别为12_{-1}煤层煤厚、12_{-1}煤层埋深、构造分维值。相关系数R^2接近1，认为预测方程显著，可以进行预测。

对东欢坨矿各煤层煤厚、埋深、构造分维值以及顶板含泥率(由地质钻孔台账及钻孔柱状图进行统计计算)进行提取，利用所建立瓦斯预测模型对煤层瓦斯进行预测，各煤层瓦斯含量预测成果见表9-1至表9-4。并依据预测的瓦斯含量数据，结合研究区瓦斯含量实测数据绘制等值线图(图9-1至图9-4)。

表9-1　8煤层瓦斯含量预测成果表

序号	煤厚/m	埋深/m	构造分维值	顶板含泥率/%	预测瓦斯含量/(m^3/t)
1	4.7	181	1.604 3	0.297 8	1.689 8
2	3.88	229.85	1.604 3	0.199 8	1.902 8
3	6.59	285	1.604 3	0.019 3	4.546 5
4	4.73	262.05	1.6043	0	3.4617
5	7.45	299.5 8	1.604 3	0.326 3	3.694 8
6	4.88	168.5 5	1.604 3	0.059 8	2.829 5
7	6.15	269.55	1.604 3	0	4.310 2
8	7.3	309.26	1.604 3	0.275	3.890 9
9	1.84	143.28	1.604 3	0.18	0.415 9
10	5.58	390.65	1.348 5	0.136 8	4.005 4
11	4.13	176.59	1.604 3	0	2.713 4
12	4.51	292.23	1.604 3	0.056	3.220 9
13	4.21	419.27	1.348 5	0.054 8	3.734 0
14	5.34	409	1.348 5	0.191 8	3.701 7
15	4.35	193.8	1.348 5	0.119	2.450 8
16	4.42	452.6	1.348 5	0.597 3	1.514 8

表 9-1(续)

序号	煤厚/m	埋深/m	构造分维值	顶板含泥率/%	预测瓦斯含量/(m^3/t)
17	5.68	500.6	1.348 5	0.02	5.121 0
18	5.28	422.9	1.348 5	0	4.616 1
19	4.5	173.23	0.7	0.052	2.944 8
20	4.12	315.29	1.671 8	0.157	2.621 3
21	4.6	511.83	1.348 5	0	4.647 9
22	6.25	548.81	1.348 5	0.052 8	5.524 7
23	5.05	373.39	1.348 5	0.060 8	3.970 1
24	4.03	480.44	1.348 5	0.02	4.080 8
25	4.24	0	1.671 8	0	1.919 6
26	4.36	191.6	1.671 8	0	2.895 7
27	3.56	409.53	1.671 8	0.103 8	2.991 9
28	3.29	557.97	1.671 8	0.026 5	3.896 1
29	3.73	611.24	1.671 8	0.379 5	2.775 4
30	3.76	822.06	1.671 8	0.146 3	4.864 4
31	4.46	160.84	1.671 8	0	2.807 3
32	3.08	177.16	1.671 8	0	2.094 4
33	3.86	170.84	1.671 8	0	2.511 1
34	3.08	172.6	1.671 8	0.062 5	1.785 1
35	3.21	235.28	1.671 8	0.225 8	1.404 7
36	2.69	258.45	1.671 8	0.093 8	1.824 3
37	3.29	396.78	1.671 8	0.075	2.909 5
38	3.76	179.04	1.671 8	0.066	2.188 9
39	3.83	211.95	1.671 8	0.052	2.449 2
40	3.21	405.8	1.671 8	0	3.251 6
41	2.98	572.27	1.671 8	0.04	3.724 2
42	3.36	781.63	1.209 5	0	5.257 9
43	3.4	1018.02	1.209 5	0.02	6.308 2
44	3.19	706.61	1.671 8	0	4.664 8
45	3.89	910.99	1.209 5	0.1	5.713 6
46	3.85	206.16	1.671 8	0	2.672 6
47	3.42	291.97	1.131 7	0	2.996 9
48	2.93	396.78	1.671 8	0	3.048 6
49	3.86	582.81	1.671 8	0.067 5	4.151 4
50	3.14	475.46	1.209 5	0	3.682 0
51	3.52	503.63	1.671 8	0.027 5	3.765 9
52	3.47	706.35	1.209 5	0	4.964 4

表 9-1(续)

序号	煤厚/m	埋深/m	构造分维值	顶板含泥率/%	预测瓦斯含量/(m^3/t)
53	3.84	878.62	1.209 5	0.021 3	5.894 0
54	2.52	1 047.54	1.209 5	0.214	5.051 1
55	1.75	243.83	1.131 7	0	1.812 8
56	2.57	680.22	1.209 5	0.011 5	4.272 4
57	3.57	425.31	1.671 8	0	3.550 2
58	2.8	0	1.209 5	0	1.235 6
59	3.22	686.46	1.209 5	0	4.727 0
60	4.04	906.8	1.209 5	0	6.2400
61	3.71	285.43	1.131 7	0.125 5	2.554 3
62	2.71	505.89	1.708 8	0.116 5	2.891 9
63	1.93	582.56	1.708 8	0.193	2.456 2
64	2.16	701.76	1.708 8	0.06	3.764 6
65	2.63	904.26	1.209 5	0.103	4.946 5
66	3.02	628.94	1.708 8	0.044	3.985 8
67	3.21	284.4	1.131 7	0	2.840 9
68	2.88	828.22	1.708 8	0.009	5.010 5
69	3.71	318.56	1.708 8	0	3.113 5
70	3.62	364.13	1.708 8	0.470 3	1.112 9
71	3.68	462.64	1.708 8	0.330 5	2.257 3
72	1.08	602.51	1.708 8	0	2.952 4
73	1.6	686.09	1.708 8	0.308 8	2.224 5
74	3.29	354.12	1.708 8	0	3.041 5
75	2.81	499.35	1.708 8	0	3.454 4
76	3.02	710.92	1.708 8	0	4.576 6
77	0.71	530.18	1.708 8	0	2.398 0
78	1.95	759.62	1.708 8	0	4.194 6
79	1.68	361.06	1.551 7	0.020 3	2.106 8
80	1.27	558.95	1.551 7	0.021 3	2.804 6
81	5.34	437.6	1.551 7	0.127 5	4.071 4
82	1.35	660.07	1.551 7	0.009 3	3.384 5
83	4.14	379.64	1.551 7	0	3.696 7
84	2.62	484.68	1.551 7	0	3.323 9
85	2.26	717.9	1.743 6	0	4.163 9
86	0.3	903.2 9	1.743 6	0	3.919 7
87	0.52	521.44	1.743 6	0.134	1.620 4
88	0.55	631.88	1.743 6	0	2.777 5

表 9-1(续)

序号	煤厚/m	埋深/m	构造分维值	顶板含泥率/%	预测瓦斯含量/(m^3/t)
89	4.36	840.1	1.743 6	0	5.945 0
90	2.64	586.51	1.743 6	0.024 3	3.647 4
91	7.88	709.26	1.743 6	0	7.340 8
92	7.05	987.15	1.743 6	0	8.181 6
93	8.34	869.93	1.743 6	0	8.365 1
94	4.17	595.5	0	0	5.207 8
95	1.27	601.51	1.743 6	0.025 3	2.929 4
96	2.92	1 024.75	1.743 6	0	5.995 0
97	0.72	668.16	1.322 9	0	3.174 5
98	3.12	944.86	1.743 6	0	5.731 2
99	2.25	608.81	1.322 9	0	3.769 4
100	0.87	716.12	1.322 9	0	3.487 5
101	1.18	776.27	0	0	4.351 9
102	4.07	496.03	1.384 7	0.077 8	3.900 5
103	4.09	319.13	1.521 4	0.021 8	3.290 4
104	3.14	475.46	1.209 5	0	3.682 0
105	3.97	218.16	1.384 7	0	2.885 4
106	1.42	566.06	1.209 5	0	3.126 2
107	4.19	213.46	1.5214	0	2.947 6
108	0.82	282.54	1.096 6	0.222 5	0.450 1
109	0.99	440.5	1.521 4	0	2.190 6
110	4.56	162.87	1.384 7	0.18	2.132 8

表 9-2　9 煤层瓦斯含量预测成果表

序号	煤厚/m	埋深/m	构造分维值	顶板含泥率/%	预测瓦斯含量/(m^3/t)
1	3.89	290.35	1.604 3	0.022 5	0.089 3
2	4.73	262.05	1.604 3	0	0.027 5
3	7.14	308.43	1.604 3	0.36	0.771 5
4	4.49	317.88	1.604 3	0.078 8	0.389 9
5	3.32	298.15	1.604 3	0.056	0.048 8
6	6.84	509.46	1.348 5	0.02	0.118 2
7	3.28	327.1 2	1.671 8	0.179 5	0.793 2
8	5.68	522.08	1.348 5	0	0.012 4
9	7.54	559.44	1.348 5	0.014 3	0.597 8
10	1.47	421.54	1.671 8	0.094	1.167 7
11	2.5	565.08	1.671 8	0.047 5	2.378 9

表 9-2(续)

序号	煤厚/m	埋深/m	构造分维值	顶板含泥率/%	预测瓦斯含量/(m³/t)
12	4.68	620.3	1.671 8	0.403 8	3.147 6
13	5.73	832.21	1.671 8	0.128	4.855 8
14	1.87	271.22	1.671 8	0.078 8	0.150 2
15	2.18	409.69	1.671 8	0	1.202 6
16	2.33	419.69	1.671 8	0	1.300 3
17	1.65	581.19	1.671 8	0.058 8	2.350 9
18	2.61	790.76	1.209 5	0	0.315 1
19	3.45	1 030.78	1.209 5	0	2.190 6
20	2.09	716.1	1.671 8	0	3.399 6
21	2.4	919.8	1.209 5	0.140 8	1.2111
22	3.36	221.67	1.671 8	0.043	0.045 4
23	2.77	411.41	1.671 8	0	1.315 2
24	3.23	594.8	1.671 8	0.07	2.717 3
25	3.43	522	1.671 8	0.035 5	2.225 7
26	4.81	889.75	1.209 5	0.011 3	1.403 2
27	1.67	1 049.3	1.209 5	0.168	2.022 1
28	2.5	444.31	1.671 8	0	1.506 9
29	0.34	912.3	1.209 5	0	0.807 2
30	3.11	524.03	1.708 8	0.061 3	2.483 1
31	3.14	603.4	1.708 8	0.043	3.061 2
32	4.03	714.98	1.708 8	0	4.017 9
33	4.26	916.56	1.209 5	0.103	1.503 4
34	5.87	648.35	1.708 8	0.044	3.849 2
35	4.68	842.8	1.708 8	0.076 5	5.0511
36	2.84	331.16	1.708 8	0	1.044 7
37	3.58	376.46	1.708 8	0.446 5	1.497 4
38	3.13	480.14	1.708 8	0.106 5	2.169 6
39	2.73	615.61	1.708 8	0	3.079 8
40	2.51	703.3	1.708 8	0.338 8	3.675 6
41	3.31	366.69	1.708 8	0	1.381 1
42	2.78	514.41	1.708 8	0	2.357 6
43	3.58	730.76	1.708 8	0	4.055 5
44	2.45	543.7	1.708 8	0	2.513 1
45	2.71	771.14	1.708 8	0	4.199 3
46	3.66	958.88	1.304 3	0	2.468 3
47	3.76	539.72	1.551 7	0	1.445 3

表 9-2(续)

序号	煤厚/m	埋深/m	构造分维值	顶板含泥率/%	预测瓦斯含量/(m^3/t)
48	5.53	461.31	1.551 7	0	1.179 7
49	3.82	471.69	1.551 7	0	0.964 3
50	3.96	937.71	1.304 3	0.510 8	2.366 4
51	3.51	449.07	1.551 7	0.127	0.748 4
52	2.49	670.3	1.551 7	0.009 3	2.172 5
53	1.18	507.19	1.551 7	0	0.772 5
54	1.15	576.32	1.551 7	0	1.266 5
55	1.98	728.08	1.551 7	0	2.503 1
56	3.26	918.3	1.551 7	0	4.093 8
57	2.87	528.09	1.743 6	0.194	2.751 1
58	2.21	643.33	1.743 6	0	3.471 1
59	2.87	852.07	1.743 6	0	5.090 2
60	2.94	593.05	1.743 6	0.078 5	3.232 0
61	5.1	408.4	1.743 6	0.033	2.265 5
62	2.17	715.78	1.7436	0	3.987 4
63	2.57	995.21	1.743 6	0	6.072 8
64	0.75	873.98	1.743 6	0	4.888 5
65	2.93	601.13	1.743 6	0	3.288 6
66	7.1	620.3	1.743 6	0.044 8	4.134 9
67	8.89	1 036.23	1.743 6	0	7.441 8
68	7.3	678.22	1.322 9	0	1.209 1
69	8.67	951.23	1.743 6	0	6.790 7
70	7.92	727.82	1.322 9	0	1.672 5
71	0.85	459.92	1.521 4	0.099 5	0.131 9

表 9-3　11 煤层瓦斯含量预测成果表

序号	煤厚/m	埋深/m	构造分维值	顶板含泥率/%	预测瓦斯含量/(m^3/t)
1	1.86	302.42	1.604 3	0.084 3	0.125 0
2	2.04	321.68	1.604 3	0.341 3	0.312 8
3	2.17	286.64	1.604 3	0	0.246 2
4	4.45	187.53	1.604 3	0.154	1.208 0
5	5.97	447.46	1.348 5	0.052 5	2.707 4
6	2.44	197.09	1.604 3	0	0.038 7
7	1.63	310.94	1.604 3	0.125 3	0.021 8
8	1.84	433.44	1.348 5	0.190 8	0.165 9
9	3.22	247.11	1.348 5	0.066 3	0.226 2

表 9-3(续)

序号	煤厚/m	埋深/m	构造分维值	顶板含泥率/%	预测瓦斯含量/(m³/t)
10	2.05	474.11	1.348 5	0.347 3	0.460 2
11	1.9	453.4	1.348 5	0.086 8	0.284 4
12	2.34	337.99	1.671 8	0.151 5	0.689 3
13	1.96	545.03	1.348 5	0	0.698 9
14	2.2	578.08	1.348 5	0.043 3	0.979 8
15	2.68	405.64	1.348 5	0.133 5	0.556 2
16	1.81	500.86	1.348 5	0.129 8	0.426 3
17	1.32	427.25	1.671 8	0.110 8	0.444 6
18	1.48	574.98	1.671 8	0.063 5	1.150 9
19	1.53	630.28	1.671 8	0.304 3	1.409 4
20	1.68	843.91	1.671 8	0.084	2.381 9
21	1.6	280.15	1.671 8	0.025	0.005 5
22	1.59	429.66	1.671 8	0	0.616 9
23	1.31	591.18	1.671 8	0.142 3	1.115 6
24	1.59	800.16	1.209 5	0	1.264 9
25	2.2	1 040.46	1.209 5	0.048	2.624 1
26	1.86	725	1.671 8	0	1.999 0
27	1.71	926.2	1.209 5	0.040 8	1.857 6
28	1.95	421.32	1.671 8	0	0.799 0
29	1.72	604.64	1.671 8	0.03	1.4178
30	3.86	507.37	1.209 5	0	1.420 7
31	2.08	533.99	1.671 8	0.035 5	1.342 5
32	1.54	730.68	1.209 5	0	0.947 8
33	2.43	901.17	1.209 5	0.021 3	2.187 2
34	2.36	1 063.02	1.209 5	0.284	2.813 5
35	1.93	455.61	1.671 8	0	0.928 6
36	2.22	711.02	1.209 5	0	1.275 6
37	2.04	936.1	1.209 5	0	2.096 9
38	2.2	530.2	1.708 8	0.064 8	1.469 6
39	2.09	613.49	1.708 8	0.036 5	1.747 4
40	0.91	726.16	1.708 8	0.06	1.503 1
41	2.53	926.68	1.209 5	0.053	2.352 7
42	1.99	659.91	1.708 8	0.187 3	1.879 0
43	2.07	856.8	1.708 8	0.086 5	2.740 3
44	2.35	345.69	1.708 8	0	0.797 8
45	2.03	390.99	1.708 8	0.284 8	0.792 4

表 9-3(续)

序号	煤厚/m	埋深/m	构造分维值	顶板含泥率/%	预测瓦斯含量/(m^3/t)
46	1.56	492.44	1.708 8	0.231 5	0.928 8
47	1.89	626.92	1.708 8	0	1.682 6
48	1.73	715.17	1.708 8	0.246 3	1.950 9
49	2.12	380.24	1.708 8	0	0.802 1
50	2.07	527.32	1.708 8	0	1.379 5
51	3.49	742.28	1.708 8	0	3.121 2
52	1.83	314.35	1.551 7	0	0.055 8
53	0.98	553.25	1.708 8	0	0.831 1
54	2.83	786.56	1.708 8	0	2.907 2
55	2.35	967.76	1.304 3	0	2.595 0
56	1.94	296.73	1.5517	0	0.049 2
57	1.58	381.48	1.551 7	0.04	0.182 7
58	1.63	548.06	1.551 7	0.012 5	0.900 8
59	1.56	471.56	1.551 7	0	0.542 7
60	1.59	479.89	1.551 7	0	0.5952
61	0.34	579.55	1.551 7	0.138 8	0.2551
62	1.88	945.8	1.304 3	0.313 3	2.221 7
63	1.95	461.3	1.551 7	0.122	0.734 9
64	2.45	684.57	1.551 7	0.031 5	1.957 7
65	1.84	403.44	1.551 7	0	0.429 8
66	2.31	519.89	1.551 7	0	1.193 4
67	1.5	586.5	1.551 7	0	0.981 4
68	2.58	745.52	1.743 6	0	2.653 8
69	2.85	929.1	1.743 6	0	3.574 3
70	0.25	539.4	1.743 6	0.266 8	0.401 3
71	2.85	655.82	1.743 6	0	2.445 7
72	2.03	863.41	1.743 6	0	2.809 9
73	0.78	606.81	1.743 6	0.157 8	0.998 5
74	1.54	415.89	1.743 6	0.033	0.667 0
75	2.22	729.9	1.743 6	0	2.372 8
76	2.54	1 009.37	1.743 6	0	3.719 4
77	1.18	619.55	1.743 6	0	1.291 6
78	1.91	632.27	1.743 6	0.078 3	1.783 1
79	2.45	1 025.15	1.743 6	0	3.730 5
80	1.39	694.33	1.322 9	0	0.923 9
81	2.53	965.84	1.743 6	0	3.533 6

表 9-3(续)

序号	煤厚/m	埋深/m	构造分维值	顶板含泥率/%	预测瓦斯含量/(m^3/t)
82	3.07	637.51	1.322 9	0.023 3	1.699 5
83	1.98	740.14	1.322 9	0	1.467 9
84	3.84	801.66	0	0	0.316 0
85	4.29	351.09	1.521 4	0	1.629 1
86	3.36	507.37	1.209 5	0	1.120 0
87	4.06	287.66	1.384 7	0	0.967 9
88	3.17	598.58	1.209 5	0	1.382 5
89	2.63	481.1	1.521 4	0.188	1.167 8

表 9-4　12_{-1}煤层瓦斯含量预测成果表

序号	煤厚/m	埋深/m	构造分维值	顶板含泥率/%	预测瓦斯含量/(m^3/t)
1	1.65	280.07	1.604 3	0.121	0.277 1
2	0.64	181.38	1.604 3	0.108 8	0.818 6
3	1.9	325.29	1.604 3	0.069 3	0.160 0
4	2.39	282.54	1.348 5	0.017 5	0.274 1
5	3.31	212.87	0.7	0.032	0.793 5
6	2.96	597.8	1.348 5	0.043 3	0.180 0
7	2.05	513.34	1.348 5	0.111 5	0.671 5
8	1.39	224.9	1.671 8	0	0.273 3
9	1.42	436.62	1.671 8	0.119 5	0.427 3
10	1.31	583.85	1.671 8	0.047 8	0.615 0
11	1.23	639.98	1.671 8	0.250 3	0.710 0
12	1.41	853.14	1.671 8	0.084	0.772 8
13	1.24	166.19	1.671 8	0.113 8	0.317 9
14	1.24	166.19	1.671 8	0	0.317 9
15	0.85	201.74	1.671 8	0.016 8	0.587 0
16	1.55	200.37	1.671 8	0.022	0.154 8
17	1.48	267.49	1.671 8	0.02	0.252 6
18	1.32	290.44	1.671 8	0.025	0.369 8
19	1.2	212.06	1.671 8	0.013 3	0.379 9
20	1.3	439.08	1.6718	0	0.503 2
21	1.61	600.98	1.671 8	0.070 3	0.444 2
22	1.36	810.81	1.209 5	0	1.583 7
23	0.99	735.2	1.671 8	0	0.935 3
24	1.3	937.9	1.209 5	0.040 8	1.724 1
25	1.6	615.68	1.671 8	0.017 5	0.462 4

表 9-4(续)

序号	煤厚/m	埋深/m	构造分维值	顶板含泥率/%	预测瓦斯含量/(m^3/t)
26	1.87	548.77	1.671 8	0.035 5	0.241 6
27	2.23	742.79	1.209 5	0	0.992 5
28	3.07	914.28	1.209 5	0.01	0.615 0
29	3.35	1074.6	1.209 5	0.201	0.573 2
30	3.31	207.05	1.131 7	0	0.028 1
31	3.16	286.96	1.131 7	0	0.185 6
32	2.16	944	1.209 5	0	1.199 5
33	3.46	330.9	1.131 7	0.098 5	0.036 7
34	3.46	950.54	1.209 5	0	0.404 4
35	3.15	328.41	1.131 7	0	0.225 5
36	1.59	871.5	1.708 8	0.082 5	0.6117
37	1.84	798.34	1.708 8	0	0.398 2
38	3.42	983.4	1.304 3	0	0.288 8
39	0.52	390.76	1.551 7	0.04	1.155 8
40	1.18	559.93	1.551 7	0.019 3	0.887 2
41	0.79	317.17	1.551 7	0.182 3	0.929 5
42	2.24	484.46	1.551 7	0	0.173 0
43	2.24	488.59	1.551 7	0	0.176 3
44	1.48	609.7	1.551 7	0.026 8	0.743 0
45	2.34	959.29	1.304 3	0.243 3	0.934 1
46	0.5	699.99	1.551 7	0.046 3	1.420 0
47	1.75	410.74	1.551 7	0	0.414 6
48	2.05	941.9	1.551 7	0	0.662 6
49	2.16	876.69	1.743 6	0	0.203 7
50	2.34	1061.79	1.743 6	0	0.243 6
51	1.35	699.29	1.322 9	0	1.299 2
52	2.36	977.69	1.743 6	0	0.162 8
53	2.78	656.91	1.322 9	0.146 8	0.384 1
54	2.03	752.87	1.322 9	0	0.924 1
55	1.99	809.36	0	0	3.325 6
56	0.64	619.53	1.209 5	0	1.8712
57	1.49	308.34	1.521 4	0	0.544 7

如图 9-1 所示，东欢坨矿 8 煤层预测瓦斯含量在约 700 m 以浅大致呈现出随深度增加而线性增加的趋势，而在 700 m 以深则呈现出随深度增加预测瓦斯含量缓慢增加的趋势，总体预测瓦斯含量随深度呈现出 3 次多项式的变化关系。

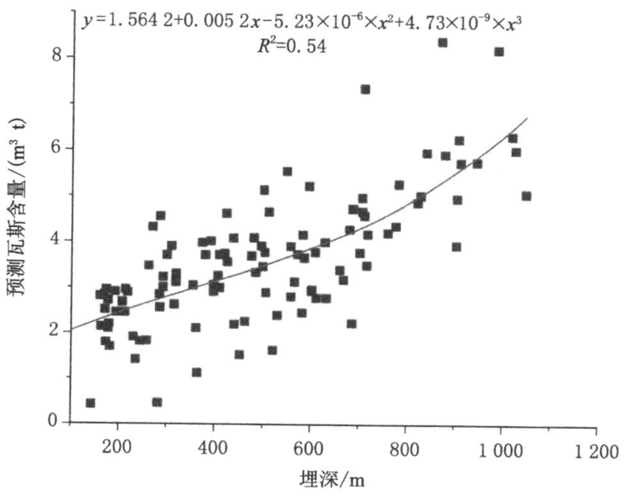

图 9-1　8 煤层埋深与预测瓦斯含量关系图

由图 9-2 可以看出，在东欢坨矿主采煤层 8 煤、9 煤、11 煤、12_{-1}煤中，8 煤层整体瓦斯含量相对较高，最大为 8.365 1 m^3/t，最小为 0.415 9 m^3/t，平均为 3.548 1 m^3/t。矿区西部瓦斯含量相对较高，推测可能是该地区埋深较大、煤层较厚、煤层顶板含泥率较高，且瓦斯保

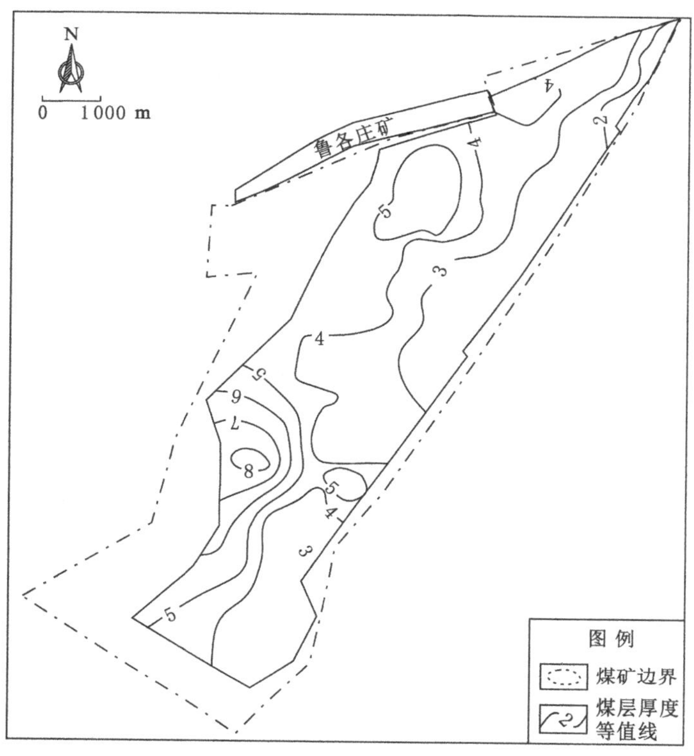

图 9-2　8 煤层瓦斯含量预测等值线图

存的地质条件相对较好所致，而矿区东部边界瓦斯风化带发育，且瓦斯风化带深度较深，导致瓦斯大部分逸散，瓦斯含量较低，形成瓦斯含量分布呈现明显的矿区西部较高、东部较低的现象。

如图 9-3 所示，9 煤层预测瓦斯含量在约深度 600 m 以浅呈现出随深度加大而增长较快的趋势，而在深度约 600 m 以深预测瓦斯含量随深度加大呈缓慢增加的趋势，且相对于其他主采煤层，9 煤层在 450～600 m 深度之间预测瓦斯含量随深度变化的梯度较大。

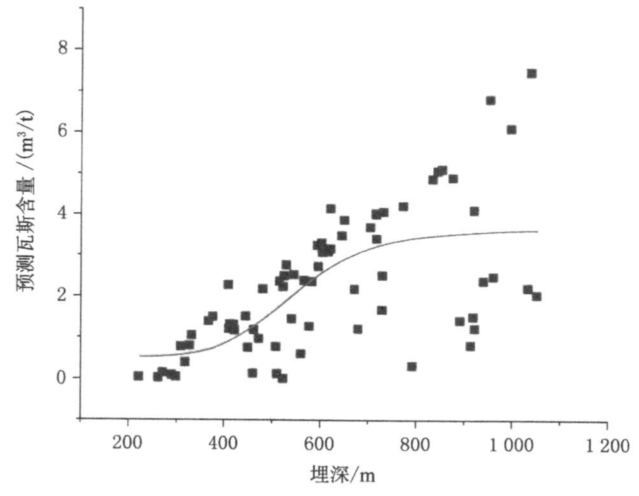

图 9-3　9 煤层埋深与预测瓦斯含量关系图

由图 9-4 可以看出，东欢坨矿 9 煤层整体瓦斯含量相对较高，但相对于 8 煤层瓦斯含量较低，最大为 7.441 8 m^3/t，最小为 0.012 4 m^3/t，平均为 2.266 3 m^3/t。矿区西南部瓦斯含量相对较高，推测可能是该地区埋深较大、煤层较厚、煤层顶板含泥率较高，且断层相对发育程度较东部低所致。

如图 9-5 所示，11 煤层预测瓦斯含量整体呈现出随埋深增加而增加的趋势。由图 9-6 可以看出，东欢坨矿 11 煤层整体预测瓦斯含量相对于 9 煤层较低，最大为 3.730 5 m^3/t，最小为 0.005 5 m^3/t，平均为 1.342 5 m^3/t。11 煤层预测瓦斯含量随深度变化梯度相对其他煤层也较高。

同样，矿区西部瓦斯含量相对较高，推测可能是该地区埋深较大、煤层较厚、煤层顶板含泥率较高且断层相对于东部发育较简单所致。矿区东部边界瓦斯风化带发育，且瓦斯风化带深度较深，导致瓦斯大部分逸散，瓦斯含量较低。矿区东北部边界附近断层较发育，形成瓦斯逸散的有利通道，瓦斯含量也较低。

如图 9-7 所示，12_{-1}煤层预测瓦斯含量具有随埋深增加而增加的趋势，但线性增加的规律不显著，在埋深 700 m 深度以内瓦斯含量基本上小于 1 m^3/t。由图 9-8 可以看出，东欢坨矿 12_{-1}煤层瓦斯含量整体相对于其他可采煤层较低，最大为 3.325 6 m^3/t，最小为 0.028 1 m^3/t，平均为 0.636 2 m^3/t。矿区瓦斯含量分布无明显规律，初步推测可能是 12_{-1}煤层附近地下水活动较强烈、断层发育所导致。

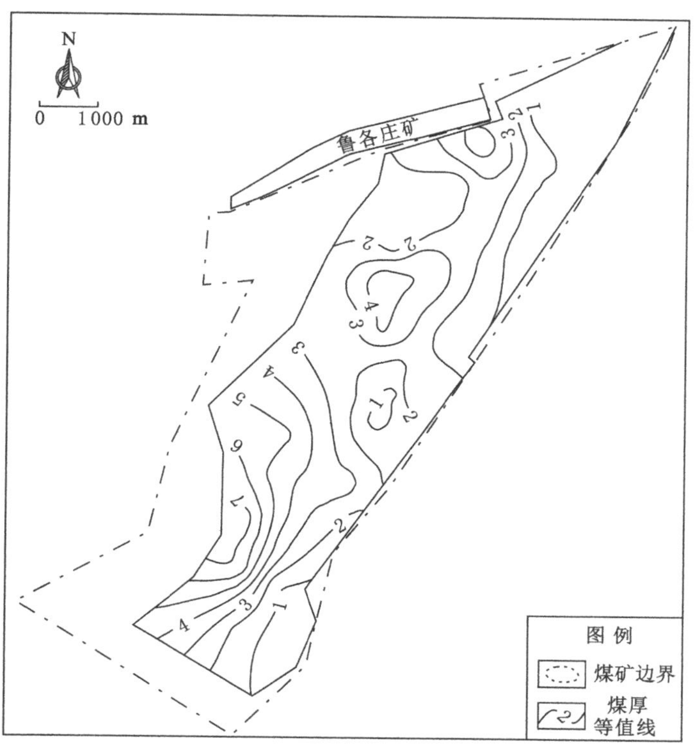

图 9-4　9 煤层预测瓦斯含量等值线图

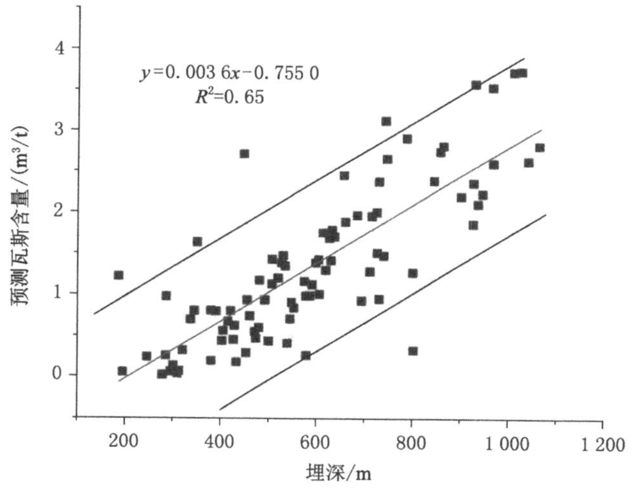

图 9-5　11 煤层埋深与预测瓦斯含量关系图

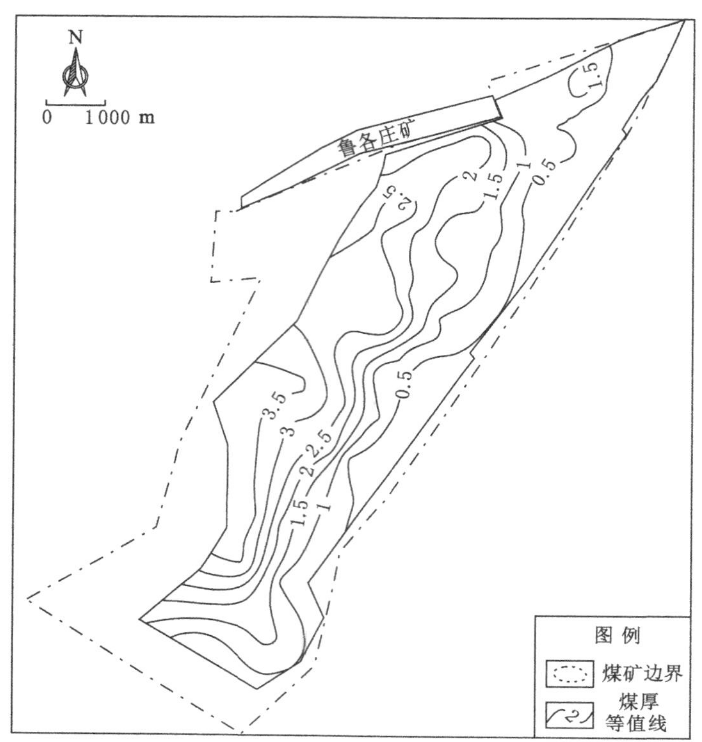

图 9-6　11 煤层预测瓦斯含量等值线图

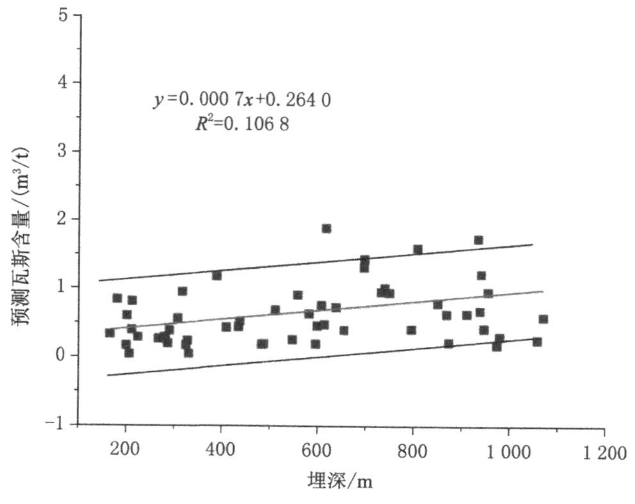

图 9-7　12_{-1}煤层埋深与瓦斯含量预测关系图

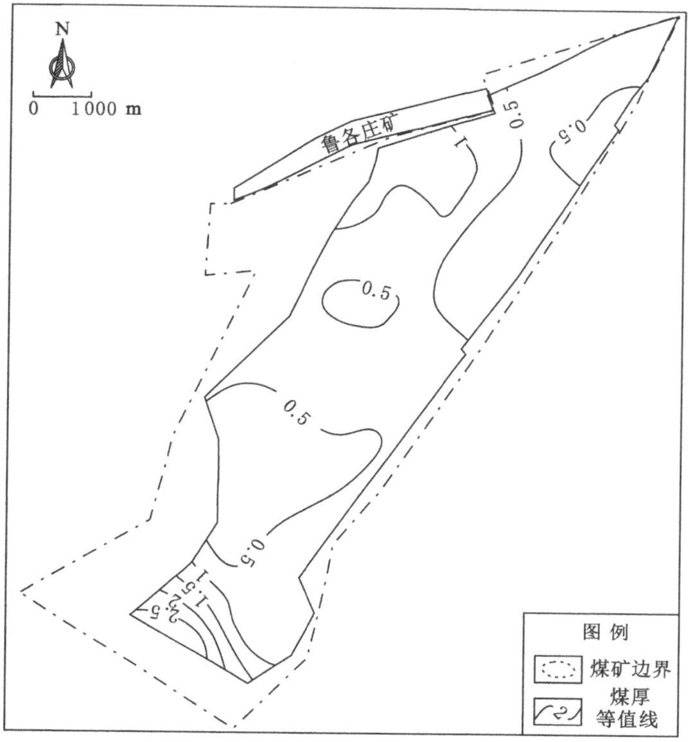

图 9-8　12_{-1}煤层瓦斯含量预测等值线图

（二）吕家坨矿

在本次多元回归模型建立中，$n=4$，$p=73$，由于自变量个数多，计算比较麻烦，一般在实际中应用时都要借助统计软件，本次利用 Matlab 软件对吕家坨矿各煤层已采区瓦斯含量反算数据进行多元线性回归分析，建立深部瓦斯各主控地质因素与瓦斯含量间的回归方程。

其中 7 煤层回归方程为：

$$Y_{7煤}=-7.082+2.8123X_1+0.0016X_2+0.4366X_3-0.4029X_4$$

式中，$Y_{7煤}$为 7 煤层瓦斯含量预测值；X_1、X_2、X_3、X_4 分别为 7 煤层煤厚、埋深、构造分维值及顶板含泥率。相关系数 R^2 为 0.955 2，认为预测方程显著，可以进行预测。

8 煤层回归方程为：

$$Y_{8煤}=-7.7588+2.928X_1+0.0054X_2+0.3758X_3+2.3024X_4$$

式中，$Y_{8煤}$为 8 煤层瓦斯含量预测值，X_1、X_2、X_3、X_4 分别为 8 煤层煤厚、埋深、构造分维值及顶板含泥率。相关系数 R^2 为 0.985 7，认为预测方程显著，可以进行预测。

9 煤层回归方程为：

$$Y_{9煤}=1.4083+0.4186X_1-0.0004X_2+0.8566X_3-0.9017X_4$$

式中，$Y_{9煤}$为 9 煤层瓦斯含量预测值，X_1、X_2、X_3、X_4 分别为 9 煤层煤厚、埋深、构造分维值及顶板含泥率。相关系数 R^2 为 0.968 0，认为预测方程显著，可以进行预测。

12 煤层回归方程为：

$$Y_{12煤}=3.5871+0.9047X_1-0.0045X_2+0.0682X_3+0.9087X_4$$

式中，$Y_{12煤}$为 12 煤层瓦斯含量预测值，X_1、X_2、X_3、X_4 分别为 12 煤层煤厚、埋深、构造分维值及顶板含泥率。相关系数 R^2 为 0.805 6，认为预测方程较为显著，可以进行预测。

对吕家坨矿各煤层煤厚、埋深、构造分维值以及顶板含泥率进行提取，利用所建立瓦斯预测模型对煤层瓦斯进行预测，各煤层瓦斯含量预测成果见表 9-5 至表 9-8，并依据预测的瓦斯含量数据，结合研究区瓦斯含量实测数据绘制等值线图(图 9-9 至图 9-12)。

表 9-5　7 煤层瓦斯含量预测成果表

序号	煤厚/m	埋深/m	构造分维值	顶板含泥率/%	预测瓦斯含量/(m^3/t)
1	3.86	576.49	0	0	4.695 9
2	3.28	517.74	0	0	2.970 7
3	3.43	522.06	0	0	3.399 5
4	2.08	567.05	1.301	0.019 5	0.164 3
5	4.28	820.66	0	0	6.267 7
6	2.98	581.02	1.242	0.104	2.351 5
7	4.54	773.63	1.3	0	7.491 2
8	4.04	887.88	0.908	0	6.096 7
9	3.53	709.28	0.901	0.073	4.079 5
10	3.71	536.43	0.7	0	4.515 5
11	6.3	764.76	0	0	11.859 1
12	3.98	738.1	1.616	0	5.997 5
13	4.44	901.01	1	0	7.282 8
14	4.47	1 134.14	1	0.268 5	6.658 4
15	4.25	785	1.616	0	6.831 8
16	2.57	751.38	1.585	0	2.039 8
17	3.13	1 026.25	1	0.048 75	3.602 7
18	4.37	831.52	1.435	0	7.164 7
19	3.49	887.1	1	0.289 5	3.422 5
20	4.44	796.2	1	0.490 5	5.138 9
21	3.25	826.88	0	0.062 5	3.129 2
22	3.02	681.95	1.585	0	3.194 3
23	3.56	899.14	0.908	0.093 75	4.387 1
24	3.42	955.882	1.097	0.157 5	3.909 9
25	4.91	840.13	0.908	0.025 75	8.363 3
26	3.63	917.33	0.6	0.025	4.755 6
27	3.35	824	1.112	0	4.143 1
28	3.8	823.2	1	0	5.358 5
29	4.37	893.32	1.169	0	7.147 4
30	3.4	526.9	0	0	3.322 9
31	2.59	670.88	1.426	0	1.897 9
32	4.54	661.55	0	0	6.744 3
33	3.31	658.5	1.426	0	3.902 9

表 9-5(续)

序号	煤厚/m	埋深/m	构造分维值	顶板含泥率/%	预测瓦斯含量/(m^3/t)
34	2.95	924.02	0.3	0	2.823 7
35	3.99	576.97	0	0	5.062 2
36	2.75	789.05	1.585	0	2.606 3
37	2.3	736.9	1.616	0	1.270 9
38	2.87	586.88	1.032	0	2.378 9
39	4.23	477.13	0	0	5.577 4
40	4.05	571.19	0	0	5.221 7
41	3.79	730.93	0.901	0	5.139 5
42	3.77	853.07	0.908	0	5.281 7
43	3.63	824.77	0.842	0	4.813 9
44	4.17	668.32	1.3	0	6.282 2
45	4.14	779.28	1.3	0	6.375 4
46	3.74	636.15	1.242	0.018 25	4.922 6
47	2.24	729.6	1.616	0	1.090 5
48	5.21	810.27	1	0.012 5	9.252 8
49	2.8	735.1	1.585	0	2.660 6
50	3.46	820.63	1.169	0	4.472 0
51	3.54	612.14	0.842	0	4.220 6
52	3.46	995.2	0	0.012 5	4.190 5
53	3.19	877.4	1.353	0	3.883 8
54	3.29	835.07	0	0	3.506 6
55	3.31	1 048.6	0	0	3.904 5
56	3.44	763.45	1.025	0	4.261 3
57	4.43	858.07	0.3	0	6.8804
58	5.01	918.8	0.6	0	8.739 7
59	4.12	481.1	0	0	5.274 4
60	3.81	600.64	0	0.033 5	4.458 9
61	3.36	603.87	1.032	0.014	3.727 7
62	2.98	974.22	0.958	0.029 75	3.155 8
63	3.95	515.23	0	0	4.851 0
64	4.27	990.98	1.272	0	7.067 4
65	3.1	753.21	1.616	0.014 25	3.489 4
66	2.37	1 044.06	1.323	0	1.831 3
67	3.57	819.2	1	0	4.705 2
68	4.07	920.03	1.539	0	6.508 0
69	3.96	791.32	0.842	0	5.688 4
70	4.43	881.48	1.435	0	7.413 4
71	4.19	942.16	1	0.102 75	6.231 6
72	7.01	1 178.55	0	0.047 5	14.326 5

表 9-5(续)

序号	煤厚/m	埋深/m	构造分维值	顶板含泥率/%	预测瓦斯含量/(m^3/t)
73	3.25	530.63	0	0.012 5	2.856 6
74	3.02	722.96	0.842	0.009 5	2.897 2
75	4.64	889.56	1.435	0.104 75	7.594 9
76	2.89	968.85	0.575	0.235	1.899 9
77	3.13	814.77	1.539	0.131 75	3.165 2
78	3.78	869.41	1.539	0.041 5	5.444 3
79	4.45	832.81	1.426	0.507 25	5.344 1
80	4.56	910.54	1.323	0.042 75	7.604 3
81	3.74	993.03	1.585	0.456	3.879 6
82	2.74	900.81	0.958	0.238 75	1.521 3
83	4.87	902.17	1.539	0.081 5	8.400 9
84	3.86	951.06	1.539	0.052 25	5.756 6
85	2.67	977.18	0.575	0.012 5	2.191 0
86	4.43	1 018.9	1.323	0.156 25	6.954 8
87	4.28	990.45	0.575	0.130 5	6.264 6
88	3.87	1 085.47	0	0.111 75	5.088 1
89	6.07	954.14	0.958	0	11.933 5

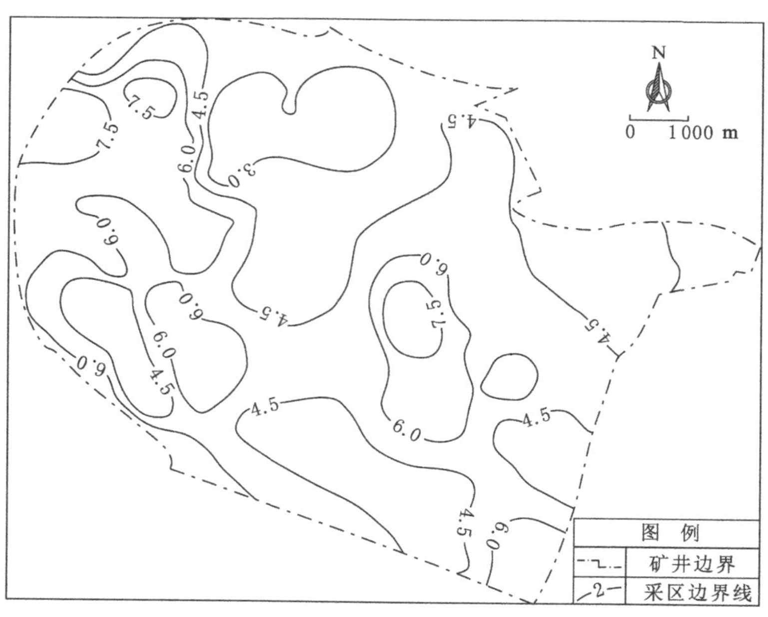

图 9-9　7 煤层瓦斯含量预测等值线图

如图 9-9 所示，可以看出吕家坨矿 7 煤层整体瓦斯含量相对较高，最大为 9.25 m^3/t，最小为 0.16 m^3/t,平均为 4.99 m^3/t。矿区北西部瓦斯含量相对较高,推测可能是该地区埋深较大且受吕家坨背斜和周边断层的影响所致。中部即矿井其他方向瓦斯含量波动较小。

表 9-6 8 煤层瓦斯含量预测成果表

序号	煤厚/m	埋深/m	构造分维值	顶板含泥率/%	预测瓦斯含量/(m^3/t)
1	2.15	579.23	0	0	1.664 2
2	2.1	521.05	0	0	1.203 7
3	1.98	524.69	0	0	0.872 0
4	2.29	579.68	1.301	0.041 3	2.660 2
5	1.84	826.52	0	0	2.091 9
6	2.04	591.22	1.242	0.067 5	2.028 8
7	1.48	784.56	1.3	0	1.299 5
8	1.5	893.03	0.908	0.073 0	1.964 7
9	1.86	714.34	0.901	0	1.883 1
10	2.45	542.91	0.7	0	2.609 4
11	1.45	773.15	0	0.014 0	0.694 0
12	1.5	744.53	1.616	0	1.260 6
13	1.36	908	1	0.222 8	2.014 9
14	1.08	1 137.89	1	0	1.923 6
15	1.47	794.06	1.616	0	1.440 3
16	2.25	758.53	1.585	0.048 8	3.632 8
17	1.03	840.45	1.435	0	0.334 5
18	1.05	891.4	1	0.198 0	0.960 6
19	0.9	834.63	0	0.336 5	0.158 2
20	2.76	694.7	1.585	0	4.669 2
21	2.08	903.68	0.908	0.118 8	3.825 8
22	2.01	964.05	1.097	0.127 5	4.037 9
23	1.59	844.74	0.908	0.025 0	1.856 9
24	1.63	923.9	0.6	0.067 5	2.383 7
25	1.4	825.4	1.112	0.045 3	1.319 4
26	1.8	831.2	1	0	2.375 7
27	2.31	895.63	1.169	0	4.280 4
28	1.47	667.47	1.426	0	0.685 3
29	1.75	625.27	1.242	0.307 0	1.915 0
30	2.04	642.89	1.032	0	2.073 5
31	1.8	581.25	0	0	0.650 4
32	1.26	796.95	1.585	0	0.829 3
33	1.2	743.43	1.616	0	0.376 3

表 9-6(续)

序号	煤厚/m	埋深/m	构造分维值	顶板含泥率/%	预测瓦斯含量/(m^3/t)
34	2.24	481.28	0	0	1.398 8
35	2.29	573.99	0	0	2.045 9
36	1.57	733.59	0.901	0	1.138 0
37	1.93	860.15	0.908	0	2.878 1
38	1.23	831.61	0.842	0	0.649 6
39	1.62	678.6	1.3	0.020 0	1.183 3
40	1.39	781.67	1.3	0	1.020 4
41	2.09	644.24	1.242	0.040 0	2.398 2
42	2.04	736.66	1.616	0	2.799 3
43	1.74	814.07	1	0.012 5	2.136 3
44	2.12	740.16	1.585	0	3.040 8
45	1.91	682.6	1.585	0.041 5	2.210 6
46	2.36	830.65	1.169	0	4.075 9
47	0.99	887.66	1.353	0.020 0	0.487 5
48	1.53	1 053.42	0	0	2.409 5
49	2.07	771.93	1.025	0.012 5	2.884 4
50	1.11	870.04	0.3	0	0.302 2
51	1.43	923.75	0.6	0	1.641 9
52	2.38	483.92	0	0.010 0	1.846 0
53	1.59	609.4	0	0.040 0	0.279 6
54	1.43	611.8	1.032	0.028 8	0.185 8
55	2.41	988.49	0.958	0.507 8	6.164 4
56	2.44	518.08	0	0.010 0	2.206 2
57	2.29	995.17	1.272	0.042 3	4.895 3
58	1.64	764.34	1.616	0	1.777 5
59	1.65	825.92	1	0.003 3	1.915 5
60	1.54	926.58	1.539	0	2.331 9
61	1.48	888.08	1.435	0	1.909 3
62	1.34	948.44	1	0.181 5	2.079 8
63	2.41	533.88	0	0.033 3	2.257 2
64	1.79	731.45	0.842	0.009 5	1.770 3
65	1.2	980.41	0.575	0.278 5	1.906 2
66	0.95	820.09	1.539	0.115 0	0.294 1
67	1.59	872.43	1.539	0.055 8	2.314 2
68	1.39	835.49	1.426	0.372 0	2.214 9
69	1.29	917.47	1.323	0.152 8	1.821 3

表 9-6(续)

序号	煤厚/m	埋深/m	构造分维值	顶板含泥率/%	预测瓦斯含量/(m^3/t)
70	2.63	1 004.04	1.585	0.444 8	6.983 0
71	1.82	911.16	0.958	0.182 3	3.269 9
72	2.06	924.1	1.539	0.105 0	4.082 8
73	1.24	801.15	1.539	0.101 3	1.009 3
74	1.39	809.55	1.539	0.037 3	1.346 5
75	1.83	912.14	1.539	0.030 0	3.172 1
76	1.9	954.35	1.539	0.094 8	3.754 1
77	1.09	985.23	0.575	0.034 5	1.048 4
78	3.55	890.26	1.323	0.222 5	8.452 2
79	0.94	996.4	0.575	0.207 0	1.066 6
80	0.93	869.2	1.112	0.097 5	0.300 1
81	1.89	958.05	0.958	0	3.308 4

如图 9-10 所示，可以看出吕家坨矿 8 煤层整体瓦斯含量相对较低，最大为 8.45 m^3/t，最小为 0.16 m^3/t，平均为 2.13 m^3/t，且整体瓦斯含量在 1～3 m^3/t 之间。矿区北部瓦斯含量相对较高，北西部次之，中部及南东部瓦斯含量较小。根据矿井资料显示 8 煤层整体含泥率较小，且煤厚也相对较小。这可能是造成 8 煤层整体瓦斯含量较低的主要原因。

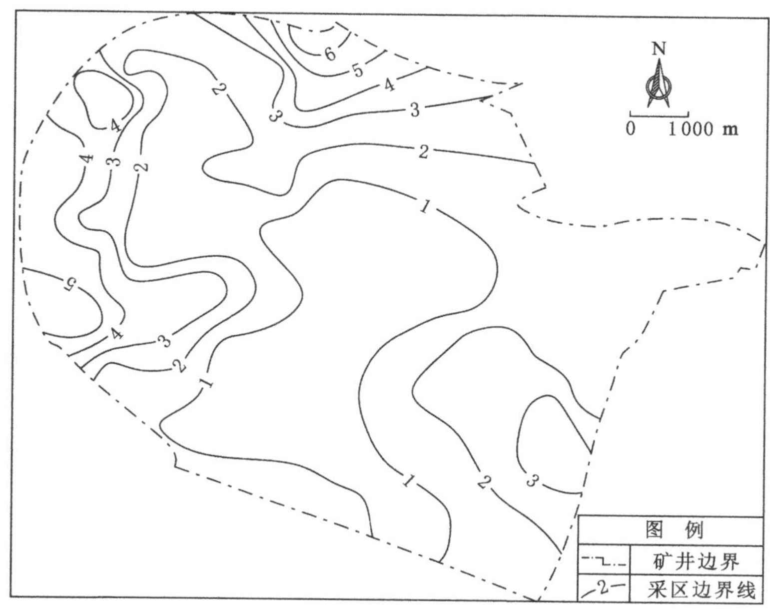

图 9-10　8 煤层瓦斯含量预测等值线图

表 9-7　9 煤层瓦斯含量预测成果表

序号	煤厚/m	埋深/m	构造分维值	顶板含泥率/%	预测瓦斯含量/(m^3/t)
1	1.64	590.2	0	0	1.498 7
2	1.58	532.66	0	0	1.496 6
3	1.6	535.5	0	0	1.503 9
4	1.9	593.9	1.301	0.041 3	2.683 3
5	1.2	837.42	0	0	1.215 7
6	0.93	603.17	1.242	0	2.260 2
7	1.13	794.64	1.3	0.067 5	2.256 2
8	1.14	903.75	0.908	0	1.941 8
9	1.58	724.47	0.901	0.234 3	1.980 5
10	1.95	554.97	0.7	0	2.242 2
11	1.5	782.42	0	0	1.363 2
12	2.07	758.46	1.616	0.155 3	2.855 7
13	1.61	919.84	1	0.155 5	2.070 7
14	1.43	1 149.06	1	0.140 8	1.917 0
15	1.78	807.87	1.616	0	2.854 5
16	1.46	763.92	1.585	0	2.711 6
17	1.68	850.73	1.435	0.087 5	2.561 6
18	1.25	812.6	1	0.133 8	1.982 5
19	1.2	844.18	0	0.095 3	1.127 1
20	4.04	707.47	1.585	0	3.814 2
21	2.39	980.34	1.097	0.127 5	2.481 3
22	2.44	858.51	0.908	0.174 5	2.346 7
23	2.47	938.07	0.6	0.204 3	2.036 8
24	0.3	832.8	1.112	0.144 3	1.663 2
25	1.8	844.31	1	0	2.320 7
26	1.2	551.7	0	0	1.329 9
27	1.59	518.6	1.301	0	2.620 9
28	2.54	703.75	1.426	0	3.051 6
29	1.37	678.48	1.426	0	2.571 9
30	1.22	742.97	1.426	0	2.483 3
31	0.61	636.32	1.242	0.045 0	2.072 4
32	1.43	944.27	0.3	0	1.526 2
33	3.65	659.32	1.032	0	3.196 5
34	2.34	595.37	0	0	1.789 7
35	1.67	617.68	1.032	0	2.384 3
36	1.59	753.95	1.616	0	2.796 6

表 9-7(续)

序号	煤厚/m	埋深/m	构造分维值	顶板含泥率/%	预测瓦斯含量/(m^3/t)
37	2.08	606.38	1.032	0	2.560 4
38	1.85	495.65	0	0	1.624 5
39	1.57	584.68	0	0	1.471 6
40	1.42	744.86	0.901	0	2.116 6
41	3.7	874.65	0.908	0	3.025 1
42	1.66	845.88	0.842	0	2.126 1
43	2.01	690.41	1.3	0.020 0	2.709 1
44	1.88	793.31	1.3	0	2.631 5
45	3.11	659.27	1.242	0.043 8	3.110 9
46	2.76	748.44	1.616	0	3.288 5
47	2.6	828.17	1	0.012 5	2.650 7
48	1.49	760.82	1.585	0	2.725 4
49	1.44	693.26	1.585	0.041 5	2.694 1
50	2.2	842.27	1.169	0	2.633 7
51	1.3	636.42	0.842	0	2.059 2
52	1.13	898.3	1.353	0.020 0	2.302 9
53	3.36	1 068.8	0	0	2.027 3
54	3.25	784.87	1.025	0.012 5	2.961 5
55	1.84	934.05	0.6	0.002 5	1.956 6
56	1.54	495.64	0	0.010 0	1.485 7
57	1.37	621.43	0	0.040 0	1.337 1
58	2.02	624.4	1.032	0.028 8	2.502 2
59	0.68	1 001.18	0.958	0.507 8	1.295 3
60	1.59	531	0	0.010 0	1.492 5
61	1.21	776.91	1.616	0	2.628 3
62	2.53	1 058.75	1.323	0	2.817 1
63	1.93	839.9	1	0.032 5	2.347 5
64	3.01	938.16	1.539	0	3.251 3
65	1.11	810.28	0.842	0.020 0	1.892 1
66	1.77	896.87	1.435	0	2.659 7
67	1.73	959.22	1	0.138 3	2.120 7
68	1.66	1 198.38	0	0.065 5	1.204 8
69	2.27	548.37	0	0.033 3	1.749 2
70	3.02	741.73	0.842	0.009 5	2.728 5
71	4.37	939.14	1.539	0.301 8	3.548 1
72	2.43	812.6	1.539	0.029 5	3.032 2

表 9-7(续)

序号	煤厚/m	埋深/m	构造分维值	顶板含泥率/%	预测瓦斯含量/(m^3/t)
73	2.23	820.76	1.539	0.037 3	2.938 2
74	2.65	926.51	1.539	0.146 8	2.973 0
75	1.7	963.91	1.539	0.074 8	2.625 3
76	2.22	841.95	1	0.254 0	2.268 4
77	1.47	993.71	0.575	0.034 5	1.727 6
78	5.6	1 036.2	1.323	0.158 5	3.968 3
79	2.44	1 009.51	0.575	0.311 8	1.877 3
80	0.83	872.75	1.112	0.122 5	1.888 7

如图 9-11 所示，可以看出吕家坨矿 9 煤层整体瓦斯含量相对较低，最大为 3.97 m^3/t，最小为 1.12 m^3/t，平均为 2.30 m^3/t。矿区整体瓦斯含量变化较小，仅矿区北部局部区域瓦斯含量相对较高。根据矿井资料显示 9 煤层整体含泥率和煤厚都相对较小，且参与计算钻孔见 9 煤层埋深最低仅为 495 m，可能造成局部地区预测值存在一定偏差，但整体规律相对较好。

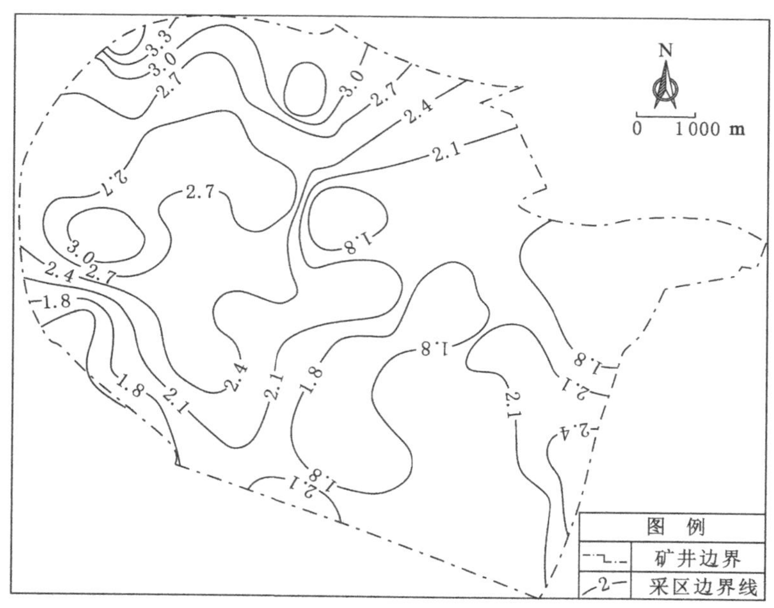

图 9-11　9 煤层瓦斯含量预测等值线图

表 9-8　12 煤层瓦斯含量预测成果表

序号	煤厚/m	埋深/m	构造分维值	顶板含泥率/%	预测瓦斯含量/(m^3/t)
1	1.74	621.43	0	0	2.364 8
2	1.36	567.56	0	0	2.263 5

表 9-8(续)

序号	煤厚/m	埋深/m	构造分维值	顶板含泥率/%	预测瓦斯含量/(m^3/t)
3	1.28	611.74	1.301	0.138 5	2.206 9
4	2.03	621.75	1.242	0	2.710 5
5	2.16	817.93	1.3	0	1.949 2
6	1.56	921.35	0.908	0.052 3	0.961 8
7	2.08	751.82	0.901	0.411 3	2.520 8
8	1.45	575.62	0.7	0	2.356 4
9	0.8	804.9	0	0	0.688 8
10	1.87	798.75	1.616	0	1.794 7
11	1.6	942.36	1	0.334 5	1.166 2
12	2.27	1 177.71	1	0.221 5	0.610 6
13	0.3	838.5	1.616	0.146 5	0.328 6
14	2.13	799.7	1.585	0.192 8	2.198 7
15	0.35	869.07	1.435	0.384 3	0.440 0
16	1.04	914.3	1	0.236 5	0.696 7
17	2.34	841.4	1	0.320 0	2.276 8
18	2.98	1 000.45	1.097	0.257 8	2.090 1
19	3.25	886.9	0.908	0.397 8	2.959 7
20	2.71	968.27	0.6	0.390 5	2.077 4
21	0.75	869.2	1.112	0.177 3	0.591 1
22	1	869.8	1	0.040 0	0.682 2
23	2.86	920.53	1.169	0.070 0	2.175 5
24	2.39	535.1	1.301	0	3.430 1
25	2.41	728.05	1.426	0	2.588 5
26	0.51	764.13	1.426	0.204 0	0.892 5
27	2.36	686.3	1.242	0.250 3	2.945 9
28	1.65	678.82	1.032	0	2.095 5
29	0.82	608.32	0	0.071 3	1.656 3
30	0.59	637.75	1.032	0	1.321 4
31	11.83	865.15	1.585	0.122 5	10.615 9
32	4.78	799	1.616	0	4.426 3
33	0.3	644.3	1.032	0	1.029 5
34	0.71	525.6	0	0	1.864 2
35	2.02	612.97	0	0	2.656 2
36	2.48	772.97	0.901	0	2.413 8
37	0.98	886.87	0.908	0	0.544 7
38	0.35	863.41	0.842	0	0.075 8

表 9-8(续)

序号	煤厚/m	埋深/m	构造分维值	顶板含泥率/%	预测瓦斯含量/(m^3/t)
39	2.26	714.52	1.3	0.185 8	2.673 8
40	1.92	815.74	1.3	0	1.742 0
41	2.35	686.69	1.242	0.043 8	2.747 5
42	1.64	786.08	1.616	0	1.643 7
43	7.74	874.64	1	0.012 5	6.733 2
44	2.57	786.47	1.585	0	2.481 2
45	3.81	747.25	1.585	0.041 5	3.817 2
46	2.1	861.45	1.169	0	1.690 2
47	5.43	861.6	0.842	0	4.679 8
48	0.45	654.9	0.842	0	1.104 6
49	8.25	1 068.08	0	0.029 8	6.271 5
50	0.63	920.41	1.353	0.020 0	0.125 7
51	1.03	878.25	0	0	0.566 8
52	2.19	1 036.5	1	0.123 5	1.084 6
53	1.62	1 089.88	0	0	0.148 3
54	2.73	807.43	1.025	0.012 5	2.504 8
55	2.08	958.44	0.6	0.002 5	1.199 1
56	1.18	519.35	0	0.010 0	2.326 7
57	2.41	652.7	0	0.040 0	2.866 6
58	1.35	643.47	1.032	0.028 8	2.009 3
59	1.65	1 020.28	0.958	0.507 8	1.015 3
60	2.09	562.04	0	0.010 0	2.957 8
61	3.85	1 044.02	1.272	0.042 3	2.497 2
62	2.61	805.58	1.616	0	2.433 5
63	5.96	1 105.27	1.323	0	4.095 6
64	5.75	891.02	1	0.032 5	4.877 3
65	3.47	970.3	1.539	0	2.465 0
66	0.47	827.98	0.842	0.020 0	0.362 0
67	0.87	911.28	1.435	0	0.371 3
68	0.81	980.22	1	0.138 3	0.102 7
69	2.08	575.43	0	0.033 3	2.909 7
70	0.29	758.97	0.842	0.009 5	0.500 2
71	0.7	1 008.05	0.575	0.320 0	0.014 2
72	0.94	982.18	0.958	0.265 0	0.323 8
73	3.52	980.14	0.958	0.143 5	2.556 7
74	5.28	906.77	1.539	0.055 8	4.439 1

表 9-8(续)

序号	煤厚/m	埋深/m	构造分维值	顶板含泥率/%	预测瓦斯含量/(m^3/t)
75	4.91	888.67	1.426	0.203 0	4.311 9
76	6.95	978.72	1.323	0.114 8	5.665 0
77	2.8	1 058.38	1.585	0.541 8	1.957 9
78	2.84	953.68	1.539	0.301 8	2.244 0
79	0.49	836.31	1.539	0.029 5	0.398 8
80	0.865	847.805	1.539	0.037 3	0.693 4
81	0.725	945.925	1.539	0.146 8	0.224 7
82	4.6	978.26	1.539	0.074 8	3.519 4
83	1.015	866.305	1	0.254 0	0.906 0
84	16.55	1 090.8	1.323	0.262 3	13.979 8
85	6	1 091.32	1.323	0.158 5	4.338 6
86	12.69	1022.82	0.958	0.048 8	10.574 7

如图 9-12 所示，可以看出吕家坨矿 12 煤层整体瓦斯含量相差较大，最大为 13.98 m^3/t，最小仅为 0.01 m^3/t，平均为 2.39 m^3/t。矿区整体瓦斯含量变化较大，仅矿区北部局部区域瓦斯含量相对较高。根据矿井最新资料显示 12 煤层为极不稳定煤层，整体煤厚变异系数较大，最大煤厚为 16.55 m，可能造成局部地区瓦斯含量预测值因为煤厚的影响而存在较大的偏差。

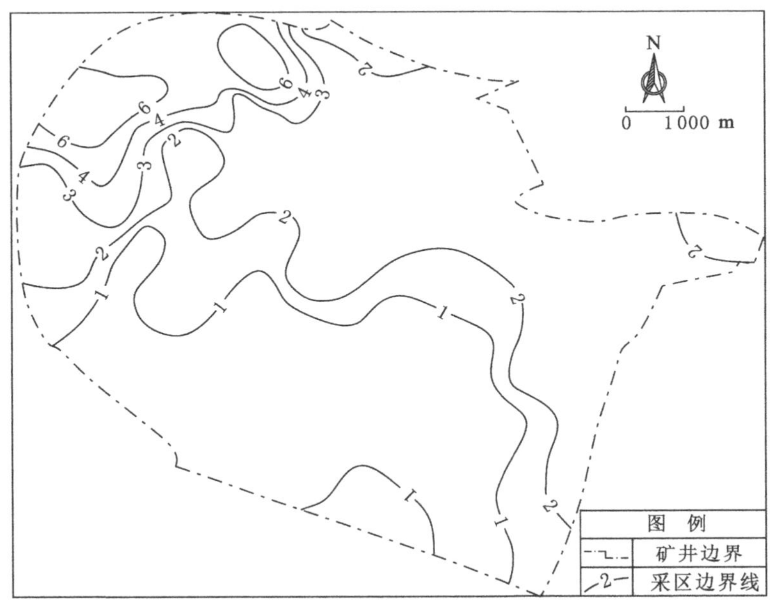

图 9-12　12 煤层瓦斯含量预测等值线图

综上所述，吕家坨矿各煤层瓦斯含量相对较高，8、9 煤层瓦斯含量相对较低但数值较为稳定，12煤层瓦斯含量整体差异较大。瓦斯含量的分布基本呈现出由南东向北西方向逐渐增大的趋势，除局部地区可能由于异常的埋深、煤厚等参数的影响存在一定的偏差外，整体瓦斯含量相对较好，在构造复杂、应力集中的区域，瓦斯含量较高，在埋深较浅、煤厚较小的区域瓦斯含量较低，这与前文分析的结果较为一致。

（三）唐山矿

在本次多元回归模型建立中，$n=4$，$p=73$，由于自变量个数多，计算比较麻烦，一般在实际应用时都要借助统计软件，本次利用 Matlab 软件对唐山矿深部已采区瓦斯含量反算数据进行多元线性回归分析，建立深部瓦斯各主控地质因素与瓦斯含量间的回归方程。

回归方程如下：

$$Y=-5.6048-0.0081X_1+1.6734X_2+6.3593X_3-0.1438X_4$$

式中，Y 为瓦斯含量预测值，X_1、X_2、X_3、X_4 分别为埋藏深度、构造分维值、顶板含泥率、水平应力。

利用多元回归对浅部瓦斯含量与构造分维值、顶板含泥率、地温的关系进行分析，得到回归方程：

$$P=-17.39+10.04K_1+22.11K_2-0.39K_3$$

式中，P 为浅部瓦斯含量预测值，K_1、K_2、K_3 分别为浅部分维值、顶板含泥率、地温，相关系数 R^2 为 0.948，认为预测方程显著，能够用于预测。

对研究区各煤层深部未采区的埋深、构造分维值、顶板含泥率以及水平应力进行提取，利用所建立的深部瓦斯预测模型对深部瓦斯含量进行预测，各煤层深部未采区的瓦斯含量预测结果见表 9-9、表 9-10、表 9-11。

表 9-9　5 煤层深部瓦斯含量预测结果表

序号	埋深/m	构造分维值	顶板含泥率/%	σ_H/MPa	预测瓦斯含量/(m^3/t)
1	−955	1.32	0.6	29.32	3.93
2	−905	1.19	0.64	28.93	3.61
3	−1 015	1.16	0.66	29.75	4.48
4	−1 000	0.98	0.69	28.08	4.46
5	−880	1.22	0.66	25.91	4.06
6	−830	1.13	0.63	32.64	2.31
7	−780	1.35	0.4	23.63	2.11
8	−830	1.3	0.58	29.24	2.77
9	−860	1.41	0.66	29.2	3.7
10	−925	1.62	0.68	31.1	4.47
11	−905	1.32	0.54	29.8	3.11
12	−945	1.05	0.37	30.17	1.84
13	−910	1.34	0.5	33.77	2.34
14	−840	1.4	0.49	24.27	3.16
15	−1 005	1.38	0.52	27.26	4.22

表 9-9(续)

序号	埋深/m	构造分维值	顶板含泥率/%	σ_H/MPa	预测瓦斯含量/(m^3/t)
16	−1 010	1.19	0.58	29.82	4
17	−1 005	1.47	0.47	28.35	3.9
18	−875	1.37	0.63	27.72	3.78
19	−815	1.34	0.61	28.73	3.01

表 9-10　8 煤层深部瓦斯含量预测成果表

序号	埋深/m	构造分维值	顶板含泥率/%	σ_H/MPa	预测瓦斯含量/(m^3/t)
1	−875	0.44	0.35	29.65	0.22
2	−820	0.93	0.54	29.17	1.87
3	−955	0.98	0.57	29.83	3.1
4	−1 000	1.32	0.63	29.32	4.48
5	−770	1.19	0.59	28.87	2.25
6	−935	1.19	0.6	28.94	3.62
7	−1 010	0.98	0.65	28.05	4.29
8	−785	1.58	0.73	26.31	4.27
9	−810	1.35	0.7	23.63	4.29
10	−950	1.41	0.48	29.2	3.31
11	−975	1.62	0.44	31.1	3.34
12	−995	1.32	0.7	29.79	4.87
13	−975	1.05	0.75	30.18	4.5
14	−960	1.34	0.75	33.76	4.33
15	−836	1.4	0.4	24.27	2.57
16	−1 010	1.38	0.63	27.26	4.95
17	−1 050	1.19	0.31	29.82	2.59
18	−1 035	1.47	0.54	28.35	4.6
19	−970	1.37	0.53	27.72	3.91
20	−820	1.34	0.67	28.73	3.42
21	−880	1.5	0.57	26.31	3.88

表 9-11　9 煤层深部瓦斯含量预测成果表

序号	埋深/m	构造分维值	顶板含泥率/%	σ_H/MPa	预测瓦斯含量/(m^3/t)
1	−775	0.21	0.55	31.47	0.01
2	−875	0.44	0.53	29.65	1.35
3	−825	0.93	0.77	29.17	3.36
4	−955	0.98	0.63	29.83	3.52

表 9-11(续)

序号	埋深/m	构造分维值	顶板含泥率/%	σ_H/MPa	预测瓦斯含量/(m^3/t)
5	−1 010	1.32	0.66	29.32	4.76
6	−770	1.19	0.7	28.87	2.94
7	−940	1.19	0.59	28.94	3.61
8	−1 070	1.16	0.71	29.75	5.2
9	−1 055	0.98	0.78	28.08	5.48
10	−940	1.22	0.89	25.91	5.96
11	−870	1.13	0.78	32.62	3.58
12	−790	1.58	0.86	26.31	5.14
13	−770	1.3	0.77	28.59	3.58
14	−840	1.35	0.79	23.63	5.09
15	−770	1.49	0.75	25.3	4.23
16	−870	1.3	0.99	29.23	5.72
17	−790	1.28	0.86	25.28	4.75
18	−955	1.41	0.76	29.2	5.1
19	−1 010	1.62	0.52	31.1	4.15
20	−1 020	1.32	0.72	29.8	5.16
21	−1 010	1.05	0.85	30.17	5.4
22	−984	1.34	0.69	33.76	4.16
23	−854	1.4	0.63	24.27	4.2
24	−1 020	1.38	0.74	27.26	5.72
25	−1 050	1.19	0.3	29.82	2.53
26	−1 025	1.47	0.6	28.35	4.87
27	−975	1.37	0.74	27.71	5.33
28	−840	1.34	0.81	28.73	4.43

从唐山矿深部各煤层瓦斯含量预测可以发现瓦斯含量均比较大，这与已采区的实测瓦斯含量表现出相同的规律，认为浅部基本上全部位于唐山矿南部边，但煤层露头受第四系含水层及黏土层的封盖，以及深部瓦斯的顺层运移，煤层瓦斯在深部表现出瓦斯含量较大的现象。

分析预测的各煤层深部瓦斯含量，发现 5 煤层瓦斯含量最小，含量为 1.84～4.48 m^3/t，平均3.21 m^3/t，8 煤层为 0.22～4.95 m^3/t，平均 3.72 m^3/t；9 煤层瓦斯含量最大，为0.01～5.96 m^3/t，平均 4.09 m^3/t，这与已采区结果一致。

第二节　瓦斯赋存相态分布

一、瓦斯赋存状态及动态转化

在亚临界气体吸附研究中，研究者基于不同的理论假设条件提出了多种吸附模型用于刻画气体吸附特征。其中具有代表性并应用广泛的模型可分为 3 类，第 1 类是基于单分子层吸附理论得到的 Langmuir 模型及其扩展形式的经验模型（Freundlich 模型、Toth 模型、Langmuir-Freundlich 模型和 Expand-Langmuir 模型），第 2 类是基于多分子层理论得到的 BET（Brunauer-Emmett-Teller）吸附模型及其多参数的变体模型 T-BET 模型，第 3 类是基于吸附势理论的 DR（Dubinin-Radushkevich）微孔充填模型及最优化 Dubinin-Astakhov 体积充填模型（DA 模型）。本书采用第 1 类模型对开滦矿区瓦斯进行研究。

Langmuir 模型是基于单层吸附的理论假设推导得到的吸附模型，在吸附研究领域得到了非常广泛的应用，该模型简单有效且可以对参数进行合理的解释。根据 Langmuir 方程，绝对吸附量 V_{abs} 可表示为：

$$V_{abs}=\frac{V_L P}{P+P_L}$$

式中：P 为气体吸附平衡压力，MPa；V_L 为 Langmuir 体积，表示理论最大吸附量，cm^3/g；P_L 为 Langmuir 压力，等于吸附量达到 V_L 一半时对应的压力。

根据 Gibbs 过剩吸附概念，引入超临界甲烷过剩吸附校正项，得到基于 Langmuir 模型扩展的超临界甲烷过剩吸附模型（S-L 模型），表达式如下：

$$V_{ex}=\frac{V_L P}{P+P_L}(1-\frac{\rho_g}{\rho_a})$$

式中：V_{ex} 为过剩吸附量，cm^3/g；ρ_g 为游离相甲烷密度，g/cm^3；ρ_a 为吸附相甲烷密度，g/cm^3。

瓦斯以吸附气、游离气和溶解气三种形式赋存，包括吸附在有机质和黏土矿物表面的吸附气，游离于颗粒间较大孔隙及微裂缝中的游离气，以及极少量溶解于水、油、焦沥青中的溶解气。瓦斯原位含气量是瓦斯含量估算和经济评价的关键指标，由于溶解气含量很小，通常认为原位含气量是吸附气与游离气含量之和。吸附气与游离气因赋存机理不同，对温度、压力、有机质、孔隙结构、地层水等因素的地质响应也存在差异，现今储层温压场耦合控制下瓦斯赋存随埋深变化的相态分布对瓦斯（煤层气）高效勘探开发具有重要意义。此外，地质演化过程中储集条件改变可引起瓦斯赋存动态转化，瓦斯赋存动态转化和保存条件的配置与瓦斯富集成藏息息相关，值得深入研究。

在流体可侵入的孔缝空间内，地层水和液态烃占据部分空间，极少量的瓦斯以溶解气的形式存在于地层水和液态烃中，这部分溶解气在含气量计算中常可忽略。除去地层水和液态烃占据的空间，瓦斯以吸附态和游离态形式赋存于剩余的有效赋存空间内。基于圆柱状和狭缝状孔隙模型，分析孔隙内部甲烷微观赋存状态（图 9-13）。在孔隙壁面吸附力场的作用下，甲烷分子在孔隙壁面浓集形成吸附空间，吸附空间内的所有气体为吸附气量，而室内等温吸附实验测试得到的为过剩吸附量。气体分子远离孔隙壁面一定距离后，摆脱吸附力场作用，以游离态存在于孔隙空间。扣除吸附气占据的空间体积，剩余孔隙空间内的气体为游离气含量。

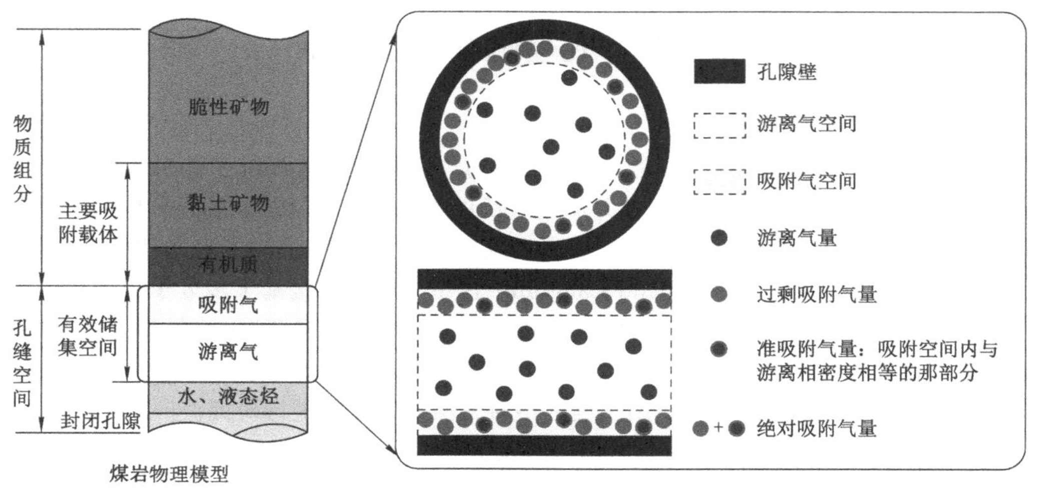

图 9-13　瓦斯物理解译模型与瓦斯赋存示意图

(一) 吸附气含量估算模型

基于对煤层高温高压甲烷吸附研究的认识，吸附空间内超过游离相密度的那部分气量称为过剩吸附气量，而页岩储层实际吸附气量为吸附空间内的所有气体含量，即绝对吸附气量，绝对吸附气量与过剩吸附气量存在如下关系：

$$V_{ex}=V_{abs}-\rho_g \cdot V_a \cdot VC_{STP}$$

式中：V_{ex}为过剩吸附气量，cm^3/g(标准状况下，即 0 ℃、101.325 kPa)；V_{abs}为绝对吸附气量，也即储层实际吸附气量，cm^3/g(标准状况下)；ρ_g 为游离相甲烷密度，g/cm^3；V_a为吸附相体积，cm^3/g；ρ_a为吸附相甲烷密度，g/cm^3；C_{STP}为标准状况下甲烷气体质量转换为体积的常数。

由于：

$$V_a=\frac{V_{abs}}{V_{STP} \cdot \rho_a}$$

因此，可得：

$$V_{ex}=V_{abs} \cdot (1-\frac{\rho_g}{\rho_a})$$

$$C_{STP}=\frac{V_m}{M}$$

式中：M 为甲烷摩尔质量，取值为 16 g/mol；V_m 为标准状况下气体摩尔体积，取值为 22.4 L/mol。

上述关于气体吸附模型的分析表明基于 Langmuir 模型扩展的过剩吸附模型(S-L 模型)可以很好地适用于系列温度下高压甲烷吸附表征。

煤储层埋深范围内温度和压力较高，甲烷气体处于超临界状态，游离相密度 ρ_g 较大，可接近甚至超过吸附相甲烷密度 ρ_a，过剩吸附气量与绝对吸附气量差值较大，需要加以区分，否则将对原位吸附气含量的估算造成理论误差。

（二）游离气含量估算模型

游离气主要赋存于煤储层较大孔径孔隙和微裂缝之中，游离气含量精确估算的关键在于储集空间的准确确定。针对煤储层游离气含量估算，前人研究通常忽略吸附相体积，而将储层全部有效储集空间（图 9-13）用于估算游离气含量，计算公式为：

$$V_{con}=\frac{\varphi\cdot(1-S_w-S_o)}{\rho_{bulk}+B_g}$$

式中：V_{con}为未考虑吸附相占据体积的游离气含量，cm^3/g（标准状况下）；φ 为孔隙率；S_w 为含水饱和度；S_o 为液态烃饱和度；ρ_{bulk}为煤体表观密度，g/cm^3；B_g为气体体积系数，量纲为1，计算公式为：

$$B_g=\frac{V_g}{V_{STP}}=\frac{\rho_{STP}}{\rho_g}=\frac{1}{\rho_g\cdot C_{STP}}$$

式中：V_g 为储层条件下甲烷气体体积，cm^3；V_{STP}为标准状况（0 ℃、101.325 kPa）下甲烷气体体积，cm^3；ρ_{STP}为标准状况下甲烷气体密度，g/cm^3。

进一步，公式 B_g 可转换为：

$$V_{con}=\frac{\varphi\cdot\rho_g(1-S_w-S_o)C_{STP}}{\rho_{bulk}}$$

需要注意的是，吸附气赋存也会占据一定量的有效储集空间（图 9-13），在储层压力较低时，吸附层厚度较小，吸附相占据的体积也较小。然而，当储层压力较高时，吸附气赋存对应的吸附相体积变得可观，会挤占游离气的赋存空间，该部分吸附相体积只能通过计算获取，且被多数学者忽视，从而制约了原位储层游离气含量精确评估。因此，游离气赋存空间并非全部有效储集空间，而是有效储集空间除去吸附相体积之后的剩余部分。相应的，计算游离气含量时应考虑吸附气的存在会占据并降低游离气的储集空间，需要对游离气储集空间进行体积校正，扣除吸附相体积内重复计算的游离气含量，以得到真实的游离气含量。

因此，将传统游离气计算模型进行体积校正得到公式如下：

$$V_f=G_{con}-\rho_g\cdot V_a\cdot C_{STP}$$

式中：V_f为进行体积校正后的游离气含量，cm^3/g 页岩（标准状况下）。联立上述公式，整理得到原位地层条件下真实游离气含量计算公式为：

$$V_f=\frac{\varphi\cdot\rho_g(1-S_w-S_o)C_{STP}}{\rho_{bulk}}-\frac{V_LP}{P+P_L}\cdot\frac{\rho_g}{\rho_a}$$

溶解气含量占总含气量的比例极小，在含气量估算中可以忽略。因此，原位含气量（Gas in place，GIP）近似等于绝对吸附气量（真实吸附气量）与经过体积校正的游离气含量（真实游离气量）之和：

$$\begin{aligned}GIP&=V_{abs}+V_f=\frac{G_LP}{P+P_L}+\frac{\varphi\cdot\rho_g(1-S_w-S_o)C_{STP}}{\rho_b}-\frac{V_LP}{P+P_L}\cdot\frac{\rho_g}{\rho_a}\\&=\frac{V_LP}{P+P_L}\left(1-\frac{\rho_g}{\rho_a}\right)+\frac{\varphi\cdot\rho_g(1-S_w-S_o)C_{STP}}{\rho_b}=V_{ex}+V_{con}\end{aligned}$$

据推导得到的公式可见，原位含气量（GIP）在数值上也等于过剩吸附气量与未经体积校正的游离气量之和。

（三）原位气体赋存状态转化

前已述及，超临界甲烷吸附具有温度依赖性，吸附常数 V_L、P_L 和吸附相密度 ρ_a 均与温度存在规律性关系。在这里认为给定储层温度条件下，储层高压下吸附趋于饱和，吸附相密度趋于定值，因此计算原位吸附气含量时认为吸附相密度仅为温度的函数。同时，结合 Se-W 高精度气体状态方程得到游离相密度 ρ_g 与温度和压力的关系。分别将各参数与温度和压力的函数关系代入公式，将吸附气和游离气含量估算模型转换为关于储层温度和压力的二元函数关系，表达式如下：

$$V_{abs}=\frac{V_L(T)P}{P+P_L(T)}$$

$$V_f=\frac{\varphi\cdot\rho_g(P,T)\cdot(1-S_w-S_o)C_{STP}}{\rho_{bulk}}-\frac{V_L(T)P}{P+P_L(T)}\cdot\frac{\rho_g(P,T)}{\rho_a(T)}$$

进一步设定地表温度（T_s）、地温梯度（g_T）和储层压力梯度（g_P），将储层温度和储层压力与埋深建立起函数关系，表达式如下：

$$T=T_s+H\cdot g_T$$

$$P=P_0+H\cdot g_P$$

式中：H 为储层埋深，km；T 为储层温度，℃；T_s 为地表温度，℃；P_0 为标准大气压，MPa；g_T 为地温梯度，℃/km；g_P 为储层压力梯度，MPa/km。

将储层温度和压力与埋深的关系代入公式，即可地质外推得到原位储层埋深条件下的吸附气与游离气赋存地质模型。以开滦矿区钱家营矿煤样为例，结合样品甲烷吸附实验研究成果，采用测试得到的样品平均孔隙率（5.2%）和煤岩密度（1.5 g/cm³），并假设此两项参数不随埋深变化而变化；设定地表温度为 15 ℃，平均地温梯度为 25 ℃/km，平均储层压力梯度为静水压力梯度（10 MPa/km），同时设定液态烃饱和度和含水饱和度均为 0，分别计算不同储层埋深下原位储层瓦斯赋存随埋深变化的图（图 9-14）。

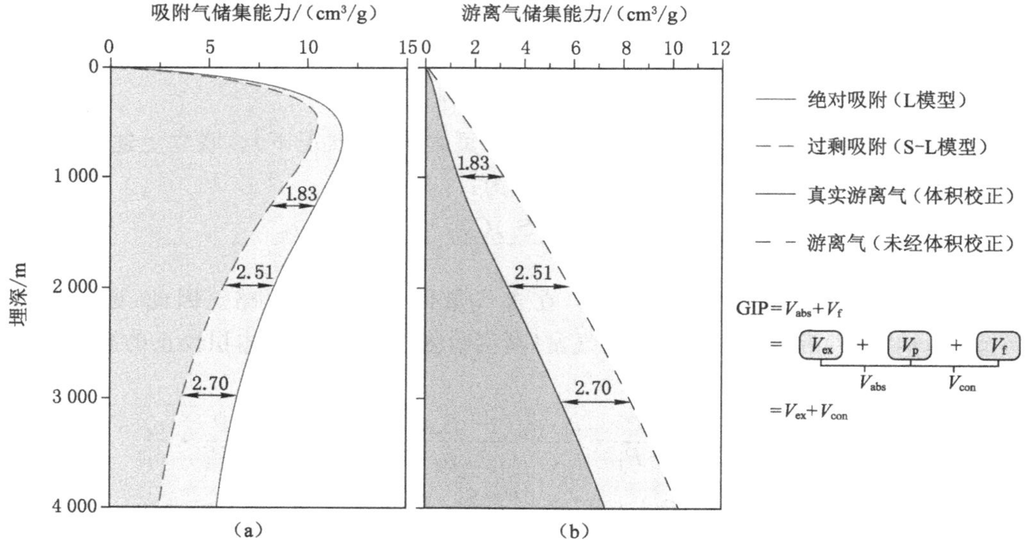

图 9-14　原位储层吸附气与游离气赋存随埋深变化的计算图

模型外推计算结果显示，吸附气(绝对吸附)含量在浅部区域迅速增大，至深部区域缓慢减小，在一定深度达到含气量最大值的临界点。Langmuir 模型计算结果显示吸附气含量在 700 m 附近达到最大值临界点，过剩吸附气量在浅部区域迅速增大，至深部区域不断降低，在埋深 600～700 m 附近达到最大过剩吸附量临界点。过剩吸附气量计算结果在浅部与绝对吸附气量差异较小，然而至深部低估了真实吸附气量。上述分析表明，过剩吸附计算低估了原位储层真实吸附气含量，且往深部低估程度愈加明显。

对于游离气含量而言，游离气含量随埋深增大而不断增大，在浅部区域增加速率较大，至深部增加速率减缓。目前计算游离气含量方法大多未考虑扣除吸附相体积，而计算结果显示未经吸附相体积校正的传统方法计算得到的游离气含量高估了真实游离气含量，且随着煤层埋深增大，高估程度不断增大。原位含气量等于绝对吸附气含量与经过体积校正的真实游离气含量之和，同时在数值计算上也等于过剩吸附气量加上未经体积校正的游离气量。所以相同埋深条件下绝对吸附气量和过剩吸附气量的差值与是否进行吸附相体积校正计算的游离气含量差值相等。

二、瓦斯赋存优势相态分布

以钱家营矿为例，综合考虑影响瓦斯赋存的地质因素，剖析原位吸附气、游离气赋存相态分布。设置研究区地表温度 15 ℃，地温梯度约 25 ℃/km，储层平均压力梯度设定为静水压力梯度，近似为 10 MPa/km，钱家营矿煤岩平均孔隙率为 5.2%。基于前述分析，考虑实际地层水对吸附气含量和游离气含量的影响，分别设定含水饱和度为 0.5% 和 10%。结合实测煤岩密度和孔隙率数据，根据原位含气量预测模型计算吸附气、游离气和总含气量随埋深增大的变化特征，绘制原位储层瓦斯赋存图(图 9-15)。

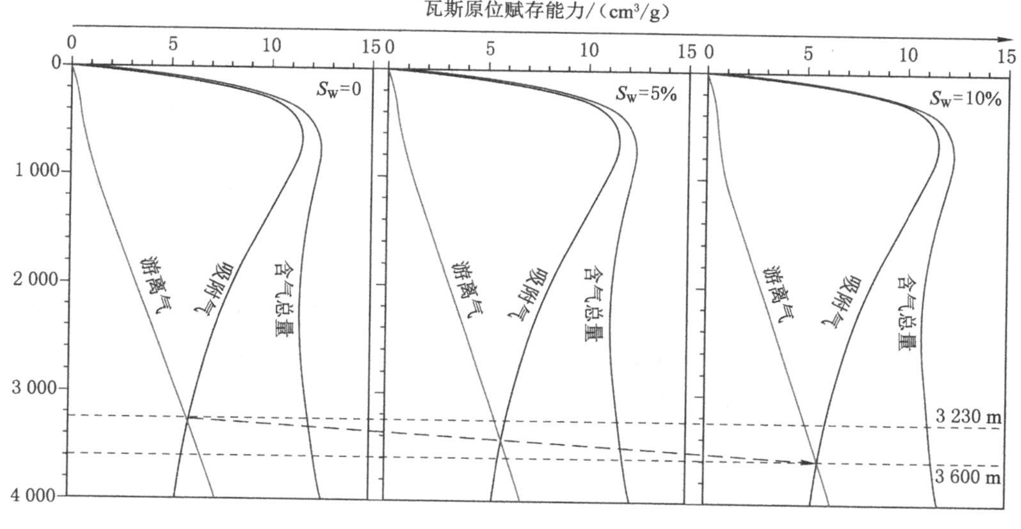

图 9-15　吸附气、游离气赋存占总含气量比例变化

结合前文研究和计算结果，表明随着储层埋深增加，吸附气含量先迅速增大，最大吸附气含量约位于埋深 700 m 附近，可达到 11 cm^3/g 以上，随后缓慢减小。游离气含量随着埋深增大，一直呈现增大趋势，吸附气与游离气占总含气量的比例随着埋深增加表现出此消

彼长的规律，浅部区域吸附气所占比例较大，而深部区域游离气所占比例较大(图 9-16)。

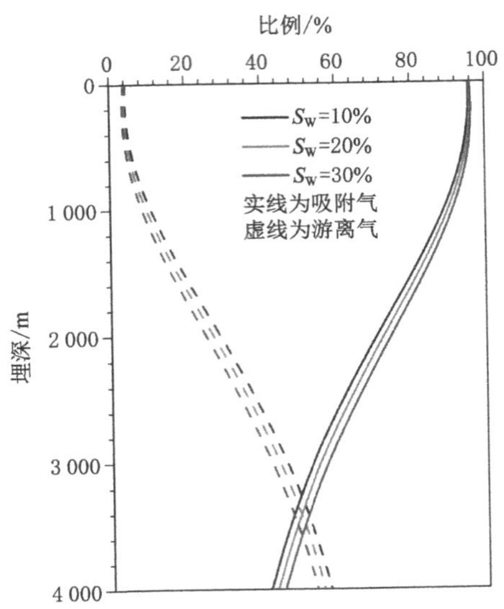

图 9-16　吸附气、游离气赋存占总含气量比例变化特征

在一定埋深处吸附气含量与游离气含量相等，不同含水饱和度条件下两种相态瓦斯含量等量点分布在 3 200～3 600 m，且随着含水饱和度的增大，临界转换深度向深部迁移(图 9-16)。据此进一步划分吸附气、游离气的优势赋存深度，埋深＜3 200 m 区域为吸附气赋存优势带，埋深 3 200～3 600 m 区域为优势相态转换带，埋深＞3 600 m 区域为游离气赋存优势带。究其原因，吸附气赋存在浅部区域对储层压力响应敏感，而在深部区域对储层温度响应敏感；游离气赋存则对储层压力响应明显，而对温度响应非常微弱。因此，埋深＜3 200 m 的低温条件有利于吸附气赋存，但低的储层压力条件不利于游离气储集，故形成吸附气优势赋存带；埋深 3 200～3 600 m 区域，较高地层温度对吸附气赋存的负效应和较高储层压力对游离气赋存的正效应均开始不断显现，随之形成了由吸附气为主逐渐转换为游离气为主的优势赋存相态转换带；埋深＞3 600 m 区域，储层高温条件对吸附气赋存的负效应显著，而该区域的高储层压力条件对游离气赋存有利，形成游离气优势赋存带。

吸附气与游离气赋存的优势深度带及二者之间转换规律对瓦斯赋存状态的研究具有启示意义。对于目前具有开采价值煤层而言，瓦斯赋存以吸附气为主，开滦矿区深部煤层最深处约为 1 200 m，吸附气占比约为 80%，煤层开采过程中应对吸附气赋存的低地温和高储层压力条件具有一定的重视，需合理制定降压解吸方案，以最大程度释放吸附气含量，以保障煤层的安全开采。

第三节　瓦斯涌出量预测

矿井瓦斯涌出量预测是新建或扩建矿井，生产矿井新水平、新采区进行通风设计以及制定合理的瓦斯防治措施不可缺少的重要环节，瓦斯涌出量的预测精度直接关系到矿井的安全生产和经济效益。研究矿井瓦斯涌出量，提高预测精度，一直是世界各主要产煤国家重视研究的课题之一。

煤矿中的瓦斯来源很多(图 9-17)，矿井瓦斯涌出量是井下采矿活动过程中各方面瓦斯涌出量的总和，主要包括生产采区瓦斯涌出量和已采采区采空区瓦斯涌出量两部分，且受许多地质因素的控制，是一种相对较难预测的参数。

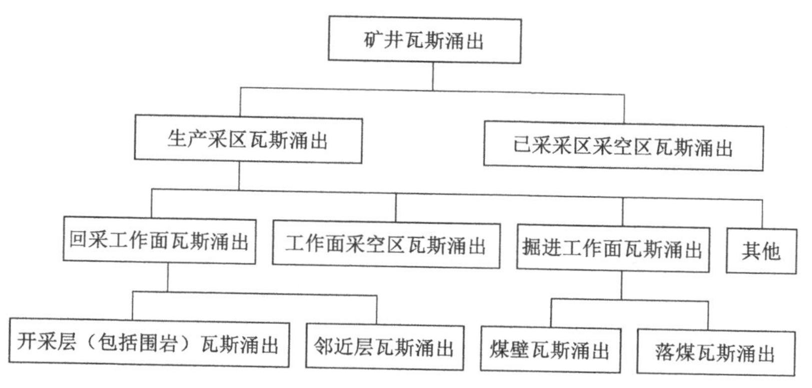

图 9-17　矿井瓦斯涌出构成关系图

瓦斯涌出量预测技术是建立在瓦斯赋存和瓦斯涌出规律研究基础之上的，主要采用统计法和分源法预测。统计法预测的技术关键在于建立实测资料数据库。分源法预测的技术关键在于掌握瓦斯在不同涌出条件下的涌出规律以及相应涌出条件的确定，根据涌出规律和涌出条件计算瓦斯源的涌出量。

分源预测法以瓦斯含量为基础，其实质是按照矿井生产过程中瓦斯涌出源的多少，各个涌出源瓦斯涌出量的大小来预测矿井、采区、回采面和掘进工作面等的瓦斯涌出量。各个瓦斯源涌出量的大小是以煤层瓦斯含量、瓦斯涌出规律和煤层开采技术条件为基础进行计算而确定的。含瓦斯煤层在开采时，受采动影响，赋存在煤层及围岩中的瓦斯平衡状态遭到破坏，破坏带内的瓦斯沿着裂隙、孔隙通道涌入工作面。井下涌出瓦斯的地点即为瓦斯涌出源。瓦斯涌出源的多少、各涌出源涌出的瓦斯量的大小直接决定矿井瓦斯涌出量的大小。其主要技术原理是：根据煤层瓦斯含量和矿井瓦斯涌出的源汇关系，利用瓦斯涌出源的瓦斯涌出规律并结合煤层的赋存条件和开采技术条件，通过对回采工作面和掘进工作面瓦斯涌出量的计算，达到预测采区和矿井瓦斯涌出量的目的。方法如下：

开采煤层(包括围岩)瓦斯涌出量：

$$q_1 = k_1 \cdot k_2 \cdot k_3 \cdot (W_0 - W_1)$$

式中　q_1——开采煤层(包括围岩)相对瓦斯涌出量，m^3/t；

W_0——煤层原始瓦斯含量，m^3/t，

W_1——煤的残存瓦斯含量，m^3/t，与煤质和原始瓦斯含量有关，需实测；如无实测数据，可参考表 9-12 取值；

表 9-12　运至地表时煤的残存瓦斯含量

煤的挥发分含量 V_{daf}/%	6～8	8～12	12～18	18～26	26～35	35～42	42～50
煤残存瓦斯含量 $W_1/(m^3/t)$	9～6	6～4	4～3	3～2	2	2	2

k_1——围岩瓦斯涌出系数；

k_2——工作面丢煤瓦斯涌出系数，其值为工作面回采率的倒数；

k_3——准备巷道预排瓦斯对工作面煤体瓦斯涌出影响系数，采用长壁后退式回采时，系数 k_3 按下式确定：

$$k_3=\frac{L-2h}{L}$$

式中 L——回采工作面长度，m；

h——巷道预排瓦斯等值宽度，m；不同透气性煤层其数值不同，需实测；无实测值时，可参考表 9-13 选取；

表 9-13 巷道预排瓦斯等值宽度 h

巷道煤壁暴露时间/d	不同煤种巷道预排瓦斯等值宽度/m					
	无烟煤	瘦煤	焦煤	肥煤	气煤	长焰煤
25	6.5	9.0	9.0	11.5	11.5	11.5
50	7.4	10.5	10.5	13.0	13.0	13.0
100	9.0	12.4	12.4	16.0	16.0	16.0
160	10.5	14.2	14.2	18.0	18.0	18.0
200	11.0	15.4	15.4	19.7	19.7	19.7
250	12.0	16.9	16.9	21.5	21.5	21.5
300	13.0	18.0	18.0	23.0	23.0	23.0

根据预测工作面位置，在瓦斯含量分布预测图上查取；可燃质瓦斯含量与原煤瓦斯含量之间换算见下式：

$$W_0=W_0'(100-M_{ad}-A_{ad})/100$$

式中 W_0'——每吨可燃质所含原始瓦斯含量，m^3/t；

M_{ad}——原煤水分含量，%，根据实测平均值；

A_{ad}——原煤灰分含量，%，根据实测平均值。

邻近层瓦斯涌出量预测

$$q_2=\sum_{i=1}^{n}\frac{m_i}{m_1}k_i\cdot(W_{0i}-W_1)$$

式中 q_2——邻近层瓦斯涌出量，m^3/t；

m_i——第 i 个邻近层厚度，m；

m_1——开采层的开采厚度，m；

k_i——取决于层间距离的第 i 邻近层瓦斯排放率，k_i 可根据层间距离由图 9-18 查取。

W_{0i}——第 i 邻近层原始瓦斯含量，m^3/t，由于邻近层没有瓦斯含量控制点，上、下邻近层瓦斯含量按同采区 8 煤层瓦斯含量取值；

W_1——煤的残存瓦斯含量，m^3/t。

表 9-14 至表 9-21 为东欢坨矿矿井回采面、邻近层瓦斯涌出预测结果。

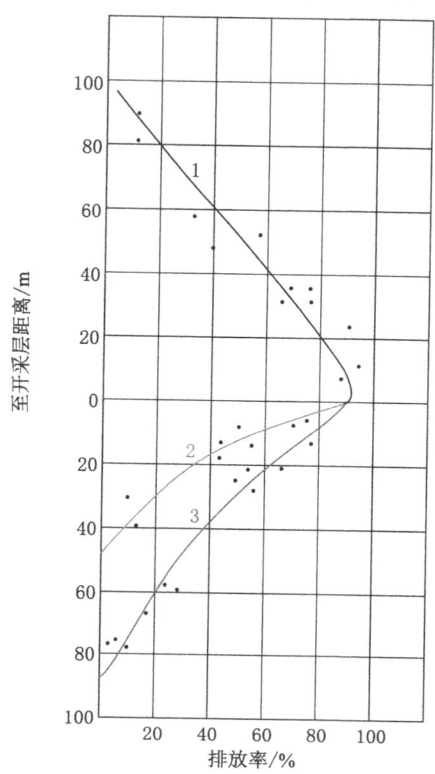

1—上邻近层排放曲线；2—近水平和缓倾斜煤层下邻近层排放曲线；3—急倾斜煤层下邻近层排放曲线。

图 9-18　邻近层瓦斯排放率与层间距的关系曲线[14]

表 9-14　8 煤层回采工作面、邻近层瓦斯涌出预测结果

k_1	k_2	k_3	W_0	W_1	回采工作面瓦斯涌出量/(m^3/t)	邻近层瓦斯涌出量/(m^3/t)
1.3	1.1	0.96	3	2	1.37	1.52
1.3	1.1	0.96	3.5	2	2.06	2.28
1.3	1.1	0.96	4	2	2.75	3.04
1.3	1.1	0.96	4.5	2	3.43	3.80

表 9-15　9 煤层回采工作面、邻近层瓦斯涌出预测结果

k_1	k_2	k_3	W_0	W_1	回采工作面瓦斯涌出量/(m^3/t)	邻近层瓦斯涌出量/(m^3/t)
1.3	1.0	0.96	3	2	1.25	1.30
1.3	1.0	0.96	3.5	2	1.87	1.95
1.3	1.0	0.96	4	2	2.50	2.60
1.3	1.0	0.96	4.5	2	3.12	3.25

表 9-16　11 煤层回采工作面、邻近层瓦斯涌出预测结果

k_1	k_2	k_3	W_0	W_1	回采工作面瓦斯涌出量/(m^3/t)	邻近层瓦斯涌出量/(m^3/t)
1.3	1	0.96	3	2	1.22	1.80
1.3	1	0.96	3.5	2	1.83	2.70
1.3	1	0.96	4	2	2.45	3.60
1.3	1	0.96	4.5	2	3.06	4.50

表 9-17　12_{-1} 煤层回采工作面、邻近层瓦斯涌出预测结果

k_1	k_2	k_3	W_0	W_1	回采工作面瓦斯涌出量/(m^3/t)	邻近层瓦斯涌出量/(m^3/t)
1.3	1.1	0.96	3	2	1.35	1.57
1.3	1.1	0.96	3.5	2	2.02	2.36
1.3	1.1	0.96	4	2	2.69	3.14
1.3	1.1	0.96	4.5	2	3.36	3.93

表 9-18　8 煤层分源法瓦斯涌出预测结果

煤层瓦斯含量/(m^3/t)	相对瓦斯涌出量/(m^3/t)	不同日产量下的绝对瓦斯涌出量/(m^3/min)						
		400	450	500	550	600	650	700
3	2.89	0.80	0.90	1.00	1.10	1.20	1.30	1.40
3.5	4.34	1.21	1.36	1.51	1.66	1.81	1.96	2.11
4	5.79	1.61	1.81	2.01	2.21	2.41	2.61	2.81
4.5	7.23	2.01	2.26	2.51	2.76	3.01	3.26	3.51

表 9-19　9 煤层分源法瓦斯涌出预测结果

煤层瓦斯含量/(m^3/t)	相对瓦斯涌出量/(m^3/t)	不同日产量下的绝对瓦斯涌出量/(m^3/min)						
		400	450	500	550	600	650	700
3	2.55	0.71	0.80	0.88	0.97	1.06	1.15	1.24
3.5	3.82	1.06	1.19	1.33	1.46	1.59	1.73	1.86
4	5.10	1.42	1.59	1.77	1.95	2.12	2.30	2.48
4.5	6.37	1.77	1.99	2.21	2.43	2.65	2.88	3.10

表 9-20　11 煤层分源法瓦斯涌出预测结果

煤层瓦斯含量/(m^3/t)	相对瓦斯涌出量/(m^3/t)	不同日产量下的绝对瓦斯涌出量/(m^3/min)						
		400	450	500	550	600	650	700
3	3.02	0.84	0.94	1.05	1.15	1.26	1.36	1.47
3.5	4.53	1.26	1.42	1.57	1.73	1.89	2.05	2.20
4	6.05	1.68	1.89	2.10	2.31	2.52	2.73	2.94
4.5	7.56	2.10	2.36	2.62	2.89	3.15	3.41	3.67

表 9-21 12_{-1}煤层分源法瓦斯涌出预测结果

煤层瓦斯含量/(m^3/t)	相对瓦斯涌出量/(m^3/t)	不同日产量下的绝对瓦斯涌出量/(m^3/min)						
		400	450	500	550	600	650	700
3	2.92	0.81	0.91	1.01	1.11	1.21	1.32	1.42
3.5	4.37	1.21	1.37	1.52	1.67	1.82	1.97	2.13
4	5.83	1.62	1.82	2.02	2.23	2.43	2.63	2.83
4.5	7.29	2.02	2.28	2.53	2.78	3.04	3.29	3.54

表 9-22 至表 9-29 为吕家坨矿矿井回采面、邻近层瓦斯涌出预测结果。

表 9-22 7 煤层回采工作面、邻近层瓦斯涌出预测结果

k_1	k_2	k_3	W_0	W_1	回采工作面瓦斯涌出量/(m^3/t)	邻近层瓦斯涌出量/(m^3/t)
1.3	1.3	0.97	3	2.5	0.805 0	0.367 9
1.3	1.3	0.97	4	2.5	2.414 9	1.103 7
1.3	1.3	0.97	5	2.5	4.024 9	1.839 5
1.3	1.3	0.97	6	2.5	5.634 9	2.575 2

表 9-23 8 煤层回采工作面、邻近层瓦斯涌出预测结果

k_1	k_2	k_3	W_0	W_1	回采工作面瓦斯涌出量/(m^3/t)	邻近层瓦斯涌出量/(m^3/t)
1.3	1.2	0.97	3	2.5	0.532 6	1.120 4
1.3	1.2	0.97	4	2.5	1.597 8	3.361 3
1.3	1.2	0.97	5	2.5	2.663 0	5.602 2
1.3	1.2	0.97	6	2.5	3.728 2	7.843 1

表 9-24 9 煤层回采工作面、邻近层瓦斯涌出预测结果

k_1	k_2	k_3	W_0	W_1	回采工作面瓦斯涌出量/(m^3/t)	邻近层瓦斯涌出量/(m^3/t)
1.3	1.2	0.98	3	2.5	0.561 0	1.129 8
1.3	1.2	0.98	4	2.5	1.682 9	3.389 3
1.3	1.2	0.98	5	2.5	2.804 9	5.648 9
1.3	1.2	0.98	6	2.5	3.926 8	7.908 4

表 9-25 12 煤层回采工作面、邻近层瓦斯涌出预测结果

k_1	k_2	k_3	W_0	W_1	回采工作面瓦斯涌出量/(m^3/t)	邻近层瓦斯涌出量/(m^3/t)
1.3	1.2	0.98	3	2.5	0.724 4	1.149 3
1.3	1.2	0.98	4	2.5	2.173 1	3.447 9
1.3	1.2	0.98	5	2.5	3.621 8	5.746 5
1.3	1.2	0.98	6	2.5	5.070 5	8.045 1

表 9-26　7 煤层分源法瓦斯涌出预测结果

煤层瓦斯含量/(m^3/t)	相对瓦斯涌出量/(m^3/t)	不同日产量下的绝对瓦斯涌出量/(m^3/min)						
		400	450	500	550	600	650	700
3	1.172 9	0.33	0.37	0.41	0.45	0.49	0.53	0.57
4	3.518 6	0.98	1.10	1.22	1.34	1.47	1.59	1.71
5	5.864 4	1.63	1.83	2.04	2.24	2.44	2.65	2.85
6	8.210 1	2.28	2.57	2.85	3.14	3.42	3.71	3.99

表 9-27　8 煤层分源法瓦斯涌出预测结果

煤层瓦斯含量/(m^3/t)	相对瓦斯涌出量/(m^3/t)	不同日产量下的绝对瓦斯涌出量/(m^3/min)						
		400	450	500	550	600	650	700
3	1.653 0	0.46	0.52	0.57	0.63	0.69	0.75	0.80
4	4.959 1	1.38	1.55	1.72	1.89	2.07	2.24	2.41
5	8.265 2	2.30	2.58	2.87	3.16	3.44	3.73	4.02
6	11.571 3	3.21	3.62	4.02	4.42	4.82	5.22	5.62

表 9-28　9 煤分源法瓦斯涌出预测结果

煤层瓦斯含量/(m^3/t)	相对瓦斯涌出量/(m^3/t)	不同日产量下的绝对瓦斯涌出量/(m^3/min)						
		400	450	500	550	600	650	700
3	1.690 7	0.47	0.53	0.59	0.65	0.70	0.76	0.82
4	5.072 2	1.41	1.59	1.76	1.94	2.11	2.29	2.47
5	8.453 7	2.35	2.64	2.94	3.23	3.52	3.82	4.11
6	11.835 2	3.29	3.70	4.11	4.52	4.93	5.34	5.75

表 9-29　12 煤分源法瓦斯涌出预测结果

煤层瓦斯含量/(m^3/t)	相对瓦斯涌出量/(m^3/t)	不同日产量下的绝对瓦斯涌出量/(m^3/min)						
		400	450	500	550	600	650	700
3	1.873 7	0.52	0.59	0.65	0.72	0.78	0.85	0.91
4	5.621 0	1.56	1.76	1.95	2.15	2.34	2.54	2.73
5	9.368 3	2.60	2.93	3.25	3.58	3.90	4.23	4.55
6	13.115 6	3.64	4.10	4.55	5.01	5.46	5.92	6.38

表 9-30、表 9-31 为范各庄矿矿井 7 煤层回采面、邻近层瓦斯涌出预测结果。

表 9-30　7 煤层回采工作面、邻近层瓦斯涌出预测结果

k_1	k_2	k_3	W_0	W_1	回采工作面瓦斯涌出量/(m^3/t)	邻近层瓦斯涌出量/(m^3/t)
1.3	1.1	9.5	3	2.5	1.398 5	0.882 1
1.3	1.1	9.5	3.1	2.5	1.539 5	0.970 3
1.3	1.1	9.5	3.2	2.5	1.679 5	1.058 5
1.3	1.1	9.5	3.3	2.5	1.819 4	1.146 7
1.3	1.1	9.5	3.4	2.5	1.959 4	1.234 9
1.3	1.1	9.5	3.5	2.5	2.099 3	1.323 1
1.3	1.1	9.5	3.6	2.5	2.239 3	1.411 3
1.3	1.1	9.5	3.7	2.5	2.379 3	1.499 5
1.3	1.1	9.5	3.8	2.5	2.519 2	1.587 7
1.3	1.1	9.5	3.9	2.5	2.659 2	1.675 9
1.3	1.1	9.5	4	2.5	2.799 1	1.764 1
1.3	1.1	9.5	4.1	2.5	2.939 1	1.852 3

表 9-31　7 煤层分源法瓦斯涌出预测结果

煤层瓦斯含量/(m^3/t)	相对瓦斯涌出量/(m^3/t)	不同日产量下的绝对瓦斯涌出量/(m^3/min)								
		200	250	300	350	400	450	500	550	600
3	2.280 5	0.32	0.40	0.48	0.55	0.63	0.71	0.79	0.87	0.95
3.1	2.509 8	0.35	0.44	0.52	0.61	0.70	0.78	0.87	0.96	1.05
3.2	2.737 9	0.38	0.48	0.57	0.67	0.76	0.86	0.95	1.05	1.14
3.3	2.966 1	0.41	0.51	0.62	0.72	0.82	0.93	1.03	1.13	1.24
3.4	3.194 3	0.44	0.55	0.67	0.78	0.89	1.00	1.11	1.22	1.33
3.5	3.422 4	0.48	0.59	0.71	0.83	0.95	1.07	1.19	1.31	1.43
3.6	3.650 6	0.51	0.63	0.76	0.89	1.01	1.14	1.27	1.39	1.52
3.7	3.878 8	0.54	0.67	0.81	0.94	1.08	1.21	1.35	1.48	1.62
3.8	4.106 9	0.57	0.71	0.86	1.00	1.14	1.28	1.43	1.57	1.71
3.9	4.335 1	0.60	0.75	0.90	1.05	1.20	1.35	1.51	1.66	1.81
4	4.563 2	0.63	0.79	0.95	1.11	1.27	1.43	1.58	1.74	1.90
4.1	4.791 4	0.67	0.83	1.00	1.16	1.33	1.50	1.66	1.83	2.00
4.2	5.019 6	0.70	0.87	1.05	1.22	1.39	1.57	1.74	1.92	2.09

表 9-32、表 9-33 为钱家营矿矿井 7 煤层回采面、邻近层瓦斯涌出预测结果。

表 9-32　7 煤层回采工作面、邻近层瓦斯涌出预测结果

k_1	k_2	k_3	W_0	W_1	回采工作面瓦斯涌出量/(m^3/t)	邻近层瓦斯涌出量/(m^3/t)
1.3	1.05	0.9	4	2	1.26	0.72
1.3	1.05	0.9	5	2	2.19	1.84
1.3	1.05	0.9	6	2	3.12	2.95
1.3	1.05	0.9	7	2	4.05	4.06
1.3	1.05	0.9	8	2	4.98	5.17

表 9-33　7 煤层分源法瓦斯涌出预测结果

煤层瓦斯含量/(m^3/t)	相对瓦斯涌出量/(m^3/t)	不同日产量下的绝对瓦斯涌出量/(m^3/min)					
		1 000	1 200	1 400	1 600	1 800	2 000
4	1.98	1.38	1.65	1.93	2.2	2.48	2.75
5	4.03	2.80	3.36	3.92	4.48	5.04	5.60
6	6.07	4.22	5.06	5.90	6.74	7.59	8.43
7	8.11	5.63	6.76	7.88	9.01	10.14	11.26
8	10.15	7.05	8.46	9.87	11.28	12.69	14.10

表 9-34、表 9-35 为钱家营矿矿井 7 煤层回采面、邻近层瓦斯涌出预测结果。

表 9-34　7 煤层分源法瓦斯涌出预测结果

k_1	k_2	k_3	W_0	W_1	回采工作面瓦斯涌出量/(m^3/t)	邻近层瓦斯涌出量/(m^3/t)
1.3	1.4	0.9	3.5	2.5	1.638	3.30
1.3	1.4	0.9	3.6	2.5	1.801 8	3.63
1.3	1.4	0.9	3.7	2.5	1.965 6	3.96
1.3	1.4	0.9	3.8	2.5	2.129 4	4.29
1.3	1.4	0.9	3.9	2.5	2.293 2	4.62
1.3	1.4	0.9	4	2.5	2.457	4.95
1.3	1.4	0.9	4.1	2.5	2.620 8	5.29

表 9-35　7 煤层分源法瓦斯涌出预测结果

煤层瓦斯含量/(m^3/t)	相对瓦斯涌出量/(m^3/t)	不同日产量下的绝对瓦斯涌出量/(m^3/min)						
		200	300	400	500	600	700	800
3.5	4.94	0.69	1.03	1.37	1.72	2.06	2.40	2.75
3.6	5.44	0.75	1.13	1.51	1.89	2.26	2.64	3.02
3.7	5.93	0.82	1.24	1.65	2.06	2.47	2.88	3.29
3.8	6.42	0.89	1.34	1.78	2.23	2.68	3.12	3.57
3.9	6.92	0.96	1.44	1.92	2.40	2.88	3.36	3.84
4.0	7.41	1.03	1.54	2.06	2.57	3.09	3.60	4.12
4.1	7.91	1.10	1.65	2.20	2.75	3.29	3.84	4.39

2014年3月前，唐山矿各煤层已采工作面绝对瓦斯涌出量9煤层最大，为12 m^3/min以下，8煤层次之，为1～1.5 m^3/min区间，5煤层绝对瓦斯涌出量与8煤层相当，为2 m^3/min以下。通过对规划区域南五区、岳胥区的分源预测及矫正，对矿井规划工作面瓦斯涌出量进行了预测，如表9-36、表9-37所示。

通过分源预测法对矿井规划工作面瓦斯涌出情况的预测及矫正，可以看出回采工作面相对瓦斯涌出量平均值为3.75 m^3/t，其中Y282工作面相对瓦斯涌出量最大，为11.14 m^3/t，由于回采绝对瓦斯涌出量受实际产量影响较大，而计划产量常与实际产量有一定出入，故不作讨论；掘进工作面绝对瓦斯涌出量均未大于3 m^3/min，平均0.48 m^3/min。

表9-36　分源预测回采工作面瓦斯涌出结果矫正

时间	煤层	工作面	生产能力/(t/d)	瓦斯涌出量预测值/(m^3/t)	涌出量预测值矫正	
					相对涌出量/(m^3/t)	绝对涌出量/(m^3/min)
2013至2015年	5	Y254	1 448	4.96	3.08	3.09
		Y256	1 300	4.79	2.97	2.68
		T1456	1 413	4.44	2.75	2.70
	8、9	Y486	4 275	5.45	4.68	13.91
		Y485	5 606	5.24	4.50	17.53
		Y282	2 000	12.95	11.14	15.47
		Y294	3 300	4.65	4.00	9.16
2015至2017年	5	Y257	1 000	1.79	1.11	0.77
		Y255	1 000	1.84	1.14	0.79
		Y253	1 000	1.67	1.03	0.72
		Y351	1 000	1.71	1.06	0.74
		251	1 000	3.49	2.17	1.50
	8、9	Y484	3 000	5.75	4.95	10.30
		Y297	2 500	5.02	4.32	7.49
		Y292	2 000	8.62	7.41	10.30
		Y296	2 500	4.39	3.77	6.55

表9-37　分源预测掘进工作面瓦斯涌出结果矫正

时间	煤层	工作面	瓦斯涌出量预测值/(m^3/min)	矫正值
2013至2015年	5煤	Y254	0.31	0.25
		Y256	0.35	0.28
		T1456	0.36	0.29
	8、9煤	Y486	0.88	0.83
		Y485	0.81	0.76
		Y282	0.85	0.79
		Y294	0.74	0.70

表 9-37(续)

时间	煤层	工作面	瓦斯涌出量预测值/(m^3/min)	矫正值
2015 至 2017 年	5 煤	Y257	0.20	0.16
		Y255	0.22	0.18
		Y253	0.21	0.17
		Y351	0.19	0.15
		251	0.39	0.31
	8、9 煤	Y484	0.92	0.86
		Y297	0.58	0.54
		Y292	0.77	0.73
		Y296	0.75	0.71

第四节　瓦斯地质单元区划及防治措施

基于煤层瓦斯含量、煤的瓦斯放散初速度 ΔP、煤的坚固性系数 f 和原始煤层瓦斯压力(相对)P 等单项指标，结合煤体破坏类型，最终采用煤层突出危险性综合指标 D 和煤层突出危险性综合指标 K 对矿井煤层瓦斯分布进行预测，优选出掘进工作面突出预测指标，划分出不同的瓦斯分布区块。

分析瓦斯赋存规律，预测深部瓦斯涌出量、瓦斯含量，圈定可能发生瓦斯异常的区域，探讨可能发生煤与瓦斯突出或突出指标超标的主要地质控制因素，指导煤矿矿井瓦斯防治。对瓦斯涌出量、瓦斯压力、瓦斯含量异常偏高区域，有针对性地提出防治措施，以保证煤矿安全、高效的生产。

新的《防治煤与瓦斯突出细则》(2019)将煤与瓦斯突出危险区域划分为两类：无突出危险区域和突出危险区域。其区域划分依据主要有：

① 单项指标、综合指标、掘进和回采突出预测指标等基本参数；

② 各突出煤层始突点位置、突出情况及瓦斯动力现象发生情况；

③ 考虑管理方便及留有一定的安全系数(以始突点标高为基准，视其所在区域突出危险程度和管理方便再上提一定的垂高作为划定突出危险区域的上界标高)。

一、单项指标

根据《防治煤与瓦斯突出细则》(2019)，预测煤层突出危险性的指标采用煤的破坏类型、煤的瓦斯放散初速度 ΔP、煤的坚固性系数 f、原始煤层瓦斯压力(相对)P。判断煤层突出危险性的临界值如表 9-38 所示。

(一) 东欢坨矿

关于东欢坨矿煤层突出危险性的资料较少，根据现有资料，推测其破坏类型主要为Ⅰ、Ⅱ型，煤的瓦斯放散初速度较低，各主采原始煤层瓦斯压力(相对)也较低，最大处仅为 0.41 MPa(表 9-39)，且 2020 年经鉴定东欢坨矿为低瓦斯矿井。

表 9-38　预测煤层突出危险性的单项指标(Ⅰ、Ⅱ等为煤的破坏类型)

煤层突出危险性	煤的破坏类型	煤的瓦斯放散初速度 ΔP	煤的坚固性系数 f	原始煤层瓦斯压力(相对)P/MPa
有突出危险	Ⅲ、Ⅳ、Ⅴ	≥10	≤0.5	≥0.74
无突出危险	Ⅰ、Ⅱ	<10	>0.5	<0.74

表 9-39　东欢坨矿各主煤层突出危险性预测综合指标值

煤层	煤体结构	f	ΔP	P/MPa	突出危险性
8	块状	0.41	3.775	0.41	小
9	块状	0.35	6.7	0.29	小
11	块状	0.86	4.8	0.19	小
12_{-1}	块状	1.06	5.2	0.17	小

(二) 吕家坨矿

吕家坨矿各煤层突出危险性指标(表 9-40)虽然缺少煤的破坏程度,但由于煤体均为块状,推测其破坏类型为Ⅰ、Ⅱ型,煤的瓦斯放散初速度较高,原始煤层瓦斯压力(相对)也较低,最大处仅为 0.4 MPa,2020 年经鉴定吕家坨矿为高瓦斯矿井。

表 9-40　吕家坨矿各主煤层突出危险性预测综合指标值

煤层	煤体结构	f	ΔP	P/MPa
5	块状	1.01	7.239	0.38
7	块状	1.14	6.768	0.35
8	块状	0.32	6.896	0.32
9	块状	0.64	8.788	0.39
12	块状	0.87	10.268	0.4

(三) 范各庄矿

范各庄矿各煤层突出危险性指标(表 9-41)同样缺少煤的破坏程度,但由于煤体均为块状,推测其破坏类型为Ⅰ、Ⅱ型,煤的瓦斯放散初速度较低,原始煤层瓦斯压力(相对)也较低,最大处仅为 0.4 MPa,2020 年经鉴定范各庄矿为低瓦斯矿井。

表 9-41　范各庄矿各主煤层突出危险性预测综合指标值

煤层	煤体结构	f	ΔP	P/MPa
5	块状	0.28	5.8	0.4
7	块状	0.33	9.5	0.08
8	块状	0.24	9.7	0.06

（四）钱家营矿

钱家营矿各煤层突出危险性指标（表 9-42）同样缺少煤的破坏程度，但由于煤体均为块状，推测其破坏类型为Ⅰ、Ⅱ型，煤的瓦斯放散初速度较低，原始煤层瓦斯压力（相对）较高，最大处达到 19.2 MPa，2020 年经鉴定钱家营矿为煤与瓦斯突出矿井。

表 9-42　钱家营矿各主煤层突出危险性预测综合指标值

煤层	煤体结构	f	ΔP	P/MPa
5	粉末状	0.1～0.39	0.1～4.6	2.3～19.2
7	块状	0.2˜0.98	·2.7～6.2	0～0.32
8	块状	0.12～0.46	2.075～6.588	0～0.3
9	块状	0.15～0.54	1.8～8.0	0～0.61
12	块状	0.11～0.5	2.3～8.5	0～0.2

（五）林西矿

林西矿各煤层突出危险性指标（表 9-43）同样缺少煤的破坏程度，但由于煤体均为块状，推测其破坏类型为Ⅰ、Ⅱ型，煤的瓦斯放散初速度较低，原始煤层瓦斯压力（相对）同样较低，为 0.42 MPa，2020 年经鉴定林西矿为低瓦斯矿井。

表 9-43　林西矿各主煤层突出危险性预测综合指标值

煤层	煤体结构	f	ΔP	P/MPa
12 煤	块状	0.9	4.4	0.42

（六）唐山矿

唐山矿各煤层突出危险性指标（表 9-44）同样缺少煤的破坏程度，但由于煤体均为块状，推测其破坏类型为Ⅰ、Ⅱ型，煤的瓦斯放散初速度较低，原始煤层瓦斯压力（相对）同样较低，为 0.42 MPa，2020 年经鉴定唐山矿为煤与瓦斯突出矿井。

表 9-44　唐山矿各主煤层突出危险性预测综合指标值

煤层	煤体结构	f	ΔP	P/MPa
5	块状	0.4703 5	2.937 5	0.12
8	块状	0.656 473	1.762 5	0.12
9	块状	0.472 568	3.818 5	0.12
12	块状	0.472 568	3.198 5	0.12

二、综合指标

（一）组合熵的计算

信息熵是研究地质体结构异常的有效工具。在研究东欢坨矿煤层信息熵分布的基础上，划分出该区的煤层组合熵异常区，并定量评价不同熵值分布区的瓦斯异常级别。在研究的全过程中，从网格单元的取值、组合熵等值线的绘制、不同熵值区间的异常评价，直到异常地段的圈定，都是在充分把握矿井瓦斯地质规律的基础上辅以计算机软件完成的。

1. 网格单元划分

在研究东欢坨矿煤层信息熵时，第一步是划分网格单元。此次东欢坨矿煤层信息熵研究所采用的网格单元大小为 1 000×1 000 m(图 9-19)。

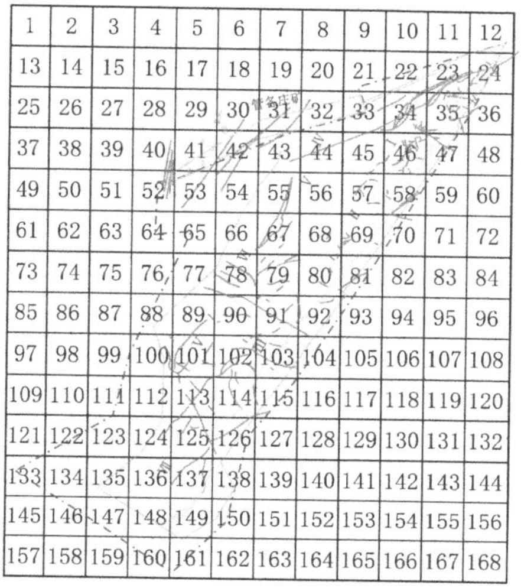

1	2	3	4	5	6	7	8	9	10	11	12
13	14	15	16	17	18	19	20	21	22	23	24
25	26	27	28	29	30	31	32	33	34	35	36
37	38	39	40	41	42	43	44	45	46	47	48
49	50	51	52	53	54	55	56	57	58	59	60
61	62	63	64	65	66	67	68	69	70	71	72
73	74	75	76	77	78	79	80	81	82	83	84
85	86	87	88	89	90	91	92	93	94	95	96
97	98	99	100	101	102	103	104	105	106	107	108
109	110	111	112	113	114	115	116	117	118	119	120
121	122	123	124	125	126	127	128	129	130	131	132
133	134	135	136	137	138	139	140	141	142	143	144
145	146	147	148	149	150	151	152	153	154	155	156
157	158	159	160	161	162	163	164	165	166	167	168

图 9-19　东欢坨矿用于熵值计算的网格

2. 应用计算机软件进行单元取值

由于计算信息熵时需测量每个网格单元中不同属性的值，其取值的工作量十分繁重。也许这是影响此方法应用的一个重要原因。应用计算机软件则可使这一过程变得相对简单。

3. 组合熵计算公式

在网格单元内求得每个独立属性值后，计算各属性的相对信息熵，在此基础上求东欢坨矿各煤层的组合熵。

$$H_i = \frac{-CP_i \lg(P_i)}{n}$$

$$H = \frac{-C\sum_{i=1}^{n} P_i \lg(P_i)}{n}$$

综合考虑东欢坨矿的瓦斯地质规律及瓦斯赋存的控制因素，决定采用瓦斯含量特征、瓦斯压力、构造特征(分维值)、变异系数、煤层顶板含泥率、煤层底板标高的组合熵来对全矿进行评价。

在组合熵计算时为了使各因素对计算最终结果的影响在同一数量级，须对代入数据进行标准化处理。

因为各个指标所占的权重不一样，所以利用组合熵评价瓦斯动力现象时，首先要判断指标的权重，这里我们使用优序图法来判断瓦斯含量、变异系数、底板标高、煤层顶板含泥率、瓦斯压力和构造特征(分维值)所占的权重。

优序图(precedence chart,简称 PC)是美国人穆蒂(P. E. Moody)1983 年首次提出的。设 n 为比较对象(如方案、目标、指标等)的数目,优序图是一个棋盘格的图式,共有 $n \times n$ 个空格,在进行两两比较时可选择 1,0 和 0.5 三个数字来表示何者为大、为优。"1"表示两两相比中的相对"大的""优的""重要的",而用"0"表示相对"小的""劣的""不重要的"。

在利用优序图判断各因素的优劣或重要性顺序时,以优序图中黑字方格为对角线,把这对角线两边对称的空格数字对照一番,如果对称的两栏数字正好一边是 1,而另一边是 0 形成互补或者两边都是 0.5,则表示填表数字无误。这就是优序图的互补检验。

满足互补检验的优序图的权重计算方法是把各行所填的各格数字横向相加,然后分别与总数 $T(T=n(n-1)/2+0.5n)$ 相除就得到了各指标的权重(表 9-45)。

表 9-45 组合熵权重优序图

指标	瓦斯压力	瓦斯含量	变异系数	底板标高	顶板含泥率	分维值	权重
瓦斯压力	0.5	1	1	1	1	1	0.305
瓦斯含量	0	0.5	1	1	1	1	0.250
变异系数	0	0	0.5	1	1	1	0.194
底板标高	0	0	0	0.5	0	1	0.083
煤层顶板含泥率	0	0	0	1	0.5	0	0.083
分维值	0	0	0	0	1	0.5	0.083

(二)东欢坨矿各煤层组合熵划分

通过分析,对东欢坨矿 8 煤层、9 煤层、11 煤层及 12_{-1} 煤层采用相同的组合熵划分指标,划分方案如表 9-46 所示。

表 9-46 研究区组合熵危险区划分方案

煤层	组合熵	风氧化带/m	瓦斯动力危险性
8	≥40	≥风氧化带(≥600 m)	重点异常
	≥30	<风氧化带(<600 m)	异常
9	≥40	≥风氧化带(≥520 m)	重点异常
	≥30	<风氧化带(<520 m)	异常
11	≥40	≥风氧化带(≥670 m)	重点异常
	≥30	<风氧化带(<670 m)	异常
12_{-1}	≥40	≥风氧化带(≥720 m)	重点异常
	≥30	<风氧化带(<720 m)	异常

《东欢坨矿深部开采瓦斯地质规律及通风技术保障综合研究》(2013.3)报告将东欢坨矿分为 7 个构造块(图 9-20),第Ⅰ构造块位于车轴山向斜周围及中央上段采区靠近向斜轴一侧,其构造发育,煤、岩体结构破碎;第Ⅱ构造块位于中央采区其余地区,基本无大断层,

结构完整；第Ⅲ构造块大体位于－690南一、南二、南三采区及－950南三采区，断层发育，且深大断层较多，煤、岩体结构破碎；第Ⅳ构造块位于深部向斜轴地区，煤藏深度的增大，以及压性构造的发育，为瓦斯提供良好的赋存条件；第Ⅴ构造块基本位于－950南一、南二采区及－1200南二采区，基本无大断层，结构完整；第Ⅵ构造块位于－1200南一采区，有褶曲发育，地层倾角变化较平缓地区大，结构基本完整；第Ⅶ构造块位于－1200南三采区，地层倾角有变化，类似褶曲发育，结构完整。总体来说，第Ⅰ、Ⅲ构造块不利于瓦斯的赋存，瓦斯逸散量较大；第Ⅱ构造块结构完整，利于瓦斯保存；第Ⅳ、Ⅴ、Ⅵ及Ⅶ构造块为需重点观测区。同时，圈定了8煤层、9煤层、11煤层及12_{-1}层煤瓦斯异常防治区及瓦斯异常重点区。

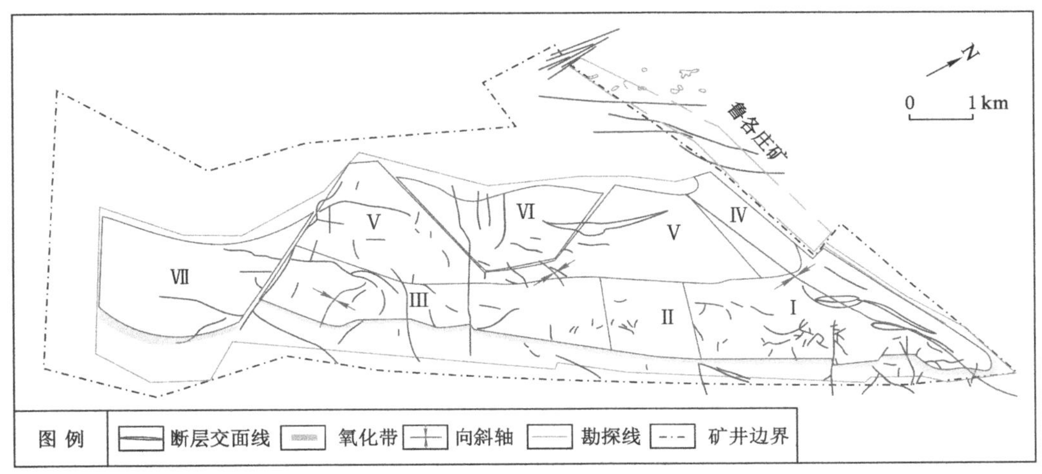

图 9-20 研究区构造块划分图

在东欢坨矿组合熵计算时为了使煤层埋深、煤层顶板含泥率、分维值和煤厚对计算最终结果的影响在同一数量级，对代入数据进行了标准化处理。即对于埋深，将最大标高－1 200 m定为10；对于煤层顶板含泥率，将最大煤层顶板含泥率1定为10；对于分维值，将深部构造块(Ⅳ、Ⅴ、Ⅵ、Ⅶ)定为10，浅部构造块(Ⅱ区)定为5，其余块(Ⅰ、Ⅲ)定为0；对于煤厚，将各主采煤层最大煤厚定为10。由于各主要控制因素对瓦斯涌出量的贡献不同，即各指标权重不同，利用8煤层瓦斯涌出量的瓦斯地质学模型进行计算。

组合熵值异常大往往是由多个因素共同控制的，因此，这样的区域极易发生瓦斯动力现象，可能是煤和瓦斯突出的重点区域。

综合研究区煤层特征、煤层顶板含泥率特征、瓦斯含量特征和构造特征等，绘制了组合熵等值线图，在构造相对复杂区，将瓦斯带内组合熵大于40的区域认为是可能发生瓦斯突出的区域(红色所示区域)，瓦斯风氧化带内组合熵小于40的区域认为是可能发生瓦斯异常的区域(橙色所示区域)；在构造相对简单区，将瓦斯带内组合熵大于40的区域认为是可能发生瓦斯突出的区域(红色所示区域)，瓦斯风氧化带内组合熵小于40的区域认为是可能发生瓦斯异常的区域(橙色所示区域)。瓦斯压力是发生瓦斯突出危险的主控因素，若组合熵小于突出危险区但瓦斯压力大于0.74 MPa的区域，亦为瓦斯突出危险区域。查阅瓦斯地质图发现，矿区内瓦斯压力均小于0.74 MPa，因此，仅通过组合熵评价瓦斯突出危险性。

(1) 8 煤层

东欢坨矿 8 煤层组合熵等值线图见图 9-21。由东向西，随着埋深增加，矿井瓦斯含量、地应力也相对增加，且 8 煤层为厚煤层，瓦斯涌出异常的危险性也相对增加，Ⅰ构造块(位于向斜轴附近)及Ⅶ构造块，煤厚稳定，煤层顶板含泥率较高，组合熵值大于 30，圈定 2 个瓦斯异常防治区；Ⅴ构造块及Ⅶ构造块煤厚变化较大，煤层顶板含泥率较高，组合熵值大于 40，圈定 3 个瓦斯异常重点防治。

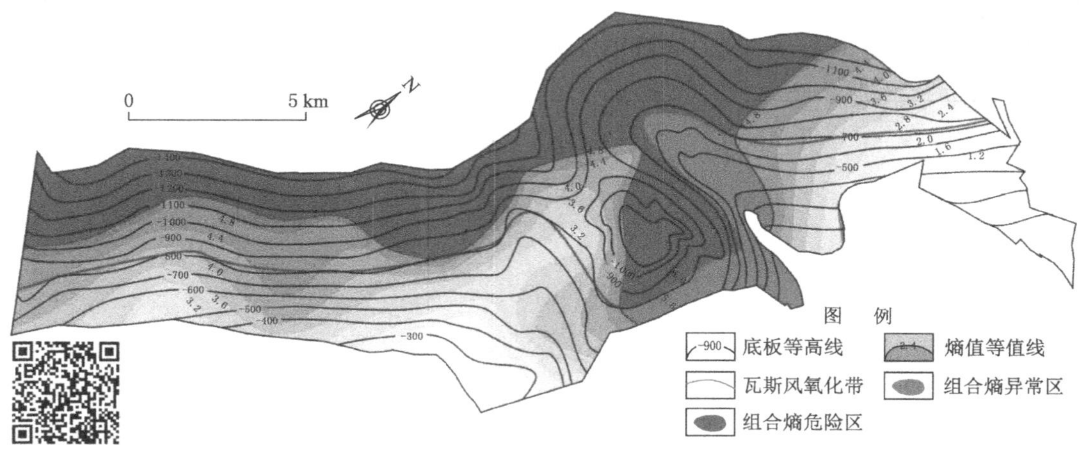

图 9-21 研究区 8 煤层组合熵区划图

(2) 9 煤层

东欢坨矿 9 煤层组合熵等值线图见图 9-22。由东向西，随着埋深增加，矿井瓦斯含量、地应力也相对增加，且 9 煤层为厚煤层，瓦斯涌出异常的危险性增加。Ⅶ构造块构造完整，煤层顶板含泥率较高，煤厚大，组合熵值大于 30，圈定 1 个瓦斯异常防治区；Ⅳ构造块(深部向斜轴附近)、Ⅴ构造块、Ⅵ构造块及Ⅶ构造块，煤厚变化较大，煤层顶板含泥率较高，组合熵值大于 40，圈定 3 个瓦斯异常重点防治区。

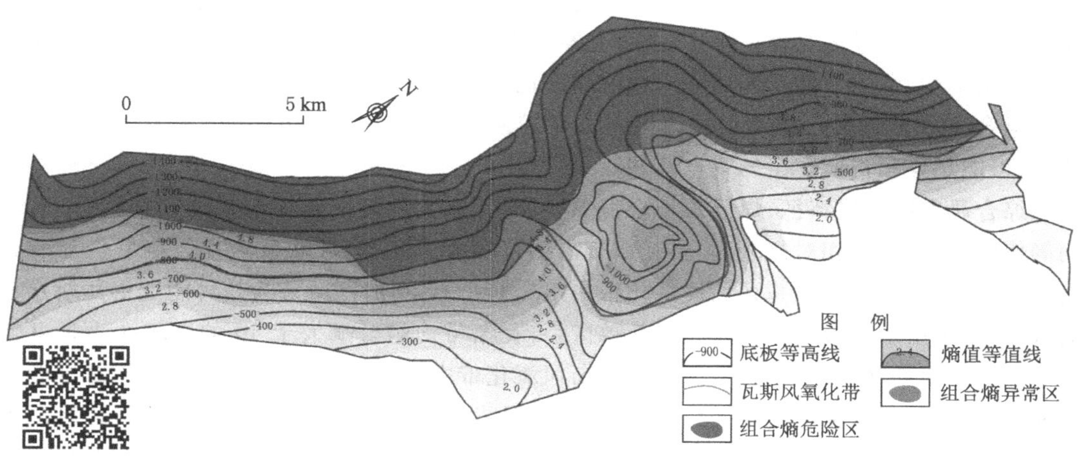

图 9-22 研究区 9 煤层组合熵区划图

(3) 11 煤层

矿井由东向西，随着埋深增加，瓦斯含量、地应力、煤厚也相对增加，瓦斯涌出异常的危险性也相对增加，在Ⅰ构造块位于向斜轴附近及Ⅶ构造块，煤厚稳定，顶板含泥率较高，组合熵值大于 30，圈定 2 个瓦斯异常防治区；Ⅴ构造块、Ⅵ构造块及Ⅶ构造块煤厚变化较大，顶板含泥率较高，组合熵值大于 40，圈定 2 个瓦斯异常重点防治区。

(4) 12_{-1}煤层

东欢坨矿 12_{-1}煤层熵值图见图 9-23。在Ⅰ构造块位于向斜轴附近及Ⅶ构造块，煤厚稳定，顶板含泥率较高，组合熵值大于 30，圈定 2 个瓦斯异常防治区；Ⅶ构造块煤层厚度变化较大，最厚可以达到 4.16 m，组合熵值大于 40，圈定 2 个瓦斯异常重点防治区。

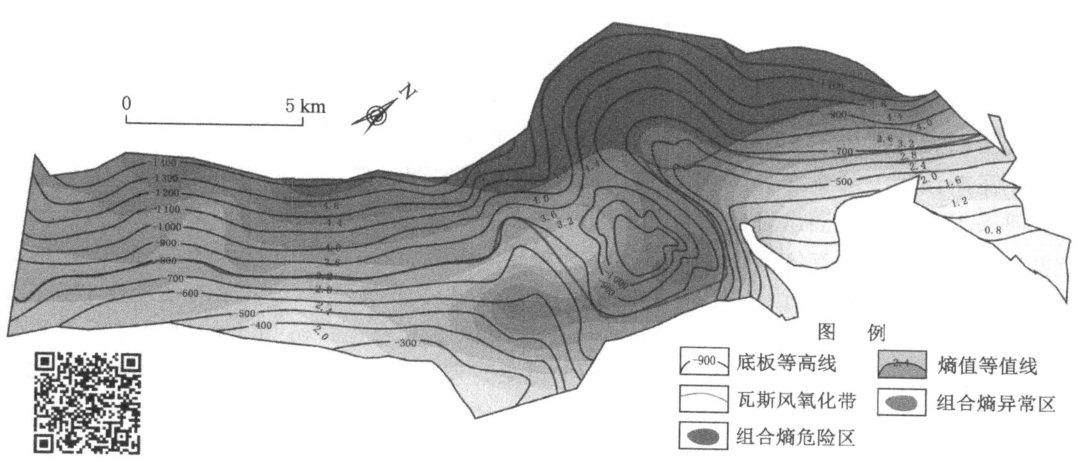

图 9-23　研究区 12_{-1}煤层组合熵区划图

(三) 开平向斜南东翼组合熵划分

结合开平向斜南东翼各矿(吕家坨矿、钱家营矿、林西矿)煤层特征、顶板含泥率特征、瓦斯含量特征和构造特征，绘制了研究组合熵等值线图，认为在构造相对复杂区，将瓦斯带内组合熵大于 0.48 的区域认为是可能发生瓦斯突出的区域，瓦斯风氧化带内组合熵大于 0.48 的区域认为是可能发生瓦斯异常的区域；在构造相对简单区，将瓦斯带内组合熵大于 0.5 的区域认为是可能发生瓦斯突出的区域，瓦斯风氧化带内组合熵大于 0.5 的区域认为是可能发生瓦斯异常的区域。根据组合熵等值线图，对研究区各个煤层进行了瓦斯异常及突出危险性区划。

第五节　矿井瓦斯治理方法

国内外防治瓦斯主要从两方面着手，一是加强矿井瓦斯涌出预测(包括采煤工作面、掘进工作面以及采空区瓦斯涌出来源等)，根据瓦斯涌出来源合理部署防治措施；另一方面是加强瓦斯灾害预防，包括本煤层瓦斯预抽、邻近层瓦斯预抽和采空区瓦斯抽采等，其目的是减少瓦斯涌出，消除突出危险，保障矿井安全回采。

一、瓦斯涌出预测

分源预测法是矿井瓦斯涌出量预测方法中较为常用的方法，其根据时间和地点的不同，分别对回采工作面瓦斯涌出源、掘进工作面瓦斯涌出源、现采采空区瓦斯涌出源及老采空区瓦斯涌出源进行预测，最终得出矿井瓦斯涌出量。该预测方法以煤层瓦斯含量为基础数据，通过对地质构造带瓦斯赋存规律、不同采煤方法的瓦斯涌出规律、煤的残存瓦斯量、围岩和采空区瓦斯涌出规律及掘进巷道瓦斯涌出和瓦斯排放带宽度的研究，提出了地质构造单元分源预测矿井瓦斯涌出量的方法。根据矿井瓦斯涌出来源及涌出规律，结合矿井煤层配产方案计算矿井不同生产时期各瓦斯涌出源的瓦斯涌出大小，来确定矿井瓦斯涌出量。

分源预测法首先分析研究煤层瓦斯含量测值的准确性，找出适合校准系数；第二是对影响预测精度的各种系数进行研究，从而找出相应条件下的适合系数值。该方法紧密结合我国煤田的实际情况，使得煤层瓦斯含量由原来的定性分析转为定量分析，由原来手工计算及绘图转为计算机图文一体化，从技术上克服了原来矿山统计法、类比法的应用局限性，使矿井瓦斯预测方法更加具体化，使矿井瓦斯涌出量预测工作规范化、科学化。

回采工作面瓦斯涌出量预测分为开采层瓦斯涌出量和邻近层瓦斯涌出量。预测时应理清煤层开采顺序及相互卸压影响关系。在邻近层瓦斯涌出量计算中，应注意的是在开采层开采时，其卸压影响范围内的可采或不可采的邻近煤层涌向回采工作面的瓦斯量，应尽可能详尽地统计计算邻近煤层的瓦斯涌出量，一般考虑厚度为 0.3 m 以上的可采或不可采邻近煤层瓦斯涌出量。但矿井 0.3 m 以上的不可采煤层的瓦斯参数一般不全，因此可考虑选择同一组段内煤质相同且相邻最近的煤层瓦斯参数作为邻近层瓦斯参数，进行邻近层瓦斯涌出量计算。

煤巷掘进工作面瓦斯涌出量计算中，涉及煤层原始瓦斯含量，此处掘进煤层的原煤瓦斯含量一般考虑为未受采动卸压影响的煤层原始瓦斯含量。其原因是煤层开采过程中，由于种种因素影响，会形成需掘进的煤巷条带处于未卸压释放的情况，如留设煤柱、邻近煤层不可采等。

二、瓦斯灾害预防

国家煤矿安全监察局于 2019 年 10 月施行的《防治煤与瓦斯突出细则》（下文简称《细则》）明确详细说明了防治煤（岩）与瓦斯（二氧化碳）突出工作细则与规定，其中第五条提出了区域综合防突措施内容：① 区域突出危险性预测；② 区域防突措施；③ 区域防突措施效果检验；④区域验证。局部综合防突措施包括：① 工作面突出危险性预测；② 工作面防突措施；③ 工作面防突措施效果检验；④ 安全防护措施。突出矿井应当加强区域和局部（简称两个“四位一体”）综合防突措施实施过程的安全管理和质量管控，确保质量可靠、过程可溯。《细则》第六条还强调了瓦斯防突工作必须坚持“区域综合防突措施先行、局部综合防突措施补充”的原则，按照“一矿一策、一面一策”的要求，实现“先抽后建、先抽后掘、先抽后采、预抽达标”。突出煤层必须采取两个“四位一体”综合防突措施，做到多措并举、可保必保、应抽尽抽、效果达标，否则严禁采掘活动。在采掘生产和综合防突措施实施过程中，发现有喷孔、顶钻等明显突出预兆或者发生突出的区域，必须采取或者继续执行区域防突措施。《细则》第七条还强调了突出矿井发生突出的必须立即停产，并分析查找原因，在强化实施综合防突措施、消除突出隐患后，方可恢复生产。非突出矿井首次发生突出的必须立即停产，按本细则的要求建立防突机构和管理制度，完善安全设施和安全生产系统，配备安全装备，实施两个“四位一体”综合防突措施并达到效果后，方可恢复生产。《细则》第二章详细规定了瓦斯突出的鉴定原则及判定指标（原始煤层瓦斯压力（相对）、煤的坚固系数 f、煤的破坏类型、煤的瓦斯放散初速度 ΔP）。本书总结煤与瓦斯防突方法及注意事项如下：

(1) 区域防突措施是指在突出煤层进行采掘前，对突出危险区煤层采取的较大范围防突措施。区域防突措施包括开采保护层和预抽煤层瓦斯 2 类。具备开采保护层条件的突出危险区，必须开采保护层。开采保护层分为上保护层和下保护层 2 种方式。预抽煤层瓦斯区域防突措施可采用的方式有：地面井预抽煤层瓦斯以及井下穿层钻孔或顺层钻孔预抽区段煤层瓦斯、穿层钻孔预抽煤巷条带煤层瓦斯、顺层钻孔或穿层钻孔预抽回采区域煤层瓦斯、穿层钻孔预抽石门（含立、斜井等）揭煤区域煤层瓦斯、顺层钻孔预抽煤巷条带煤层瓦斯等。预抽煤层瓦斯区域防突措施应当按上述所列方式的优先顺序选取，或一并采用多种方式的预抽煤层瓦斯措施。随着工作面开采，采空区遗煤残余瓦斯和邻近层瓦斯会大量涌出积聚在采空区，并不断涌向工作面，当采空区积聚的瓦斯涌出量较大时，必须对该部分瓦斯进行抽采。在生产过程中，要认识到“先抽后采”技术的重要性，只有对煤层深处的瓦斯气体实现抽取，才能有效降低煤层内部的瓦斯气体浓度。煤层的瓦斯气体降低到安全浓度以下，一般就可以认为不具备瓦斯爆炸条件，可以进行煤炭开采工作。瓦斯气体的抽取过程中，还要因地制宜，根据不同地质条件选取不同的抽取方法。

(2) 当预测为突出危险工作面时，必须实施工作面防突措施和工作面防突措施效果检验。只有经效果检验证实措施有效后，即判定为无突出危险工作面，方可进行采掘作业；当措施无效时，仍为突出危险工作面，必须采取补充防突措施，并再次进行措施效果检验，直到措施有效。无突出危险工作面必须在采取安全防护措施并保留足够的突出预测超前距或者防突措施超前距的条件下进行采掘作业。岩石与二氧化碳（瓦斯）突出危险性预测可以采用岩芯法或者突出预兆法。措施效果检验应当采用岩芯法。

(3) 井巷揭开突出煤层前，必须掌握煤层层位、赋存参数、地质构造等情况。而且井巷掘煤作业期间必须采取安全防护措施，加强煤层段及煤岩交接处的巷道支护。揭煤巷道全部或者部分在煤层中掘进期间，还应当按照煤巷掘进工作面的要求连续进行工作面预测，并且根据煤层赋存状况分别在位于巷道轮廓线上方和下方的煤层中至少增加 1 个预测钻孔，当预测有突出危险时应当按照煤巷掘进工作面的要求实施局部综合防突措施。

(4) 及时进行瓦斯等级鉴定，根据瓦斯涌出量制定有针对性的治理措施。同时，针对瓦斯涌出量，合理进行开拓布置。

(5) 加强瓦斯管理。对瓦斯异常的工作面实施监测报警工作，实时监测、分析井下各相关地点瓦斯浓度、风量、风向等的突变情况，以便及时确定可能发生异常事故的时间、地点和可能的波及范围等。配备足够数量的有资质的专职瓦检员，严格瓦斯巡查制度，严格执行“一炮三检”制度，加强盲巷管理。

(6) 加强通风管理，保证工作面有足够的新鲜风流。对于矿井通风系统，要做到系统合理，设施完好，风量充足，风流稳定。

(7) 引爆火源防治。煤矿企业要对煤矿井下的爆破火花、电气火花、摩擦火花、静电火花进行严格控制，不为瓦斯爆炸提供引爆火源。同时要加强对生产过程中明火的管理，严格动火制度，在生产过程中力求减少火源的产生。

（8）每年编制应急救援预案，并按规定进行演练，一旦事故发生立即启动应急救援预案，正确组织施救。

（9）加强职工安全教育培训。对于煤矿安全生产的保障，煤矿企业的职工安全意识是其中的关键，职工在生产过程中安全意识得到提高，才可以多方面地防止煤矿瓦斯灾害事故的发生，因此要定期对企业职工开展安全教育讲座，提高职工安全意识，并且在施工现场还要加大安全教育宣传，保证井下人员在生产过程中安全意识的提高。

小 结

（1）通过对已采区瓦斯含量和涌出量的预测与实际数据对比，明确了预测方法的合理性，同时对未采区瓦斯含量及涌出量做出了相对准确的预测。

（2）吸附气（绝对吸附）含量在浅部区域迅速增大，至深部区域缓慢减小，在一定深度达到含气量最大值的临界点；游离气含量随埋深增大而不断增大，在浅部区域增加速率较大，至深部区域增加速率减缓。

（3）原位游离气赋存是压力正效应和温度正效应叠加控制的结果，对储层压力响应明显，而对温度响应非常微弱，主要原因可归结为游离相甲烷密度对压力的敏感性较大，而对温度的敏感性相对较弱。超压储层对于游离气储集尤为关键，且往深部愈加明显，保存条件完好的深部超压储层具有较大的瓦斯含量。页岩储层高孔隙度条件有利于游离态瓦斯储集。煤层的高含水饱和度对于游离气的储集有一定的抑制作用。

（4）吸附气与游离气赋存的优势深度带及其二者之间转换规律对瓦斯赋存状态的研究具有启示意义。对于目前具有开采价值煤层而言，瓦斯赋存以吸附气为主，开滦矿区深部煤层最深处约为 1 200 m，吸附气占比约为 80%，煤层开采过程中应对吸附气赋存的低地温和高储层压力条件须有一定的重视，合理制定降压解吸方案，最大程度释放吸附气含量，保障煤层的安全开采。

（5）通过对瓦斯突出危险性的预测，明确了开滦矿区各煤层具有突出危险性的区域，并提出了相关的治理及预防方法。

参考文献

[1] 吉马科夫.为解决采矿安全问题而预测含煤地层瓦斯含量的地质基础[A].第十七届国际采矿安全研究会议论文集,北京,1980.

[2] BLACK D J. Review of coal and gas outburst in Australian underground coal mines [J]. International Journal of Mining Science and Technology,2019,29(6):815-824.

[3] FRODSHAM K,GAYER R A. The impact of tectonic deformation upon coal seams in the South Wales coalfield,UK[J]. International Journal of Coal Geology,1999,38(3/4):297-332.

[4] LI H Y,OGAWA Y. Pore structure of sheared coals and related coalbed methane[J]. Environmental Geology,2001,40(11/12):1455-1461.

[5] 焦作矿业学院瓦斯地质研究室.瓦斯地质概论[M].北京:煤炭工业出版社,1990.

[6] 彭立世.瓦斯地质研究现状及前景展望[J].焦作矿业学院学报,1995,14(1):4-6.

[7] 袁崇孚.我国瓦斯地质的发展与应用[J].煤炭学报,1997,22(6): 568-573.

[8] 杨力生.煤矿瓦斯预测方法述评[J].瓦斯地质,1988(1):5-7.

[9] 杨力生.谈谈瓦斯地质研究成果和今后发展方向[M].北京: 煤炭工业出版社,1995.

[10] 漆旺生,凌标灿,蔡嗣经.煤与瓦斯突出预测研究动态及展望[J].中国安全科学学报,2003,13(12):1-4.

[11] 周世宁,林柏泉.煤层瓦斯赋存与流动理论[M].北京:煤炭工业出版社,1999.

[12] 张子敏,高建良,张瑞林,等.关于中国煤层瓦斯区域分布的几点认识[J].地质科技情报,1999,18(4):67-70.

[13] 张子敏,林又玲,吕绍林.中国煤层瓦斯分布特征[M].北京: 煤炭工业出版社,1998.

[14] 张子敏,吴吟.中国煤矿瓦斯地质规律及编图[M].徐州:中国矿业大学出版社,2014.

[15] 张子敏,张玉贵.瓦斯地质规律与瓦斯预测[M].北京:煤炭工业出版社,2005.

[16] 曹运兴,张玉贵,李凯琦,等.构造煤的动力变质作用及其演化规律[J].煤田地质与勘探,1996,24(4):15-18.

[17] 吴财芳,曾勇.基于遗传神经网络的瓦斯含量预测研究[J].地学前缘,2003,10(1):219-224.

[18] 崔晓松.用解吸法测试煤层瓦斯含量现状研究[J].科技与创新,2016(3):71.

[19] 俞启香.煤层突出危险性的评价指标及其重要性排序的研究[J].煤矿安全,1991,22(9):11-14.

[20] 叶建平,史保生,张春才.中国煤储层渗透性及其主要影响因素[J].煤炭学报,1999

(2):8-12.
[21] 王生全.煤层瓦斯含量的主要控制因素分析及回归预测[J].煤炭科学技术,1997(9):45-47.
[22] 汤友谊,王言剑.煤层瓦斯含量预测方法研究[J].焦作工学院学报,1997,16(2):68-72.
[23] 汤友谊.利用钻孔资料预测矿井未采区煤层瓦斯含量[J].煤田地质与勘探,2001,29(5):23-25.
[24] 崔刚,申东日.应用神经网络进行煤层瓦斯含量预测[J].煤矿安全,1999,30(2):22-24.
[25] 吴财芳,曾勇.瓦斯地质的主要研究内容及其发展方向分析[J].采矿技术,2003,3(2):98-100.
[26] 叶青,林柏泉.灰色理论在煤层瓦斯含量预测中的应用[J].矿业快报,2006 (7):28-30.
[27] 刘明举,郝富昌.基于 GIS 的瓦斯预测信息管理系统[J].煤田地质与勘探,2005,33(6):20-23.
[28] 李希建,苏恒瑜.基于 SuperMap 的瓦斯预测管理系统设计与开发[J].煤炭科学技术,2008,36(9):73-76.
[29] 王恩元,何学秋,聂百胜,等.电磁辐射法预测煤与瓦斯突出原理[J].中国矿业大学学报,2000,29(3):225-229.
[30] LIU H B,YU F,YIN R S,et al. Effects of geologic condition to mine gas distribution and control measures[J]. Procedia Earth and Planetary Science,2011,3:355-363.
[31] 姜福兴,杨光宇,魏全德,等.煤矿复合动力灾害危险性实时预警平台研究与展望[J].煤炭学报,2018,43(2):333-339.
[32] 申建,傅雪海,秦勇,等.构造运动强度量化表征及其对潘一矿煤与瓦斯突出控制[J].煤矿安全,2010,41(10):93-95.
[33] 姜波,崔若飞,杨永国.矿井瓦斯突出预测构造动力学方法研究现状及展望[J].中国煤炭地质,2014,26(8):24-28.
[34] 姜波,李明,程国玺,等.矿井构造预测及其在瓦斯突出评价中的意义[J].煤炭学报,2019,44(8):2306-2317.
[35] 姜波,屈争辉,李明,等.矿井瓦斯评价与预测的构造动力学方法[J].中国煤炭地质,2009,21(1):13-16.
[36] 卡明斯,吉文同.采矿工程手册[M].北京:冶金工业出版社,1980.
[37] 张富民.采矿设计手册[M].北京:中国建筑工业出版社,1987.
[38] 史天生.深井凿井技术与装备[J].江西煤炭科技,1994(4):3-10.
[39] KONICEK P,SOUCEK K,STAS L,et al. Long-hole destress blasting for rockburst control during deep underground coal mining[J]. International Journal of Rock Mechanics and Mining Sciences,2013,61:141-153.
[40] 谢和平,高峰,鞠杨,等.深部开采的定量界定与分析[J].煤炭学报,2015,40(1):1-10.
[41] XIE H P. Research framework and anticipated results of deep rock mechanics and mining theory[J]. Advanced Engineering Sciences,2017,49(2):1-16.

[42] 谢和平,周宏伟,薛东杰,等.煤炭深部开采与极限开采深度的研究与思考[J].煤炭学报,2012,37(4):535-542.

[43] 胡社荣,戚春前,赵胜利,等.我国深部矿井分类及其临界深度探讨[J].煤炭科学技术,2010,38(7):10-13.

[44] LI Q S,HE X,WU J H,et al. Investigation on coal seam distribution and gas occurrence law in Guizhou,China[J]. Energy Exploration & Exploitation,2018,36(5):1310-1334.

[45] 王猛,朱炎铭,李伍,等.沁水盆地郑庄区块构造演化与煤层气成藏[J].中国矿业大学学报,2012,41(3):425-431.

[46] 张德民,林大杨.我国煤盆地区域构造特征与煤层气开发潜力[J].中国煤田地质,1998,10(S1): 38-41.

[47] 崔崇海,蔡一民.控制平顶山矿区煤层气赋存的构造与热演化史[J].河北建筑科技学院学报,2000,17(2):67-70.

[48] 宋岩,秦胜飞,赵孟军.中国煤层气成藏的两大关键地质因素[J].天然气地球科学,2007,18(4):545-553.

[49] 屈争辉,姜波,汪吉林,等.淮北地区构造演化及其对煤与瓦斯的控制作用[J].中国煤炭地质,2008,20(10):34-37.

[50] 陈振宏,贾承造,宋岩,等.构造抬升对高、低煤阶煤层气藏储集层物性的影响[J].石油勘探与开发,2007,34(4):461-464.

[51] 安鸿涛,孙四清,王永成,等.大兴井田构造演化及瓦斯地质特征[J].煤矿安全,2009,40(5):91-93.

[52] CHEN Y,TANG D Z,XU H,et al. Structural controls on coalbed methane accumulation and high production models in the eastern margin of Ordos Basin,China[J]. Journal of Natural Gas Science and Engineering,2015,23:524-537.

[53] 赵少磊.唐山矿西南区深部瓦斯赋存特征及聚集规律研究[D].徐州:中国矿业大学,2014.

[54] SHEPHERD J,RIXON L K,GRIFFITHS L. Outbursts and geological structures in coal mines:a review[J]. International Journal of Rock Mechanics and Mining Sciences & Geomechanics Abstracts,1981,18(4):267-283.

[55] CREEDY D P. Geological controls on the formation and distribution of gas in British coal measure strata[J]. International Journal of Coal Geology,1988,10(1):1-31.

[56] ZHANG K Z,ZOU A A,WANG L,et al. Multiscale morphological and topological characterization of coal microstructure:insights into the intrinsic structural difference between original and tectonic coals[J]. Fuel,2022,321:124076.

[57] DÍAZ AGUADO M B,NICIEZA C G. Control and prevention of gas outbursts in coal mines,Riosa-Olloniego coalfield,Spain[J]. International Journal of Coal Geology,2007,69(4):253-266.

[58] HAN S J,ZHOU X Z,ZHANG J C,et al. Relationship between the Geological Origins of Pore-Fracture and Methane Adsorption Behaviors in High-Rank Coal[J]. ACS

OMEGA,2022,7:8091-8102.
[59] GONG W,GUO D. Control of the tectonic stress field on coal and gas outburst[J]. Applied Ecology and Environmental Research,2018,16(6):7413-7433.
[60] 王生全,王英. 石嘴山一矿地质构造的控气性分析[J]. 中国煤田地质,2000,12(4):31-34.
[61] 张子敏,吴吟. 中国煤矿瓦斯赋存构造逐级控制规律与分区划分[J]. 地学前缘,2013,20(2):237-245.
[62] 王蔚,贾天让,张子敏,等. 构造演化对湖南省瓦斯赋存分布的控制[J]. 煤田地质与勘探,2016,44(5):10-15.
[63] 康继武. 褶皱构造控制煤层瓦斯的基本类型及其意义[J]. 中州煤炭,1993(1):11-13.
[64] 毕华,彭格林,赵志忠. 湘中涟源煤盆地煤层气形成气藏的条件及其资源预测[J]. 地质地球化学,1997,25(4):71-76.
[65] 桑树勋,范炳恒,秦勇,等. 煤层气的封存与富集条件[J]. 石油与天然气地质,1999,20(2):8-11.
[66] 刘红军. 长平矿井地质构造特征与瓦斯赋存规律分析[J]. 煤炭工程,2005 (4):50-51.
[67] 张玉柱,闫江伟,王蔚. 基于褶皱中和面的煤层气藏类型[J]. 安全与环境学报,2015,15(1):153-157.
[68] 叶建平,秦勇,林大扬. 中国煤层气资源[M]. 徐州:中国矿业大学出版社,1998.
[69] 宋荣俊,李佑炎. 皖北刘桥二矿断裂构造对瓦斯的控制作用[J]. 江苏煤炭,2002 (4):9-11.
[70] 刘坤. 许疃煤矿红层下伏煤层瓦斯赋存规律研究[D]. 徐州:中国矿业大学,2017.
[71] 杨治国,王恩营,李中州. 断层对煤层瓦斯赋存的控制作用[J]. 煤炭科学技术,2014,42(6):104-106.
[72] 申建,傅雪海,秦勇,等. 平顶山八矿煤层底板构造曲率对瓦斯的控制作用[J]. 煤炭学报,2010,35(4):586-589.
[73] 冉小勇,魏风清,史广山. 构造的挤压剪切作用对郑州矿区煤与瓦斯突出的控制[J]. 煤田地质与勘探,2016,44(6):51-54.
[74] 俞启香. 矿井瓦斯防治[M]. 徐州:中国矿业大学出版社,1992.
[75] 季长江,倪小明,王永奎,等. 李雅庄井田瓦斯富集地质主控因素研究[J]. 中国煤层气,2010,7(4):23-26.
[76] 李玉寿,马占国,贺耀龙,等. 煤系地层岩石渗透特性试验研究[J]. 实验力学,2006,21(2):129-134.
[77] 黄国明,黄润秋. 复杂岩体结构的几何描述[J]. 成都理工学院学报,1998,25(4):552-558.
[78] 叶建平,武强,王子和. 水文地质条件对煤层气赋存的控制作用[J]. 煤炭学报,2001,5:459-462.
[79] 秦胜飞,宋岩,唐修义,等. 水动力条件对煤层气含量的影响:煤层气滞留水控气论[J]. 天然气地球科学,2005,16(2):149-152.
[80] ZHANG J Y,LIU D M,CAI Y D,et al. Geological and hydrological controls on the

accumulation of coalbed methane within the No. 3 coal seam of the southern Qinshui Basin[J]. International Journal of Coal Geology,2017,182:94-111.

[81] 吴鲜,廖冲,叶玉娟,等.水文地质条件对煤层气富集的影响[J].重庆科技学院学报(自然科学版),2011,13(5):78-81.

[82] 刘洪林,李景明,王红岩,等.水动力对煤层气成藏的差异性研究[J].天然气工业,2006,26(3):35-37.

[83] 王红岩,张建博,刘洪林,秦勇.沁水盆地南部煤层气藏水文地质特征[J].煤田地质与勘探,2001,29(5):33-36.

[84] 叶建平,武强,叶贵钧,等.沁水盆地南部煤层气成藏动力学机制研究[J].地质论评,2002,48(3):319-323.

[85] QIN Y,FU X,JIAO S,et al. Key geological controls to formation of coalbed methane reservoirs in southern Qinshui Basin of China: II Modern tectonic stress field and burial depth of coal reservoirs[C]// US Environmental Protection Agency. Proceedings of the 2001 International Coalbed Methane Symposium. Berminhanm: The University of Alabama,2001:363-366.

[86] 门相勇,娄钰,王一兵,等.中国煤层气产业"十三五"以来发展成效与建议[J].天然气工业,2022,42(6):173-178.

[87] 皇甫玉慧,康永尚,邓泽,等.低煤阶煤层气成藏模式和勘探方向[J].石油学报,2019,40(7):786-797.

[88] 刘大锰,李俊乾.我国煤层气分布赋存主控地质因素与富集模式[J].煤炭科学技术,2014,42(6):19-24.

[89] 陈杨,姚艳斌,崔金榜,等.郑庄区块煤储层水力压裂裂缝扩展地质因素分析[J].煤炭科学技术,2014,42(7):98-102.

[90] 黄政祥,公衍伟,王怀勐.黔北煤田绿塘井田瓦斯赋存的地质控制因素研究[J].煤炭科学技术,2018,46(7):213-217.

[91] 刘黎玮.影响正明矿 15 号煤层瓦斯赋存规律的主控地质因素研究[J].煤,2017,26(12):6-10.

[92] 郭丁丁,胡斌.影响离柳矿区瓦斯赋存的地质因素研究[J].山西煤炭,2016,36(1):25-28.

[93] 安鸿涛,康彦华,孙四清.岩浆侵入破坏区煤层瓦斯地质规律[J].矿业安全与环保,2010,37(5):52-54.

[94] 王猛.河北省煤矿区瓦斯赋存的构造逐级控制[D].徐州:中国矿业大学,2012.

[95] 钟和清,朱炎铭,陈尚斌,等.钱家营矿西翼高温场地质控制因素研究[J].煤炭科学技术,2012,40(5):104-107.

[96] 罗跃,朱炎铭,钟和清,等.开平煤田煤层气富集成藏及其控制因素[J].煤炭科学技术,2012,40(6):100-103.

[97] 李伍,朱炎铭,王猛,等.河北省煤矿区瓦斯赋存构造控制[J].中国矿业大学学报,2012,41(4):582-588.

[98] 王猛,朱炎铭,陈尚斌,等.构造逐级控制模式下开滦矿区瓦斯分布[J].采矿与安全工

程学报,2012,29(6):899-904.

[99] 刘刚,朱炎铭,侯晓伟,等.开平煤田构造曲率与煤层气赋存特征[J].煤炭技术,2015,34(11):123-125.

[100] 冯光俊,李伍,张泳,等.林西矿深部水平奥灰水带压开采突水危险性评价[J].中国煤炭,2015,41(8):41-44.

[101] 王猛,朱炎铭,王怀勐,等.开平煤田不同层次构造活动对瓦斯赋存的控制作用[J].煤炭学报,2012,37(5):820-824.

[102] 张旭,朱炎铭,张建胜.唐山矿南五区瓦斯涌出量预测及其特征分析[J].中国煤炭,2012,38(10):28-33.

[103] 唐鑫,朱炎铭,赵少磊,等.开滦矿区唐山矿构造特征及成因演化[J].煤田地质与勘探,2015,43(1):1-6.

[104] 王怀勐,朱炎铭,李伍,等.煤层气赋存的两大地质控制因素[J].煤炭学报,2011,36(7):1129-1134.

[105] 王怀勐,朱炎铭,罗跃,等.林西矿瓦斯赋存特征及其地质因素分析[J].煤炭科学技术,2011,39(2):89-93.

[106] 张建胜,朱炎铭,李伍,等.赵各庄煤矿瓦斯赋存的地质控制因素分析[J].煤矿安全,2011,42(8):134-137.

[107] 付常青,朱炎铭,蔡图.东欢坨矿8煤瓦斯异常的地质因素[J].煤田地质与勘探,2015,43(1):7-12.

[108] 王笑奇,胡璐宇,张军建.吕家坨矿瓦斯赋存特征及其控制因素分析[J].煤炭技术,2016,35(5):187-189.

[109] 胡璐宇,朱炎铭,张军建.吕家坨矿瓦斯地质控制因素分析[J].煤矿安全,2016,47(6):182-185.

[110] 齐黎明,林柏泉,支晓伟.马家沟矿煤与瓦斯动力现象机理研究[J].中国安全科学学报,2006,16(12):30-34.

[111] 李建辉.论华北板块构造演化[J].华北地震科学,1987,5(1):35-41.

[112] 宋鸿林.燕山式板内造山带基本特征与动力学探讨[J].地学前缘,1999,6(4):309-316.

[113] 张长厚,宋鸿林.燕山板内造山带中生代逆冲推覆构造及其与前陆褶冲带的对比研究[J].地球科学,1997,22(1):33-36.

[114] 冯锐,郑书真,黄桂芳,等.华北地区重力场与沉积层构造[J].地球物理学报,1989,32(4):385-398.

[115] 马杏垣,刘昌铨,刘国栋.江苏响水至内蒙古满都拉地学断面[J].地质学报,1991,65(3):199-215.

[116] 李俊建,罗镇宽,燕长海,等.华北陆块的构造格局及其演化[J].地质找矿论丛,2010,25(2):89-100.

[117] 崔盛芹,李锦蓉,吴珍汉,等.燕山地区中新生代陆内造山作用[M].北京:地质出版社,2002.

[118] 殷秀华,史志宏,刘占坡,等.华北北部均衡重力异常的初步研究[J].地震地质,1982,

4(4):27-34.

[119] 郭华,吴正文,刘红旭,等.燕山板内造山带逆冲推覆构造格局[J].现代地质,2002,16(4):339-346.

[120] 陈世悦,刘焕杰.华北石炭-二叠纪层序地层格架及其特征[J].沉积学报,1999,17(1):63-70.

[121] 刘焕杰,贾玉如,龙耀珍,等.华北石炭纪含煤建造的陆表海堡岛体系特点及其事件沉积[J].沉积学报,1987,5(3):73-80.

[122] 叶佰顺.笏连矿区8#煤层瓦斯地质规律与瓦斯预测[D].焦作:河南理工大学,2012.

[123] 王林杰.胡底矿瓦斯赋存特征及抽采后残余瓦斯分布规律研究[D].徐州:中国矿业大学,2018.

[124] 王恩营.利用瓦斯涌出量计算瓦斯含量的方法及可靠性评价[J].煤矿开采,2007,12(2):1-2.

[125] 杨言辰,叶松青,王建新,等.矿山地质学[M].2版.北京:地质出版社,2009.

[126] 苏现波,冯艳丽,陈江峰.煤中裂隙的分类[J].煤田地质与勘探,2002,30(4):21-24.

[127] Ruthven D M. Principles of Adsorption and Adsorption Processes[J]. [S. l.]: Wiley,1984.

[128] BUSCH A,GENSTERBLUM Y,KROOSS B M,et al. Methane and carbon dioxide adsorption-diffusion experiments on coal: upscaling and modeling[J]. International Journal of Coal Geology,2004,60(2/3/4):151-168.

[129] 刘宇.煤镜质组结构演化对甲烷吸附的分子级作用机理[D].徐州:中国矿业大学,2019.

[130] 郭立稳,俞启香,王凯.煤吸附瓦斯过程温度变化的试验研究[J].中国矿业大学学报,2000,29(3):287-289.

[131] 刘保县,鲜学福,徐龙君,等.延迟突出煤吸附甲烷特性的研究[J].矿业安全与环保,2000,27(2):11-12.

[132] 许江,刘东,尹光志,等.非均布荷载条件下煤与瓦斯突出模拟实验[J].煤炭学报,2012,37(5):836-842.

[133] 张子敏,张玉贵.大平煤矿特大型煤与瓦斯突出瓦斯地质分析[J].煤炭学报,2005,30(2):137-140.

[134] 赵雯,朱炎铭,王怀勐,等.开滦矿区东欢坨煤矿瓦斯涌出规律分析[J].矿业安全与环保,2011,38(1):60-63.

[135] 景兴鹏,王伟峰,成连平,等.矿井安全无线监控系统的研究[J].煤炭工程,2010,42(2):112-114.

[136] 王国华,冯光俊,刘刚,等.东欢坨矿瓦斯地质特征及其控制因素分析[J].煤矿安全,2017,48(2):149-152.

[137] 郭柯,张子敏,魏国营.双鸭山煤田东部矿井8#煤层瓦斯赋存规律[J].煤矿安全,2010,41(5):104-106.

[138] 韦重韬,刘焕杰,孟健.地史中煤层甲烷扩散散失作用的数值模拟[J].煤田地质与勘探,1998,26(5): 20-25.

[139] 王国华,尹尚先,刘明,等.综采条件下导水断裂带高度预测方法[J].煤矿安全,2017,48(11):187-190.

[140] 程远平,董骏,李伟,等.负压对瓦斯抽采的作用机制及在瓦斯资源化利用中的应用[J].煤炭学报,2017,42(6):1466-1474.

[141] 傅雪海,彭金宁.铁法长焰煤储层煤层气三级渗流数值模拟[J].煤炭学报,2007,32(5):494-498.

[142] 何满潮.深部开采工程岩石力学现状及其展望[C].第八次全国岩石力学与工程学术大会论文集,2004:99-105.

[143] 谢和平,高峰,鞠杨.深部岩体力学研究与探索[J].岩石力学与工程学报,2015,34(11):2161-2178.

[144] 秦勇,韦重韬,张政,等.沁水盆地中—南部煤系及其上覆地层游离天然气成藏的地质控制[J].地学前缘,2016,23(3):24-35.

[145] 贾承造,施央申.东秦岭燕山期A型板块俯冲带的研究[J].南京大学学报(自然科学版),1986,22(1):120-128.

[146] 马寅生,崔盛芹,吴淦国,等.辽西医巫闾山的隆升历史[J].地球学报-中国地质科学院院报,2000,21(3):245-253.

[147] 汪集旸,黄少鹏.中国大陆地区大地热流数据汇编(第二版)[J].地震地质,1990,12(4):351-363.

[148] MOORE T A. Coalbed methane:a review[J]. International Journal of Coal Geology,2012,101:36-81.

[149] 陈润,秦勇,杨兆彪,等.煤层气吸附及其地质意义[J].煤炭科学技术,2009,37(8):103-107.

[150] 秦勇,袁亮,程远平,等.中国煤层气地面井中长期生产规模的情景预测[J].石油学报,2013,34(3):489-495.

[151] 袁亮.高瓦斯矿区复杂地质条件安全高效开采关键技术[J].煤炭学报,2006,31(2):174-178.

[152] 聂百胜,段三明.煤吸附瓦斯的本质[J].太原理工大学学报,1998,29(4):88-92.

[153] MOSHER K,HE J J,LIU Y Y,et al. Molecular simulation of methane adsorption in micro- and mesoporous carbons with applications to coal and gas shale systems[J]. International Journal of Coal Geology,2013,109/110:36-44.

[154] SONG Y,ZHU Y M,LI W. Macromolecule simulation and CH_4 adsorption mechanism of coal vitrinite[J]. Applied Surface Science,2017,396:291-302.

[155] LIU Y,ZHU Y M,LIU S M,et al. A hierarchical methane adsorption characterization through a multiscale approach by considering the macromolecular structure and pore size distribution[J]. Marine and Petroleum Geology,2018,96:304-314.

[156] 桑树勋,朱炎铭,张时音,等.煤吸附气体的固气作用机理(Ⅰ):煤孔隙结构与固气作用[J].天然气工业,2005,25(1):13-15.

[157] MATHEWS J P,CHAFFEE A L. The molecular representations of coal - A review[J]. Fuel,2012,96:1-14.

[158] Stach E M, Mackowsky T M, Teichmuller G H, et al. Stach's textbook of coal petrology[M]. [S. l.]: Gebruder borntraeger, 1982.

[159] PAINTER P C, SNYDER R W, STARSINIC M, et al. Concerning the application of FT-IR to the study of coal: a critical assessment of band assignments and the application of spectral analysis programs [J]. Applied Spectroscopy, 1981, 35 (5): 475-485.

[160] SNYDER R W, PAINTER P C, CRONAUER D C. Development of FT-IR procedures for the characterization of oil shale[J]. Fuel, 1983, 62(10): 1205-1214.

[161] SOLUM M S, PUGMIRE R J, GRANT D M. Carbon-13 solid-state NMR of Argonne-premium coals[J]. Energy & Fuels, 1989, 3(2): 187-193.

[162] MATHEWS J P, VAN DUIN A C T, CHAFFEE A L. The utility of coal molecular models[J]. Fuel Processing Technology, 2011, 92(4): 718-728.

[163] LEVY J H, DAY S J, KILLINGLEY J S. Methane capacities of Bowen Basin coals related to coal properties[J]. Fuel, 1997, 76(9): 813-819.

[164] LAXMINARAYANA C, CROSDALE P J. Role of coal type and rank on methane sorption characteristics of Bowen Basin, Australia coals[J]. International Journal of Coal Geology, 1999, 40(4): 309-325.

[165] KROOSS B M, VAN BERGEN F, GENSTERBLUM Y, et al. High-pressure methane and carbon dioxide adsorption on dry and moisture-equilibrated Pennsylvanian coals[J]. International Journal of Coal Geology, 2002, 51(2): 69-92.

[166] 相建华,曾凡桂,梁虎珍,等. $CH_4/CO_2/H_2O$ 在煤分子结构中吸附的分子模拟[J]. 中国科学:地球科学,2014,44(7):1418-1428.

[167] LAXMINARAYANA C, CROSDALE P. Controls on Methane Sorption Capacity of Indian Coals[J]. AAPG Bulletin, 2002, 86(2): 201.

[168] DENG C M, TANG D Z, LIU S M, et al. Characterization of mineral composition and its influence on microstructure and sorption capacity of coal[J]. Journal of Natural Gas Science and Engineering, 2015, 25: 46-57.

[169] 陈山来. 煤的显微组分对生物产气的控制机理[D]. 焦作:河南理工大学,2016.

[170] 金徽. 中低阶煤有机显微组分生物气产出模拟实验研究[D]. 徐州:中国矿业大学,2020.

[171] 谯永刚. 断层影响区煤厚变异带对煤岩动力灾害的影响分析[J]. 煤矿安全,2019,50(4):200-204.

[172] SAIKIA B K, BORUAH R K, GOGOI P K. FT-IR and XRD analysis of coal from Makum coalfield of Assam[J]. Journal of Earth System Science, 2007, 116(6): 575-579.

[173] 王振洋. 构造煤微观结构演化及对瓦斯吸附解吸动力学特性的影响[D]. 徐州:中国矿业大学,2020.

[174] 陈小珍,李美芬,曾凡桂. 中煤级煤 Micro-Raman 结构对甲烷吸附的响应[J]. 煤炭学报,2022,47(7):2678-2686.

[175] 宋昱. 低中阶构造煤纳米孔及大分子结构演化机理[D]. 徐州：中国矿业大学，2019.

[176] 贾建波. 神东煤镜质组结构模型的构建及其热解甲烷生成机理的分子模拟[D]. 太原：太原理工大学，2010.

[177] LIU Y，ZHU Y M，LI W，et al. Ultra micropores in macromolecular structure of subbituminous coal vitrinite[J]. Fuel，2017，210：298-306.

[178] 李伍. 镜质组大分子生烃结构演化及其对能垒控制机理[D]. 徐州：中国矿业大学，2015.

[179] 相建华，曾凡桂，梁虎珍，等. 兖州煤大分子结构模型构建及其分子模拟[J]. 燃料化学学报，2011，39(7)：481-488.

[180] 赵伟. 粉化煤体瓦斯快速扩散动力学机制及对突出煤岩的输运作用[D]. 徐州：中国矿业大学，2018.

[181] HU B，CHENG Y P，HE X X，et al. New insights into the CH_4 adsorption capacity of coal based on microscopic pore properties[J]. Fuel，2020，262：116675.

[182] 金侃. 煤与瓦斯突出过程中高压粉煤—瓦斯两相流形成机制及致灾特征研究[D]. 徐州：中国矿业大学，2017.

[183] TAO S，CHEN S D，TANG D Z，et al. Material composition，pore structure and adsorption capacity of low-rank coals around the first coalification jump：a case of eastern Junggar Basin，China[J]. Fuel，2018，211：804-815.

[184] THOMMES M. Physisorption of gases，with special reference to the evaluation of surface area and pore size distribution (IUPAC Technical Report)[J]. Pure & Applied Chemistry，2016，87(1)：25.

[185] KREVELEN D. Graphical-statistical method for the study of structure and reaction processes of coal[J]. Fuel，1950，29：269.

[186] LIU X F，HE X Q. Effect of pore characteristics on coalbed methane adsorption in middle-high rank coals[J]. Adsorption，2017，23(1)：3-12.

[187] ZHAO Y X，SUN Y F，LIU S M，et al. Pore structure characterization of coal by synchrotron radiation nano-CT[J]. Fuel，2018，215：102-110.

[188] TAN Z M，GUBBINS K E. Adsorption in carbon micropores at supercritical temperatures[J]. The Journal of Physical Chemistry，1990，94(15)：6061-6069.